科学与工程
计算技术丛书

MATLAB
应用全解

付文利◎编著

清华大学出版社

北京

内 容 简 介

MATLAB 是适合多学科、多工作平台的开放性很强的大型科学应用软件。本书以 MATLAB 2022a 软件为基础，全面阐述 MATLAB 的功能，帮助读者尽快掌握 MATLAB 的应用技巧。全书共分为 16 章，从 MATLAB 工作界面讲起，详细介绍 MATLAB 的基础知识、数组、矩阵、符号运算、二维绘图、三维绘图、程序设计、函数、数据分析与处理、微积分运算、概率与数理统计、优化计算等内容，同时还对 Simulink 仿真与应用进行详细的讲解。为了方便用户更好地操作 MATLAB，本书中的示例均已记录在 M 文件及其他相关文件中，读者可以将相应目录设置为工作目录，直接使用 M 文件进行操作，以提高学习效率。

本书是一本全面的 MATLAB 参考书，讲解翔实，结合实例引导，深入浅出，可作为高等院校理工科相关专业研究生、本科生的教材，也可作为广大科研工程技术人员的参考用书。

图书在版编目（CIP）数据

MATLAB应用全解/付文利编著. —北京：清华大学出版社，2023.3
（科学与工程计算技术丛书）
ISBN 978-7-302-61795-2

Ⅰ. ①M… Ⅱ. ①付… Ⅲ. ①Matlab软件 Ⅳ. ①TP317

中国版本图书馆CIP数据核字（2022）第165271号

策划编辑：盛东亮
责任编辑：钟志芳
封面设计：李召霞
责任校对：时翠兰
责任印制：丛怀宇

出版发行：清华大学出版社
    网   址：http://www.tup.com.cn, http://www.wqbook.com
    地   址：北京清华大学学研大厦A座   邮   编：100084
    社 总 机：010-83470000   邮   购：010-62786544
    投稿与读者服务：010-62776969，c-service@tup.tsinghua.edu.cn
    质 量 反 馈：010-62772015，zhiliang@tup.tsinghua.edu.cn
    课 件 下 载：http://www.tup.com.cn，010-83470236
印 装 者：三河市科茂嘉荣印务有限公司
经   销：全国新华书店
开   本：203mm×260mm   印   张：35.25   字   数：1012千字
版   次：2023年5月第1版   印   次：2023年5月第1次印刷
印   数：1～2500
定   价：129.00元

产品编号：097477-01

序言
FOREWORD

致力于加快工程技术和科学研究的步伐——这句话总结了 MathWorks 坚持超过 30 年的使命。

在这期间，MathWorks 公司有幸见证了工程师和科学家使用 MATLAB 和 Simulink 在多个应用领域取得无数变革和突破：汽车行业的电气化和不断提高的自动化；日益精确的气象建模和预测；航空航天领域持续提高的性能和安全指标；由神经学家破解的大脑和身体奥秘；无线通信技术的普及；电力网络的可靠性；等等。

与此同时，MATLAB 和 Simulink 也帮助了无数大学生在工程技术和科学研究课程里学习关键的技术理念并应用于实际问题中，培养他们成为栋梁之材，更好地投入科研、教学以及工业应用中，指引他们致力于学习、探索先进的技术，融合并应用于创新实践中。

如今，工程技术和科研创新的步伐令人惊叹。创新进程以大量的数据为驱动，结合相应的计算硬件和用于提取信息的机器学习算法。软件和算法几乎无处不在——从孩子的玩具到家用设备，从机器人和制造体系到每种运输方式——让这些系统更具功能性、灵活性、自主性。最重要的是，工程师和科学家推动了这些进程，他们洞悉问题，创造技术，设计革新系统。

为了支持创新的步伐，MATLAB 发展成为一个广泛而统一的计算技术平台，将成熟的技术方法（如控制设计和信号处理）融入令人激动的新兴领域，如深度学习、机器人、物联网开发等。对于现在的智能连接系统，Simulink 平台可以让您实现模拟系统，优化设计，并自动生成嵌入式代码。

"科学与工程计算技术丛书"汇集了 MATLAB 和 Simulink 支持的领域——大规模编程、机器学习、科学计算、机器人等。我们高兴地看到"科学与工程计算技术丛书"支持 MathWorks 一直以来追求的目标——帮助用户加快工程技术和科学研究的步伐。

期待着您的创新！

Jim Tung
MathWorks Fellow

To Accelerate the Pace of Engineering and Science. These eight words have summarized the MathWorks mission for over 30 years.

In that time, it has been an honor and a humbling experience to see engineers and scientists using MATLAB and Simulink to create transformational breakthroughs in an amazingly diverse range of applications: the electrification and increasing autonomy of automobiles; the dramatically more accurate models and forecasts of our weather and climates; the increased performance and safety of aircraft; the insights from neuroscientists about how our brains and bodies work; the pervasiveness of wireless communications; the reliability of power grids; and much more.

At the same time, MATLAB and Simulink have helped countless students in engineering and science courses to learn key technical concepts and apply them to real-world problems, preparing them better for roles in research, teaching, and industry. They are also equipped to become lifelong learners, exploring for new techniques, combining them, and applying them in novel ways.

Today, the pace of innovation in engineering and science is astonishing. That pace is fueled by huge volumes of data, matched with computing hardware and machine-learning algorithms for extracting information from it. It is embodied by software and algorithms in almost every type of system — from children's toys to household appliances to robots and manufacturing systems to almost every form of transportation — making those systems more functional, flexible, and autonomous. Most important, that pace is driven by the engineers and scientists who gain the insights, create the technologies, and design the innovative systems.

To support today's pace of innovation, MATLAB has evolved into a broad and unifying technical computing platform, spanning well-established methods, such as control design and signal processing, with exciting newer areas, such as deep learning, robotics, and IoT development. For today's smart connected systems, Simulink is the platform that enables you to simulate those systems, optimize the design, and automatically generate the embedded code.

The topics in this book series reflect the broad set of areas that MATLAB and Simulink bring together: large-scale programming, machine learning, scientific computing, robotics, and more. We are delighted to collaborate on this series, in support of our ongoing goal: to enable you to accelerate the pace of your engineering and scientific work.

I look forward to the innovations that you will create!

Jim Tung
MathWorks Fellow

前言
PREFACE

　　MATLAB 是美国 MathWorks 公司出品的受到业界普遍认可的商业数学应用软件,广泛应用于数据分析、无线通信、深度学习、图像处理与计算机视觉、信号处理、量化金融与风险管理、机器人、控制系统等领域,已成为大中专院校相关专业重要基础课程的首选实验平台。

　　目前许多高校开设了 MATLAB 的相关课程,广大师生迫切需要有效学习 MATLAB 课程的优秀教材;大量的 MATLAB 研究工作者也需要 MATLAB 图书作为各类 MATLAB 培训和 MATLAB 相关应用开发的参考用书。

　　基于此,本书详细讲解了 MATLAB 的基础知识和核心内容。全书力求从实用的角度出发,通过大量经典案例,对 MATLAB 的功能、操作和相关应用做了详细讲解,可以帮助读者快速掌握 MATLAB 的各种应用。目前 MATLAB 已发布了最新版本 MATLAB 2022a,本书正是基于该版本进行编写的,是进行 MATLAB 设计和应用的最新图书。

1. 本书特点

　　本书有如下特点:

　　由浅入深、循序渐进。本书以初、中级读者为对象,从 MATLAB 基本知识讲起,辅以各种 MATLAB 应用案例,帮助读者尽快提高 MATLAB 的应用技能。

　　步骤详尽、内容新颖。本书根据作者多年的 MATLAB 使用经验,结合大量应用案例,将 MATLAB 的各种经典功能、使用技巧等详细地讲解给读者,在讲解过程中步骤详尽、内容新颖,并辅以相应的图片,使读者在阅读时一目了然,从而快速掌握书中所讲内容。

　　实例典型、轻松易学。学习经典应用案例的具体操作是掌握 MATLAB 使用方法的最好方式。本书通过综合应用案例,详尽透彻地讲解了 MATLAB 的各种使用。

2. 本书内容

　　本书在介绍 MATLAB 环境的基础上,详细讲解了 MATLAB 在科学计算、数学建模、仿真应用等方面的基础知识和核心内容。书中各章均提供了大量的针对性示例,并辅以图片和注释,供读者实战练习,快速掌握 MATLAB 的应用。

　　全书共分为 16 章,具体内容如下:

　　第一部分为 MATLAB 基础知识,主要介绍 MATLAB 的工作界面、通用命令、数据类型、基本运算等基础知识,同时对数组、矩阵的创建与操作,符号运算等内容做了详细讲解。章节安排如下:

第 1 章　初识 MATLAB	第 2 章　基础知识
第 3 章　数组	第 4 章　矩阵
第 5 章　符号运算	

　　第二部分为 MATLAB 绘图与程序设计,主要介绍二维绘图、三维绘图、图形的控制与处理,讲解程序结构与控制、程序调试与优化方法、函数类型与参数传递等内容。章节安排如下:

第 6 章　二维绘图	第 7 章　三维绘图

第 8 章　程序设计　　　　　　　　　　　　第 9 章　函数

第三部分为 MATLAB 高级应用，主要介绍数据分析与处理、微积分运算、概率与数理统计、优化计算等内容。章节安排如下：

第 10 章　数据分析与处理　　　　　　　　第 11 章　微积分运算

第 12 章　概率与数理统计　　　　　　　　第 13 章　优化计算

第四部分为 Simulink 仿真应用，主要介绍 Simulink 系统仿真、子系统创建与封装方法、系统仿真与调试等内容。章节安排如下：

第 14 章　Simulink 仿真基础　　　　　　　第 15 章　Simulink 子系统

第 16 章　Simulink 仿真与调试

本书赠送 MATLAB 工具箱应用部分内容，包括 MATLAB 在神经网络、信号处理、图像处理、小波分析等领域的应用内容，读者可根据需要选择学习。

3. 读者对象

本书适合 MATLAB 初学者和希望提高 MATLAB 应用技能的读者，具体如下：

★ MATLAB 爱好者　　　　　　　　　★ 广大科研工作者

★ 大中专院校教师和在校生　　　　　★ 相关培训机构教师和学员

4. 读者服务

读者在学习过程中遇到与本书有关的技术问题，可通过"算法仿真"公众号反馈给编者，编者会尽快给予解答。书中所涉及的素材文件（程序代码）已上传到云盘，读者可通过公众号获取下载链接。

读者可以通过"算法仿真"公众号与编者保持联系，并获取更多资源。

5. 本书编者

本书由付文利编著。虽然编者在本书的编写过程中力求叙述准确、完善，但由于水平有限，书中疏漏之处在所难免，希望读者能够及时指出，共同促进本书质量的提高。最后再次希望本书能为读者的学习和工作提供帮助！

编　者

2023 年 4 月

知 识 结 构
CONTENT STRUCTURE

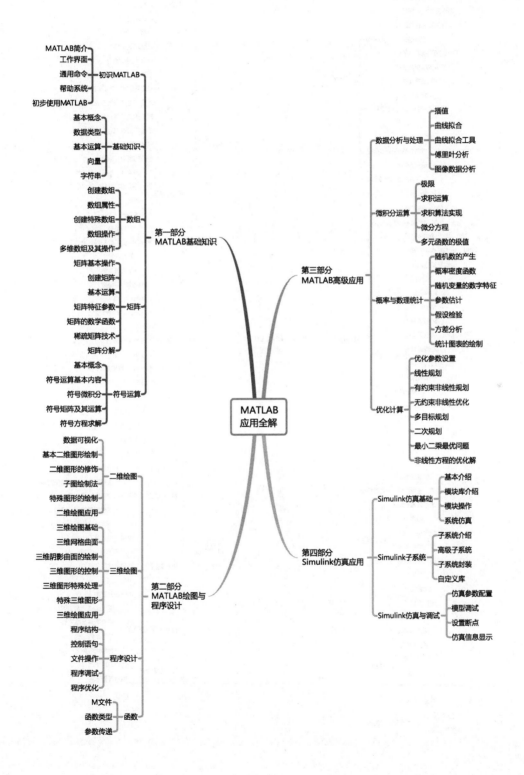

MATLAB简介
工作界面
通用命令 —— 初识MATLAB
帮助系统
初步使用MATLAB

基本概念
数据类型
基本运算 —— 基础知识
向量
字符串

创建数组
数组属性
创建特殊数组 —— 数组
数组操作
多维数组及其操作

矩阵基本操作
创建矩阵
基本运算
矩阵特征参数 —— 矩阵
矩阵的数学函数
稀疏矩阵技术
矩阵分解

基本概念
符号运算基本内容
符号微积分 —— 符号运算
符号矩阵及其运算
符号方程求解

第一部分
MATLAB基础知识

数据可视化
基本二维图形绘制
二维图形的修饰
子图绘制法 —— 二维绘图
特殊图形的绘制
二维绘图应用

三维绘图基础
三维网格曲面
三维阴影曲面的绘制
三维图形的控制 —— 三维绘图
三维图形特殊处理
特殊三维图形
三维绘图应用

程序结构
控制语句
文件操作 —— 程序设计
程序调试
程序优化

M文件
函数类型 —— 函数
参数传递

第二部分
MATLAB绘图与
程序设计

MATLAB
应用全解

插值
曲线拟合
曲线拟合工具 —— 数据分析与处理
傅里叶分析
图像数据分析

极限
求积运算
求积算法实现 —— 微积分运算
微分方程
多元函数的极值

随机数的产生
概率密度函数
随机变量的数字特征
参数估计 —— 概率与数理统计
假设检验
方差分析
统计图表的绘制

优化参数设置
线性规划
有约束非线性规划
无约束非线性优化
多目标规划 —— 优化计算
二次规划
最小二乘最优问题
非线性方程的优化解

第三部分
MATLAB高级应用

基本介绍
模块库介绍
模块操作 —— Simulink仿真基础
系统仿真

子系统介绍
高级子系统
子系统封装 —— Simulink子系统
自定义库

仿真参数配置
模型调试
设置断点 —— Simulink仿真与调试
仿真信息显示

第四部分
Simulink仿真应用

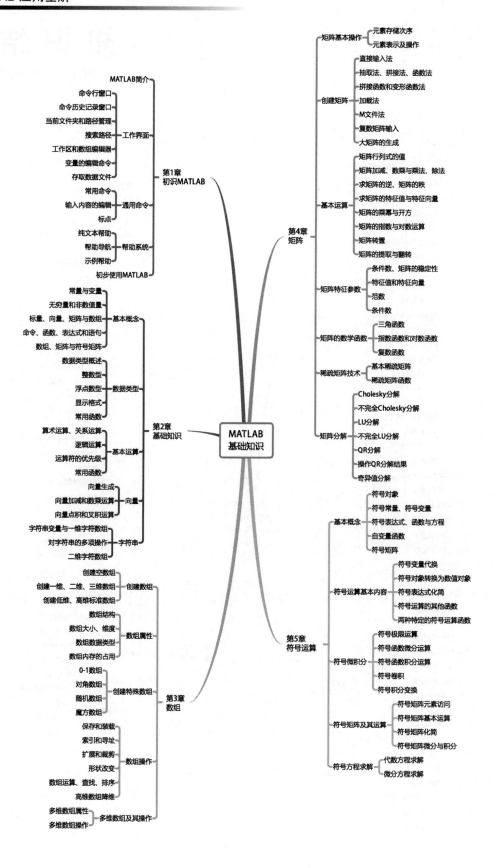

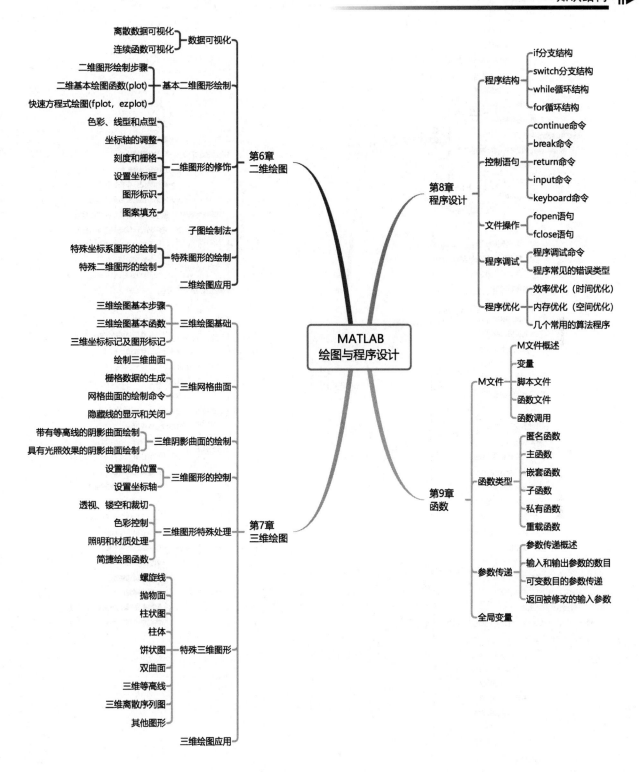

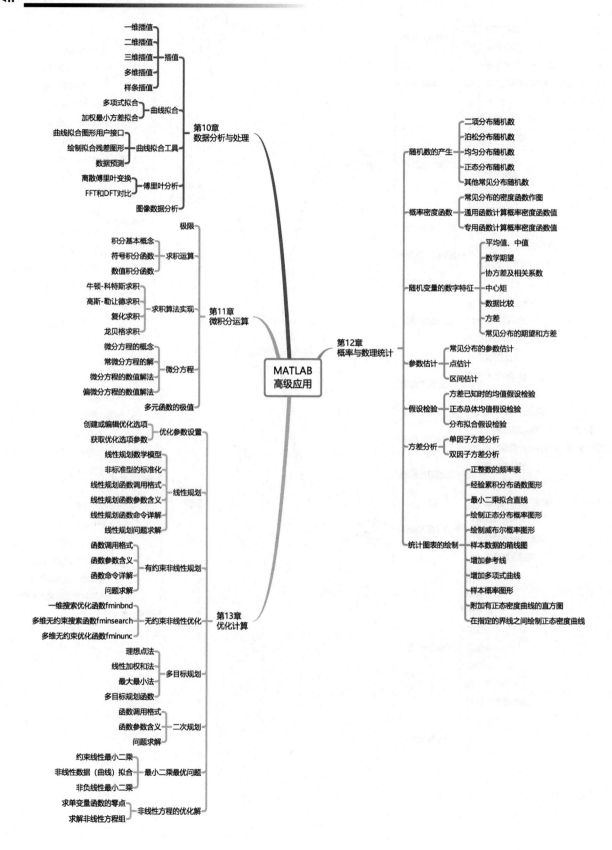

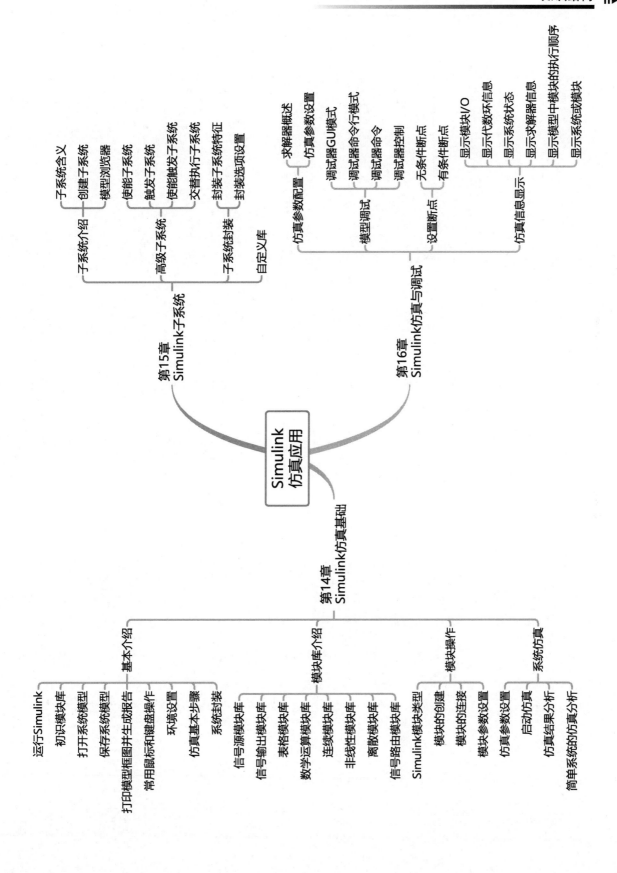

Simulink
仿真应用

第15章
Simulink子系统

子系统介绍
- 子系统含义
- 创建子系统
- 模型浏览器

高级子系统
- 使能子系统
- 触发子系统
- 使能触发子系统
- 交替执行子系统

子系统封装
- 封装子系统特征
- 封装选项设置

自定义库

第16章
Simulink仿真与调试

仿真参数配置
- 求解器概述
- 仿真参数设置

模型调试
- 调试器GUI模式
- 调试器命令行模式
- 调试器命令
- 调试器控制

设置断点
- 无条件断点
- 有条件断点

仿真信息显示
- 显示模块I/O
- 显示代数环信息
- 显示系统状态
- 显示求解器信息
- 显示模型中模块的块执行顺序
- 显示系统或模块

第14章
Simulink仿真基础

基本介绍
- 运行Simulink
- 初识模块库
- 打开系统模型
- 保存系统模型
- 打印模型框图并生成报告
- 常用鼠标和键盘操作
- 环境设置
- 仿真基本步骤
- 系统封装

模块库介绍
- 信号源模块库
- 信号输出模块库
- 表格模块库
- 数学运算模块库
- 连续模块库
- 非线性模块库
- 离散模块库
- 信号路由模块库

模块操作
- Simulink模块类型
- 模块的创建
- 模块的连接
- 模块参数设置

系统仿真
- 仿真参数设置
- 启动仿真
- 仿真结果分析
- 简单系统的仿真分析

目 录
CONTENTS

第二部分　MATLAB 绘图与程序设计

第三部分　MATLAB 高级应用

第四部分　Simulink 仿真应用

第一部分
MATLAB 基础知识

第 1 章

初识 MATLAB

MATLAB 导入

初识 MATLAB

MATLAB 是目前在国际上被广泛接受和使用的科学与工程计算软件。随着不断的发展，MATLAB 已经成为一种集数值运算、符号运算、数据可视化、程序设计、仿真等多种功能于一体的集成软件。在正式学习 MATLAB 之前，本章先介绍其工作环境和帮助系统，帮助读者尽快熟悉 MATLAB 软件。

本章学习目标包括：

（1）掌握 MATLAB 的工作环境；

（2）熟练掌握 MATLAB 各窗口的用途；

（3）了解 MATLAB 的帮助系统。

1.1 MATLAB 简介

MATLAB 是一种集数值与符号运算、数据可视化图形表示与图形界面设计、程序设计、仿真等多种功能于一体的集成软件。MATLAB 已经成为线性代数、数值分析计算、数学建模、信号与系统分析、自动控制、数字信号处理、通信系统仿真等课程的基本教学工具。

MATLAB 有两种基本的数据运算量：数组和矩阵。单从形式上，它们之间是不好区分的。每一个量可能被当作数组，也可能被当作矩阵，这要根据所采用的运算法则或运算函数判断。

在 MATLAB 中，数组与矩阵的运算法则和运算函数是有区别的。但不论是 MATLAB 的数组还是 MATLAB 的矩阵，都与一般高级语言中使用数组或矩阵的方式不同。

在 MATLAB 中，进行矩阵运算时把矩阵视为一个整体进行，基本与线性代数的处理方法一致。矩阵的加、减、乘、除、乘方、开方、指数、对数等运算，都有一套专门的运算符或运算函数。而对于数组，不论是算术运算，还是关系或逻辑运算，甚至调用函数的运算，形式上可以把数组当作整体，但其有一套有别于矩阵的、完整的运算符和运算函数，实质上是针对数组中的每个元素进行运算。

当 MATLAB 把矩阵（或数组）独立地当作一个运算量对待后，向下可以兼容向量和标量。不仅如此，矩阵和数组中的元素可以用复数作基本单元，向下可以包含实数集。这些是 MATLAB 区别于其他高级语言的根本特点。此外，MATLAB 语言还具有以下几个特点。

1. 语言简洁，编程效率高

因为 MATLAB 定义了专门用于矩阵运算的运算符，使得矩阵运算如同标量运算一样简单，且这些运算

符本身就能执行向量和标量的多种运算。利用这些运算符可使一般高级语言中的循环结构变成一个简单的
MATLAB 语句，再结合 MATLAB 丰富的库函数可使程序变得非常简短，几条语句即可代替数十行 C 语言或
Fortran 语言程序语句的功能。

2. 交互性好，使用方便

在 MATLAB 的命令行窗口中输入一条命令，立刻能看到该命令的执行结果，体现了良好的交互性。
因为不用像 C 语言和 Fortran 语言那样，首先编写源程序，然后对其进行编译、连接，待形成可执行文
件后，方可运行程序得出结果，MATLAB 的交互方式减少了编程和调试程序的工作量，给使用者带来
了极大的方便。

3. 强大的绘图能力，便于数据可视化

MATLAB 不仅能绘制多种不同坐标系中的二维曲线，还能绘制三维曲面，体现了强大的绘图能力。正
是这种能力为数据的图形化表示（数据可视化）提供了有力工具，使数据的展示更加形象生动，有利于揭
示数据间的内在关系。

4. 领域广泛的工具箱，便于众多学科直接使用

MATLAB 工具箱（函数库）可分为两类：功能性工具箱和学科性工具箱。功能性工具箱主要用来
扩充其符号计算功能、图示建模仿真功能、文字处理功能以及与硬件实时交互的功能。而学科性工具
箱专业性比较强，如优化工具箱、统计工具箱、控制工具箱、通信工具箱、图像处理工具箱、小波工
具箱等。

5. 开放性好，便于扩展

除内部函数外，MATLAB 的其他文件都是公开的、可读可改的源文件，体现了 MATLAB 的开放性特点。
用户可修改源文件，也可加入自己的文件，甚至构造自己的工具箱。

6. 文件I/O和外部引用程序接口

MATLAB 支持读入更大的文本文件，支持压缩格式的 MAT 文件，用户可以动态加载、删除或重载 Java
类等。

1.2 工作界面

通常可以使用以下两种方式启动 MATLAB：

（1）双击桌面上的快捷方式图标（要求 MATLAB.exe 快捷方式已添加到桌面）；

（2）在 MATLAB 的安装文件夹（默认路径为 C:\Program Files\MATLAB\R2022a\bin\）中，双击 MATLAB.exe
应用程序。

初次启动后的 MATLAB 默认界面如图 1-1 所示。这是系统默认的、未曾被用户依据自身需要和喜好设
置过的主界面。

默认情况下，MATLAB 的操作界面包含"命令行窗口""命令历史记录窗口""工作区""当前文件夹"
"选项卡"和"功能区"等，其中命令历史记录窗口需在命令行窗口中按↑键打开。选项卡和功能区在组成
方式和内容上与一般应用软件基本相同，本章不再赘述。下面重点介绍 MATLAB 的几个常用窗口。

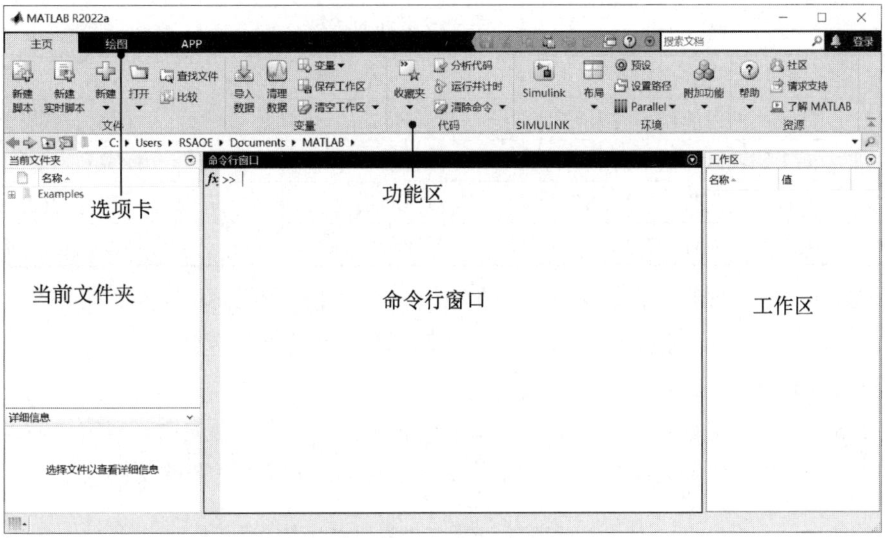

图 1-1   MATLAB 默认界面

1.2.1 命令行窗口

MATLAB 默认主界面的中间部分是命令行窗口。命令行窗口就是接收命令输入的窗口，可输入的对象除 MATLAB 命令之外，还包括函数、表达式、语句及 M 文件名或 MEX 文件名等，为叙述方便，这些可输入的对象以下统称为语句。

MATLAB 的工作方式之一是：在命令行窗口中输入语句，然后由 MATLAB 逐句解释执行并在命令行窗口中显示结果。命令行窗口可显示除图形以外的所有运算结果。

可以将命令行窗口从 MATLAB 主界面中分离出来，以便单独显示和操作。分离出的命令行窗口也可重新回到主界面中，其他窗口也有相同的功能。

分离命令行窗口的方法是在窗口右侧 ⊙ 按钮的下拉菜单中选择"取消停靠"命令，也可以直接用鼠标将命令行窗口拖离主界面，其结果如图 1-2 所示。若要将命令行窗口停靠在主界面中，则可选择 ⊙ 按钮的下拉菜单中的"停靠"命令。

1. 命令提示符和语句颜色

在分离的命令行窗口中，每行语句前都有一个符号">> "，即命令提示符。在此符号后（也只能在此符号后）输入各种语句并按 Enter 键，方可被 MATLAB 接收和执行。执行的结果通常会直接显示在语句下方。

不同类型的语句用不同的颜色区分。默认情况下，输入

图 1-2   分离的命令行窗口

的命令、函数、表达式以及计算结果等采用黑色，字符串采用红色，if、for 等关键词采用蓝色，注释语句用绿色。

2. 语句的重复调用、编辑和运行

在命令行窗口中，不但能编辑和运行当前输入的语句，对曾经输入的语句也有快捷的方法进行重复调用、编辑和运行。重复调用和编辑的快捷方法是利用表 1-1 中所列的按键进行操作。

表 1-1　语句行用到的按键

按　键	作　用	按　键	作　用
↑	向上回调以前输入的语句行	Home	让光标跳到当前行的开头
↓	向下回调以前输入的语句行	End	让光标跳到当前行的末尾
←	光标在当前行中左移一个字符	Delete	删除当前行光标后的字符
→	光标在当前行中右移一个字符	Backspace	删除当前行光标前的字符

其实这些按键与文字处理软件中的同一按键在功能上是大体一致的，不同点主要是在文字处理软件中针对整个文档使用按键，而在 MATLAB 命令行窗口中则以行为单位使用按键。

3．语句行中使用的标点符号

MATLAB 在输入语句时可能要用到表 1–2 中所列的各种标点符号。在向命令行窗口输入语句时，一定要在英文输入状态下输入（刚输完汉字后初学者很容易忽视中英文输入状态的切换）。

表 1-2　MATLAB语句中常用的标点符号

名　称	符　号	作　用
空格		变量分隔符；矩阵一行中各元素间的分隔符；程序语句关键词分隔符
逗号	,	分隔欲显示计算结果的各语句；变量分隔符；矩阵一行中各元素间的分隔符
点号	.	数值中的小数点；结构数组的域访问符
分号	;	分隔不想显示计算结果的各语句；矩阵行与行之间的分隔符
冒号	:	用于生成一维数值数组；表示一维数组的全部元素或多维数组某一维的全部元素
百分号	%	注释语句说明符，凡在其后的字符均视为注释性内容而不被执行
单引号	' '	字符串标识符
圆括号	( )	用于矩阵元素引用；用于函数输入变量列表；确定运算的先后次序
方括号	[ ]	向量和矩阵标识符；用于函数输出列表
花括号	{ }	标识元胞数组
续行号	…	长命令行需分行时连接下行用
赋值号	=	将表达式赋值给一个变量

4．命令行窗口中数值的显示格式

为了适应用户以不同格式显示计算结果的需要，MATLAB 设计了多种数值显示格式供用户选用，如表 1-3 所示。其中，默认的显示格式是：数值为整数时，以整数显示；数值为实数时，以 short 格式显示；如果数值的有效数字超出了范围，则以科学记数法显示结果。

表 1-3　命令行窗口中数值的显示格式

格　式	显示格式	格式效果说明
short（默认）	2.7183	保留4位小数，整数部分超过3位的小数用short e格式
short e	2.7183e+000	用1位整数和4位小数表示，倍数关系用科学记数法表示成十进制指数形式
short g	2.7183	保留5位有效数字，数字大小在10^{-5}~10^{5}时自动调整数位，超出范围时用 short e格式
long	2.71828182845905	保留14位小数，最多2位整数，共16位十进制数，否则用long e格式表示

续表

格　式	显示格式	格式效果说明
long e	2.718281828459046e+000	保留15位小数的科学记数法表示
long g	2.71828182845905	保留15位有效数字，数字大小在10^{-5}~10^{15}时，自动调整数位，超出范围时用long e格式
rational	1457/536	用分数有理数近似表示
hex	4005bf0a8b14576a	采用十六进制表示
+	+	正数、负数和零分别用＋、－、空格表示
bank	2.72	限两位小数，用于表示元、角、分
compact	不留空行显示	在显示结果之间没有空行的压缩格式
loose	留空行显示	在显示结果之间有空行的稀疏格式

需要说明的是，表 1-3 中最后两个用于控制屏幕显示格式，而非数值显示格式。MATLAB 的所有数值均按 IEEE 浮点标准规定的 long 格式存储，显示的精度并不代表数值实际的存储精度，或者说数值参与运算的精度。

5. 数值显示格式的设置方法

数值显示格式的设置方法有两种：

（1）单击 MATLAB 主界面"主页"选项卡"环境"选项组中的 ⊙ 预设命令按钮，在弹出的"预设项"对话框中选择"命令行窗口"进行显示格式设置，如图 1-3 所示。

（2）在命令行窗口中执行 format 命令，例如要用 long 格式时，在命令行窗口中输入 format long 语句即可。使用命令方便在程序设计时进行格式设置。

不仅数值显示格式可以自行设置，数字和文字的字体显示风格、大小、颜色也可自行设置。在"预设项"对话框左侧的格式对象树中选择要设置的对象，再配合相应的选项，便可对所选对象的风格、大小、颜色等进行设置。

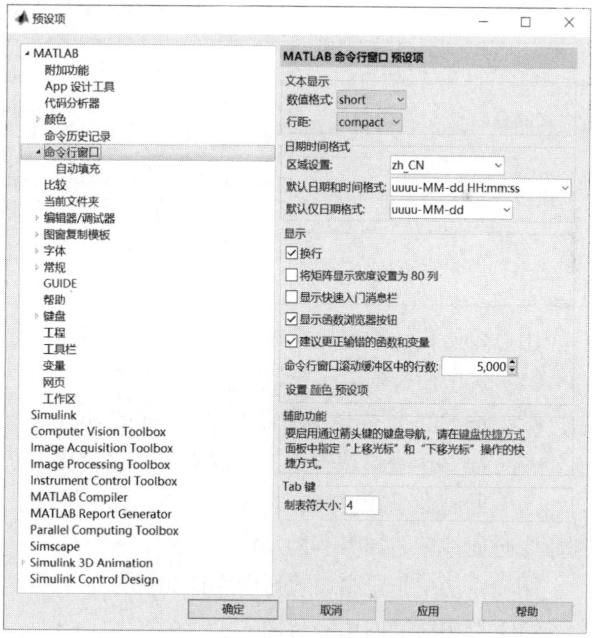

6. 命令行窗口清屏

当命令行窗口中执行过许多命令后，经常需要对窗口进行清屏操作，通常有两种方法：

（1）执行 MATLAB 主界面"主页"选项卡"代码"选项组中的"清除命令"→"命令行窗口"命令。

（2）在命令提示符后直接输入 clear, clc 语句。

两种方法都能清除命令行窗口中的显示内容（仅能清除命令行窗口的显示内容，不能清除工作区的显示内容）。

图 1-3　"预设项"对话框

1.2.2 命令历史记录窗口

命令历史记录窗口用来存放曾在命令行窗口中用过的语句，借用计算机的存储器保存信息，以方便用户追溯、查找曾经用过的语句，利用这些既有的资源节省编程时间。

在下面两种情况下命令历史记录窗口的优势体现得尤为明显：一是需要重复处理长的语句；二是需要选择多行曾经用过的语句形成 M 文件。

同命令行窗口，对命令历史记录窗口也可进行停靠、分离等操作，分离后的窗口如图 1-4 所示。从窗口中记录的时间可以看出，其中存放的正是曾经用过的语句。

对于命令历史记录窗口中的内容，可在选中的前提下将它们复制到当前正在工作的命令行窗口中，以供进一步修改或直接运行。

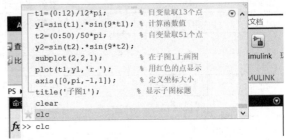

图 1-4 分离的命令历史记录窗口

1. 复制、执行命令历史记录窗口中的命令

命令历史记录窗口的主要用途如表 1-4 所示，"操作方法"中提到的"选中"操作与 Windows 中选中文件的方法相同，同样可以结合 Ctrl 键和 Shift 键使用。

表 1-4 命令历史记录窗口的主要用途和操作方法

主 要 用 途	操 作 方 法
复制单行或多行语句	选中单行或多行语句，执行"复制"命令，回到命令行窗口，执行"粘贴"命令即可实现复制
执行单行或多行语句	选中单行或多行语句，右击，在弹出的快捷菜单中执行"执行所选内容"命令，选中的语句将在命令行窗口中运行，并同步显示相应结果。双击语句行也可运行
把多行语句写成M文件	选中单行或多行语句，右击，在弹出的快捷菜单中执行"创建实时脚本"命令，利用随之打开的M文件编辑/调试器窗口，可将选中语句保存为M文件

用命令历史记录窗口完成所选语句的复制操作如下。

（1）选中所需的第一行语句。

（2）按 Shift 键并选中所需的最后一行语句，连续多行语句即被选中。

（3）按 Ctrl+C 键或在选中区域右击，在弹出的快捷菜单中执行"复制"命令。

（4）回到命令行窗口，在该窗口中右击，在弹出的快捷菜单中执行"粘贴"命令，所选内容即被复制到命令行窗口中，如图 1-5 所示。

用命令历史记录窗口执行所选语句操作如下。

（1）选中所需的第一行语句。

（2）按住 Ctrl 键可选中不连续的多行语句。

（3）在选中的区域右击，在弹出的快捷菜单中执行"执行所选内容"命令，计算结果就会出现在命令行窗口中。

2. 清除命令历史记录窗口中的内容

执行 MATLAB 主界面"主页"选项卡"代码"选项组中的"清除命令"→"命令历史记录"命令，即可清除命令历史记录窗口中的当前内容，以前的命令将不能被追溯和使用。

1.2.3　当前文件夹和路径管理

MATLAB 利用当前文件夹组织、管理和使用所有 MATLAB 文件和非 MATLAB 文件，例如新建、复制、删除、重命名文件夹和文件等，还可以利用其打开、编辑和运行 M 程序文件及载入 mat 数据文件等。当前文件夹如图 1-6 所示。

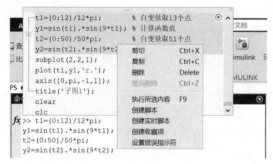

图 1-5　命令历史记录窗口中的选中与复制操作

图 1-6　当前文件夹

MATLAB 的当前目录是实施打开、装载、编辑和保存文件等操作时系统默认的文件夹。设置当前目录就是将此默认文件夹改成用户希望使用的文件夹，用来存储文件和数据。具体的设置方法有两种：

（1）在当前文件夹的目录设置区设置。设置方法同 Windows 操作，这里不再赘述。

（2）用目录命令设置，如表 1-5 所示。

表 1-5　设置当前目录的常用命令

目录命令	含　义	示　例
cd	显示当前目录	cd
cd 文件夹名	设定当前目录为"文件夹名"	cd f:\matfiles

用命令设置当前目录，为在程序中改变当前目录提供了方便，因为编写完成的程序通常用 M 文件存放，执行这些文件时即可将其存储到需要的位置。

1.2.4　搜索路径

MATLAB 中大量的函数和工具箱文件存储在不同文件夹中，用户建立的数据文件、命令和函数文件也存放在指定的文件夹中。当需要调用这些函数或文件时，就需要找到它们所在的文件夹。

路径其实就是存储某个待查函数和文件的文件夹名称。当然，这个文件夹名称应包括盘符和逐级嵌套的子文件夹名。

例如，现有一文件 E04_01.m 存放在 D 盘"MATLAB 文件"文件夹下的 Char04 子文件夹中，那么描述它的路径是"D:\MATLAB 文件\Char04"。若要调用这个 M 文件，可在命令行窗口或程序中将其表达为"D:\MATLAB 文件\Char04\E04_01.m"。

在使用时，这种书写过长，很不方便。MATLAB 为克服这一问题引入了搜索路径机制。搜索路径机制就是将一些可能被用到的函数或文件的存放路径提前通知系统，而无须在执行和调用这些函数和文件时输入一长串的路径。

说明：在 MATLAB 中，一个符号出现在程序语句或命令行窗口的语句中可能有多种解读，它也许是一个变量、特殊常量、函数名、M 文件或 MEX 文件等。应该识别成什么，就涉及搜索顺序的问题。

如果在命令提示符"＞＞"后输入符号 xt，或在程序语句中有一个符号 xt，那么 MATLAB 将试图按下列步骤搜索和识别：

（1）在 MATLAB 内存中进行搜索，看 xt 是否为工作区的变量或特殊常量。如是，就将其当成变量或特殊常量来处理，不再往下展开搜索；如不是，转步骤（2）。

（2）检查 xt 是否为 MATLAB 的内部函数，如是，则调用 xt 这个内部函数；如不是，转步骤（3）。

（3）继续在当前目录中搜索是否有名为 xt.m 或 xt.mex 的文件，若存在，则将 xt 作为文件调用；若不存在，转步骤（4）。

（4）继续在 MATLAB 搜索路径的所有目录中搜索是否有名为 xt.m 或 xt.mex 的文件存在，若存在，则将 xt 作为文件调用。

（5）上述 4 步全搜索完后，若仍未发现 xt 这一符号的出处，则 MATLAB 将发出错误信息。必须指出的是，这种搜索是以花费更多执行时间为代价的。

MATLAB 设置搜索路径的方法有两种：一种是用"设置路径"对话框；另一种是用命令。

1. 利用"设置路径"对话框设置搜索路径

在 MATLAB 主界面中单击"主页"选项卡"环境"选项组中的"设置路径"命令按钮，将弹出如图 1-7 所示的"设置路径"对话框。

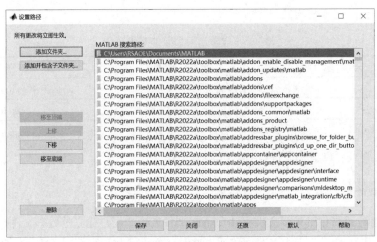

图 1-7 "设置路径"对话框

单击该对话框中的"添加文件夹"或"添加并包含子文件夹"按钮，将弹出一个如图 1-8 所示"将文件夹添加到路径"对话框，利用该对话框可以从树形目录结构中选择欲指定为搜索路径的文件夹。

"添加文件夹"和"添加并包含子文件夹"两个按钮的不同之处在于，后者设置某个文件夹成为可搜索的路径后，其下级子文件夹将自动被加入搜索路径。

2. 利用命令设置搜索路径

MATLAB 中将某一路径设置成可搜索路径的命令有 path 及 addpath 两个。其中，path 命令用于查看或更改搜索路径，该路径存储在 pathdef.m 文件中。addpath 命令将指定的文件夹添加到当前 MATLAB 搜索路径的顶层。

图 1-8　"将文件夹添加到路径"对话框

下面以将路径"F:\MATLAB 文件"设置成可搜索路径为例进行说明。用 path 命令和 addpath 命令设置搜索路径。在 MATLAB 命令行窗口中输入以下代码：

```
>> path(path,'F:\MATLAB 文件');
>> addpath F:\MATLAB 文件 - begin        %begin 意为将路径放在路径表的前面
>> addpath F:\MATLAB 文件 - end          %end 意为将路径放在路径表的最后
```

1.2.5　工作区和数组编辑器

默认情况下，工作区位于 MATLAB 操作界面的右侧。同命令行窗口，也可对该工作区进行停靠、分离等操作，分离后的工作区窗口如图 1-9 所示。

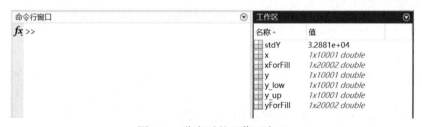

图 1-9　分离后的工作区窗口

工作区拥有许多其他功能，例如内存变量的打印、保存、编辑和图形绘制等。这些操作都比较简单，只需要在工作区中选择相应的变量并右击，在弹出的快捷菜单中执行相应的菜单命令即可，如图 1-10 所示。

在 MATLAB 中，数组和矩阵等都是十分重要的基础变量，因此 MATLAB 专门提供了变量编辑器工具编辑数据。

双击工作区窗口中的某个变量时，会在 MATLAB 主界面中弹出如图 1-11 所示的变量编辑器。同命令行窗口，变量编辑器也可从主窗口中分离，分离后的变量编辑器如图 1-12 所示。

在该编辑器中可以对变量及数组进行编辑操作，利用"绘图"选项卡下的功能命令还可以很方便地绘制各种图形。

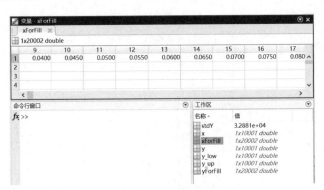

图 1-10　对变量进行操作的快捷菜单　　　　　　　　图 1-11　变量编辑器

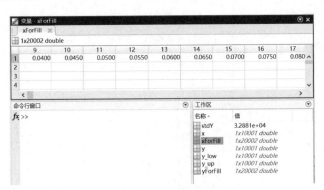

图 1-12　分离后的变量编辑器

1.2.6　变量的编辑命令

在 MATLAB 中除了可以在工作区中编辑内存变量外，还可以在命令行窗口中输入相应的命令，查看和删除内存中的变量。

【例 1-1】在命令行窗口中输入以下命令创建 A、i、j、k 四个变量，然后利用 who 和 whos 命令查看内存变量的信息。

解： 如图 1-13 所示，在命令行窗口中依次输入以下语句：

```
>> clear
>> clc
>> A(2,2,2)=1;
>> i=6;
>> j=12;
>> k=18;
>> who
    您的变量为:
    A  i  j  k
>> whos
  Name      Size            Bytes  Class      Attributes
  A         2x2x2              64  double
  i         1x1                 8  double
```

| j | 1x1 | 8 | double |
| k | 1x1 | 8 | double |

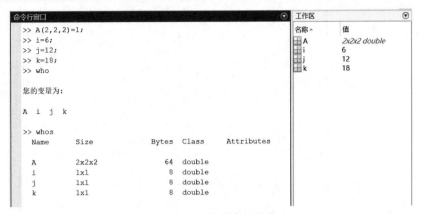

图 1-13 查看内存变量的信息

提示：who 和 whos 两个命令的区别只是内存变量信息的详细程度不同。

【**例 1-2**】删除例 1-1 创建的内存变量 k。

解：在命令行窗口中输入以下语句：

```
>> clear k
>> who
   您的变量为：
   A  i  j
```

与前面的示例相比，运行 clear k 命令后，变量 k 被从工作区删除，在工作区浏览器中也被删除。

1.2.7 存取数据文件

MATLAB 提供了 save 和 load 命令实现数据文件的存取。表 1-6 列出了这两个命令的常见用法。对于一些较少见的存取命令用法，可以查阅帮助。

表 1-6 MATLAB文件存取命令

命　　令	功　　能
save Filename	将工作区中的所有变量保存到名为Filename的mat文件中
save Filename x y z	将工作区中的x、y、z变量保存到名为Filename的mat文件中
save Filename –regecp pat1 pat2	将工作区中符合表达式要求的变量保存到名为Filename的mat文件中
load Filename	将名为Filename的mat文件中的所有变量读入内存
load Filename x y z	将名为Filename的mat文件中的x、y、z变量读入内存
load Filename –regecp pat1 pat2	将名为Filename的mat文件中符合表达式要求的变量读入内存
load Filename x y z –ASCII	将名为Filename的ASCII文件中的x、y、z变量读入内存

MATLAB 中除了可以在命令行窗口中输入相应的命令之外，也可以单击工作区右上角的下拉按钮，在弹出的下拉菜单中选择相应的命令实现数据文件的存取，如图 1-14 所示。

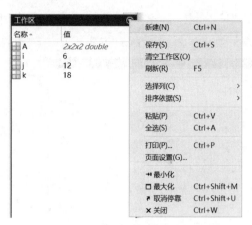

图 1-14　在工作区实现数据文件的存取

1.3　通用命令

通用命令是 MATLAB 中经常使用的一组命令，这些命令可以用来管理目录、命令、函数、变量、工作区、文件和窗口。为了更好地使用 MATLAB，需要熟练掌握和理解这些命令。下面对这些命令进行介绍。

1.3.1　常用命令

常用命令及其说明如表 1-7 所示。

表 1-7　常用命令及其说明

命　　令	说　　　　明	命　　令	说　　　　明
cd	显示或改变当前工作文件夹	load	加载指定文件的变量
dir	显示当前文件夹或指定目录下的文件	diary	日志文件命令
clc	清除工作区窗口中的所有显示内容	!	调用DOS命令
home	将光标移至命令行窗口的左上角	exit	退出MATLAB
clf	清空图形窗口	quit	退出MATLAB
type	显示文件内容	pack	收集内存碎片
clear	清理内存变量、工作区变量	hold	图形保持开关
echo	工作区窗口信息显示开关	path	显示搜索目录
disp	显示变量或文字内容	save	保存内存变量到指定文件

1.3.2　输入内容的编辑

在命令行窗口中，为了便于对输入的内容进行编辑，MATLAB 提供了一些控制光标位置和进行简单编辑的常用编辑键与组合键，掌握这些可以在输入命令的过程中起到事半功倍的效果。表 1-8 列出了一些常用键盘按键及其说明。

表 1-8　常用键盘按键及其说明

键盘按键	说　　明	键盘按键	说　　明
↑	Ctrl+P，调用上一行	Home	Ctrl+A，将光标置于当前行开头
↓	Ctrl+N，调用下一行	End	Ctrl+E，将光标置于当前行末尾
←	Ctrl+B，光标左移一个字符	Esc	Ctrl+U，清除当前输入行
→	Ctrl+F，光标右移一个字符	Delete	Ctrl+D，删除光标处的字符
Ctrl+←	Ctrl+L，光标左移一个单词	Backspace	Ctrl+H，删除光标前的字符
Ctrl+→	Ctrl+R，光标右移一个单词	Alt+Backspace	恢复上一次删除

1.3.3　标点

在 MATLAB 语言中，一些标点符号也被赋予了特殊的意义或代表一定的运算，如表 1-9 所示。

表 1-9　MATLAB语言的标点及其说明

标　　点	说　　明	标　　点	说　　明
:	冒号，具有多种应用功能	%	百分号，注释标记
;	分号，区分行及取消运行结果显示	!	惊叹号，调用操作系统运算
,	逗号，区分列及作为函数参数分隔符	=	等号，赋值标记
()	括号，指定运算的优先级	'	单引号，字符串的标识符
[]	方括号，定义矩阵	.	小数点及对象域访问
{}	大括号，构造单元数组	…	续行符号

1.4　帮助系统

MATLAB 提供了丰富的帮助系统，可以帮助用户更好地了解和运用 MATLAB。本节将详细介绍 MATLAB 帮助系统的使用。

1.4.1　纯文本帮助

在 MATLAB 中，所有执行命令或函数的 M 源文件都有较为详细的注释。这些注释是用纯文本的形式表示的，一般包括函数的调用格式或输入函数、输出结果的含义。下面使用简单的例子说明如何使用 MATLAB 的纯文本帮助。

【例 1-3】在 MATLAB 中查阅帮助信息。

解： 根据 MATLAB 的帮助系统，用户可以查阅不同范围的帮助信息，具体如下。

（1）在命令行窗口中输入 help help 命令，然后按 Enter 键，可以查阅如何在 MATLAB 中使用 help 命令，如图 1-15 所示。

界面中显示了如何在 MATLAB 中使用 help 命令的帮助信息，用户可以详细阅读此信息来学习如何使用 help 命令。

（2）在命令行窗口中输入 help 命令，然后按 Enter 键，可以查阅最近使用命令主题相关的帮助信息。

（3）在命令行窗口中输入 help topic 命令，然后按 Enter 键，可以查阅关于指定主题的所有帮助信息。

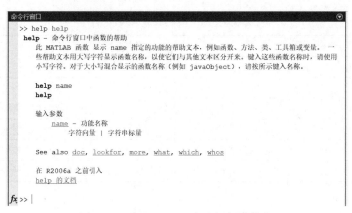

图 1–15   在 MATLAB 中查阅帮助信息

上面简单地演示了如何在 MATLAB 中使用 help 命令获得各种函数、命令的帮助信息。在实际应用中，可以灵活使用这些命令搜索所需的帮助信息。

1.4.2   帮助导航

在 MATLAB 中提供帮助信息的"帮助"窗口主要由帮助导航器和帮助浏览器两个部分组成。这个帮助文件和 M 文件中的纯文本帮助无关，而是 MATLAB 专门设置的独立帮助系统。该系统对 MATLAB 的功能叙述比较全面、系统，且界面友好、使用方便，是查找帮助信息的重要途径。

可以在 MATLAB 主界面右上角的快捷工具栏中单击 ❓ 按钮，打开"帮助"窗口，如图 1–16 所示。

图 1–16   "帮助"窗口

1.4.3   示例帮助

在 MATLAB 中，各个工具包都有设计好的示例程序，对于初学者而言，这些示例对提高自己的 MATLAB 应用能力具有重要的作用。

在 MATLAB 的命令行窗口中输入 demo 命令，就可以进入关于示例程序的"帮助"窗口，如图 1-17 所示。用户可以打开实时脚本进行学习。

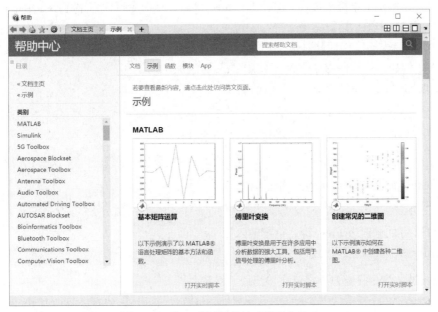

图 1-17 关于示例程序的"帮助"窗口

1.5 初步使用 MATLAB

下面以一个简单的示例展示如何使用 MATLAB 进行简单的数值计算。

【例 1-4】入门应用操作示例。

解：按以下步骤进行操作。

（1）在 MATLAB 命令行窗口中输入以下语句：

```
>> w=1/6*pi
```

按 Enter 键，可以在工作区窗口中看到变量 w，大小为 0.5236，命令行窗口中显示：

```
w =
    0.5236
```

（2）在 MATLAB 命令行窗口中输入以下语句：

```
>> y= sin(w*2/3)
```

按 Enter 键，可以在工作区窗口中看到变量 y，大小为 0.3420，命令行窗口中显示结果如下：

```
y =
    0.3420
```

（3）在 MATLAB 命令行窗口中输入以下语句：

```
>> z=sin(2*w)
```

按 Enter 键，可以在工作区窗口中看到变量 z，大小为 0.8660，命令行窗口中显示结果如下：

```
z =
    0.8660
```

当命令后面有分号（半角符号格式）时，按 Enter 键后，在命令行窗口中将不显示运算结果；如果无分号，则在命令行窗口中显示运算结果。

当希望先输入多条语句，然后同时执行它们时，在输入下一条命令时，要在按住 Shift 键的同时按 Enter 键进行换行输入。例如，比较使用";"和不使用";"的区别。

（4）在 MATLAB 命令行窗口中输入以下语句：

```
x=rand(2,3);
```

（5）按住 Shift 键的同时按 Enter 键，继续输入以下语句：

```
y=rand(2,3)
```

（6）按住 Shift 键的同时按 Enter 键，继续输入以下语句：

```
A=sin(x)
```

（7）按住 Shift 键的同时按 Enter 键，继续输入以下语句：

```
B=sin(2*y)
```

（8）按 Enter 键，命令行窗口中将依次输出以下结果：

```
y =
    0.3786    0.5328    0.9390
    0.8116    0.3507    0.8759
A =
    0.3016    0.4889    0.7137
    0.4869    0.7295    0.6007
B =
    0.6869    0.8751    0.9532
    0.9986    0.6453    0.9836
```

1.6 本章小结

MATLAB 是一种功能多样、高度集成、适合科学和工程计算的软件，同时又是一种高级程序设计语言。MATLAB 的主界面集成了命令行窗口、当前文件夹、工作区和选项卡等，它们既可单独使用，又可相互配合使用，提供了十分灵活方便的操作环境。通过本章的学习，读者应能够对 MATLAB 有一个较为直观的印象，为后面的学习打下基础。

<table>
<tr><td>第 2 章
CHAPTER 2</td><td># 基 础 知 识</td></tr>
</table>

基础知识 A

基础知识 B

　　MATLAB 是目前在国际上被广泛接受和使用的科学与工程计算软件。在程序设计语言中，常量、变量、函数、运算符和表达式是必不可少的，MATLAB 也不例外。本章将分别介绍 MATLAB 中运用的一些基础知识，包括基本概念、数据类型、运算符、字符串等内容。

　　本章学习目标包括：

（1）了解 MATLAB 基本概念；

（2）掌握 MATLAB 中的数据类型；

（3）掌握 MATLAB 中的基本运算；

（4）熟练掌握向量、字符串的操作。

2.1　基本概念

　　常量、变量、命令、函数、表达式等是学习程序语言时必须掌握的基本概念。MATLAB 虽是一个集多种功能于一体的集成软件，但就其语言部分，这些概念同样不可或缺。

2.1.1　常量与变量

　　常量是程序语句中取不变值的那些量，如表达式 y=0.618*x，其中就包含一个 0.618 这样的数值常数，它便是一数值常量。而另一表达式 s='Tomorrow and Tomorrow'中，单引号内的英文字符串 Tomorrow and Tomorrow 则是字符串常量。

1. 常量

　　在 MATLAB 中，有一类常量是由系统默认给定一个符号来表示的，如 pi 代表圆周率 π 这个常数，即 3.1415926…，类似于 C 语言中的符号常量，这些常量有时又称为系统预定义的变量，如表 2-1 所示。

表 2-1　MATLAB特殊常量

符　　号	含　　义
i或j	虚数单位，定义为$i^2=j^2=-1$
Inf和-Inf	正、负无穷大，由0作除数时引入此常量
NaN	非数值量，表示非数值量，产生于0/0、∞/∞、0*∞等运算
pi	圆周率π的双精度表示

续表

符　号	含　义
eps	容差变量。当某量的绝对值小于eps时，可以认为此量为0，即为浮点数的最小分辨率，计算机上此值为2^{-52}
realmin	最小浮点数，为2^{-1023}
realmax	最大浮点数，为2^{1023}
ans	默认变量名

【例2-1】显示常量值示例。

解：在命令行窗口中依次输入以下语句，同时会输出相应的结果。

```
>> eps
ans =
   2.2204e-16
>> pi
ans =
   3.1416
```

2．变量

变量是在程序运行中其值可以改变的量，由变量名表示。在 MATLAB 中变量名的命名有自己的规则，可以归纳成如下几条：

（1）变量名必须以字母开头，且只能由字母、数字或下画线三类符号组成，不能含有空格和标点符号（如()、%）等。

（2）变量名区分字母的大小写，如 a 和 A 是不同的变量。

（3）变量名不能超过 63 个字符，第 63 个字符后的字符将被忽略；MATLAB 6.5 之前版本的变量名则不能超过 31 个字符。

（4）关键字（如 if、while 等）不能作为变量名。

（5）最好不要用表 2-1 中的特殊常量符号作变量名。

常见的错误命名有 f(x)，y'，y''，A2 等。

2.1.2　无穷量和非数值量

MATLAB 中用 Inf 和 -Inf 分别代表正无穷和负无穷，用 NaN 表示非数值量。正无穷和负无穷的产生一般是由于 0 做了分母或运算溢出，产生了超出双精度浮点数数值范围的结果；分数值量则是 0/0 或 Inf/Inf 型的非正常运算造成的。需要注意的是，两个 NaN 彼此是不相等的。

除了运算造成这些异常结果外，MATLAB 也提供了专门函数创建这两种特别的量。可以用 Inf 函数和 NaN 函数创建指定数值类型的无穷量和非数值量，默认是双精度浮点类型。

【例2-2】无穷量和非数值量。

解：在命令行窗口中依次输入以下语句，同时会输出相应的结果。

```
>> x=1/0
x =
   Inf
>> y=log(0)
y =
```

```
     -Inf
>> z=0.0/0.0
z =
   NaN
```

2.1.3 标量、向量、矩阵与数组

标量、向量、矩阵和数组是 MATLAB 运算中涉及的一组基本运算量。它们各自的特点及相互关系可以描述如下：

（1）数组不是一个数学量，而是一个用于高级语言程序设计的概念。如果数组元素按一维线性方式组织在一起，则称为一维数组，一维数组的数学原型是向量。

如果数组元素分行、列排成一个二维平面表格，则称其为二维数组，其数学原型是矩阵。如果在元素排成二维数组的基础上，再将多个行、列数分别相同的二维数组叠成一本立体表格，便形成三维数组。依此类推，便有了多维数组的概念。

在 MATLAB 中，数组的用法与一般高级语言不同，它不借助于循环，而是直接采用运算符，有自己独立的运算符和运算法则。

（2）矩阵是一个数学概念，一般高级语言并未将其作为基本的运算量，不认可将两个矩阵视为两个简单变量而直接进行加、减、乘、除运算，要完成矩阵的四则运算则必须借助于循环结构。

当 MATLAB 引入矩阵作为基本运算量后，上述局面改变了。MATLAB 不仅实现了矩阵的简单加减乘除运算，许多与矩阵相关的其他运算也因此大大简化了。

（3）向量是一个数学量，一般高级语言中也未引入，可将其视为矩阵的特例。从 MATLAB 的工作区窗口可以查看到：一个 n 维的行向量是一个 $1 \times n$ 阶的矩阵，而列向量则可作为 $n \times 1$ 阶的矩阵。

（4）标量的提法也是一个数学概念，但在 MATLAB 中，一方面可将其视为一般高级语言的简单变量处理，另一方面又可把它当成 1×1 阶的矩阵，这与矩阵作为 MATLAB 的基本运算量是一致的。

（5）在 MATLAB 中，二维数组和矩阵其实是数据结构形式相同的两种运算量。二维数组和矩阵的表示、建立、存储区别只是运算符和运算法则不同。

例如，向命令行窗口中输入 a=[1 2;3 4]这个量，实际上该量有两种可能的角色：矩阵 a 或二维数组 a。这就是说，单从形式上不能完全区分矩阵和数组，必须看它使用什么运算符与其他量之间进行的运算。

（6）数组的维和向量的维是两个完全不同的概念。数组的维是从数组元素排列后所形成的空间结构定义的：线性结构是一维，平面结构是二维，立体结构是三维，当然还有四维以至多维。向量的维相当于一维数组中的元素个数。

2.1.4 命令、函数、表达式和语句

有了常量、变量、数组和矩阵，再加上各种运算符即可编写出多种 MATLAB 的表达式和语句。但在 MATLAB 的表达式或语句中，还有一类对象会时常出现，那就是命令和函数。

1. 命令

命令通常是一个动词，例如 clear 命令用于清除工作区。有的命令可能在动词后带有参数，例如"addpath F:\MATLAB 文件\M 文件–end"命令用于添加新的搜索路径。

在 MATLAB 中，命令与函数都在函数库里，有一个专门的函数库 general 用来存放通用命令。一个命令也是一条语句。

2. 函数

函数对 MATLAB 而言，有相当特殊的意义，这不仅因为函数在 MATLAB 中应用面广，更因为其多。仅就 MATLAB 的基本函数而言，其所包括的函数类别就多达二十多种，而每一种中又有少则几个、多则几十个函数。

除 MATLAB 基本函数外，还有各种工具箱，而工具箱实际上也是由一组组用于解决专门问题的函数构成。不包括 MATLAB 网站上外挂的工具箱函数，目前 MATLAB 自带的工具箱已多达几十种，可见 MATLAB 函数之多。

从某种意义上说，MATLAB 全靠函数解决问题。函数一般的调用格式如下：

```
函数名(参数 1，参数 2，…)
```

例如，引用正弦函数就书写成 sin(A)，A 就是一个参数，它可以是一个标量，也可以是一个数组，而对数组求正弦是针对其中的各元素求正弦，这是由数组的特征决定的。

3. 表达式

用多种运算符将常量、变量（含标量、向量、矩阵和数组等）、函数等多种运算对象连接起来构成的运算式就是 MATLAB 的表达式，例如：

```
A+B&C-sin(A*pi)
```

就是一个表达式。试分析其与表达式

```
(A+B)&C-sin(A*pi)
```

有无区别。

4. 语句

在 MATLAB 中，表达式本身即可被视为一个语句。而典型的 MATLAB 语句是赋值语句，其一般的结构如下：

```
变量名=表达式
```

例如：

```
F=(A+B)&C-sin(A*pi)
```

就是一个赋值语句。

除赋值语句外，MATLAB 还有函数调用语句、循环控制语句、条件分支语句等。这些语句将在后面的章节中逐步介绍。

2.1.5　数组、矩阵与符号矩阵

1. 数组

数组（Array）是由一组复数排成的长方形阵列（而实数可被视为复数的虚部为零的特例）。对于MATLAB，在线性代数范畴之外，数组也是进行数值计算的基本处理单元。

一行多列的数组是行向量，一列多行的数组就是列向量。数组可以是二维的"矩形"，也可以是三维的，甚至还可以是多维的。多行多列的"矩形"数组与数学中的矩阵从外观形式与数据结构上看，没有什么区别。

MATLAB 中定义了一套数组运算规则及其运算符，但数组运算是 MATLAB 软件所定义的规则，规则是为了管理数据方便、操作简单、指令形式自然、程序简单易读与运算高效。在 MATLAB 中大量数值计算是以数组形式进行的。而在 MATLAB 中涉及线性代数范畴的问题，其运算则是以矩阵作为基本的运算单元。

2. 矩阵

有 $m \times n$ 个数 $a_{ij}(i=1,2,\cdots,m;\ j=1,2,\cdots,n)$ 组成的数组，将其排成如下格式（用方括号括起来）并作为整体，则称该表达式为 m 行 n 列的矩阵：

$$A=\begin{bmatrix} a_{11} & \cdots & a_{1n} \\ \vdots & & \vdots \\ a_{m1} & \cdots & a_{mn} \end{bmatrix}$$

横向每一行所有元素依次序排列为行向量；纵向每一列所有元素依次序排列为列向量。注意，数组用方括号括起来后已成为一个抽象的特殊量——矩阵。

在线性代数中，矩阵有特定的数学含义，并有其自身严格的运算规则。矩阵概念是线性代数范畴内特有的。在 MATLAB 中也定义了矩阵运算规则及其运算符。MATLAB 中的矩阵运算规则与线性代数中的矩阵运算规则相同。

MATLAB 既支持数组的运算，也支持矩阵的运算。但在 MATLAB 中，数组与矩阵的运算却有很大的差别。在 MATLAB 中，数组的所有运算都对被运算数组中的每个元素平等地执行同样的操作；矩阵运算则从把矩阵整体当作一个特殊的量这个基点出发，按照线性代数的规则进行运算。

3. 符号矩阵

符号变量与符号形式的数（符号常量）构成的矩阵叫作符号矩阵。符号矩阵既可以构成符号矩阵函数，也可以构成符号矩阵方程，它们都是符号表达式。

符号矩阵的 MATLAB 表达式的书写特点是：矩阵必须用一对方括号括起来，行之间用分号分隔，同一行的元素之间用逗号或空格分隔。

2.2 数据类型

数据类型、常量与变量是程序语言入门时必须引入的基本概念，MATLAB 是一个集多种功能于一体的集成软件，这些概念同样不可缺少。

2.2.1 数据类型概述

数据作为计算机处理的对象，在程序语言中可分为多种类型，在 MATLAB 这种可编程的语言中当然也不例外。MATLAB 的主要数据类型如图 2-1 所示。本节重点介绍数值型数据。

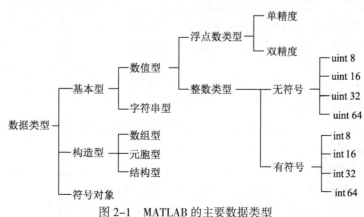

图 2-1 MATLAB 的主要数据类型

　　MATLAB 数值型数据划分成整数类型和浮点数类型的用意和 C 语言有所不同。MATLAB 的整数类型数据主要为图像处理等特殊的应用问题提供数据类型，以便节省空间或提高运行速度。对于一般数值运算，绝大多数情况下采用双精度浮点数类型的数据。

　　MATLAB 的构造型数据基本与 C++的构造型数据相衔接，但它的数组却有更加广泛的含义和不同于一般语言的运算方法。

　　符号对象是 MATLAB 所特有的一类为符号运算而设置的数据类型。严格地说，它不是某一类型的数据，它可以是数组、矩阵、字符等多种形式及其组合，但它在 MATLAB 的工作区中的确又是另立的一种数据类型。

　　在使用中，MATLAB 数据类型有一个突出的特点：在引用不同数据类型的变量时，一般不用事先对变量的数据类型进行定义或说明，系统会依据变量被赋值的类型自动进行类型识别，这在高级语言中是极有特色的。

　　这样处理的优势是，在书写程序时可以随时引入新的变量而不用担心会出错，这的确给应用带来了很大方便。但缺点是有失严谨，搜索和确定一个符号是否为变量名将耗费更多的时间。

2.2.2　整数类型

　　MATLAB 中提供了 8 种内置的整数类型，表 2–2 中列出了它们各自的整数类型、数值范围和转换函数。

表 2-2　MATLAB中的整数类型

整数类型	数值范围	转换函数
有符号8位整数	$-2^7 \sim 2^7-1$	int8
无符号8位整数	$0 \sim 2^8-1$	uint8
有符号16位整数	$-2^{15} \sim 2^{15}-1$	int16
无符号16位整数	$0 \sim 2^{16}-1$	uint16
有符号32位整数	$-2^{31} \sim 2^{31}-1$	int32
无符号32位整数	$0 \sim 2^{32}-1$	uint32
有符号64位整数	$-2^{63} \sim 2^{63}-1$	int64
无符号64位整数	$0 \sim 2^{64}-1$	uint64

　　不同的整数类型所占用的位数不同，因此所能表示的数值范围不同，在实际应用中，应该根据需要的数据范围选择合适的整数类型。有符号的整数类型拿出一位来表示正、负，因此表示的数据范围和相应的无符号整数类型不同。

　　由于 MATLAB 中数值的默认存储类型是双精度浮点数类型，因此必须通过表 2–1 中列出的转换函数将双精度浮点数类型转换成指定的整数类型。

　　在转换中，MATLAB 默认将待转换数值转换为最近的整数，若小数部分正好为 0.5，那么 MATLAB 转换后的结果是绝对值较大的那个整数。另外，应用这些转换函数也可以将其他类型转换成指定的整数类型。

　　【例 2-3】通过转换函数创建整数类型数据。

　　解：在命令行窗口中依次输入以下语句，同时会输出相应的结果。

```
>> x=105;y=105.49;z=105.5;
>> xx=int16(x)                    %把 double 型变量 x 强制转换成 int16 型
xx =
  int16
    105
>> yy=int32(y)
yy =
  int32
    105
>> zz=int32(z)
zz =
  int32
    106
```

MATLAB 中还有多种取整函数，可以用于把浮点数转换成整数，如表 2-3 所示。

表 2-3　MATLAB中的取整函数

函　　数	说　　明	举　　例
round(a)	向最接近的整数取整 小数部分是0.5时，向绝对值大的方向取整	round(4.3)结果为4 round(4.5)结果为5
fix(a)	向0方向取整	fix(4.3)结果为4 fix(4.5)结果为4
floor(a)	向不大于a的最接近整数取整	floor(4.3)结果为4 floor(4.5)结果为4
ceil(a)	向不小于a的最接近整数取整	ceil(4.3)结果为5 ceil(4.5)结果为5

整数类型数据参与的数学运算与 MATLAB 中默认的双精度浮点数运算不同。当两种相同的整数类型数据进行运算时，结果仍然是这种整数类型；当一个整数类型数据与一个双精度浮点数类型数据进行数学运算时，计算结果是整数类型，取整采用默认的四舍五入方式。需要注意的是，两种不同的整数类型之间不能进行数学运算，除非提前进行强制类型转换。

【例 2-4】整数类型数据参与的运算。

解： 在命令行窗口中依次输入以下语句，同时会输出相应的结果。

```
>> clear,clc
>> x=uint32(367.2)*uint32(20.3)
x =
  uint32
    7340
>> y=uint32(24.321)*359.63
y =
  uint32
    8631
>> z=uint32(24.321)*uint16(359.63)
错误使用  *
```

整数只能与同类型的整数或双精度标量值组合使用。

```
>> whos
  Name      Size            Bytes  Class     Attributes
  x         1x1                 4  uint32
  y         1x1                 4  uint32
```

不同的整数类型数据能够表示的数值范围不同，数学运算中，运算结果超出相应的整数类型数据能够表示的范围时，就会出现溢出错误，运算结果被置为该整数类型能够表示的最大值或最小值。

MATLAB 提供了 warning 函数可以设置是否显示这种转换或计算过程中出现的溢出及非正常转换的错误，有兴趣的读者可以参考 MATLAB 的联机帮助。

2.2.3　浮点数类型

MATLAB 中提供了单精度浮点数类型和双精度浮点数类型，它们在存储位宽、各数据位的用处、数值范围、转换函数等方面都不同，如表 2-4 所示。

表 2-4　MATLAB中浮点数类型的比较

浮点数类型	存储位宽	各数据位的用处	数值范围	转换函数
双精度浮点数	64	0～51位表示小数部分 52～62位表示指数部分 63位表示符号（0位正，1位负）	$-1.79769 \times 10^{+308} \sim -2.22507 \times 10^{-308}$ $2.22507 \times 10^{-308} \sim 1.79769e \times 10^{+308}$	double
单精度浮点数	32	0～22位表示小数部分 23～30位表示指数部分 31位表示符号（0位正，1位负）	$-3.40282 \times 10^{+308} \sim -1.17549 \times 10^{-308}$ $1.17549 \times 10^{-308} \sim 3.40282 \times 10^{+308}$	single

从表 2-4 可以看出，存储单精度浮点数类型所用的位数少，因此内存占用少，但从各数据位的用处来看，单精度浮点数能够表示的数值范围比双精度浮点数小。

和创建整数一样，创建浮点数也可以通过转换函数实现，当然，MATLAB 中默认的数值类型是双精度浮点数类型。

【例 2-5】浮点数类型转换函数的应用。

解： 在命令行窗口中依次输入以下语句，同时会输出相应的结果。

```
>> clear,clc
>> x=5.4
x =
    5.4000
>> y=single(x)                          %把 double 型的变量强制转换为 single 型
y =
  single
    5.4000
>> z=uint32(87563);
>> zz=double(z)
zz =
      87563
>> whos
```

```
   Name         Size              Bytes    Class       Attributes
   x            1x1                   8    double
   y            1x1                   4    single
   z            1x1                   4    uint32
   zz           1x1                   8    double
```

　　双精度浮点数参与运算时，返回值的类型依赖于参与运算的其他数据类型。双精度浮点数与逻辑型、字符型数据进行运算时，返回结果为双精度浮点数；与整数进行运算时返回结果为相应的整数；与单精度浮点数运算返回单精度浮点数。单精度浮点数与逻辑型、字符型数据和任何浮点数进行运算时，返回结果都是单精度浮点数。

　　注意：单精度浮点数不能和整数进行算术运算。

　　【例 2-6】 浮点数类型数据参与的运算。

　　解：在命令行窗口中依次输入以下语句，同时会输出相应的结果。

```
>> clear,clc
>> x=uint32(240);y=single(32.345);z=12.356;
>> xy=x*y
错误使用*
整数只能与同类的整数或双精度标量值组合使用。
>> xz=x*z
xz =
 uint32
   2965
>> whos
   Name         Size              Bytes    Class       Attributes
   x            1x1                   4    uint32
   xz           1x1                   4    uint32
   y            1x1                   4    single
   z            1x1                   8    double
```

　　从表 2-4 可以看出，浮点数只占用一定的存储位宽，其中只有有限位分别用来存储指数部分和小数部分。因此，浮点数能表示的实际数值是有限且离散的。

　　任何两个最接近的浮点数之间都有一个很微小的间隙，而所有处在这个间隙中的值都只能用这两个最接近的浮点数中的一个表示。

　　MATLAB 中提供了 eps 函数，可用于获取其与一个数值最接近的浮点数的间隙大小。

2.2.4　显示格式

　　MATLAB 提供了多种数值显示方式，可以通过 format 函数设置，也可以通过在 Preferences 对话框中修改 Command Window 的参数，设置不同的数值显示方式。默认情况下，MATLAB 使用 5 位定点或浮点显示格式。

　　表 2-5 列出 MATLAB 中通过 format 函数提供的几种数值显示格式，并举例加以说明。

表 2-5　format函数设置数值显示格式

函数格式	说　　　明	举　　例
format short	5位定点显示格式（默认）	3.1416
format short e	5位带指数浮点显示格式	3.1416e+000
format long	15位定点浮点显示格式（单精度浮点数用7位）	3.14159265358979
format long e	15位带指数浮点显示格式（单精度浮点数用7位）	3.141592653589793e+000
format bank	小数点后保留两位的显示格式	3.14
format rat	分数有理近似格式	355/113

format 函数和 Preferences 对话框都只修改数值的显示格式，而 MATLAB 中数值运算不受影响，仍按照双精度浮点数进行运算。

在 MATLAB 编程中，还常需要临时改变数值显示格式，可以通过 get 函数和 set 函数实现，下面举例说明。

【例 2-7】通过 get 函数和 set 函数临时改变数值显示格式。

解：在命令行窗口中依次输入以下语句，同时会输出相应的结果。

```
>> origFormat=get(0,'format')
origFormat =
short
>> format('rational')
>> rat_pi=pi
rat_pi =
    355/113
>> set(0,'format',origFormat)    %将数值显示格式重新设置为之前保存在变量 origFormat 中的值
>> get(0,'format')
ans =
short
```

2.2.5　常用函数

除了前面介绍的数值相关函数外，MATLAB 中还有很多用于确定数值类型的函数，如表 2-6 所示。

表 2-6　MATLAB中确定数值类型的函数

函　　数	用　　法	说　　　明
class	class(A)	返回变量A的类型名称
isa	isa(A,'class_name')	确定变量A是否为class_name表示的数据类型
isnumeric	isnumeric(A)	确定A是否为数值型
isinteger	isinteger(A)	确定A是否为整数类型
isfloat	isfloat(A)	确定A是否为浮点数类型
isreal	isreal(A)	确定A是否为实数
isnan	isnan(A)	确定A是否为非数值量
isinf	isinf(A)	确定A是否为无穷量
isfinite	isfinite(A)	确定A是否为有限数值

2.3 基本运算

MATLAB 中的运算包括算术运算、关系运算和逻辑运算，在程序设计中应用十分广泛的是关系运算和逻辑运算。关系运算用于比较两个操作数，而逻辑运算则用于对简单逻辑表达式进行复合运算。关系运算和逻辑运算的返回结果都是逻辑类型（1 代表逻辑真，0 代表逻辑假）。

MATLAB 运算符可分为算术运算符、关系运算符和逻辑运算符三大类。下面分别介绍运算符及其运算法则。

2.3.1 算术运算

算术运算因所处理的对象不同，分为矩阵算术运算和数组算术运算两类。表 2-7 列出的是矩阵算术运算符及其名称、示例和说明，表 2-8 列出的是数组算术运算符及其名称、示例和说明。

表 2-7　矩阵算术运算符

运 算 符	名　称	示　例	说　明
+	加	C=A+B	矩阵加法法则，即C(i,j)=A(i,j)+B(i,j)
−	减	C=A−B	矩阵减法法则，即C(i,j)=A(i,j)−B(i,j)
*	乘	C=A*B	矩阵乘法法则
/	右除	C=A/B	定义为线性方程组X*B=A的解，即C=A/B=A*B−1
\	左除	C=A\B	定义为线性方程组A*X=B的解，即C=A\B=A−1*B
^	乘幂	C=A^B	A、B其中一个为标量时有定义
'	共轭转置	B=A'	B是A的共轭转置矩阵

表 2-8　数组算术运算符

运 算 符	名　称	示　例	说　明
.*	数组乘	C=A.*B	C(i,j)=A(i,j)*B(i,j)
./	数组右除	C=A./B	C(i,j)=A(i,j)/B(i,j)
.\	数组左除	C=A.\B	C(i,j)=B(i,j)/A(i,j)
.^	数组乘幂	C=A.^B	C(i,j)=A(i,j)^B(i,j)
.'	转置	A.'	将数组的行摆放成列，复数元素不做共轭

需要说明几点：

（1）矩阵的加、减、乘运算是严格按矩阵运算法则定义的，而矩阵的除法虽和矩阵求逆有关系，但却分了左、右除，因此不是完全等价的。乘幂运算更是将标量幂扩展到矩阵可作为幂指数。总的来说，MATLAB接受了线性代数已有的矩阵运算规则，但又有所扩展。

（2）表 2-8 中并未定义数组的加减法，是因为数组的加减法与矩阵的加减法相同，所以未做重复定义。

（3）不论是加、减、乘、除还是乘幂，数组的运算都是元素间的运算，即对应下标元素一对一的运算。

（4）多维数组的运算法则可依元素按下标一一对应参与运算的原则推广。

2.3.2 关系运算

MATLAB 中的关系运算符如表 2–9 所示。

表 2-9 关系运算符

运算符	名　　称	示　　例	法则或使用说明
<	小于	A<B	（1）A、B都是标量，结果是为1（真）或为0（假）的标量
<=	小于或等于	A<=B	（2）A、B若一个为标量，另一个为数组，标量将与数组各元素逐一比较，结果为与运算数组行、列数相同的数组，其中各元素取值1或0
>	大于	A>B	（3）A、B均为数组时，必须行、列数分别相同，A与B各对应元素相比较，结果为与A或B行、列数相同的数组，其中各元素取值1或0
>=	大于或等于	A>=B	
==	恒等于	A==B	（4）==和～=运算对参与比较的量同时比较实部和虚部，其他运算则只比较实部
～=	不等于	A～=B	

需要指出的是，MATLAB 的关系运算虽可看成矩阵的关系运算，但严格地讲，把关系运算定义在数组基础之上更为合理。因为从表 2–9 所列的法则不难发现，关系运算是元素一对一的运算。数组的关系运算向下可兼容一般高级语言中所定义的标量关系运算。

当操作数是数组形式时，关系运算符总是对被比较的两个数组的各个对应元素进行比较，因此要求被比较的数组必须具有相同的尺寸。

【例 2-8】MATLAB 中的关系运算。

解： 在命令行窗口中依次输入以下语句，同时会输出相应的结果。

```
>> 5>=4
ans =
    1
>> x=rand(1,4)
x =
    0.8147    0.9058    0.1270    0.9134
>> y=rand(1,4)
y =
    0.6324    0.0975    0.2785    0.5469
>> x>y
ans =
    1    1    0    1
```

注意：

（1）比较两个数是否相等的关系运算符是两个等号"＝＝"，而单个的等号"＝"在 MATLAB 中是变量赋值的符号；

（2）比较两个浮点数是否相等时需要注意，由于浮点数的存储形式决定相对误差的存在，在程序设计中最好不要直接比较两个浮点数是否相等，而应该采用大于、小于的比较运算将待确定值限制在一个满足需要的区间内。

2.3.3 逻辑运算

关系运算返回的结果是逻辑类型（逻辑真或逻辑假），这些简单的逻辑数据可以通过逻辑运算符组成复杂的逻辑表达式，在程序设计中常用于进行分支选择或确定循环终止条件。MATLAB 中的逻辑运算有 3 类：

（1）逐个元素的逻辑运算；

（2）捷径逻辑运算；

（3）逐位逻辑运算。

只有前两种逻辑运算返回逻辑类型的结果。

1. 逐个元素的逻辑运算

逐个元素的逻辑运算符有 3 种：逻辑与（＆）、逻辑或（｜）和逻辑非（～）。其中，前两个是双目运算符，必须有两个操作数参与运算；逻辑非是单目运算符，只对单个元素进行运算，其意义和示例如表 2–10 所示。

表 2-10　逐个元素的逻辑运算符

运 算 符	意　　义	示　　例
＆	逻辑与：双目逻辑运算符 参与运算的两个元素值为逻辑真或非零时，返回逻辑真，否则返回逻辑假	1&0返回0 1&false返回0 1&1返回1
｜	逻辑或：双目逻辑运算符 参与运算的两个元素都为逻辑假或零时，返回逻辑假，否则返回逻辑真	1|0返回1 1|false返回1 0|0返回0
～	逻辑非：单目逻辑运算符 参与运算的元素为逻辑真或非零时，返回逻辑假，否则返回逻辑真	~1返回0 ~0返回1

注意：这里逻辑与和逻辑非运算都是逐个元素进行双目运算，因此如果参与运算的是数组，就要求两个数组具有相同的尺寸。

【例 2-9】逐个元素的逻辑运算。

解：在命令行窗口中依次输入以下语句，同时会输出相应的结果。

```
>> x=rand(1,3)
x =
    0.9575    0.9649    0.1576
>> y=x>0.5
y =
    1    1    0
>> m=x<0.96
m =
    1    0    1
>> y&m
ans =
    1    0    0
>> y|m
ans =
    1    1    1
>> ~y
ans =
    0    0    1
```

2. 捷径逻辑运算

MATLAB 中捷径逻辑运算符有两个：逻辑与（&&）和逻辑或（||）。实际上它们的运算功能和前面讲过的逐个元素的逻辑运算符相似，只不过在一些特殊情况下，捷径逻辑运算符会较少进行逻辑判断的操作。

当参与逻辑与运算的两个数据同为逻辑真（非零）时，逻辑与运算才返回逻辑真（1），否则都返回逻辑假（0）。

&&运算符就是利用这一特点，当参与运算的第一个操作数为逻辑假时，将直接返回逻辑假，而不再计算第二个操作数。而&运算符在任何情况下都要计算两个操作数的结果，然后进行逻辑与运算。

||运算符的情况类似，当第一个操作数为逻辑真时，将直接返回逻辑真，而不再计算第二个操作数。而|运算符任何情况下都要计算两个操作数的结果，然后进行逻辑或运算。

捷径逻辑运算符如表 2–11 所示。

表 2-11　捷径逻辑运算符

运　算　符	说　　明
&&	逻辑与：当第一个操作数为逻辑假，直接返回逻辑假，否则同&
||	逻辑或：当第一个操作数为逻辑真，直接返回逻辑真，否则同|

因此，捷径逻辑运算符比相应的逐个元素的逻辑运算符的运算效率更高，在实际编程中一般都使用捷径逻辑运算符。

【例 2-10】捷径逻辑运算。

解：在命令行窗口中依次输入以下语句，同时会输出相应的结果。

```
>> x=0
x =
     0
>> x~=0&&(1/x>2)
ans =
     0
>> x~=0&(1/x>2)
ans =
     0
```

3. 逐位逻辑运算

逐位逻辑运算能够对二进制形式的非负整数进行逐位逻辑运算，并将运算后的二进制数值转换成十进制数值输出。MATLAB 中的逐位逻辑运算函数如表 2–12 所示。

表 2-12　逐位逻辑运算函数

函　　数	说　　明
bitand(a,b)	逐位逻辑与，a和b的二进制数位都为1，则返回1，否则返回0，并将逐位逻辑运算后的二进制数值转换成十进制数值输出
bitor(a,b)	逐位逻辑或，a和b的二进制数位都为0，则返回0，否则返回1，并将逐位逻辑运算后的二进制数值转换成十进制数值输出
bitcmp(a,b)	逐位逻辑非，将a扩展成n位二进制形式，当扩展后的二进制数位都为1，则返回0，否则返回1，并将逐位逻辑运算后的二进制数值转换成十进制数值输出
bitxor(a,b)	逐位逻辑异或，a和b的二进制数位相同，则返回0，否则返回1，并将逐位逻辑运算后的二进制数值转换成十进制数值输出

【例 2-11】 逐位逻辑运算函数。

解： 在命令行窗口中依次输入以下语句，同时会输出相应的结果。

```
>> m=8;n=2;
>> mm=bitxor(m,n);
>> dec2bin(m)
ans =
    1000
>> dec2bin(n)
ans =
    10
>> dec2bin(mm)
ans =
    1010
```

2.3.4　运算符的优先级

和其他高级语言一样，当用多个运算符和运算量写出一个 MATLAB 表达式时，运算符的优先级是一个必须明确的问题。表 2–13 列出了运算符的优先级。

表 2-13　MATLAB运算符的优先级

优先级	运　算　符
最高	'(转置共轭)、^(矩阵乘幂)、.'(转置)、.^(数组乘幂)
	~ (逻辑非)
	*　、/(右除)、\(左除)、.*(数组乘)、./(数组右除)、.\(数组左除)
	＋、－：(冒号运算)
	<、<=、>、>=、==(恒等于)、~ =(不等于)
	&(逻辑与)
	|(逻辑或)
	&&(先决与)
最低	||(先决或)

MATLAB 运算符的优先级在表 2–13 中依从上到下的顺序，分别由高到低。表中同一行的各运算符具有相同的优先级，而在同一级别中又遵循有括号先括号运算的原则。

2.3.5　常用函数

除前面介绍的关系与逻辑运算符外，MATLAB 提供了大量的其他关系与逻辑函数，如表 2–14 所示。

表 2-14　其他关系与逻辑函数

函　数	说　明
xor(x,y)	异或运算：若x或y非零(真)，则返回1；若x和y都是零(假)或都是非零(真)，则返回0
any(x)	如果在一个向量x中，任何元素是非零，则返回1；矩阵x中的每一列有非零元素，则返回1
all(x)	如果在一个向量x中，所有元素非零，则返回1；矩阵x中的每一列所有元素非零，则返回1

【**例 2-12**】关系与逻辑函数的应用。

解： 在命令行窗口中依次输入以下语句，同时会输出相应的结果。

```
>> A=[0 0 3;0 3 3]
A =
     0     0     3
     0     3     3
>> B=[0 -2 0;1 -2 0]
B =
     0    -2     0
     1    -2     0
>> C=xor(A,B)
C =
     0     1     1
     1     0     1
>> D=any(A)
D =
     0     1     1
>> E=all(A)
E =
     0     0     1
```

除了这些函数，MATLAB 还提供了大量测试函数，如表 2-15 所示，用于测试特殊值或条件的存在，并返回逻辑值。

表 2-15　测试函数

函　　数	说　　明	函　　数	说　　明
finite	元素有限，返回逻辑真	isreal	参量无虚部，返回逻辑真
isempty	参量为空，返回逻辑真	isspace	元素为空格字符，返回逻辑真
ishold	当前绘图保持状态是'ON'，返回逻辑真	isstr	参量为一个字符串，返回逻辑真
isieee	计算机执行IEEE算术运算，返回逻辑真	isstudent	MATLAB为学生版，返回逻辑真
isinf	元素无穷大，返回逻辑真	isunix	计算机为UNIX系统，返回逻辑真
isletter	元素为字母，返回逻辑真	isvms	计算机为VMS系统，返回逻辑真
isnan	元素为不定值，返回逻辑真		

2.4　向量

向量是高等数学、线性代数中的概念。虽是一个数学的概念，但它同时又在力学、电磁学等许多领域中被广泛应用。电子信息学科的"电磁场理论"课程就以向量分析和场论作为其数学基础。

向量是一个有方向的量。在平面解析几何中，它用坐标表示成从原点出发到平面上的一点(a,b)，数据对(a,b)称为一个二维向量。立体解析几何中，则用坐标表示成(a,b,c)，数据组(a,b,c)称为三维向量。线性代数推广了这一概念，提出了 n 维向量，在线性代数中，n 维向量用 n 个元素的数据组表示。

MATLAB 讨论的向量主要是线性代数的向量，可达 n 维抽象空间，二维和三维向量可应用到解决平面和空间的向量运算问题。下面首先讨论在 MATLAB 中如何生成向量。

2.4.1　向量生成

在 MATLAB 中，生成向量的方法主要有直接输入法、冒号表达式法和函数法 3 种，现分述如下。

1. 直接输入法

在命令提示符之后直接输入一个向量，其格式如下：

向量名=[a1,a2,a3,…]

【例 2-13】用直接输入法输入向量。

解：在命令行窗口中依次输入以下语句，同时会输出相应的结果。

```
>> A=[2,3,4,5,6]
A =
    2    3    4    5    6
>> B=[1;2;3;4;5]
B =
    1
    2
    3
    4
    5
>> C=[4 5 6 7 8 9]
C =
    4    5    6    7    8    9
```

2. 冒号表达式法

利用冒号表达式 a1:step:an 也能生成向量，式中 a1 为向量的第一个元素；an 为向量最后一个元素的限定值；step 是变化步长，省略步长时默认为 1。

【例 2-14】用冒号表达式法生成向量。

解：在命令行窗口中依次输入以下语句，同时会输出相应的结果。

```
>> A=1:2:10
A =
    1    3    5    7    9
>> B=1:10
B =
    1    2    3    4    5    6    7    8    9    10
>> C=10:-1:1
C =
    10    9    8    7    6    5    4    3    2    1
>> D=10:2:4
D =
  空的 1×0 double 行向量
>> E=2:-1:10
E =
  空的 1×0 double 行向量
```

3. 函数法

MATLAB 中有两个函数可用来直接生成向量：线性等分函数 linspace 及对数等分函数 logspace。

线性等分函数的通用格式如下：

A=linspace(a1,an ,n)	%a1 是向量的首元素，an 是向量的尾元素，n 把 a1～an 的区间分成向量的首 %尾之外的其他 n-2 个元素。省略 n 则默认生成 100 个元素的向量

对数等分函数的通用格式如下：

A=logspace(a1,an,n)	%其中 a1 是向量首元素的幂，即 A(1)=10a1；an 是向量尾元素的幂，即 %A(n)=10an。n 是向量的维数。省略 n 则默认生成 50 个元素的对数等分向量

【例 2-15】 观察用线性等分函数、对数等分函数生成向量的结果。

解： 在命令行窗口中依次输入以下语句，同时会输出相应的结果。

```
>> A1=linspace(1,50),
A1 =
  列 1 至 10
    1.0000    1.4949    1.9899    2.4848    2.9798    3.4747    3.9697    4.4646
4.9596    5.4545
  列 11 至 20
                        %略掉中间数据
  列 91 至 100
   45.5455   46.0404   46.5354   47.0303   47.5253   48.0202   48.5152   49.0101
49.5051   50.0000
>> B1=linspace(1,30,10)
B1 =
    1.0000    4.2222    7.4444   10.6667   13.8889   17.1111   20.3333   23.5556
26.7778   30.0000
>> A2=logspace(0,49),
A2 =
  1.0e+49 *
  列 1 至 10
    0.0000    0.0000    0.0000    0.0000    0.0000    0.0000    0.0000    0.0000
0.0000    0.0000
  列 11 至 20
    0.0000    0.0000    0.0000    0.0000    0.0000    0.0000    0.0000    0.0000
0.0000    0.0000
  列 21 至 30
    0.0000    0.0000    0.0000    0.0000    0.0000    0.0000    0.0000    0.0000
0.0000    0.0000
  列 31 至 40
    0.0000    0.0000    0.0000    0.0000    0.0000    0.0000    0.0000    0.0000
0.0000    0.0000
  列 41 至 50
    0.0000    0.0000    0.0000    0.0000    0.0000    0.0001    0.0010    0.0100
0.1000    1.0000
>> B2=logspace(0,4,5)
B2 =
           1         10        100       1000      10000
```

尽管用冒号表达式和线性等分函数都能生成线性等分向量，但在使用时有几点区别值得注意：

（1）an 在冒号表达式中不一定恰好是向量的最后一个元素，只有当向量的倒数第二个元素加步长等于

an 时，an 才正好构成尾元素。如果一定要构成一个以 an 为尾元素的向量，那么最可靠的生成方法是用线性等分函数。

（2）在使用线性等分函数前，必须先确定生成向量的元素个数，但使用冒号表达式将按照步长和 an 的限制生成向量，无须考虑元素个数。

实际应用时，同时限定尾元素和步长生成向量，有时可能会出现矛盾。此时必须做出取舍，要么坚持步长优先，调整尾元素限制；要么坚持尾元素限制，修改等分步长。

2.4.2 向量加减和数乘运算

在 MATLAB 中，维数相同的行向量可以相加减，维数相同的列向量也可相加减，标量数值可以与向量直接相乘除。

【例 2-16】向量的加、减和数乘运算。

解： 在命令行窗口中依次输入以下语句，同时会输出相应的结果。

```
>> A=[1 2 3 4 5];
>> B=3:7;
>> C=linspace(2,4,3);
>> AT=A';
>> BT=B';
>> E1=A+B,
E1 =
    4    6    8   10   12
>> E2=A-B,
E2 =
   -2   -2   -2   -2   -2
>> F=AT-BT,
F =
   -2
   -2
   -2
   -2
   -2
>> G1=3*A,
G1 =
    3    6    9   12   15
>> G2=B/3,
G2 =
    1.0000   1.3333   1.6667   2.0000   2.3333
>> H=A+C
对于此运算，数组的大小不兼容。
```

语句执行后，H=A+C 显示了出错信息，表明维数不同的向量之间的加减法运算是非法的。

2.4.3 向量点积和叉积运算

向量的点积即数量积，叉积又称向量积或矢量积。点积、叉积和二者的混合积在场论中是基本运算。MATLAB 是用函数实现向量点积、叉积运算的。下面举例说明向量的点积、叉积和混合积运算。

1. 点积运算

点积运算($\boldsymbol{A}\cdot\boldsymbol{B}$)的定义是参与运算的两向量各对应位置上的元素相乘后，再将各乘积相加。所以向量点积的结果是一标量而非向量。

点积运算函数是 dot(A,B)，其中 A、B 是维数相同的两个向量。

【例 2-17】 向量点积运算。

解： 在命令行窗口中依次输入以下语句，同时会输出相应的结果。

```
>> A=1:10;
>> B=linspace(1,10,10);
>> AT=A';BT=B';
>> e=dot(A,B),
e =
   385
>> f=dot(AT,BT)
f =
   385
```

2. 叉积运算

在数学描述中，向量 $\boldsymbol{A}$、$\boldsymbol{B}$ 的叉积是一新向量 $\boldsymbol{C}$，$\boldsymbol{C}$ 的方向垂直于 $\boldsymbol{A}$ 与 $\boldsymbol{B}$ 所决定的平面。用三维坐标表示为

$$\boldsymbol{A} = A_x\boldsymbol{i} + A_y\boldsymbol{j} + A_z\boldsymbol{k}$$
$$\boldsymbol{B} = B_x\boldsymbol{i} + B_y\boldsymbol{j} + B_z\boldsymbol{k}$$
$$\boldsymbol{C} = \boldsymbol{A}\times\boldsymbol{B} = (A_yB_z - A_zB_y)\boldsymbol{i} + (A_zB_x - A_xB_z)\boldsymbol{j} + (A_xB_y - A_yB_x)\boldsymbol{k}$$

叉积运算函数是 cross(A,B)，该函数计算的是 A、B 叉积运算后各分量的元素值，且 A、B 只能是三维向量。

【例 2-18】 合法向量叉积运算。

解： 在命令行窗口中依次输入以下语句，同时会输出相应的结果。

```
>> A=1:3,
A =
    1    2    3
>> B=3:5
B =
    3    4    5
>> E=cross(A,B)
E =
   -2    4   -2
```

【例 2-19】 非法向量叉积运算（非三维的向量做叉积运算）。

解： 在命令行窗口中依次输入以下语句，同时会输出相应的结果。

```
>> A=1:4
A =
    1    2    3    4
>> B=3:6
B =
    3    4    5    6
```

```
>> C=[1 2]
C =
     1     2
>> D=[3 4]
D =
     3     4
>> E=cross(A,B)
错误使用 cross
在获取交叉乘积的维度中，A 和 B 的长度必须为 3。
>> F=cross(C,D)
错误使用 cross
在获取交叉乘积的维度中，A 和 B 的长度必须为 3。
```

3. 混合积运算

综合运用点积运算函数和叉积运算函数就可实现点积和叉积的混合运算，该运算也只能发生在三维向量之间。现示例如下。

【例 2-20】向量混合积示例。

解： 在命令行窗口中依次输入以下语句，同时会输出相应的结果。

```
>> A=[1 2 3]
A =
     1     2     3
>> B=[3 3 4],
B =
     3     3     4
>> C=[3 2 1]
C =
     3     2     1
>> D=dot(C,cross(A,B))
D =
     4
```

2.5　字符串

MATLAB 中虽有字符串概念，但和 C 语言一样，MATLAB 仍是将字符串视为一维字符数组。因此本节针对字符串的运算或操作，对字符数组也有效。

2.5.1　字符串变量与一维字符数组

当把某个字符串赋值给一个变量后，这个变量便因取得这一字符串而被 MATLAB 作为字符串变量识别。

当观察 MATLAB 的工作区窗口时，字符串变量的类型是字符数组类型（即 char array）。而从工作区窗口观察一个一维字符数组时，也可以发现它具有与字符串变量相同的数据类型。由此推知，字符串与一维字符数组在运算处理和操作过程中是等价的。

1. 给字符串变量赋值

用一个赋值语句即可完成字符串变量的赋值操作，现举例如下。

【例 2-21】将 3 个字符串分别赋值给 S1、S2、S3 这 3 个变量。

解：在命令行窗口中依次输入以下语句，同时会输出相应的结果。

```
>> S1='go home'
S1 =
    'go home'
>> S2='朝闻道，夕死可矣'
S2 =
    '朝闻道，夕死可矣'
>> S3='go home. 朝闻道，夕死可矣'
S3 =
    'go home. 朝闻道，夕死可矣'
```

2. 一维字符数组的生成

因为向量的生成方法就是一维数组的生成方法，而一维字符数组也是数组，与数值数组不同的是字符数组中的元素是字符而非数值。因此，原则上用生成向量的方法就能生成字符数组。当然，最常用的还是直接输入法。

【例 2-22】用 3 种方法生成字符数组。

解：在命令行窗口中依次输入以下语句，同时会输出相应的结果。

```
>> Sa=['I love my teacher,  ' 'I' ' love truths '  'more profoundly.']
Sa =
    'I love my teacher,    I love truths more profoundly.'
>> Sb=char('a':2:'r')
Sb =
    'acegikmoq'
>> Sc=char(linspace('e','t',10))
Sc =
    'efhjkmoprt'
```

运算中，char 是一个将数值转换成字符串的函数。

注意观察 Sa 在工作区窗口中的各项数据，尤其是 size 的大小，不要以为它只有 4 个元素，从中体会 Sa 作为一个字符数组的真正含义。

2.5.2 对字符串的多项操作

对字符串的操作主要由一组函数实现，这些函数中有求字符串长度和矩阵阶数的 length 和 size，有字符串和数值相互转换的 double 和 char 等。

1. 求字符串长度

函数 length 和函数 size 虽然都能测字符串、数组或矩阵的大小，但用法上有区别。函数 length 只从它们各维中挑出最大维的数值大小，而函数 size 则以一个向量的形式给出所有各维的数值大小。二者的关系是：length()=max(size())。仔细体会下面的示例。

【例 2-23】length 函数和 size 函数的用法。

解：在命令行窗口中依次输入以下语句，同时会输出相应的结果。

```
>> Sa=['I love my teacher, ' 'I' ' love truths ' 'more profoundly.'];
>> length(Sa)
ans =
    50
>> size(Sa)
ans =
   1    50
```

2. 字符串与一维数值数组互换

字符串是由若干字符组成的，在 ASCII 中，每个字符又可对应一个数值编码，例如字符 A 对应 65。因此，字符串又可在一个一维数值数组之间找到某种对应关系，这就构成了字符串与数值数组之间可以相互转换的基础。

【例 2-24】用 abs、double 和 char、setstr 函数实现字符串与数值数组的相互转换。

解：在命令行窗口中依次输入以下语句，同时会输出相应的结果。

```
>> S1=' I am a boy.';
>> As1=abs(S1)
As1 =
   73    32    97   109    32   110   111    98   111   100   121
>> As2=double(S1)
As2 =
   73    32    97   109    32   110   111    98   111   100   121
>> char(As2)
ans =
   'I am nobody'
>> setstr(As2)
ans =
   'I am nobody'
```

3. 比较字符串

strcmp(S1,S2) 是 MATLAB 的字符串比较函数，当 S1 与 S2 完全相同时，返回值为 1；否则，返回值为 0。

【例 2-25】strcmp 函数的用法。

解：在命令行窗口中依次输入以下语句，同时会输出相应的结果。

```
>> S1='I am a boy';
>> S2='I am a boy.';
>> strcmp(S1,S2)
ans =
  logical
   0
>> strcmp(S1,S1)
ans =
  logical
   1
```

4．查找字符串

findstr(S,s)是从某个长字符串 S 中查找子字符串 s 的函数。返回值是子字符串在长字符串中的起始位置。

【例 2-26】 findstr 函数的用法。

解： 在命令行窗口中依次输入以下语句，同时会输出相应的结果。

```
>> S='I believe that love is the greatest thing in the world.';
>> findstr(S,'love')
ans =
    16
```

5．显示字符串

disp 是原样输出其中内容的函数，经常在程序中用于提示说明。其用法见例 2–27。

【例 2-27】 disp 函数的用法。

解： 在命令行窗口中依次输入以下语句，同时会输出相应的结果。

```
>> disp('两串比较的结果是：'),Result=strcmp(S1,S1),disp('若为 1 则说明两串完全相同，为 0 则不同。')
两串比较的结果是：
Result =
  logical
   1
若为 1 则说明两串完全相同，为 0 则不同。
```

除了上面介绍的这些字符串操作函数外，相关的函数还有很多，限于篇幅，这里不再一一介绍，有需要时可通过 MATLAB 帮助获得相关主题的信息。

2.5.3　二维字符数组

二维字符数组其实就是由字符串纵向排列构成的数组。借用构造数值数组的方法，可以用直接输入法生成或用连接函数法获得二维字符数组。下面用两个实例加以说明。

【例 2-28】 将 S1、S2、S3、S4 分别视为数组的 4 行，用直接输入法沿纵向构造二维字符数组。

解： 在命令行窗口中依次输入以下语句，同时会输出相应的结果。

```
>> S1='路修远以多艰兮，';
>> S2='腾众车使径侍。';
>> S3='路不周以左转兮，';
>> S4='指西海以为期！';
>> S=[S1;S2,' ';S3;S4,' ']        %此法要求每行字符数相同，不够时要补齐空格
S =
  4×8 char 数组
    '路修远以多艰兮，'
    '腾众车使径侍。 '
    '路不周以左转兮，'
    '指西海以为期！ '
>> S=[S1;S2,' ';S3;S4]            %每行字符数不同时，系统提示出错
错误使用 vertcat
要串联的数组的维度不一致。
```

可以将字符串连接生成二维数组的函数有多个，下面主要介绍 char、strvcat 和 str2mat 这 3 个函数。strcat

和 strvcat 两函数的区别在于，前者是将字符串沿横向连接成更长的字符串，后者则是将字符串沿纵向连接成二维字符数组。

【例 2-29】用 char、strvcat 和 str2mat 函数生成二维字符数组的示例。

解： 在命令行窗口中依次输入以下语句，同时会输出相应的结果。

```
>> S1a='I''m boy,'; S1b=' who are you?';          %注意字符串中有单引号时的处理方法
>> S2='Are you boy too?';
>> S3='Then there''s a pair of us.';              %注意字符串中有单引号时的处理方法
>> SS1=char([S1a,S1b],S2,S3)
SS1 =
  3×26 char 数组
    'I'm boy, who are you?     '
    'Are you boy too?          '
    'Then there's a pair of us.'
>> SS2=strvcat(strcat(S1a,S1b),S2,S3)
SS2 =
  3×26 char 数组
    'I'm boy, who are you?     '
    'Are you boy too?          '
    'Then there's a pair of us.'
>> SS3=str2mat(strcat(S1a,S1b),S2,S3)
SS3 =
  3×26 char 数组
    'I'm boy, who are you?     '
    'Are you boy too?          '
    'Then there's a pair of us.'
```

2.6　小结

MATLAB 把向量、矩阵、数组当成了基本的运算量，给它们定义了具有针对性的运算符和运算函数，使其在语言中的运算方法与数学上的处理方法更趋一致。从字符串的许多运算或操作中不难看出，MATLAB 在许多方面与 C 语言非常相近，目的就是为了与 C 语言和其他高级语言保持良好的接口能力。认清这点对进行大型程序设计与开发具有重要意义。

第 3 章

数　　组

数组 A

数组 B

MATLAB 内部的任何数据类型都是按照数组的形式进行存储和运算的。这里说的数组是广义的，它可以只是一个元素，也可以是一行或一列元素，还可以是最普通的二维数组，抑或高维空间的多维数组；其元素也可以是任意数据类型，如数值型、逻辑型、字符串型等。

MATLAB 中把超过二维的数组称为多维数组，多维数组实际上是一般的二维数组的扩展。本章主要介绍包括多维数组在内的数组概念、操作和运算等。

本章学习目标包括：

（1）理解数组的基本概念；

（2）掌握数组的创建方法及数组的属性；

（3）掌握数组的各种运算和操作。

3.1　创建数组

MATLAB 中，数组可以说无处不在，任何变量在 MATLAB 中都是以数组形式存储和运算的。按照元素个数和排列方式，MATLAB 中的数组可以分为：

（1）没有元素的空数组（empty array）；

（2）只有一个元素的标量（scalar），实际上是一行一列的数组；

（3）只有一行或一列元素的向量（vector），分别叫作行向量和列向量，也统称为一维数组；

（4）普通的具有多行多列元素和二维数组；

（5）超过二维的多维数组（具有行、列、页等多个维度）。

按照数组的存储方式，MATLAB 中的数组可以分为普通数组和稀疏数组（常称为稀疏矩阵）。稀疏矩阵适用于那些大部分元素为 0、只有少部分非零元素的数组的存储，主要是为了提高数据存储和运算的效率。

MATLAB 中一般使用方括号（[]）、逗号（,）或空格，以及分号（;）创建数组，方括号中给出数组的所有元素，同一行中的元素间用逗号或空格分隔，不同行之间用分号分隔。

3.1.1　创建空数组

空数组是 MATLAB 中的特殊数组，它不含任何元素。空数组可以用于数组声明、数组清空及各种特殊的运算场合（如特殊的逻辑运算）。

创建空数组很简单，只需要把变量赋值为空的方括号[]即可。

【例 3-1】创建空数组 A。

解：在命令行窗口中依次输入以下语句，同时会输出相应的结果。

```
>> A=[]
A =
    []
```

3.1.2　创建一维数组

一维数组包括行向量和列向量，是所有元素排列在一行或一列中的数组。实际上，一维数组可以看作二维数组在某一方向（行或列）尺寸退化为 1 的特殊形式。

创建一维行向量，只需要把所有用空格或逗号分隔的元素用方括号括起来即可；而创建一维列向量，则需要在方括号括起来的元素之间用分号分隔。不过，更常用的办法是用转置运算符（'），把行向量转置为列向量。

【例 3-2】创建行向量和列向量。

解：在命令行窗口中依次输入以下语句，同时会输出相应的结果。

```
>> A=[1 2 3]
A =
    1    2    3
>> B=[1;2;3]
B =
    1
    2
    3
```

很多时候要创建的一维数组实际上是个等差数列，这时候可以通过冒号来创建。例如：

```
Var=start_var:step:stop_var
```

表示创建一个一维行向量 Var，它的第一个元素是 start_var，然后依次递增（step 为正）或递减（step 为负），直到向量中的最后一个元素与 stop_var 差的绝对值小于或等于 step 的绝对值为止。当不指定 step 时，默认 step 等于 1。

和冒号功能类似的是 MATLAB 提供的 linspace 函数，例如：

```
Var=linspace(start_var,stop_var,n)
```

表示创建一个一维行向量 Var，它的第一个元素是 start_var，最后一个元素是 stop_var，形成共 n 个元素的等差数列。不指定 n 时，默认 n 等于 100。

注意：这和冒号是不同的，冒号创建等差的一维数组时，stop_var 可能取不到值。

一维列向量可以通过一维行向量的转置（'）得到。

【例 3-3】创建一维等差数组。

解：在命令行窗口中依次输入以下语句，同时会输出相应的结果。

```
>> A=1:4
A =
    1    2    3    4
>> B=1:2:4
```

```
B =
     1     3
>> C=linspace(1,2,4)
C =
    1.0000    1.3333    1.6667    2.0000
```

类似 linspace 函数，MATLAB 中还有创建等比一维数组的 logspace 函数，例如：

```
Var=logspace(start_var,stop_var,n)
```

表示产生从 10^{start_var} 到 10^{stop_var} 的包含 n 个元素的等比一维数组 Var，不指定 n 时，默认 n 等于 50。

例如创建一维等比数组。在命令行窗口中依次输入以下语句，同时会输出相应的结果：

```
>> A=logspace(0,log10(32),6)
A =
    1.0000    2.0000    4.0000    8.0000    16.0000    32.0000
```

创建一维数组可能用到方括号、逗号（或空格）、分号、冒号、函数 linspace 和 logspace 及转置符号。

3.1.3 创建二维数组

常规创建二维数组的方法和创建一维数组的方法类似，也是综合运用方括号、逗号、空格及分号。

用方括号把所有元素括起来，不同行元素之间用分号分隔，同一行元素之间用逗号或空格分隔，按照逐行排列的方式顺序书写每个元素。

当然，在创建每一行或列元素的时候可以利用冒号和函数，只是要特别注意创建二维数组时，要保证每一行（或每一列）具有相同数目的元素。

【例 3-4】创建二维数组。

解： 在命令行窗口中依次输入以下语句，同时会输出相应的结果。

```
>> A=[1 2 3;2 5 6;1 4 5]
A =
     1     2     3
     2     5     6
     1     4     5
>> B=[1:5;linspace(3,10,5);3 5 2 6 4]
B =
    1.0000    2.0000    3.0000    4.0000     5.0000
    3.0000    4.7500    6.5000    8.2500    10.0000
    3.0000    5.0000    2.0000    6.0000     4.0000
>> C=[[1:3];[linspace(2,3,3)];[3 5 6]]
C =
    1.0000    2.0000    3.0000
    2.0000    2.5000    3.0000
    3.0000    5.0000    6.0000
```

提示： 创建二维数组，也可以通过函数拼接一维数组，或者利用 MATLAB 内部函数直接创建特殊的二维数组，这些在本章后续内容中会逐步介绍。

3.1.4　创建三维数组

1. 使用下标创建三维数组

在 MATLAB 中，习惯将二维数组的第一维称为"行"，第二维称为"列"；而对于三维数组，其第三维一般称为"页"。

在 MATLAB 中，将三维或者三维以上的数组统称为高维数组。由于高维数组的形象思维比较复杂，该部分将主要以三维为例介绍如何创建高维数组。

【例 3-5】使用下标引用的方法创建三维数组。

解： 在命令行窗口中依次输入以下语句，同时会输出相应的结果。

```
>> clear
>> A(2,2,2)=1;
>> for i=1:2
for j=1:2
for k=1:2
A(i,j,k)=i+j+k;
end
end
end
>> A(:,:,1)
ans =
     3     4     3
     4     5     6
     1     4     5
>> A(:,:,2)
ans =
     4     5     0
     5     6     0
     0     0     0
```

创建新的高维数组。在命令行窗口中依次输入以下语句：

```
>> B(3,4,:)=2:5;
```

查看程序结果。在命令行窗口输入变量名称，可以得到下面的运行结果：

```
>> B(:,:,1)
ans =
     0     0     0     0
     0     0     0     0
     0     0     0     2
>> B(:,:,2)
ans =
     0     0     0     0
     0     0     0     0
     0     0     0     3
```

从结果中可以看出，当使用下标的方法创建高维数组时，需要使用各自对应的维度数值，没有指定维度数值时，则默认为 0。

2. 使用低维数组创建三维数组

该部分将介绍如何在 MATLAB 中使用低维数组创建三维数组。

【例 3-6】使用低维数组创建高维数组。

解：在命令行窗口中依次输入以下语句。

```
>> D2=[1,2,3;4,5,6;7,8,9];
>> D3(:,:,1)=D2;
>> D3(:,:,2)=2*D2;
>> D3(:,:,3)=3*D2;
```

查看程序结果。在命令行窗口输入变量名称，可以得到下面的运行结果：

```
>> D3
D3(:,:,1) =
     1     2     3
     4     5     6
     7     8     9
D3(:,:,2) =
     2     4     6
     8    10    12
    14    16    18
D3(:,:,3) =
     3     6     9
    12    15    18
    21    24    27
```

从结果中可以看出，由于三维数组中"包含"二维数组，因此可以通过二维数组创建各种三维数组。

3. 使用创建函数创建三维数组

该部分将介绍如何利用 MATLAB 的创建函数创建三维数组。

【例 3-7】使用函数创建高维数组。

解：使用 cat 命令创建高维数组。在命令行窗口中依次输入以下语句。

```
>> D2=[1,2,3,;4,5,6;7,8,9];
>> C=cat(3,D2,2*D2,3*D2);
```

查看程序结果。在命令行窗口输入变量名称，可以得到下面的运行结果：

```
>> C
C(:,:,1) =
     1     2     3
     4     5     6
     7     8     9
C(:,:,2) =
     2     4     6
     8    10    12
    14    16    18
C(:,:,3) =
     3     6     9
    12    15    18
    21    24    27
```

cat 命令的功能是连接数组，其调用格式如下：

```
C=cat(dim,A1,A2,A3…)
```

其中，dim 表示创建数组的维度，A1,A2,A3 表示各维度上的数组。

使用 repmat 命令创建数组。在命令行窗口中依次输入以下语句：

```
>> D2=[1,2,3,;4,5,6;7,8,9];
>> D3=repmat(D2,2,3);
>> D4=repmat(D2,[1 2 3]);
```

查看程序结果。在命令行窗口输入变量名称，可以得到下面的运行结果：

```
>> D3
D3 =
     1     2     3     1     2     3     1     2     3
     4     5     6     4     5     6     4     5     6
     7     8     9     7     8     9     7     8     9
     1     2     3     1     2     3     1     2     3
     4     5     6     4     5     6     4     5     6
     7     8     9     7     8     9     7     8     9
>> D4
D4(:,:,1) =
     1     2     3     1     2     3
     4     5     6     4     5     6
     7     8     9     7     8     9
D4(:,:,2) =
     1     2     3     1     2     3
     4     5     6     4     5     6
     7     8     9     7     8     9
D4(:,:,3) =
     1     2     3     1     2     3
     4     5     6     4     5     6
     7     8     9     7     8     9
```

repmat 命令的功能在于复制并堆砌数组，其调用格式为 B=repmat(A,[m n p...])，其中参数 A 表示复制的数组模块，后面的输入参数则表示该数组模块在各维度上的复制份数。

使用 reshape 命令创建数组。在命令行窗口中依次输入以下语句，同时会输出相应的结果：

```
>> D2=[1,2,3,4;5,6,7,8;9,10,11,12];
>> D3=reshape(D2,2,2,3);
>> D4=reshape(D2,2,3,2);
>> D5=reshape(D2,3,2,2);
```

查看程序结果。在命令行窗口输入变量名称，可以得到下面的运行结果：

```
>> D3
D3(:,:,1) =
     1     9
     5     2
D3(:,:,2) =
     6     3
```

```
        10      7
D3(:,:,3) =
        11      8
         4     12
>> D4
D4(:,:,1) =
         1      9      6
         5      2     10
D4(:,:,2) =
         3     11      8
         7      4     12
>> D5
D5(:,:,1) =
         1      2
         5      6
         9     10
D5(:,:,2) =
         3      4
         7      8
        11     12
```

reshape 命令的功能为修改数组的大小，因此可以将二维数组通过该命令修改为三维数组，其调用格式为 B=reshape(A,[m n p ...])，其中参数 A 就是待重组的矩阵，后面的输入参数表示数组各维的维度。

3.1.5　创建低维标准数组

除了前面介绍的方法外，MATLAB 还提供多种函数，用于生成一些标准数组，可以直接使用这些函数创建一些特殊的数组。本小节将使用一些简单的例子说明如何创建标准数组。

【例 3-8】使用标准数组函数创建低维数组。

解：在命令行窗口中依次输入以下语句。

```
>> A=zeros(3,2);
>> B=ones(2,4);
>> C=eye(4);
>> D=magic(5);
>> randn('state',0);
>> E=randn(1,2);
>> F=gallery(5);
```

查看程序结果。在命令行窗口输入变量名称，可以得到下面的运行结果：

```
>> A
A =
     0      0
     0      0
     0      0
>> B
B =
     1      1      1      1
```

```
      1      1      1      1
>> C
C =
      1      0      0      0
      0      1      0      0
      0      0      1      0
      0      0      0      1
>> D
D =
     17     24      1      8     15
     23      5      7     14     16
      4      6     13     20     22
     10     12     19     21      3
     11     18     25      2      9
>> E
E =
   -0.4326   -1.6656
>> F
F =
         -9         11        -21         63       -252
         70        -69        141       -421       1684
       -575        575      -1149       3451     -13801
       3891      -3891       7782     -23345      93365
       1024      -1024       2048      -6144      24572
```

并不是所有标准函数都可以创建多种矩阵，例如 eye、magic 等函数就不能创建高维数组。同时，对于每个标准函数，参数都有相应的要求，例如 gallery 函数中的参数只能选择 3 或 5。

3.1.6 创建高维标准数组

本小节将介绍如何使用标准数组函数创建高维标准数组。

【例 3-9】使用标准数组函数创建高维数组。

解： 在命令行窗口中依次输入以下语句。

```
%设置随即数据器的初始条件
>> rand('state',1111);
>> D1=randn(2,3,5);
>> D2=ones(2,3,4);
```

查看程序结果。在命令行窗口输入变量名称，可以得到下面的运行结果：

```
>> D1
D1(:,:,1) =
    0.8156    1.2902    1.1908
    0.7119    0.6686   -1.2025
D1(:,:,2) =
   -0.0198   -1.6041   -1.0565
   -0.1567    0.2573    1.4151
D1(:,:,3) =
   -0.8051    0.2193   -2.1707
```

```
     0.5287    -0.9219    -0.0592
D1(:,:,4) =
    -1.0106     0.5077     0.5913
     0.6145     1.6924    -0.6436
D1(:,:,5) =
     0.3803    -0.0195     0.0000
    -1.0091    -0.0482    -0.3179
>> D2
D2(:,:,1) =
     1     1     1
     1     1     1
D2(:,:,2) =
     1     1     1
     1     1     1
D2(:,:,3) =
     1     1     1
     1     1     1
D2(:,:,4) =
     1     1     1
     1     1     1
```

3.2 数组属性

MATLAB 中提供了大量函数，用于返回数组的各种属性，包括数组的排列结构，数组的尺寸大小、维度，数组数据类型，以及数组的内存占用情况等。

3.2.1 数组结构

数组的结构指的是数组中元素的排列方式。MATLAB 中的数组实际上就分为本章介绍的几种。MATLAB 提供了多种测试函数：

（1）isempty：检测某个数组是否为空数组；

（2）isscalar：检测某个数组是否为单元素的标量数组；

（3）isvector：检测某个数组是否为具有一行或一列元素的一维向量数组；

（4）issparse：检测某个数组是否为稀疏矩阵。

这些测试函数都是以 is 开头，然后紧跟检测内容的关键字。它们的返回结果为逻辑类型，返回 1 表示测试符合条件，返回 0 则表示测试不符合条件。关于稀疏矩阵的测试，这里只示例前几个数组结构的测试函数。

【例 3-10】数组结构测试函数。

解： 在命令行窗口中依次输入以下语句，同时会输出相应的结果。

```
>> A=32;
>> isscalar(A)
ans =
     1
>> B=1:5
```

```
B =
     1     2     3     4     5
>> isempty(B)
ans =
     0
>> isvector(B)
ans =
     1
```

3.2.2　数组大小

数组大小是数组最常用的属性，指数组在每个方向上具有的元素个数。例如，含有 10 个元素的一维行向量组，在行的方向上（纵向）只有 1 个元素（1 行），在列的方向上（横向）则有 10 个元素（10 列）。

MATLAB 中最常用的返回数组大小的函数是 size 函数。size 函数有多种用法。对于一个 m 行 n 列的数组 A，可以按以下两种方式使用 size 函数：

```
d=size(A)
```

将数组 A 的行列尺寸以一个行向量的形式返回给变量 d，即 d=[m n]；

```
[a,b]=size(A)
```

将数组 A 在行、列的方向的尺寸返回给 a，b，即 a=m，b=n。

length 函数常用于返回一维数组的长度。

（1）当 A 是一维数组时，length(A)返回此一维数组的元素个数。

（2）当 A 是普通二维数组时，length(A)返回 size(A)得到的两个数中较大的那个。

在 MATLAB 中，空数组被默认为行的方向和列的方向尺寸都为 0 的数组，但自定义产生的多维空数组情况则不同。

MATLAB 中还有返回数组元素总个数的函数 numel，对于 m 行 n 列的数组 A，numel(A)将返回 m×n。

【例 3-11】数组大小示例。

解：在命令行窗口中依次输入以下语句，同时会输出相应的结果。

```
>> A=[]
A =
     []
>> size(A)
ans =
     0     0
>> B=[1 2 3]
B =
     1     2     3
>> length(B)
ans =
     3
```

通过例 3-11 可以看出，MATLAB 通常把数组都按照普通的二维数组对待，即使是没有元素的空数组，也有行和列两个方向，只不过在这两个方向上它的尺寸都是 0；而一维数组则是在行或者列中的一个方向的尺寸为 1；标量则在行和列两个方向上的尺寸都是 1。

3.2.3 数组维度

通俗一点讲，数组维度就是数组具有的方向。比如普通的二维数组具有行的方向和列的方向，即具有两个方向。MATLAB 中还可以创建三维甚至更高维的数组。

对于空数组、标量和一维数组，MATLAB 还是将其当作普通二维数组对待，因此它们都至少具有两个维度（至少具有行和列的方向）。

特别地，用空方括号产生的空数组是被当作二维数组对待的，但在高维数组中也有空数组的概念，这时候的空数组可以是只在任意一个维度上尺寸等于零的数组，相应地，此时的空数组就具有多个维度了。

MATLAB 中计算数组维度可以用函数 ndims。ndims(A)返回结果实际上等于 length(size(A))。

【例 3-12】数组维度。

解： 在命令行窗口中依次输入以下语句，同时会输出相应的结果。

```
>> B=2
B =
    2
>> ndims(B)
ans =
    2
>> c=1:5
c =
    1    2    3    4    5
>> ndims(c)
ans =
    2
```

通过例 3-12 可以看到，一般的非多维数组，在 MATLAB 中都是被当作二维数组处理的。

3.2.4 数组数据类型

数组作为一种 MATLAB 的内部数据存储和运算结构，其元素可以是各种各样的数据类型。对应于不同的数据类型的元素，可以有数值数组（实数数组、浮点数数组等）、字符数组、结构体数组等。MATLAB 中提供了测试一个数组是否为这些类型的数组的测试函数，如表 3-1 所示。

表 3-1 数组数据类型测试函数

测试函数	说　明
isnumeric	测试一个数组是否为以数值型变量为元素的数组
isreal	测试一个数组是否为以实数数值型变量为元素的数组
isfloat	测试一个数组是否为以浮点数数值型变量为元素的数组
isinteger	测试一个数组是否为以整数数值型变量为元素的数组
islogical	测试一个数组是否为以逻辑型变量为元素的数组
ischar	测试一个数组是否为以字符型变量为元素的数组
isstruct	测试一个数组是否为以结构体型变量为元素的数组

表 3-1 中，所有测试函数都是以 is 开头，紧跟着一个测试内容关键字，它们的返回结果依然是逻辑类

型，返回 0 表示不符合测试条件，返回 1 则表示符合测试条件。

【例 3-13】数组数据类型测试函数。

解：在命令行窗口中依次输入以下语句，同时会输出相应的结果。

```
>> A=[1 2;3 5]
A =
     1     2
     3     5
>> isnumeric(A)
ans =
     1
>> isinteger(A)
ans =
     0
>> isreal(A)
ans =
     1
>> isfloat(A)
ans =
     1
```

本例中用几个整数赋值的数组 A，其每一个元素都被当作双精度浮点数存储和运算，因此，测试发现数组 A 是一个实数数组、浮点数数组，而不是整数数组，更不是字符数组。这些测试函数在本书的后续章节中还会涉及。

3.2.5　数组内存的占用

了解数组的内存占用情况，对于优化 MATLAB 代码的性能非常重要。可以通过 whos 命令查看当前工作区中所有变量或指定变量的多种信息，包括变量名、数组大小、内存占用和数组元素的数据类型等。

【例 3-14】数组的内存占用。

解：在命令行窗口中依次输入以下语句，同时会输出相应的结果。

```
>> A=[3 2 5]
A =
     3     2     5
>> whos
  Name      Size            Bytes  Class     Attributes
  A         1x3                24  double
```

不同数据类型的数组的单个元素，内存占用情况是不一样的，可以通过 whos 命令计算各种数据类型的变量占用内存的情况。

如例 3-14 中，1 行 3 列的双精度浮点型数组 A，占用内存 24 字节，那么每一个双精度浮点型的元素就占用了 8 字节的内存空间。通过简单的 whos 命令，用户就可以了解 MATLAB 中各种数据类型的内存占用情况。

3.3 创建特殊数组

在矩阵代数领域，经常需要重建具有一定形式的特殊数组，MATLAB 提供了丰富的创建特殊数组的函数。

3.3.1 0-1 数组

顾名思义，0-1 数组就是所有元素不是 0 就是 1 的数组。在线性代数中，经常用到的 0-1 数组有：

（1）所有元素都为 0 的全 0 数组；

（2）所有元素都为 1 的全 1 数组；

（3）只有主对角线元素为 1，其他位置元素全部为 0 的单位数组。

在 MATLAB 中，有专门的函数可以创建这类标准数组。这些函数的使用方式如下：

（1）zeros(m,n)。

创建一个 m 行 n 列的全 0 数组，也可以用 zeros(size(A)) 语句创建一个和 A 具有相同大小的全 0 数组。如果只指定一个数组，zeros(m) 则创建一个 m 行 m 列的全 0 数组。

（2）ones(m,n)。

ones(m,n) 和 ones(size(size(A))) 语句用于创建 m 行 n 列，或者与 A 尺寸相同的全 1 数组，而 ones(m) 语句也是用于创建一个 m 行 n 列的全 1 数组。

（3）eye。

用法和 zeros、ones 类似，不过创建的是指定大小的单位数组，即只有主对角线元素为 1，其他元素全为 0。

【例 3-15】创建 0-1 数组。

解：在命令行窗口中依次输入以下语句，同时会输出相应的结果。

```
>> A=zeros(2)
A =
     0     0
     0     0
>> B=ones(2,3)
B =
     1     1     1
     1     1     1
>> c=eye(size(A))
c =
     1     0
     0     1
```

3.3.2 对角数组

在有些情况下，需要创建对角线元素为指定值、其他元素都为 0 的对角数组。这就要用到 diag 函数。

一般 diag 函数接收一个一维行向量数组为输入参数，将此向量的元素逐次排列在指定的对角线上，其他位置则用 0 填充。

（1）diag(v)：创建一个对角数组，其主对角线元素依次对应于向量 v 的元素。

（2）diag(v,k)：创建一个对角数组，其第 k 条对角线元素对应于向量 v 的元素。当 k 大于 0 时，表示数组主对角线向右上角偏离 k 个元素；当 k 小于 0 时，表示数组主对角线向左下角偏离 k 个元素；当 k 等于 0 时，则和 diag(v) 一样，表示数组主对角线不偏离。

　diag 函数也可以接收普通二维数组形式的输入参数，此时就不是创建对角数组了，而是从已知数组中提取对角元素组成一个一维数组。

（1）diag(X)：提取二维数组 X 的主对角线元素组成一维数组。

（2）diag(X,k)：提取二维数组 X 的第 k 条对角线元素组成一维数组。

　组合这两种方法，很容易产生已知数组 X 的指定对角线元素对应的对角数组，只需要通过组合命令 diag(diag(X,m),n)，就可以提取 X 的第 m 条对角线元素，产生与此对应的第 n 条对角线元素为提取的元素的对角数组。

【例 3-16】创建对角数组。

解：在命令行窗口中依次输入以下语句，同时会输出相应的结果。

```
>> A=diag([1 2 3])
A =
     1     0     0
     0     2     0
     0     0     3
>> B=diag([1 2 3],2)
B =
     0     0     1     0     0
     0     0     0     2     0
     0     0     0     0     3
     0     0     0     0     0
     0     0     0     0     0
```

这种组合使用两次 diag 函数产生对角数组的方法是常用的，需要加以掌握。

3.3.3　随机数组

在各种分析领域，随机数组都是很有用途的。MATLAB 中可以通过内部函数产生服从多种随机分布的随机数组，常用的有均匀分布的随机数组和正态分布的随机数组。

（1）rand(m,n)：可以产生 m 行 n 列的随机数组，其元素服从 0～1 的均匀分布；

（2）rand(size(A))：产生和数组 A 具有相同大小的、元素服从 0～1 均匀分配的随机数组；

（3）rand(m)：产生 m 行 m 列的、元素服从 0～1 均匀分布的随机数组。

　randn 函数用于产生元素服从标准正态分布的随机数组，其用法和 rand 函数类似，此处不再赘述。

【例 3-17】创建随机数组。

解：在命令行窗口中依次输入以下语句，同时会输出相应的结果。

```
>> A=rand(2)
A =
    0.9572    0.8003
    0.4854    0.1419
>> B=randn(size(A))
B =
```

```
    -0.1241    1.4090
     1.4897    1.4172
```

3.3.4　魔方数组

魔方数组也是一种比较常用的特殊数组，这种数组一定是正方形的（即行方向上的元素个数与列方向上的相等），且每一行、每一列的元素之和都相等。

MATLAB 可以通过 magic(n)函数创建 n 行 n 列的魔方数组。

【例 3-18】创建魔方数组。

解： 在命令行窗口中输入以下语句，同时会输出相应的结果。

```
>> magic(3)
ans =
     8     1     6
     3     5     7
     4     9     2
```

利用 MATLAB 函数，除了可以创建这些常用的标准数组外，也可以创建许多专门应用领域常用的特殊数组。

3.4　数组操作

前面讲解了 MATLAB 中数组的创建方法和基本属性，本节重点介绍在实际应用中最常用的数组操作方法。

3.4.1　保存和装载

许多实际应用中的数组都是很庞大的，当操作步骤较多，不能在短期内完成，需要多次分时进行时，这些庞大的数组的保存和装载就是一个重要问题了，因为每次在进行操作前对数组进行声明和赋值，都需要很庞大的输入工作量。一个好的解决方法是将数组保存在文件中，每次需要时再进行装载。

MATLAB 提供了内置的把变量保存在文件中的方法，最简单易用的是将数组变量保存为二进制的.mat 文件。用户可以通过 save 命令将工作区中指定的变量存储在.mat 文件中。

（1）save 命令的一般语法格式是：

```
save <filename> <var1> <var2>…<varN>
```

其作用是把 var1、var2、…、varN 指定的工作区变量存储在 filename 指定名称的.mat 文件中。

通过 save 命令存储到.mat 文件中的数组变量，在使用前可以用 load 命令装载到工作区。

（2）load 命令的一般语法格式是：

```
load <filename> <var1> <var2>…<varN>
```

其作用是把当前目录下存储在 filename.mat 文件中的 var1、var2、…、varN 指定的变量装载到 MATLAB 工作区中。

关于 save 命令和 load 命令在数据保存和装载方面的更详细的内容，可以参考本书后续章节。

3.4.2　索引和寻址

数组操作中最常遇到的就是对数组的某个具体位置上的元素进行访问和重新赋值，这涉及定位数组中元素的位置，也就是数组索引和寻址的问题。

MATLAB 中数组元素的索引方式包括数字索引和逻辑索引两类。

1. 数字索引方式

MATLAB 中，普通二维数组元素的数字索引方式又可以分为两种：双下标（也叫全下标）索引方式和单下标索引方式。

（1）双下标索引方式。

双下标索引方式，顾名思义，就是用两个数字（自然数）定位元素的位置。实际上就是用一个有序数对表征元素位置，第一个数字指定元素所在的行，第二个数字指定元素所在的列。两个表示元素位置的索引数字之间用逗号分隔，并用圆括号括起来，紧跟在数组变量名后，就可以用于访问此数字索引指定的位置上的数组元素了。

例如，对于 3 行 2 列的数组 A，A(3,1)表示数组 A 的第 3 行第 1 列的元素，A(1,2)表示数组 A 的第 1 行第 2 列的元素。

（2）单下标索引方式。

相应地，单下标索引方式就是用一个数字定位数组元素。实际上，单下标索引和双下标索引是一一对应的，对一个已知尺寸的数组，任一个单下标索引数字都可以转换成确定的双下标索引。m 行 n 列的数组 A，A(x,y)实际上对应于 A((y−1)*m+x)。

例如，对于 3 行 2 列的数组 A，A(3,1)用单下标索引表示就是 A(3)，A(1,2)用单下标索引表示就是 A(4)。

MATLAB 中单下标索引方式实际上采用了列元素优先的原则，即对于 m 行 n 列的数组 A，第一列的元素的单下标索引依次为 A(1)，A(2)，A(3)，…，A(m)。第二列的元素的单下标索引依次为 A(m+1)，A(m+2)，A(m+3)，…，A(2m)，依此类推。

这两种数字索引方式中的数字索引也可以是一个数列，从而实现访问多个数组元素的目的，这通常可以通过运用冒号或一维数组实现。

【例 3-19】数组元素的索引与寻址。

解：在命令行窗口中依次输入以下语句，同时会输出相应的结果。

```
>> A=[4 2 5 6;3 1 7 0;12 45 78 23]          %创建数组
A =
    4     2     5     6
    3     1     7     0
   12    45    78    23
>> A(2,3)                    %双下标索引访问数组第 2 行第 3 列元素
ans =
    7
>> A(7)=100              %对数组第 7 个元素（即第 1 行第 3 列）重新赋值
A =
    4     2   100     6
    3     1     7     0
   12    45    78    23
```

通过例 3-19 可以看到,利用下标索引的方法,可以访问特定位置上的数组元素的值,或者对特定位置的数组元素重新赋值。

（3）单下标索引和双下标索引之间的转换。

单下标索引和双下标索引之间可以通过 MATLAB 提供的函数进行转换。

把双下标索引转换为单下标索引,需要用 sub2ind 命令,其语法格式如下:

```
IND=sub2ind(siz,I,J)
```

其中,siz 是一个 1 行 2 列的数组,指定转换数组的行列尺寸,一般可以用 size(A) 表示;I 和 J 分别是双下标索引中的两个数字;IND 则为转换后的单下标数字。

把单下标索引转换为双下标索引,需要用 ind2sub 命令,其语法格式如下:

```
[I,J]=sub2ind(siz,IND)
```

各变量意义同上。

【例 3-20】单下标索引和双下标索引之间的转换。

解：在命令行窗口中依次输入以下语句,同时会输出相应的结果。

```
>> A=rand(3,5)
A =
    0.6948    0.0344    0.7655    0.4898    0.7094
    0.3171    0.4387    0.7952    0.4456    0.7547
    0.9502    0.3816    0.1869    0.6463    0.2760
>> IND=sub2ind(size(A),2,4)
IND =
    11
>> A(IND)
ans =
    0.4456
>> [I,J]=ind2sub(size(A),13)
I =
    1
J =
    5
```

可以看到,sub2ind 函数和 ind2sub 函数实现了单下标索引和双下标索引之间的转换。需要注意的是,ind2sub 函数需要指定两个输出参数的接收变量。但由于 MATLAB 中小写字母 i,j 默认用作虚数单位,因此最好不用小写字母 i,j 接收转换后的下标数字。

2. 逻辑索引方式

除了双下标和单下标的数字索引外,MATLAB 中还可以通过逻辑索引的方式访问数组元素,通常是通过比较关系运算产生一个满足比较关系的数组元素的索引数组（实际上是一个由 0,1 组成的逻辑数组）,然后利用这个索引数组访问原数组,并进行重新赋值等操作。

【例 3-21】逻辑索引。

解：在命令行窗口中依次输入以下语句,同时会输出相应的结果。

```
>> A=rand(5)                                    %创建数组
A =
    0.6797    0.9597    0.2551    0.5472    0.2543
```

```
     0.6551      0.3404      0.5060      0.1386      0.8143
     0.1626      0.5853      0.6991      0.1493      0.2435
     0.1190      0.2238      0.8909      0.2575      0.9293
     0.4984      0.7513      0.9593      0.8407      0.3500
>> B=A>0.8                                          %通过比较关系运算产生逻辑索引
B =
     0      1      0      0      0
     0      0      0      0      1
     0      0      0      0      0
     0      0      1      0      1
     0      0      1      1      0
>> A(B)=0                                           %通过逻辑索引访问原数组元素，并重新赋值
A =
     0.6797      0           0.2551      0.5472      0.2543
     0.6551      0.3404      0.5060      0.1386      0
     0.1626      0.5853      0.6991      0.1493      0.2435
     0.1190      0.2238      0           0.2575      0
     0.4984      0.7513      0           0           0.3500
```

3.4.3　扩展和裁剪

在许多操作中需要对数组进行扩展或裁剪。数组扩展是指在超出数组现有尺寸的位置添加新元素；数组裁剪是指从现有数据中提取部分数据，产生一个新的小尺寸的数组。

1.　变量编辑器

变量编辑器是 MATLAB 提供的对数组进行编辑的交互式图形界面工具。双击 MATLAB 工作区中的任意变量，都能打开变量编辑器，在该编辑器下可以进行数组元素的编辑。

变量编辑器界面类似于电子表格界面，每个单元格就是一个数组元素。当单击超出数组当前尺寸位置的单元格并输入数据赋值时，实际上就是在该位置添加数组元素，即进行数组的扩展操作。

双击工作区面板下的 5 行 5 列的数组变量 A，打开数组 A 的编辑器界面，然后在第 6 行第 6 列的位置单击单元格并输入数值。然后在其他位置单击或选中后按 Enter 键，都可以使当前扩展操作即刻生效，数组 A 被扩展为 6 行 6 列的数组，原有元素不变，在第 6 行第 6 列的位置赋值为 3.12，其他扩展的位置上元素被默认赋值为 0，如图 3-1 所示。

通过数组编辑器也可以裁剪数组，主要是对数组进行行、列的删除操作，需要通过快捷菜单实现。在数组编辑器中单击某单元格后再右击，将弹出如图 3-2 所示的快捷菜单。

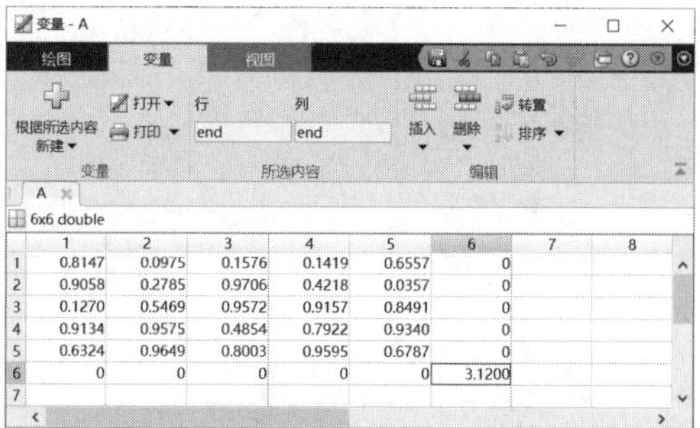

图 3-1　数组编辑器中扩展数组 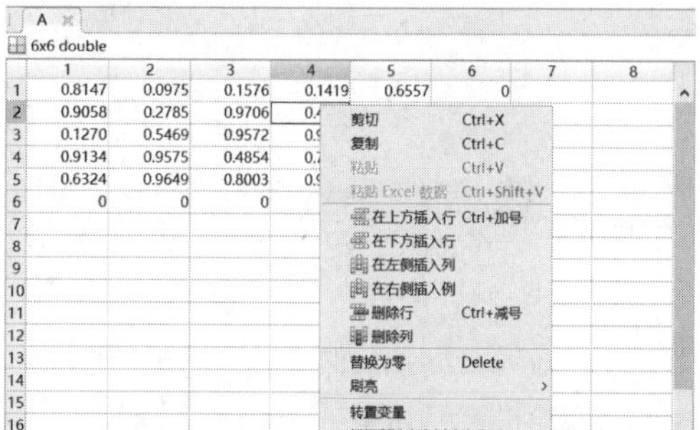　　　　　　　图 3-2　数组编辑器快捷菜单

在图 3-2 所示的快捷菜单中选择"删除行"或"删除列"命令，就可以指定删除当前数组中选定位置元素所在的整行或整列；选择"在…插入…"命令，就可以在指定位置元素上下或左右插入整行或整列。

图形用户界面的数组编辑器使用简单，但对数组的扩展或裁剪操作实际比较复杂，通过数组编辑器实现就变得烦琐低效。本节后续内容将介绍通过 MATLAB 命令对数组进行扩展和裁剪。

2. 数组扩展的cat函数

MATLAB 中可以通过 cat 系列函数将多个小尺寸数组按照指定的连接方式，组合成大尺寸的数组。这些函数包括 cat、horzcat 和 vertcat。

cat 函数可以按照指定的方向将多个数组连接成大尺寸数组。其基本语法格式如下：

```
C=cat(dim,A1,A2,A3,A4,…),
```

dim 用于指定连接方向，对于两个数组的连接，cat(1,A,B)实际上相当于[A;B]，近似于把两个数组当作两个列元素连接。

```
horzcat(A1,A2,…)
```

是水平方向连接数组，相当于 cat(A1,A2,…); vertcat(A1,A2,…)是垂直方向连接数组，相当于 cat(1,A1,A2,…)。

不管哪个连接函数，都必须保证被操作的数组可以被连接，即在某个方向上尺寸一致，如 horzcat 函数要求被连接的所有数组都具有相同的行数，而 vertcat 函数要求被连接的所有数组都具有相同的列数。

【例 3-22】通过 cat 函数扩展数组。

解：在命令行窗口中依次输入以下语句，同时会输出相应的结果。

```
>> A=rand(3,5)
A =
    0.1966    0.4733    0.5853    0.2858    0.3804
    0.2511    0.3517    0.5497    0.7572    0.5678
    0.6160    0.8308    0.9172    0.7537    0.0759
>> B=eye(3)
B =
     1     0     0
     0     1     0
     0     0     1
>> C=magic(5)
C =
    17    24     1     8    15
    23     5     7    14    16
     4     6    13    20    22
    10    12    19    21     3
    11    18    25     2     9
>> cat(1,A,B)                        %列数不同，不能垂直连接
错误使用 cat
要串联的数组的维度不一致。
>> cat(2,A,B)                        %行数相同，可以水平连接
ans =
    0.1966    0.4733    0.5853    0.2858    0.3804    1.0000         0         0
    0.2511    0.3517    0.5497    0.7572    0.5678         0    1.0000         0
    0.6160    0.8308    0.9172    0.7537    0.0759         0         0    1.0000
```

3．块操作函数

MATLAB 中还有通过块操作实现数组扩展的函数。

（1）数组块状赋值函数 repmat。

```
repmat(A,m,n)
```

将 a 行 b 列的元素 A 当作"单个元素"，扩展出由 m 行 n 列"单个元素"组成的扩展数组，实际上新产生的数组共有 m×a 行，n×b 列。

【例 3-23】使用块状复制函数 repmat。

解： 在命令行窗口中依次输入以下语句，同时会输出相应的结果。

```
>> A=eye(2)
A =
    1    0
    0    1
>> repmat(A,2,2)
ans =
    1    0    1    0
    0    1    0    1
    1    0    1    0
    0    1    0    1
```

（2）对角块生成函数 blkdiag。

```
blkdiag (A,B,…)
```

将数组 A，B 等当作"单个元素"，安排在新数组的主对角线位置，其他位置用零数组块填充。

【例 3-24】使用对角块生成函数 blkdiag。

解： 在命令行窗口中依次输入以下语句，同时会输出相应的结果。

```
>> A=eye(2)
A =
    1    0
    0    1
>> B=ones(2,3)
B =
    1    1    1
    1    1    1
>> blkdiag(A,B)
ans =
    1    0    0    0    0
    0    1    0    0    0
    0    0    1    1    1
    0    0    1    1    1
```

（3）块操作函数 kron。

```
kron(X,Y)
```

把数组 Y 当作一个"元素块"，先通过复制扩展出 size(X) 规模的元素块，然后将每个块元素与 X 的相应位置的元素值相乘。

例如, 对 2 行 3 列的数组 X 和任意数组 Y, kron(X,Y)返回的数组相当于[X(1,1)*Y X(1,2)*Y X(1,3)*Y;X(1,3)* Y X(2,2)*Y X(2,3)*Y]。

【例 3-25】 使用块操作函数 kron。

解： 在命令行窗口中依次输入以下语句，同时会输出相应的结果。

```
>> A=[0 1;1 2]
A =
    0    1
    1    2
>> B=magic(2)
B =
    1    3
    4    2
>> C=kron(A,B)
C =
    0    0    1    3
    0    0    4    2
    1    3    2    6
    4    2    8    4
```

4. 其他扩展和裁剪方式

（1）索引扩展。

索引扩展是对数组进行扩展中最常用，也最易用的方法。前面讲到索引寻址时，其中的数字索引有一定的范围限制，比如对于 m 行 n 列的数组 A，要索引寻址访问一个已有元素，通过单下标索引 A(a)访问就要求 a≤m，b≤n，因为 A 只有 m 行 n 列。

但索引扩展中使用的索引数字就没有这些限制，相反，必然要用超出上述限制的索引数字指定当前数组尺寸外的一个位置，并对其进行赋值，以完成扩展操作。

通过索引扩展，一条语句只能增加一个元素，并同时在未指定的新添位置上默认赋值为 0，因此，要扩展多个元素就需要组合运用多条索引扩展语句，且经常要通过索引寻址修改特定位置上被默认赋值为 0 的元素。

【例 3-26】 索引扩展。

解： 在命令行窗口中依次输入以下语句，同时会输出相应的结果。

```
>> A=eye(3)
A =
    1    0    0
    0    1    0
    0    0    1
>> A(4,6)=25                                    %索引扩展
A =
    1    0    0    0    0    0
    0    1    0    0    0    0
    0    0    1    0    0    0
    0    0    0    0    0    25
```

通过例 3–26 可见，组合应用索引扩展和索引寻址重新赋值命令，在数组的索引扩展中是经常会遇到的。

（2）通过冒号操作符裁剪数组。

相对于数组扩展这种放大操作，数组的裁剪就是产生新的子数组的缩小操作，从已知的大数据集中挑出一个子集合，作为新的操作对象，这在各种应用领域都是常见的。

MATLAB 中裁剪数组，最常用的就是冒号操作符。实际上，冒号操作符实现裁剪功能时，其意义和冒号用于创建一维数组的意义是一样的，都是实现递变效果。

例如，从 100 行 100 列的数组 A 中挑选偶数行偶数列的元素，相对位置不变地组成 50 行 50 列的新数组 B，只需要通过语句 B=A(2:2:100,2:2:100)就可以实现，实际上这是通过数组数字索引实现了部分数据的访问。

更一般的裁剪语法如下：

```
B=A([a1,a2,a3,…], [b1,b2,b3,…])
```

表示提取数组 A 的 a1, a2, a3, …行，b1, b2, b3, …列的元素组成子数组 B。

此外，冒号还有一个特别的用法。当通过数字索引访问数组元素时，如果某一索引位置不是用数字表示，而是用冒号代替，则表示这一索引位置可以取所有能取到的值。例如对 5 行 3 列的数组 A，A(3,:)表示取 A 的第三行所有元素（从第 1 行到第 3 列），A(:,2)表示取 A 的第二列的所有元素（从第 1 行到第 5 行）。

【例 3-27】数组裁剪。

解： 在命令行窗口中依次输入以下语句，同时会输出相应的结果。

```
>> A=magic(8)
A =
    64     2     3    61    60     6     7    57
     9    55    54    12    13    51    50    16
    17    47    46    20    21    43    42    24
    40    26    27    37    36    30    31    33
    32    34    35    29    28    38    39    25
    41    23    22    44    45    19    18    48
    49    15    14    52    53    11    10    56
     8    58    59     5     4    62    63     1
>> A(1:3:5,3:7)            %提取数组 A 的第 1、3、5 行，3 到 7 列的所有元素
ans =
     3    61    60     6     7
    46    20    21    43    42
    35    29    28    38    39
```

（3）数组元素删除。

通过部分删除数组元素，也可以实现数组的裁剪。删除数组元素很简单，只需要将该位置元素赋值为空方括号([])即可。

一般配合冒号，将数组的某些行、列元素删除。但是注意，进行删除时，索引结果必须是完整的行或完整的列，而不能是数组内部的块或单元格。

【例 3-28】数组元素删除。

解： 在命令行窗口中依次输入以下语句，同时会输出相应的结果。

```
>> A=magic(7)
A =
    30    39    48     1    10    19    28
```

```
       38      47       7       9      18      27      29
       46       6       8      17      26      35      37
        5      14      16      25      34      36      45
       13      15      24      33      42      44       4
       21      23      32      41      43       3      12
       22      31      40      49       2      11      20
>> A(1:3:8,:)=[]
A =
       38      47       7       9      18      27      29
       46       6       8      17      26      35      37
       13      15      24      33      42      44       4
       21      23      32      41      43       3      12
```

由此可见，数组元素的部分删除是直接在原始数组上进行的操作，在实际应用中，要考虑在数组元素删除前先保存一个原始数组的备份，避免不小心造成对原始数据的破坏。另外，单独的一次删除操作只能删除某些行或某些列，因此，一般需要通过两条语句才能实现行和列两个方向的数组元素删除。

3.4.4 形状改变

MATLAB 中有大量内部函数可以对数组进行改变形状的操作，包括数组转置、数组平移和旋转，以及数组尺寸的重新调整。

1. 数组转置

MATLAB 中进行数组转置最简单的方式是通过转置操作符（'）。需要注意的是，对于有复数元素的数组，转置操作符（'）在变化数组形状的同时，也会将复数元素转化为其共轭复数。

如果要对复数数组进行非共轭转置，可以通过点转置操作符（.'）实现。

共轭和非共轭转置也可以通过 MATLAB 函数完成，transpose 函数实现非共轭转置，功能等同于点转置操作符（.'）；ctranspose 函数实现共轭转置，功能等同于转置操作符（'）。

当然，这 4 种方法对于实数数组的转置结果是一样的。

【例 3-29】数组转置。

解：在命令行窗口中依次输入以下语句，同时会输出相应的结果。

```
>> A=rand(2,4)
A =
    0.9575    0.1576    0.9572    0.8003
    0.9649    0.9706    0.4854    0.1419
>> A'
ans =
    0.9575    0.9649
    0.1576    0.9706
    0.9572    0.4854
    0.8003    0.1419
>> B=[2-i,3+4i,2,5i;6+i,4-i,2i,7]
B =
   2.0000 - 1.0000i   3.0000 + 4.0000i   2.0000                   0 + 5.0000i
   6.0000 + 1.0000i   4.0000 - 1.0000i        0 + 2.0000i    7.0000
>> B'
```

```
ans =
   2.0000 + 1.0000i   6.0000 - 1.0000i
   3.0000 - 4.0000i   4.0000 + 1.0000i
   2.0000                  0 - 2.0000i
        0 - 5.0000i   7.0000
>> B.'
ans =
   2.0000 - 1.0000i   6.0000 + 1.0000i
   3.0000 + 4.0000i   4.0000 - 1.0000i
   2.0000                  0 + 2.0000i
        0 + 5.0000i   7.0000
>> transpose(B)
ans =
   2.0000 - 1.0000i   6.0000 + 1.0000i
   3.0000 + 4.0000i   4.0000 - 1.0000i
   2.0000                  0 + 2.0000i
        0 + 5.0000i   7.0000
```

实际使用中，由于操作符的简便性，经常会使用操作符而不是转置函数实现转置。但是复杂的嵌套运算中，转置函数可能是唯一的可用方法。所以，两类转置方式都要掌握。

2. 数组翻转

MATLAB 中的数组翻转函数如表 3-2 所示。

表 3-2　数组翻转函数

函　　数	说　　明
fliplr(A)	左右翻转数组A
flipud(A)	上下翻转数组A
flipdim(A,k)	按k指定的方向翻转数组。对于二维数组，k=1相当于flipud(A);k=2相当于fliplr(A)
rot90(A,k)	把A逆时针旋转k+90°，k不指定时默认为1

【例 3-30】数组翻转。

解： 在命令行窗口中依次输入以下语句，同时会输出相应的结果。

```
>> A=rand(4,6)
A =
    0.4218    0.6557    0.6787    0.6555    0.2769    0.6948
    0.9157    0.0357    0.7577    0.1712    0.0462    0.3171
    0.7922    0.8491    0.7431    0.7060    0.0971    0.9502
    0.9595    0.9340    0.3922    0.0318    0.8235    0.0344
>> flipud(A)
ans =
    0.9595    0.9340    0.3922    0.0318    0.8235    0.0344
    0.7922    0.8491    0.7431    0.7060    0.0971    0.9502
    0.9157    0.0357    0.7577    0.1712    0.0462    0.3171
    0.4218    0.6557    0.6787    0.6555    0.2769    0.6948
>> fliplr(A)
ans =
```

```
    0.6948      0.2769      0.6555      0.6787      0.6557      0.4218
    0.3171      0.0462      0.1712      0.7577      0.0357      0.9157
    0.9502      0.0971      0.7060      0.7431      0.8491      0.7922
    0.0344      0.8235      0.0318      0.3922      0.9340      0.9595
>> flipdim(A,2)
ans =
    0.6948      0.2769      0.6555      0.6787      0.6557      0.4218
    0.3171      0.0462      0.1712      0.7577      0.0357      0.9157
    0.9502      0.0971      0.7060      0.7431      0.8491      0.7922
    0.0344      0.8235      0.0318      0.3922      0.9340      0.9595
>> rot90(A,2)
ans =
    0.0344      0.8235      0.0318      0.3922      0.9340      0.9595
    0.9502      0.0971      0.7060      0.7431      0.8491      0.7922
    0.3171      0.0462      0.1712      0.7577      0.0357      0.9157
    0.6948      0.2769      0.6555      0.6787      0.6557      0.4218
>> rot90(A)
ans =
    0.6948      0.3171      0.9502      0.0344
    0.2769      0.0462      0.0971      0.8235
    0.6555      0.1712      0.7060      0.0318
    0.6787      0.7577      0.7431      0.3922
    0.6557      0.0357      0.8491      0.9340
    0.4218      0.9157      0.7922      0.9595
```

3. 数组尺寸调整

改变数组形状，还有一个常用的函数 reshape，它可以把已知数组改变成指定的行列尺寸。

对于 m 行 n 列的数组 A，通过语句 B=reshape(A,a,b)可以将其调整为 a 行 b 列的尺寸，并赋值为变量 B，这里必须满足 m×n=a×b。

在尺寸调整前后，两个数组的单下标索引不变，即 A(x)必然等于 B(x)，只要 x 是符合取值范围要求的单下标数字即可。也就是说，按照列优先原则把 A 和 B 的元素排列成一列，结果必然是一样的。

【例 3-31】数组尺寸调整。

解： 在命令行窗口中依次输入以下语句，同时会输出相应的结果。

```
>> A=rand(3,4)
A =
    0.4387      0.7952      0.4456      0.7547
    0.3816      0.1869      0.6463      0.2760
    0.7655      0.4898      0.7094      0.6797
>> reshape(A,2,6)
ans =
    0.4387      0.7655      0.1869      0.4456      0.7094      0.2760
    0.3816      0.7952      0.4898      0.6463      0.7547      0.6797
>> reshape(A,2,8)      %a*b 不等于 m*n 时会报错
错误使用 reshape
元素数不能更改。请使用 [] 作为大小输入之一，以自动计算该维度的适当大小。
```

3.4.5　数组运算

本节介绍数组的各种数学运算。

1. 数组-数组运算

最基本的就是数组和数组的加（+）、减（-）、乘（*）、乘方（^）等运算。注意，数组的加、减运算要求参与运算的两个数组具有相同的尺寸，而数组的乘法运算要求第一个数组的列数等于第二个数组的行数。

乘方运算在指数 n 为自然数时相当于 n 次自乘，这要求数组具有相同的行数和列数。关于指数为其他情况的乘方，本节不做讨论，读者可以参考相关的高等代数书籍。

【例 3-32】使用数组-数组运算。

解：在命令行窗口中依次输入以下语句，同时会输出相应的结果。

```
>> A=magic(4)
A =
    16     2     3    13
     5    11    10     8
     9     7     6    12
     4    14    15     1
>> B=eye(4)
B =
     1     0     0     0
     0     1     0     0
     0     0     1     0
     0     0     0     1
>> A+B
ans =
    17     2     3    13
     5    12    10     8
     9     7     7    12
     4    14    15     2
```

数组除法实际上是乘法的逆运算，相当于参与运算的一个数组和另一个数组的逆（或伪逆）数组相乘。MATLAB 中数组除法有左除(/)和右除(\)两种：

（1）A/B 相当于 A*inv(B)或 A*pinv(B)；

（2）A\B 相当于 inv(A)*B 或 pinv(A)*B。

inv 是数组求逆函数，仅适用于行列数相同的方形数组（线性代数中，称为方阵）；pinv 是求数组广义逆的函数。关于逆矩阵和广义逆矩阵的知识，请参考高等代数相关书籍。

【例 3-33】使用数组除法。

解：在命令行窗口中依次输入以下语句，同时会输出相应的结果。

```
>> A=[3 5 6;2 1 4;2 5 6]
A =
     3     5     6
     2     1     4
     2     5     6
>> B=randn(3)
```

```
B =
    0.5377    0.8622   -0.4336
    1.8339    0.3188    0.3426
   -2.2588   -1.3077    3.5784
>> A/B
ans =
    8.8511    2.1711    2.5413
    2.2919    1.9120    1.2125
    9.1861    1.6402    2.6328
>> A*inv(B)
ans =
    8.8511    2.1711    2.5413
    2.2919    1.9120    1.2125
    9.1861    1.6402    2.6328
>> pinv(A)*B
ans =
    2.7965    2.1699   -4.0120
   -0.6323    0.1097   -0.2707
   -0.7817   -1.0327    2.1593
```

2. 点运算

前面讲到的数组乘、除、乘方运算，都是专门针对数组定义的运算。在有些情况下，用户可能希望对两个尺寸相同的数组进行元素对元素的乘、除，或者对数组的元素逐个进行乘方，这就可以通过点运算实现。

通过语句 A.*B，就可以实现两个同样尺寸的数组 A 和数组 B 对于元素的乘法；通过语句 A./B 或 A.\B 可实现元素对元素的除法；通过语句 A.^n 可实现对逐个元素的乘方。

【例 3-34】使用点运算。

解： 在命令行窗口中依次输入以下语句，同时会输出相应的结果。

```
>> A=magic(4)
A =
    16     2     3    13
     5    11    10     8
     9     7     6    12
     4    14    15     1
>> B=ones(4)+4*eye(4)
B =
     5     1     1     1
     1     5     1     1
     1     1     5     1
     1     1     1     5
>> A.*B
ans =
    80     2     3    13
     5    55    10     8
     9     7    30    12
     4    14    15     5
>> B.*A                            %对应的元素的乘法，因此和 A.*B 结果一样
```

```
ans =
    80     2     3    13
     5    55    10     8
     9     7    30    12
     4    14    15     5
>> A.\B                                %以 A 的各个元素为分母，B 相对应的各个元素为分子，逐个元素作除法
ans =
    0.3125    0.5000    0.3333    0.0769
    0.2000    0.4545    0.1000    0.1250
    0.1111    0.1429    0.8333    0.0833
    0.2500    0.0714    0.0667    5.0000
```

需要强调的是，许多 MATLAB 内置的运算函数，如 sqrt、exp、log、sin 等，都只能对数组进行逐个元素的相应运算。至于专门的数组的开方、指数等运算，都有专门的数组运算函数。

3. 专门针对数组的运算函数

数组运算不同于针对单个数值的常规数学运算。MATLAB 中，专门针对数组的运算函数一般都以 m 结尾（m 代表 matrix），如 sqrtm、expm 等，这几个函数都要求参与运算的数组是行数和列数相等的方形数组。具体的运算方式请参考高等代数相关书籍。

【例 3-35】使用数组运算函数。

解：在命令行窗口中依次输入以下语句，同时会输出相应的结果。

```
>> A=magic(4)
A =
    16     2     3    13
     5    11    10     8
     9     7     6    12
     4    14    15     1
>> sqrt(A)
ans =
    4.0000    1.4142    1.7321    3.6056
    2.2361    3.3166    3.1623    2.8284
    3.0000    2.6458    2.4495    3.4641
    2.0000    3.7417    3.8730    1.0000
>> sqrtm(A)
ans =
    3.7584 - 0.2071i   -0.2271 + 0.4886i    0.3887 + 0.7700i    1.9110 - 1.0514i
    0.2745 - 0.0130i    2.3243 + 0.0306i    2.0076 + 0.0483i    1.2246 - 0.0659i
    1.3918 - 0.2331i    1.5060 + 0.5498i    1.4884 + 0.8666i    1.4447 - 1.1833i
    0.4063 + 0.4533i    2.2277 - 1.0691i    1.9463 - 1.6848i    1.2506 + 2.3006i
>> exp(A)
ans =
    1.0e+06 *
    8.8861    0.0000    0.0000    0.4424
    0.0001    0.0599    0.0220    0.0030
    0.0081    0.0011    0.0004    0.1628
    0.0001    1.2026    3.2690    0.0000
```

3.4.6 数组查找

MATLAB 中，数组查找函数只有 find。它能够查找数组中的非零元素，并返回其下标索引。find 函数配合各种关系运算和逻辑运算，能够实现很多查找功能。find 函数有两种语法形式：

```
a=find(A)                    %返回数组 A 中非零元素的单下标索引
[a,b]=find(A)                %返回数组 A 中非零元素的双下标索引方式
```

实际应用中，经常通过多重逻辑嵌套产生逻辑数组，判断数组元素是否符合某种比较关系，然后用 find 函数查找这个逻辑数组中的非零元素，返回符合比较关系的元素的索引，从而实现元素访问。find 函数用于产生索引数组，过度实现最终的索引访问，因此经常不需要直接指定 find 函数的返回值。

【例 3-36】使用数组查找函数 find。

解：在命令行窗口中依次输入以下语句，同时会输出相应的结果。

```
>> A=rand(3,5)
A =
    0.6787    0.3922    0.7060    0.0462    0.6948
    0.7577    0.6555    0.0318    0.0971    0.3171
    0.7431    0.1712    0.2769    0.8235    0.9502
>> A<0.5
ans =
    0    1    0    1    0
    0    0    1    1    1
    0    1    1    0    0
>> A>0.3
ans =
    1    1    1    0    1
    1    1    0    0    1
    1    0    0    1    1
>> (A>0.3)&(A<0.5)          %逻辑嵌套产生符合多个比较关系的逻辑数组
ans =
    0    1    0    0    0
    0    0    0    0    1
    0    0    0    0    0
>> find((A>0.3)&(A<0.5))    %逻辑数组中的非零元素，返回符合关系的元素索引
ans =
     4
    14
>> A(find((A>0.3)&(A<0.5)))  %实现元素访问
ans =
    0.3922
    0.3171
```

本例题展示了 find 函数最常见的用法的具体使用过程。

首先通过 rand 函数创建了待操作的随机数组 A，然后通过比较运算 A>0.3 和 A<0.5 分别返回满足相应比较关系的逻辑数组。在这些逻辑数组中，1 代表该位置元素符合比较关系，0 则代表不符合比较关系。

然后通过逻辑运算（&）产生同时满足两个比较关系的逻辑数组，通过 find 函数操作这个逻辑数组，

返回数组中非零元素的下标索引（本例中返回单下标索引），实际上就是返回原数组中符合两个比较关系的元素的位置索引，利用 find 函数返回的下标索引就可以寻址访问原数组中符合比较关系的目标元素。

3.4.7　数组排序

数组排序也是常用的数组操作，经常用于各种数据分析和处理。MATLAB 中的排序函数是 sort。

sort 函数可以对数组按照升序或降序进行排列，并返回排序后的元素在原始数组中的索引位置。sort 函数有多种用法，都有重要的应用，见表 3-3。

表 3-3　sort函数及其说明

函　　数	说　　明
B=sort(A)	对一维或二维数组进行升序排序，并返回排序后的数组 当A为二维数组时，则是对数组的每一列进行排序
B=sort(A,dim)	对数组指定的方向进行升序排列 dim=1表示对每一列排序，dim=2表示对每一行排序

可以看到，sort 函数都是对单独的一行或一列元素进行排序，即使对于二维数组，也是单独对每一行或每一列进行排序，因此返回的索引只是单下标形式，表征排序后的元素在原来的行或列中的位置。

【例 3-37】数组排序。

解：在命令行窗口中依次输入以下语句，同时会输出相应的结果。

```
>> A=rand(1,8)
A =
    0.0344    0.4387    0.3816    0.7655    0.7952    0.1869    0.4898    0.4456
>> sort(A)                              %按照默认的升序方式排列
ans =
    0.0344    0.1869    0.3816    0.4387    0.4456    0.4898    0.7655    0.7952
>> [B,J]=sort(A,'descend')              %降序排列并返回索引
B =
    0.7952    0.7655    0.4898    0.4456    0.4387    0.3816    0.1869    0.0344
J =
     5    4    7    8    2    3    6    1
>> A(J)                                 %通过索引页可以产生降序排列的数组
ans =
    0.7952    0.7655    0.4898    0.4456    0.4387    0.3816    0.1869    0.0344
```

通过例 3-37 可见，数组排序函数 sort 返回的索引表示在排序方向上排序后元素在原数组中的位置。对于一维数组，这就是其单下标索引，但对二维数组，这只是双下标索引中的一个分量，因此不能简单地通过这个返回的索引值寻址产生排序的二维数组。

当然，利用这个索引结果，通过复杂一点的方法也可以得到排序数组，如例 3-37 中就可以通过 A(J) 产生排序数组。这种索引访问一般只用于对部分数据的处理。

3.4.8　高维数组降维

【例 3-38】使用 squeeze 命令撤销"孤维"，使高维数组降维。

解：在命令行窗口中依次输入以下语句，同时会输出相应的结果。

```
>> A=rand(2,3,3)
A(:,:,1) =
    0.1320    0.9561    0.0598
    0.9421    0.5752    0.2348
A(:,:,2) =
    0.3532    0.0154    0.1690
    0.8212    0.0430    0.6491
A(:,:,3) =
    0.7317    0.4509    0.2963
    0.6477    0.5470    0.7447
>> B=cat(4,A(:,:,1),A(:,:,2),A(:,:,3))
B(:,:,1,1) =
    0.1320    0.9561    0.0598
    0.9421    0.5752    0.2348
B(:,:,1,2) =
    0.3532    0.0154    0.1690
    0.8212    0.0430    0.6491
B(:,:,1,3) =
    0.7317    0.4509    0.2963
    0.6477    0.5470    0.7447
>> C=squeeze(B)
C(:,:,1) =
    0.1320    0.9561    0.0598
    0.9421    0.5752    0.2348
C(:,:,2) =
    0.3532    0.0154    0.1690
    0.8212    0.0430    0.6491
C(:,:,3) =
    0.7317    0.4509    0.2963
    0.6477    0.5470    0.7447
>> size_B=size(B)
size_B =
     2     3     1     3
>> size_C=size(C)
size_C =
     2     3     3
```

3.5　多维数组及其操作

MATLAB 中把超过二维的数组称为多维数组，多维数组实际上是一般的二维数组的扩展。本章讲述 MATLAB 中多维数组的创建和操作。

3.5.1　多维数组属性

MATLAB 中提供了多个函数（见表 3-4），用于获取多维数组的尺寸、维度、占用内存和数据类型等多种属性。

表 3-4　获取多维数组属性的函数

数组属性	函数用法	函数功能
尺寸	size(A)	按照行→列→页的顺序，返回数组A每一维上的大小
维度	ndims(A)	返回数组A具有的维度值
内存占用/数据类型等	whos	返回当前工作区中的各个变量的详细信息

【例 3-39】通过 MATLAB 函数获取多维数组的属性。

解： 在命令行窗口中依次输入以下语句，同时会输出相应的结果。

```
>> A=cat(4,[9 2;6 5],[7 1;8 4]);
>> size(A)                          %获取数组 A 的尺寸属性
ans =
     2     2     1     2
>> ndims(A)                         %获取数组 A 的维度属性
ans =
     4
>> whos
  Name      Size              Bytes  Class     Attributes
  A         4-D                  64  double
  ans       1x1                   8  double
```

3.5.2　多维数组操作

和二维数组类似，MATLAB 中也有大量对多维数组进行索引、重排和计算的函数。

1. 多维数组的索引

MATLAB 中多维数组的索引方法包括多下标索引和单下标索引。

对于 n 维数组，可以用 n 个下标索引访问一个特定位置的元素，而用数组或冒号代表其中某一维，则可以访问指定位置的多个元素。单下标索引方法则是只通过一个下标定位多维数组中某个元素的位置。

只要注意到 MATLAB 中是按照行→列→页→…优先级逐渐降低的顺序把多维数组的所有元素线性存储起来，就可以知道一个特定的单下标对应的多维下标位置了。

【例 3-40】多维数组的索引访问，其中 A 是一个随机生成的 $4 \times 5 \times 3$ 的多维数组。

解： 在命令行窗口中依次输入以下语句，同时会输出相应的结果。

```
>> A = randn(4,5,3)
A(:,:,1) =
   -1.3617    0.5528    0.6601   -0.3031    1.5270
    0.4550    1.0391   -0.0679    0.0230    0.4669
   -0.8487   -1.1176   -0.1952    0.0513   -0.2097
   -0.3349    1.2607   -0.2176    0.8261    0.6252
A(:,:,2) =
    0.1832    0.1352   -0.1623   -0.8757   -0.1922
   -1.0298    0.5152   -0.1461   -0.4838   -0.2741
    0.9492    0.2614   -0.5320   -0.7120    1.5301
    0.3071   -0.9415    1.6821   -1.1742   -0.2490
A(:,:,3) =
```

```
   -1.0642    -1.5062    -0.2612    -0.9480     0.0125
    1.6035    -0.4446     0.4434    -0.7411    -3.0292
    1.2347    -0.1559     0.3919    -0.5078    -0.4570
   -0.2296     0.2761    -1.2507    -0.3206     1.2424
>> A(3,2,2)                          %访问 A 的第 3 行第 2 列第 2 页的元素
ans =
    0.2614
>> A(27)                             %访问 A 第 27 个元素（即第 3 行第 2 列第 2 页的元素）
ans =
    0.2614
```

例 3-40 中，A(27)是通过单下标索引访问多维数组 A 的元素。一维多维数组 A 有 3 页，每一页有 $4 \times 5 = 20$ 个元素，所以第 27 个元素在第 2 页上，而第 4 页行方向上有 4 个元素，根据行→列→页→…优先顺序原则，第 27 个元素代表的就是第 2 页第 2 列第 3 行的元素，即 A(27)相当于 A(3,2,2)。

2. 多维数组的维度操作

多维数组的维度操作包括多维数组形状的改变和维度的重新排序。

reshape 函数可以改变多维数组的形状，但操作前后 MATLAB 按照行→列→页→…优先级对多维数组进行线性存储的方式不变，许多多维数组在某一维度上只有一个元素，可以利用函数 squeeze 消除这种单值维度。

【例 3-41】利用函数 reshape 函数改变多维数组的形状。

解：在命令行窗口中依次输入以下语句，同时会输出相应的结果。

```
>> A =[1 4 7 10; 2 5 8 11;3 6 9 12]
>> B = reshape(A,2,6)
B =
    1    3    5    7    9   11
    2    4    6    8   10   12
>> B = reshape(A,2,[])
B =
    1    3    5    7    9   11
    2    4    6    8   10   12
```

permute 函数可以按照指定的顺序重新定义多维数组的维度顺序。需要注意的是，permute 函数重新定义后的多维数组是把原来在某一维度上的所有元素移动到新的维度上，这会改变多维数组线性存储的位置，和 reshape 函数是不同的。ipermute 函数可以看作 permute 函数的逆函数，当 B=permute(A,dims)时，ipermute(B,dims)刚好返回多维数组 A。

【例 3-42】对多维数组维度的重新排序。

解：在命令行窗口中依次输入以下语句，同时会输出相应的结果。

```
>> A=randn(3,3,2)
A(:,:,1) =
    0.4227    -1.2128     0.3271
   -1.6702     0.0662     1.0826
    0.4716     0.6524     1.0061
A(:,:,2) =
   -0.6509    -1.3218    -0.0549
    0.2571     0.9248     0.9111
```

```
    -0.9444     0.0000     0.5946
>> B=permute(A,[3 1 2])
B(:,:,1) =
     0.4227    -1.6702     0.4716
    -0.6509     0.2571    -0.9444
B(:,:,2) =
    -1.2128     0.0662     0.6524
    -1.3218     0.9248     0.0000
B(:,:,3) =
     0.3271     1.0826     1.0061
    -0.0549     0.9111     0.5946
>> ipermute(B,[3 1 2])
ans(:,:,1) =
     0.4227    -1.2128     0.3271
    -1.6702     0.0662     1.0826
     0.4716     0.6524     1.0061
ans(:,:,2) =
    -0.6509    -1.3218    -0.0549
     0.2571     0.9248     0.9111
    -0.9444     0.0000     0.5946
```

3. 多维数组参与数学计算

多维数组参与数学计算，可以针对某一维度的向量，也可以针对单个元素，还可以针对某一特定页面上的二维数组。

（1）sum、mean 等函数可以对多维数组中第 1 个不为 1 的维度上的向量进行计算；

（2）sin、cos 等函数则对多维数组中的每一个单独元素进行计算；

（3）eig 等针对二维数组的运算函数则需要用指定的页面上的二维数组作为输入函数。

【例 3-43】多维数组参与的数学运算。

解： 在命令行窗口中依次输入以下语句，同时会输出相应的结果。

```
>> A=randn(2,5,2)
A(:,:,1) =
     0.3502     0.9298    -0.6904     1.1921    -0.0245
     1.2503     0.2398    -0.6516    -1.6118    -1.9488
A(:,:,2) =
     1.0205     0.0012    -2.4863    -2.1924     0.0799
     0.8617    -0.0708     0.5812    -2.3193    -0.9485
>> sum(A)
ans(:,:,1) =
     1.6005     1.1696    -1.3419    -0.4197    -1.9733
ans(:,:,2) =
     1.8822    -0.0697    -1.9051    -4.5117    -0.8685
>> sin(A)
ans(:,:,1) =
     0.3431     0.8015    -0.6368     0.9291    -0.0245
     0.9491     0.2375    -0.6064    -0.9992    -0.9294
ans(:,:,2) =
     0.8524     0.0012    -0.6094    -0.8129     0.0798
```

```
        0.7590   -0.0708    0.5490   -0.7327   -0.8125
>> eig(A(:,[1 2],1))
ans =
    1.3746
   -0.7846
```

3.6 小结

数组是 MATLAB 中各种变量存储和运算的通用数据结构。本章从对 MATLAB 中的数组进行分类概述入手，重点讲述了数组的创建、数组的属性和多种数组操作方法，还介绍了 MATLAB 中创建和操作多维数组的方法。对于多维数组，MATLAB 中提供了类似于二维数组的操作方法，包括对数组形状、维度的重新调整，以及常用的数学计算。

这些内容是学习 MATLAB 必须熟练掌握的。对这些基本函数的深入理解和熟练组合应用，会大大提高使用 MATLAB 的效率。

矩　阵

　　矩阵是高等代数学中的常见工具，也常见于统计分析等应用数学学科中。矩阵的运算是数值分析领域的重要问题。将矩阵分解为简单矩阵的组合可以在理论和实际应用上简化矩阵的运算。矩阵始终是 MATLAB 的核心内容，是 MATLAB 的基本运算单元，也是最重要的内建数据类型。本节重点讲解矩阵的函数及运算。

　　本章学习目标包括：

　　（1）了解 MATLAB 中矩阵的基本概念；

　　（2）掌握矩阵的基本运算法则和运算函数的使用；

　　（3）熟练使用矩阵的分解。

4.1　矩阵基本操作

　　矩阵运算是 MATLAB 特别引入的一种运算，既可用简单的方法解决原本复杂的矩阵运算问题，又可向下兼容处理标量运算。在 MATLAB 中，矩阵本质上就是二维数组。为方便后续的讨论，本节在讨论矩阵运算之前先对矩阵元素的存储次序和表示方法进行讲解。

4.1.1　元素存储次序

　　假设有一个 $m×n$ 阶的矩阵 A，如果用符号 i 表示它的行下标，用符号 j 表示它的列下标，那么这个矩阵中第 i 行、第 j 列的元素就可表示为 A(i,j)。

　　如果要将一个矩阵存储在计算机中，MATLAB 规定矩阵元素在存储器中要按列的先后顺序存储，即存储完第 1 列后再存储第 2 列，依此类推。例如有一个 3×4 阶的矩阵 B，若要把它存储在计算机中，其元素存储次序就如表 4-1 所示。

表 4-1　矩阵B元素存储次序

次　序	元　素	次　序	元　素	次　序	元　素	次　序	元　素
1	B(1,1)	4	B(1,2)	7	B(1,3)	10	B(1,4)
2	B(2,1)	5	B(2,2)	8	B(2,3)	11	B(2,4)
3	B(3,1)	6	B(3,2)	9	B(3,3)	12	B(3,4)

　　作为矩阵的特例，一维数组（向量）元素是依其元素本身的先后次序进行存储的。必须指出的是，不是所有高级语言都这样规定矩阵（或数组）元素的存储次序，例如 C 语言就是按行的先后顺序存储数组元

素，即存储完第 1 行后，再存储第 2 行，依此类推。记住这一点对正确使用高级语言的接口技术是十分有益的。

4.1.2　元素表示及操作

弄清了矩阵元素的存储次序，现在讨论矩阵元素的表示方法和应用。在 MATLAB 中，矩阵除了以矩阵名为单位整体被引用外，还可能涉及对矩阵元素的引用操作，所以矩阵元素的表示也是一个必须交代的问题。

1.　元素的下标表示法

矩阵元素的表示采用下标法。在 MATLAB 中有全下标方式和单下标方式两种方案，现分述如下。

（1）全下标方式：用行下标和列下标表示矩阵中的一个元素，这是一个被普遍接受和采用的方法。对一个 m×n 阶的矩阵 A，其第 i 行、第 j 列的元素用全下标方式就表示成 A(i,j)。

（2）单下标方式：将矩阵元素按存储顺序的先后用单个数码顺序地连续编号。仍以 m×n 阶的矩阵 A 为例，全下标元素 A(i,j)对应的单下标表示便是 A(s)，其中 $s=(j-1)\times m+i$ 。

必须指出的是，i、j、s 这些下标符号，不能只视为单数值下标，也可理解成用向量表示的一组下标。

【例 4-1】元素的下标表示。

解：在命令行窗口中依次输入以下语句，同时会输出相应的结果。

```
>> clear                    %清空工作区数据，以避免工作区中已有内容干扰后面的运算
>> A=[1 2 3;6 5 4;8 7 9]
A =
    1    2    3
    6    5    4
    8    7    9
>> A(2,3)                   %显示矩阵中全下标元素 A(2,3)的值
ans =
    4
>> A(6)                     %显示矩阵中单下标元素 A(6)的值
ans =
    7
>> A(1:2,3)                 %显示矩阵 A 第 1、2 两行的第 3 列的元素值
ans =
    3
    4
>> A(6:8)                   %显示矩阵 A 单下标第 6~8 号元素的值，此处用一向量表示一下标区间
ans =
    7    3    4
```

2.　矩阵元素的赋值

矩阵元素的赋值有 3 种方式：全下标方式、单下标方式和全元素方式。必须声明，用后两种方式赋值的矩阵必须是被引用过的矩阵，否则系统会提示错误。

（1）全下标方式：在给矩阵的单个或多个元素赋值时，采用全下标方式接收。

【例 4-2】全下标方式接收元素赋值。

解：在命令行窗口中依次输入以下语句，同时会输出相应的结果。

```
>> clear                        %清空工作区数据
>> A(1:2,1:3)=[1 1 1;1 1 1]     %可用一矩阵将矩阵 A 的 1~2 行 1~3 列的全部元素赋值为 1
A =
     1     1     1
     1     1     1
>> A(3,3)=2                     %给原矩阵中并不存在的元素下标赋值会扩充矩阵阶数，注意补 0 的原则
A =
     1     1     1
     1     1     1
     0     0     2
```

（2）单下标方式：在给矩阵的单个或多个元素赋值时，采用单下标方式接收。

【例 4-3】单下标接收元素赋值。

解： 在命令行窗口中依次输入以下语句，同时会输出相应的结果。

```
>> clear                        %清空工作区数据
>> A(3:6)=[-1 1 1 -1]           %可用一向量给单下标表示的连续多个矩阵元素赋值
A =
     1     1     1
     1     1     1
    -1    -1     2
A(6)=0
A =
     1     1     1
     1     1     1
     0     0     2
>> A(3)=0
A =
     1     1     1
     1     1     1
     0     0     2
```

（3）全元素方式：将矩阵 B 的所有元素全部赋值给矩阵 A，即 A(:)=B，不要求 A、B 同阶，只要求元素个数相等。

【例 4-4】全元素方式赋值。

解： 在命令行窗口中依次输入以下语句，同时会输出相应的结果。

```
>> clear                        %清空工作区数据
>> A(:)=1:9                     %将一向量按列的先后顺序赋值给矩阵 A，A 在例 4-3 中已被引用
A =
     1     4     7
     2     5     8
     3     6     9
>> A(3,4)=16                    %扩充矩阵 A
A =
     1     4     7     0
     2     5     8     0
     3     6     9    16
>> B=[11 12 13;14 15 16;17 18 19;0 0 0]    %生成 4×3 阶矩阵 B
```

```
B =
    11    12    13
    14    15    16
    17    18    19
     0     0     0
>> A(:)=B
A =
    11     0    18    16
    14    12     0    19
    17    15    13     0
```

3. 矩阵元素的删除

在 MATLAB 中，可以用空矩阵（用[]表示）将矩阵中的单个元素、某行、某列、某矩阵子块及整个矩阵中的元素删除。

【例 4-5】删除矩阵元素。

解：在命令行窗口中依次输入以下语句，同时会输出相应的结果。

```
>> clear                              %清空工作区数据
>> A(2:3,2:3)=[1 1;2 2]               %生成一新矩阵 A
A =
     0     0     0
     0     1     1
     0     2     2
>> A(2,:)=[]
A =
     0     0     0
     0     2     2
>> A(1:2)=[]
A =
     0     2     0     2
>> A=[]
A =
     []
```

4. 矩阵基本信息查询

MATLAB 中提供了查询矩阵基本信息的函数，如 numel 函数用于统计矩阵的元素个数，size 函数用于计算矩阵的行列数，length 函数用于计算行数与列数中的最大者等。

【例 4-6】矩阵基本信息查询演示。

解：在命令行窗口中依次输入以下语句，同时会输出相应的结果。

```
>> A = magic(4)
A =
    16     2     3    13
     5    11    10     8
     9     7     6    12
     4    14    15     1
>> numel(A)                           %统计矩阵的元素个数
ans =
    16
```

```
>> size(A)                         %计算矩阵的行数和列数
ans =
     4     4
>> length(A)                       %计算行数与列数中的最大者
ans =
     4
>> max(A(:))                       %求出矩阵中所有元素中的最大者
ans =
    16
>> min(A(:))                       %求出矩阵中所有元素中的最小者
ans =
     1
```

4.2　创建矩阵

在 MATLAB 中建立矩阵的方法很多，不同的方法往往适用于不同的场合和需要。因为矩阵是 MATLAB 特别引入的量，所以在表达矩阵时，必须遵守一些相关的约定，以区别其他量，这些约定是：

（1）矩阵的所有元素必须放在方括号（[]）内；

（2）每行的元素之间需用逗号或空格隔开；

（3）矩阵的行与行之间用分号或回车符分隔；

（4）元素可以是数值或表达式。

4.2.1　直接输入法

在命令行提示符"＞＞"后直接输入一矩阵的方法即是直接输入法。直接输入法对建立规模较小的矩阵相当方便，特别适用于在命令行窗口讨论问题的场合，也适用于在程序中给矩阵变量赋初值。

【例 4-7】用直接输入法建立矩阵。

解：在命令行窗口中依次输入以下语句，同时会输出相应的结果。

```
>> clear                           %清空工作区数据
>> x=27; y=3;
>> A=[1 2 3;4 5 6];
>> B=[2,3,4;7,8,9;12,2*6+1,14];
>> C=[3 4 5;7 8 x/y;10 11 12];
>> A,B,C                           %在命令行窗口显示矩阵
A =
     1     2     3
     4     5     6
B =
     2     3     4
     7     8     9
    12    13    14
C =
     3     4     5
     7     8     9
    10    11    12
```

4.2.2　抽取法

抽取法是从大矩阵中抽取出需要的小矩阵（或子矩阵）。线性代数中分块矩阵就是一个典型的从大矩阵中取出子矩阵的实例。

矩阵的抽取实质是元素的抽取，用元素下标的向量表示从大矩阵中提取元素就能完成抽取过程。

（1）全下标抽取法。

【例 4-8】用全下标抽取法建立子矩阵。

解： 在命令行窗口中依次输入以下语句，同时会输出相应的结果。

```
>> clear
>> A=[1 2 3 4;5 6 7 8;9 10 11 12;13 14 15 16]
A =
     1     2     3     4
     5     6     7     8
     9    10    11    12
    13    14    15    16
>> B=A(1:3,2:3)            %取矩阵 A 行数为 1~3，列数为 2~3 的元素构成子矩阵 B
B =
     2     3
     6     7
    10    11
>> C=A([1 3],[2 4])        %取矩阵 A 行数为 1、3，列数为 2、4 的元素构成子矩阵 C
C =
     2     4
    10    12
>> D=A(4,:)               %取矩阵 A 第 4 行所有列，":"可表示所有行或列
D =
    13    14    15    16
>> E=A([2 4],end)         %取 1、4 行最后一列，用 end 表示某一维数中的最大值
E =
     8
    16
```

（2）单下标抽取法。

【例 4-9】用单下标抽取法建立子矩阵。

解： 在命令行窗口中依次输入以下语句，同时会输出相应的结果。

```
>> clear
>> A=[1 2 3 4;5 6 7 8;9 10 11 12;13 14 15 16]
A =
     1     2     3     4
     5     6     7     8
     9    10    11    12
    13    14    15    16
>> B=A([4:6;3 5 7;12:14])
B =
    13     2     6
```

```
        9      2     10
       15      4      8
```

本例是从矩阵 A 中取出单下标为 4~6 的元素做第 1 行，单下标为 3、5、7 的 3 个元素做第 2 行，单下标为 12~14 的元素做第 3 行，生成一 3×3 阶新矩阵 B。

用 B=A([4:6;[3 5 7];12:14])的格式抽取也是正确的，关键在于若要抽取出矩阵，就必须在单下标引用中的最外层加上一对方括号，以满足 MATLAB 对矩阵的约定。

另外，其中的分号也不能少。分号若改写成逗号，矩阵将变成向量，例如用语句

```
C=A([4:5,7,10:13])
```

抽取，则结果为

```
C=[13 2 10 7 11 15 4]
```

4.2.3　拼接法

行数相同的小矩阵可在列方向扩展拼接成更大的矩阵。同理，列数相同的小矩阵可在行方向扩展拼接成更大的矩阵。

【例 4-10】小矩阵拼成大矩阵。

解： 在命令行窗口中依次输入以下语句，同时会输出相应的结果。

```
>> A=[1 2 3;4 5 6;7 8 9]
A =
     1      2      3
     4      5      6
     7      8      9
>> B=[9 8;7 6;5 4]
B =
     9      8
     7      6
     5      4
>> C=[4 5 6;7 8 9]
C =
     4      5      6
     7      8      9
>> E=[A B;B A]              %行和列两个方向同时拼接，请留意行、列数的匹配问题
E =
     1      2      3      9      8
     4      5      6      7      6
     7      8      9      5      4
     9      8      1      2      3
     7      6      4      5      6
     5      4      7      8      9
>> F=[A;C]                  %矩阵 A、C 列数相同，沿行方向扩展拼接
F =
     1      2      3
     4      5      6
     7      8      9
```

4	5	6
7	8	9

4.2.4 函数法

MATLAB 有许多函数可以生成矩阵，大致可分为基本函数和特殊函数两类。基本函数主要生成一些常用的工具矩阵，如表 4–2 所示。在常用工具矩阵生成函数中，除了 eye 外，其他函数都能生成三维以上的多维数组，而 eye(m,n) 可生成非方阵的单位阵。

表 4-2　常用工具矩阵生成函数

函　　数	功　　能
zeros(m,n)	生成 m×n 阶的全 0 矩阵
ones(m,n)	生成 m×n 阶的全 1 矩阵
rand(m,n)	生成取值在 0 ~ 1 的满足均匀分布的随机矩阵
randn(m,n)	生成满足正态分布的随机矩阵
eye(m,n)	生成 m×n 阶的单位矩阵

一些特殊矩阵，如希尔伯特矩阵、魔方矩阵、帕斯卡矩阵、范德蒙矩阵等，则需要由特殊函数生成，如表 4–3 所示。

表 4-3　特殊矩阵生成函数

函　　数	功　　能	函　　数	功　　能
compan	Companion 矩阵	magic	魔方矩阵
gallery	Higham 测试矩阵	pascal	帕斯卡矩阵
hadamard	Hadamard 矩阵	rosser	经典对称特征值测试矩阵
hankel	Hankel 矩阵	toeplitz	Toeplitz 矩阵
hilb	Hilbert 矩阵	vander	Vandermonde 矩阵
invhilb	反 Hilbert 矩阵	wilkinson	Wilkinson's 特征值测试矩阵

【例 4-11】用函数生成矩阵。

解： 在命令行窗口中依次输入以下语句，同时会输出相应的结果。

```
>> A=ones(3,4)              %返回一个 3×4 的全 1 矩阵
A =
    1    1    1    1
    1    1    1    1
    1    1    1    1
>> B=eye(3,4)              %返回一个主对角线元素为 1 且其他位置元素为 0 的 3×4 矩阵
B =
    1    0    0    0
    0    1    0    0
    0    0    1    0
>> C=magic(3)             %返回由 1~9 的整数构成，且总行数和总列数相等的 3×3 矩阵
C =
    8    1    6
```

```
         3     5     7
         4     9     2
>> format rat;              %rat 的数值显示格式可将小数用分数表示
>> D=hilb(3)                %返回阶数为 3 的 Hilbert 矩阵，Hilbert 矩阵是病态矩阵的典型示例
D =
         1            1/2             1/3
         1/2          1/3             1/4
         1/3          1/4             1/5
>> format short;            %采用 short 数值显示格式
>> E=pascal(4)              %返回 4 阶帕斯卡矩阵，E 是一对称正定矩阵，其整数项来自帕斯卡三角形
E =
         1     1     1     1
         1     2     3     4
         1     3     6    10
         1     4    10    20
```

函数 magic()生成的 n 阶魔方矩阵的特点是每行、每列和两对角线上的元素之和各等于(n³+n)/2。例如例 4-11 中 3 阶魔方矩阵每行、每列和两对角线元素和为 15。

希尔伯特（Hilbert）矩阵的元素在行、列方向和对角线上的分布规律是显而易见的，而帕斯卡矩阵在其副对角线及其平行线上的变化规律实际上就是中国人称为杨辉三角而西方人称为帕斯卡三角的变化规律。

4.2.5　拼接函数和变形函数法

拼接函数法是指用 cat 函数和 repmat 函数将多个或单个小矩阵沿行方向或列方向拼接成一个大矩阵。

（1）cat 函数的使用格式如下：

```
cat(n,A1,A2,A3,…)
```

当 n=1 时，表示沿行方向拼接；当 n=2 时，表示沿列方向拼接。n 可以是大于 2 的数字，此时拼接出的是多维数组。

（2）repmat 函数的使用格式如下：

```
repmat(A,m,n…)
```

其中，m 和 n 分别是沿行方向和列方向重复拼接矩阵 A 的次数。

【例 4-12】用 cat 函数实现矩阵 A1 和 A2 分别沿行方向和列方向的拼接。

解： 在命令行窗口中依次输入以下语句，同时会输出相应的结果。

```
>> A1=[1 2 3;9 8 7;4 5 6]
A1 =
         1     2     3
         9     8     7
         4     5     6
>> A2=A1.'
A2 =
         1     9     4
         2     8     5
         3     7     6
```

```
>> A3=cat(1,A1,A2,A1)
A3 =
    1    2    3
    9    8    7
    4    5    6
    1    9    4
    2    8    5
    3    7    6
    1    2    3
    9    8    7
    4    5    6
>> A4= cat(2,A1,A2)
A4 =
    1    2    3    1    9    4
    9    8    7    2    8    5
    4    5    6    3    7    6
```

【例 4-13】用 repmat 函数对矩阵 A1 实现沿行方向和列方向的拼接（续例 4-12）。

解： 在命令行窗口中依次输入以下语句，同时会输出相应的结果。

```
>> B1= repmat(A1,2,2)
B1 =
    1    2    3    1    2    3
    9    8    7    9    8    7
    4    5    6    4    5    6
    1    2    3    1    2    3
    9    8    7    9    8    7
    4    5    6    4    5    6
>> B2= repmat(A1,2,1)
B2 =
    1    2    3
    9    8    7
    4    5    6
    1    2    3
    9    8    7
    4    5    6
>> B3= repmat(A1,1,3)
B3 =
    1    2    3    1    2    3    1    2    3
    9    8    7    9    8    7    9    8    7
    4    5    6    4    5    6    4    5    6
```

变形函数法主要是把一向量通过变形函数 reshape 变换成矩阵，当然也可将一个矩阵变换成一个新的、与原矩阵阶数不同的矩阵。reshape 函数的使用格式如下：

```
reshape(A,m,n…)
```

其中，m 和 n 分别是变形后新矩阵的行数和列数。

【例 4-14】用变型函数生成矩阵。

解： 在命令行窗口中依次输入以下语句，同时会输出相应的结果。

```
>> A=linspace(2,18,9)
A =
     2     4     6     8    10    12    14    16    18
>> B=reshape(A,3,3)                %注意新矩阵的排列方式，从中体会矩阵元素的存储次序
B =
     2     8    14
     4    10    16
     6    12    18
>> A1=20:2:24
A1 =
    20    22    24
>> B1=A1.'
B1 =
    20
    22
    24
>> C=[B B1]
C =
     2     8    14    20
     4    10    16    22
     6    12    18    24
>> D=reshape(C,4,3)
D =
     2    10    18
     4    12    20
     6    14    22
     8    16    24
```

4.2.6　加载法

所谓加载法是指将已经存储在外存中的.mat 文件读入 MATLAB 工作区。这一方法的前提是：必须在外存中事先保存了该.mat 文件，且数据文件中的内容是所需的矩阵。

在用 MATLAB 编程解决实际问题时，可能需要将程序运行的中间结果用.mat 文件保存在外存中，以备后续程序调用。这一调用过程实际上就是将外存中的数据（包括矩阵）加载到 MATLAB 内存工作区，以备当前程序使用。

加载可以通过选项卡命令（执行 MATLAB 主界面"主页"选项卡"变量"选项组中的"导入数据"命令）或直接执行加载命令（load）进行。在命令行窗口中交互讨论问题时，用选项卡和用命令都可加载数据，但在程序设计时就只能用命令书写程序。

【例 4-15】利用外存数据文件加载矩阵。

解：在命令行窗口中依次输入以下语句，同时会输出相应的结果。

```
>> A=[1 2 3];
>> save('matlabdata.mat', 'A');
>> load matlabdata             %从外存中加载事先保存在可搜索路径下的数据文件 matlabdata.mat
>> who                         %询问加载的矩阵名称
您的变量为：
A
```

```
>> A                        %显示加载的矩阵内容
A =
    1   2   3
```

4.2.7 M 文件法

M 文件法和加载法其实十分相似，都是将事先保存在外存中的矩阵读入内存工作区，不同之处在于加载法读入的是数据文件（.mat），而 M 文件法读入的是内容仅为矩阵的.m 文件。

M 文件一般是程序文件，其内容通常为命令或程序设计语句，但也可存储矩阵，因为给一个矩阵赋值的代码本身就是一条语句。

在程序设计中，当矩阵的规模较大，而这些矩阵又要经常被引用时，若每次引用都采用直接输入法，则既容易出错又很笨拙。一个省时、省力而又保险的方法就是：先用直接输入法将某个矩阵准确无误地赋值给一个程序中会被反复引用的矩阵，并用 M 文件保存，后续每次用到该矩阵时，只需在程序中引用该 M 文件即可。

4.2.8 复数矩阵输入

复数矩阵有如下两种生成方式：矩阵单个元素生成法和整体生成法。

【例 4-16】复数矩阵生成示例。

解： 在命令行窗口中依次输入以下语句，同时会输出相应的结果。

```
%% 单个元素生成法
>> a=2.7
a =
    2.7000
>> b=13/25
b =
    0.5200
>> C=[1,3*a+i*b,b*sqrt(a); sin(pi/6),3*a+b,3]
C =
   1.0000 + 0.0000i   8.1000 + 0.5200i   0.8544 + 0.0000i
   0.5000 + 0.0000i   8.6200 + 0.0000i   3.0000 + 0.0000i
%% 整体生成法
>> A=[1 2 3;4 5 6]
A =
    1    2    3
    4    5    6
>> B=[11 12 13;14 15 16]
B =
   11   12   13
   14   15   16
>> C=A+i*B
C =
   1.0000 +11.0000i   2.0000 +12.0000i   3.0000 +13.0000i
   4.0000 +14.0000i   5.0000 +15.0000i   6.0000 +16.0000i
```

4.2.9　大矩阵的生成

对于大型矩阵，一般采用创建 M 文件的方式生成，以便于修改。

【例 4-17】用 M 文件创建大矩阵，文件名为 test.m。

解：在 MATLAB 的 M 文件中输入以下代码，并保存为 test.m。

```
tes=[ 457      468      873       2    579      55
       21      687       54     488      8      13
       65     4567       88      98     21       5
      456       68     4589     654      5     987
     5488       10        9       6     33      77]
```

然后在命令行窗口中输入：

```
>> test
tes =
         457         468         873           2         579          55
          21         687          54         488           8          13
          65        4567          88          98          21           5
         456          68        4589         654           5         987
        5488          10           9           6          33          77
>> size(tes)                              %显示 exm 的大小
ans =
     5     6                              %表示 exm 有 5 行 6 列
```

4.3　基本运算

矩阵的代数运算应包括线性代数中讨论的诸多方面，限于篇幅，本节仅就一些常用的代数运算在
MATLAB 中的实现进行描述。

本节所描述的代数运算包括求矩阵行列式的值、矩阵的加减乘除、矩阵的求逆、求矩阵的秩、求矩阵
的特征值与特征向量、矩阵的乘方与开方等。这些运算在 MATLAB 中有些是由运算符完成的，但更多的是
由函数实现的。

4.3.1　矩阵行列式的值

求矩阵行列式的值由函数 det(A)实现。

【例 4-18】求给定矩阵的行列式值。

解：在命令行窗口中依次输入以下语句，同时会输出相应的结果。

```
>> A=[3 2 4;1 -1 5;2 -1 3]
A =
     3     2     4
     1    -1     5
     2    -1     3
>> D1=det(A)
D1 =
    24
```

```
>> B=ones(3)
B =
     1     1     1
     1     1     1
     1     1     1
>> D2=det(B)
D2 =
     0
>> C=pascal(4)
C =
     1     1     1     1
     1     2     3     4
     1     3     6    10
     1     4    10    20
>> D3=det(C)
D3 =
     1
```

4.3.2 矩阵加减、数乘与乘法

矩阵的加减、数乘和乘法可用表 2-7 介绍的运算符实现。

【例 4-19】已知如下矩阵，求 $A+B$、$2A$、$2A-3B$、AB。

$$A=\begin{bmatrix} 1 & 3 \\ 2 & -1 \end{bmatrix}, \quad B=\begin{bmatrix} 3 & 0 \\ 1 & 2 \end{bmatrix}$$

解：在命令行窗口中依次输入以下语句，同时会输出相应的结果。

```
>> A=[1 3;2 -1];
>> B=[3 0;1 2];
>> C = A+B
C =
     4     3
     3     1
>> D = 2*A
D =
     2     6
     4    -2
```

因为矩阵加减运算的规则是对应元素相加减，所以参与加减运算的矩阵必须是同阶矩阵。数与矩阵的加减乘除的规则一目了然，但矩阵相乘有定义的前提是两矩阵内阶相等。

4.3.3 求矩阵的逆

在 MATLAB 中，求一个 n 阶方阵的逆矩阵远比线性代数中介绍的方法来得简单，只需调用函数 inv(A) 即可实现。

【例 4-20】求矩阵 A 的逆矩阵。

解：在命令行窗口中依次输入以下语句，同时会输出相应的结果。

```
>> A=[1 0 1;2 1 2;0 4 6]
A =
    1    0    1
    2    1    2
    0    4    6
>> format rat;
>> A1=inv(A)
A1 =
   -1/3           2/3          -1/6
   -2             1             0
    4/3          -2/3           1/6
```

4.3.4　矩阵的除法

有了矩阵求逆运算后，线性代数中不再需要定义矩阵的除法运算。但为与其他高级语言中的标量运算保持一致，MATLAB 保留了除法运算，并规定了矩阵的除法运算法则，又照顾到解不同线性代数方程组的需要，提出了左除和右除的概念。

左除即 A\B=inv(A)*B，右除即 A/B=A*inv(B)，相关运算符的定义见表 2-7 的说明。

【例 4-21】求下列线性方程组的解。

$$\begin{cases} x_1 + 4x_2 - 7x_3 + 6x_4 = 0 \\ 2x_2 + x_3 + x_4 = -8 \\ x_2 + x_3 + 3x_4 = -2 \\ x_1 + x_3 - x_4 = 1 \end{cases}$$

解： 此方程可列成两组不同的矩阵方程形式。

（1）设 X=[x1; x2; x3; x4]为列向量，矩阵 A= [1 4 –7 6;0 2 1 1;0 1 1 3;1 0 1 –1]，B=[0;-8;-2;1]为列向量，则方程形式为 $AX=B$，其求解过程用左除：

```
>> clear
>> A=[1 4 -7 6;0 2 1 1;0 1 1 3;1 0 1 -1]
A =
    1    4   -7    6
    0    2    1    1
    0    1    1    3
    1    0    1   -1
>> B=[0;-8;-2;1]
B =
    0
   -8
   -2
    1
>> X =A\B
X =
    3
   -4
   -1
    1
```

```
>> inv(A)*B
ans =
    3.0000
   -4.0000
   -1.0000
    1.0000
```

由此可见，A\B 的确与 inv(A)*B 相等。

（2）设 $X=[x1; x2; x3; x4]$为行向量，矩阵 $A=[1\ 0\ 0\ 1;4\ 2\ 1\ 0;-7\ 1\ 1\ 1;6\ 1\ 3\ -1]$，矩阵 $B=[0\ -8\ -2\ 1]$为行向量，则方程形式为 $XA=B$，其求解过程用右除：

```
>> clear
>> A=[1 0 0 1;4 2 1 0;-7 1 1 1;6 1 3 -1]
A =
    1    0    0    1
    4    2    1    0
   -7    1    1    1
    6    1    3   -1
>> B=[0 -8 -2 1]
B =
    0   -8   -2    1
>> X =B/A
X =
    3.0000   -4.0000   -1.0000    1.000
>> B*inv(A)
ans =
    3.0000   -4.0000   -1.0000    1.0000
```

由此可见，A/B 的确与 B*inv(A)相等。

本例用左除和右除两种方案求解了同一线性方程组的解，计算结果证明两种除法都是准确可用的，区别只在于方程的书写形式不同而已。

需说明一点，本例所求的是一个恰定方程组的解，对超定和欠定方程，MATLAB 矩阵除法同样能给出其解，限于篇幅，在此不做讨论。

4.3.5 求矩阵的秩

矩阵的秩是线性代数中一个重要的概念，它描述了矩阵的一个数值特征。在 MATLAB 中求秩运算由函数 rank(A)完成。

【例 4-22】求矩阵的秩。

解： 在命令行窗口中依次输入以下语句，同时会输出相应的结果。

```
>> clear
>> B=[1 3 -9 3;0 1 -3 4;-2 -3 9 6]
B =
    1    3   -9    3
    0    1   -3    4
   -2   -3    9    6
>> rb =rank(B)
```

```
rb =
     2
```

4.3.6 求矩阵的特征值与特征向量

矩阵的特征值与特征向量是在最优控制、经济管理等许多领域都会用到的重要数学概念。在 MATLAB 中，求矩阵 A 的特征值和特征向量的数值解有两个函数可用：一是 [X,λ]=eig(A)，另一是[X,λ]=eigs(A)。但后者因采用迭代法求解，在规模上最多只给出 6 个特征值和特征向量。

【例 4-23】求矩阵 A 的特征值和特征向量。

解：在命令行窗口中依次输入以下语句，同时会输出相应的结果。

```
>> clear
>> A=[1 -3 3;3 -5 3;6 -6 4]
A =
     1    -3     3
     3    -5     3
     6    -6     4
>> [X,Lamda]=eig(A)
X =
  -0.4082   -0.8103    0.1933
  -0.4082   -0.3185   -0.5904
  -0.8165    0.4918   -0.7836
Lamda =
    4.0000         0         0
         0   -2.0000         0
         0         0   -2.0000
```

其中，Lamda 用矩阵对角线方式给出了矩阵 A 的特征值为 $\lambda_1=4$，$\lambda_2=\lambda_3=-2$。而与这些特征值相应的特征向量则由 X 的各列代表，X 的第 1 列是 λ_1 的特征向量，第 2 列是 λ_2 的，依此类推。

说明：矩阵 A 的某个特征值对应的特征向量不是有限的，更不是唯一的，而是无穷的。所以，例中的结果只是一个代表向量而已。相关知识请参阅线性代数相关教材。

4.3.7 矩阵的乘幂与开方

在 MATLAB 中，矩阵的乘幂运算与线性代数相比已经做了扩充。在线性代数中，一个矩阵 A 自乘数遍，就构成了矩阵的乘方，例如 3A。但 3A 这种形式在线性代数中就没有明确定义了，而 MATLAB 则承认其合法性并可进行运算。矩阵的乘方有自己的运算符(＾)。

同样地，矩阵的开方运算也是 MATLAB 自己定义的，它的依据在于开方所得的矩阵相乘正好等于被开方的矩阵。矩阵的开方运算由函数 sqrtm(A)实现。

【例 4-24】矩阵的乘幂与开方运算。

解：在命令行窗口中依次输入以下语句，同时会输出相应的结果。

```
>> A=[1 -3 3;3 -5 3;6 -6 4]
A =
     1    -3     3
     3    -5     3
```

```
     6    -6    4
>> B=A^3
B =
    28   -36   36
    36   -44   36
    72   -72   64
```

本例中，矩阵 A 的非整数次幂是依据其特征值和特征向量进行运算的，如果用 X 表示特征向量，Lamda 表特征值，具体计算式则是 A^p=Lamda*X.^p/Lamda。

需要强调指出的是，矩阵的乘方和开方运算是以矩阵作为一个整体的运算，而不是针对矩阵每个元素施行的。

4.3.8 矩阵的指数与对数运算

矩阵的指数与对数运算也是以矩阵为整体，而非针对元素的运算。和标量运算一样，矩阵的指数与对数运算也是一对互逆的运算，也就是说，矩阵 A 的指数运算可以用对数验证，反之亦然。

矩阵指数运算的函数有多个，例如 expm()、expm1()、expm2()和 expm3()等，其中最常用的是 expm(A)；而对数运算函数则是 logm(A)。

【例 4-25】矩阵的指数与对数运算。

解： 在命令行窗口中依次输入以下语句，同时会输出相应的结果。

```
>> A=[1 -1 1;2 -4 1;1 -5 3];
>> Ae=expm(A)
Ae =
    1.3719   -3.7025    4.4810
    0.3987   -2.3495    2.9241
   -2.5254   -7.6138    9.5555
>> Ael=logm(Ae)
Ael =
    1.0000   -1.0000    1.0000
    2.0000   -4.0000    1.0000
    1.0000   -5.0000    3.0000
```

4.3.9 矩阵转置

在 MATLAB 中，矩阵的转置被分成共轭转置和非共轭转置两大类。就一般实矩阵而言，共轭转置与非共轭转置的效果没有区别，复矩阵则在转置的同时实现共轭。

单纯的转置运算可以用函数 transpose(Z)实现，不论实矩阵还是复矩阵都只实现转置而不做共轭变换。

【例 4-26】矩阵转置运算。

解： 在命令行窗口中依次输入以下语句，同时会输出相应的结果。

```
>> a=1:9;
>> A=reshape(a,3,3)
A =
     1     4     7
     2     5     8
     3     6     9
```

```
>> B=A'
B =
     1     2     3
     4     5     6
     7     8     9
>> Z=A+i*B
Z =
   1.0000 + 1.0000i   4.0000 + 2.0000i   7.0000 + 3.0000i
   2.0000 + 4.0000i   5.0000 + 5.0000i   8.0000 + 6.0000i
   3.0000 + 7.0000i   6.0000 + 8.0000i   9.0000 + 9.0000i
```

4.3.10　矩阵的提取与翻转

矩阵的提取和翻转是针对矩阵的常见操作。在 MATLAB 中，这些操作都由函数实现，相关函数如表 4-4 所示。

表 4-4　矩阵的提取与翻转函数

函　　数	功　　能
triu(A)	提取矩阵 A 的右上三角元素，其余元素补 0
tril(A)	提取矩阵 A 的左下三角元素，其余元素补 0
diag(A)	提取矩阵 A 的对角线元素
flipud(A)	矩阵 A 沿水平轴上下翻转
fliplr(A)	矩阵 A 沿垂直轴左右翻转
flipdim(A,dim)	矩阵 A 沿特定轴翻转。dim=1 时按行翻转，dim=2 时按列翻转
rot90(A)	矩阵 A 整体逆时针旋转 90°

下面举例说明矩阵的提取与翻转函数的应用。

【例 4-27】矩阵提取与翻转。

解：在命令行窗口中依次输入以下语句，同时会输出相应的结果。

```
>> A0=linspace(1,23,12);
>> A=reshape(A0,4,3)'
A =
     1     3     5     7
     9    11    13    15
    17    19    21    23
>> B= fliplr(A)
B =
     7     5     3     1
    15    13    11     9
    23    21    19    17
>> C= flipdim(A,2)
C =
     7     5     3     1
    15    13    11     9
    23    21    19    17
```

```
>> D= flipdim(A,1)
D =
    17    19    21    23
     9    11    13    15
     1     3     5     7
>> E= triu(A)
E =
     1     3     5     7
     0    11    13    15
     0     0    21    23
>> F=tril(A)
F =
     1     0     0     0
     9    11     0     0
    17    19    21     0
>> G= diag(A)
G =
     1
    11
    21
```

4.4　矩阵特征参数

本节主要介绍一些矩阵特征参数，如行列式、秩、条件数、范数、特征值与特征向量等。

4.4.1　条件数、矩阵的稳定性

条件数是反映方程 $AX=b$ 中，如果 A 或 b 发生细微变化，其解变化的剧烈程度。如果条件数很大，则说明该方程是病态方程或不稳定方程。

【例 4-28】矩阵条件数与稳定性演示。

解： 在命令行窗口中依次输入以下语句，同时会输出相应的结果。

```
>> A = [4 3 1;3 3 7;-1 5 -3]
A =
     4     3     1
     3     3     7
    -1     5    -3
>> con2 = cond(A)                          %计算 2-范式条件数
con2 =
    3.3597
>> con1 = condest(A)                        %计算 1-范式条件数
con1 =
    4.6316
```

【例 4-29】求线性方程组 $\begin{cases} 4x_1 + 3x_2 + 1x_3 = 2 \\ 3x_1 + 3x_2 + 7x_3 = -6 \\ -x_1 + 5x_2 - 3x_3 = 5 \end{cases}$ 的解。

解：由题意可得

$$\begin{bmatrix} 4 & 3 & 1 \\ 3 & 3 & 7 \\ -1 & 5 & -3 \end{bmatrix}\begin{bmatrix} x_1 \\ x_2 \\ x_3 \end{bmatrix} = \begin{bmatrix} 2 \\ -6 \\ 5 \end{bmatrix} \Rightarrow \begin{bmatrix} x_1 \\ x_2 \\ x_3 \end{bmatrix} = \begin{bmatrix} 4 & 3 & 1 \\ 3 & 3 & 7 \\ -1 & 5 & -3 \end{bmatrix}^{-1}\begin{bmatrix} 2 \\ -6 \\ 5 \end{bmatrix}$$

在命令行窗口中依次输入以下语句，同时会输出相应的结果。

```
>> A = [4 3 1;3 3 7;-1 5 -3]          %系数矩阵
A =
    4    3    1
    3    3    7
   -1    5   -3
>> B=[2;-6;5]                          %常数列
B =
    2
   -6
    5
>> x = inv(A)*B                        %用逆矩阵的方法求解
x =
    0.5395
    0.3618
   -1.2434
>> A\B                                 %用左除方法求解
ans =
    0.5395
    0.3618
   -1.2434
>> A = A+0.001                         %系数矩阵加上扰动
A =
    4.0010    3.0010    1.0010
    3.0010    3.0010    7.0010
   -0.9990    5.0010   -2.9990
>> B = B-0.001                         %常数列加上扰动
B =
    1.9990
   -6.0010
    4.9990
>> X2 = inv(A)*B                       %用逆矩阵的方法求解
X2 =
    0.5394
    0.3617
   -1.2434
```

4.4.2　特征值和特征向量

　　矩阵的特征值和特征向量可以揭示线性变换的深层特性。在 MATLAB 中，求解矩阵特征值和特征向量的数值运算方法为：对矩阵进行一系列的 House-holder 变换，产生一个准上三角矩阵，然后使用 OR 法迭代进行对角化。

关于矩阵的特征值和特征向量的命令比较简单，具体的调用格式如下：

```
d=eig(A)                        %仅计算矩阵 A 的特征值，并以向量的形式输出
[V,0]=eig(A)                    %计算矩阵 A 的特征向量矩阵 V 和特征值对角阵 D，满足等式 AV=VD
[V,D]=eig(A,'nobalance')        %当矩阵 A 中有截断误差，且数量级相差不大时，该指令更加精确
[V,D]=eig(A,B)                  %计算矩阵 A 的广义特征向量矩阵 V 和广义特征值对角阵 D,满足等式 AV=BVD
d=eigs(A,K,sigma)              %计算稀疏矩阵 A 的 k 个有 sigma 指定的特征向量和特征值，参数 sigma
                               %的取值请查看帮助文件
```

当只需要了解矩阵的特征值时，推荐使用第一条命令，这样可以节约系统的资源，同时可以有效地得到结果。

【例 4-30】特征值与特征向量演示。

解： 在命令行窗口中依次输入以下语句，同时会输出相应的结果。

```
>> A =magic(3)
A =
    8    1    6
    3    5    7
    4    9    2
>> E = eig(A)                    %计算特征值
E =
   15.0000
    4.8990
   -4.8990
>> [B,C] = eig(A)                %计算特征值组成的对角矩阵 B 和特征向量组成的矩阵 C
B=
  -0.5774   -0.8131   -0.3416
  -0.5774    0.4714   -0.4714
  -0.5774    0.3416    0.8131
C =
   15.0000        0        0
        0    4.8990        0
        0        0   -4.8990
```

【例 4-31】对基础矩阵求解矩阵的特征值和特征向量。

解： 对矩阵进行特征值分析。在命令行窗口中输入以下语句，同时会输出相应的结果。

```
>> A=pascal(3);
>> [V D]=eig(A)
V =
  -0.5438   -0.8165    0.1938
   0.7812   -0.4082    0.4722
  -0.3065    0.4082    0.8599
D =
   0.1270        0        0
        0    1.0000        0
        0        0    7.8730
```

检测特征值分析结果。在命令行窗口中输入以下语句，同时会输出相应的结果。

```
>> dV=det(V)
dV =
```

```
    1.0000
>> B=A*V-V*D
B =
   1.0e-14 *
     0.0347    0.0222         0
     0.0902   -0.0278   -0.0444
     0.1076   -0.1221    0.0888
```

从上面的结果可以看出，V 矩阵的行列式为 1，是可逆矩阵，同时求解得到的矩阵结果满足等式 AV=VD。

【**例 4-32**】用 eigs 命令求取稀疏矩阵的特征值和特征向量。

解： 生成稀疏矩阵，并求取特征值。执行 MATLAB 主界面 "主页" 选项卡 "文件" 选项组中的 "新建脚本" 命令，打开编辑器窗口，在其中输入下面的程序代码：

```
A=delsq(numgrid('C',10));
e=eig(full(A));
[dum,ind]=sort(abs(e));
dlm=eigs(A);
dsm=eigs(A,6,'sm');
dsmt=sort(dsm);
subplot(2,1,1); plot(dlm,'r+')
hold on
plot(e(ind(end:-1:end-5)),'rs')
hold off
legend('eigs(A)','eig(full(A))', 'Location','southwest')
set(gca,'XLim',[0.5 6.5])
grid
subplot(2,1,2); plot(dsmt,'r+')
hold on
plot(e(ind(1:6)),'rs')
hold off
legend('eigs(A,6,"sm")','eig(full(A))', 'Location','southeast')
grid
set(gca,'XLim',[0.5 6.5])
```

运行程序，输出图形如图 4-1 所示。

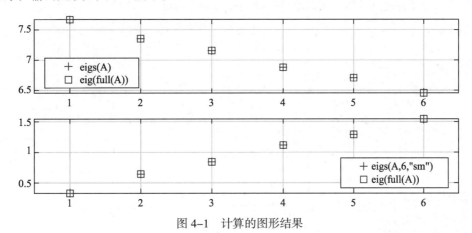

图 4-1　计算的图形结果

如果在 MATLAB 中求解代数方程的条件数，这个命令不能用来求解矩阵的特征值对扰动的灵敏度。矩阵特征值条件数定义是对矩阵的每个特征值进行的，其具体的定义如下：

$$C_i = \frac{1}{\cos\theta(\boldsymbol{v}_i, \boldsymbol{v}_j)}$$

其中，$\boldsymbol{v}_i$ 和 $\boldsymbol{v}_j$ 分别是特征值 λ 所对应的左特征行向量和右特征列向量；$\theta(\cdot,\cdot)$ 表示的是两个向量的夹角。

在 MATLAB 中，计算特征值条件数的命令如下：

```
C=condeig(A)                    %向量 C 中包含了矩阵 A 中关于各特征值的条件数。
[V,D,s]=condeig(A)              %该命令相等于[V,D]=eig(A)和 C=condeig(A)的组合。
```

【例 4-33】使用命令分别求解方程组的条件数和特征值。

解：在命令行窗口中依次输入以下语句，同时会输出相应的结果。

```
>> A=magic(5)
A =
    17    24     1     8    15
    23     5     7    14    16
     4     6    13    20    22
    10    12    19    21     3
    11    18    25     2     9
>> c=cond(A)
c =
    5.4618
>> cg=condeig(A)
cg =
    1.0000
    1.0575
    1.0593
    1.0575
    1.0593
```

从上面的结果来看，方程的条件数很大，但是矩阵特征值的条件数则比较小，这就表明了方程的条件数和对应矩阵特征值条件数是不等的。

重新计算新的矩阵并进行分析。在命令行窗口中输入以下语句：

```
>> A=eye(5,5);
>> A(3,2)=1;
>> A(2,5)=1
A =
     1     0     0     0     0
     0     1     0     0     1
     0     1     1     0     0
     0     0     0     1     0
     0     0     0     0     1
>> c=cond(A);
c =
    4.0489
```

```
>> cg=condeig(A);
cg =
  1.0e+31 *
  0.0000
  2.0282
  2.0282
  0.0000
  2.0282
```

从上面的结果可以看出，方程组的条件数很小，而对应的特征值条件数则有一个分量相当大。

理论上即使是实数矩阵，其对应的特征值也可能是复数。在实际应用中，经常需要将一对共轭复数特征值转换为一个实数块，为此 MATLAB 提供了下面的命令：

```
[VR,DR]=cdf2rdf(VC,DC)              %把复数对角形转换成实数对角形
[VC,DC]=cdf2rdf(VR,DR)              %把复数对角形转换成实数对角形
```

在上面的命令参数中，DC 表示含有复数的特征值对角阵，VC 表示对应的特征向量矩阵；DR 表示含有实数的特征值对角阵，VR 表示对应的特征向量矩阵。

【例 4-34】对矩阵的复数特征值进行分析。

解： 在命令行窗口中依次输入以下语句，同时会输出相应的结果。

```
>> A=[2 -2 3;0 4 7;3 -7 1];
>> [VC,DC]=eig(A)
VC =
  -0.9074 + 0.0000i   0.2356 + 0.2977i   0.2356 - 0.2977i
  -0.3771 + 0.0000i   0.6840 + 0.0000i   0.6840 + 0.0000i
   0.1856 + 0.0000i  -0.0760 + 0.6183i  -0.0760 - 0.6183i
DC =
   0.5553 + 0.0000i   0.0000 + 0.0000i   0.0000 + 0.0000i
   0.0000 + 0.0000i   3.2223 + 6.3275i   0.0000 + 0.0000i
   0.0000 + 0.0000i   0.0000 + 0.0000i   3.2223 - 6.3275i
>> [VR,DR]=cdf2rdf(VC,DC)
VR =
  -0.9074    0.3332    0.4211
  -0.3771    0.9673         0
   0.1856   -0.1075    0.8744
DR =
   0.5553         0         0
        0    3.2223    6.3275
        0   -6.3275    3.2223
>> AR=VR*DR/VR
AR =
   2.0000   -2.0000    3.0000
   0.0000    4.0000    7.0000
   3.0000   -7.0000    1.0000
>> AC=VC*DC/VC
AC =
   2.0000 + 0.0000i  -2.0000 - 0.0000i   3.0000 - 0.0000i
```

```
0.0000 + 0.0000i   4.0000 + 0.0000i   7.0000 + 0.0000i
3.0000 + 0.0000i  -7.0000 - 0.0000i   1.0000 - 0.0000i
```

4.4.3 范数

1. 使用norm函数进行

根据线性代数的知识，对于线性空间中某个向量 $\boldsymbol{x}=\{x_1,x_2,\cdots,x_n\}$，其对应的 p 级范数的定义为 $\|\boldsymbol{x}\|_p=(\sum_{i=1}^{n}|x_i|^p)^{1/p}$，其中的参数 $p=1,2,\cdots,n$。同时，为了保证整个定义的完整性，定义范数数值 $\|\boldsymbol{x}\|_\infty=\max_{1<i<n}|x_i|,\|\boldsymbol{x}\|_{-\infty}=\max_{1<i<n}|x_i|$。

矩阵范数是基于向量的范数定义的，具体的表达式为

$$\|\boldsymbol{A}\|=\max_{\forall x\neq 0}\frac{\|\boldsymbol{Ax}\|}{\|\boldsymbol{x}\|}$$

在实际应用中，比较常用的矩阵范数是 1、2 和 ∞ 阶范数，其对应的定义如下：

$$\|\boldsymbol{A}\|_1=\max_{1<j<n}\sum_{i=1}^{n}|a_{ij}|\,,\quad \|\boldsymbol{A}\|_2=\sqrt{S_{\max}\{\boldsymbol{A}^{\mathrm{T}}\boldsymbol{A}\}}\ \text{和}\ \|\boldsymbol{A}\|_\infty=\max_{1<j<n}\sum_{i=1}^{n}|a_{ij}|$$

在上面的定义式 $\|\boldsymbol{A}\|_2=\sqrt{S_{\max}\{\boldsymbol{A}^{\mathrm{T}}\boldsymbol{A}\}}$ 中，$S_{\max}\{\boldsymbol{A}^{\mathrm{T}}\boldsymbol{A}\}$ 表示矩阵 $\boldsymbol{A}$ 的最大奇异值的平方，关于奇异值的定义将在后面章节中介绍。

在 MATLAB 中，求解向量和矩阵范数的函数为 norm，函数调用格式如下：

```
n=norm(A)                          %计算向量或者矩阵的 2 阶范数
n=norm(A,p)                        %计算向量或者矩阵的 p 阶范数
```

在上面的 n=norm(A,p) 格式中，p 可以选择任何大于 1 的实数。如果需要求解的是无穷阶范数，则可以将 p 设置为 inf 或−inf。

【例 4-35】根据定义和 norm 分别求解向量的范数。

解：进行范数运算。

执行 MATLAB 主界面"主页"选项卡"文件"选项组中的"新建脚本"命令，打开编辑器窗口，在其中输入下面的程序代码：

```
clear,clc
X=1:6;                             %输入向量
Y=X.^2;
%使用定义求解各阶范数
N2=sqrt(sum(Y) );
Ninf=max(abs(X));
Nvinf=min(abs(X));
%使用 norn 命令求解范数
n2=norm(X);
ninf=norm(X,inf);
nvinf=norm(X,-inf);
%输出求解的结果
disp('1.按定义求解: ')
fprintf('  2 范数为: %6.4f\n',N2)
fprintf('  无穷范数为: %6.4f\n',Ninf)
```

```
fprintf('  最小无穷范数为: %6.4f\n',Nvinf)
disp('2.利用 norm 函数求解: ')
fprintf('  2 范数为: %6.4f\n',n2)
fprintf('  无穷范数为: %6.4f\n',ninf)
fprintf('  最小无穷范数为: %6.4f\n',nvinf)
```

输入上述代码后,将该程序保存为 normtest.m 文件。

在命令行窗口中输入 normtest 后,可以得到以下结果:

```
>> normtest
1.按定义求解:
   2 范数为: 9.5394
   无穷范数为: 6.0000
   最小无穷范数为: 1.0000
2.利用 norm 函数求解:
   2 范数为: 9.5394
   无穷范数为: 6.0000
   最小无穷范数为: 1.0000
```

从结果可以看出,根据范数定义得到的结果和 norm 命令得到的结果完全相同。通过上面的代码,可以更好地理解范数定义。

2. 使用 normtest 函数进行范数分析

当需要分析的矩阵较大时,求解矩阵范数的时间就会较长,因此当允许某个近似的范数满足某条件时,可以使用 normest 函数求解范数。

在 MATLAB 的设计中,normest 函数主要用于处理稀疏矩阵,但是该命令也可以接收正常矩阵的输入,一般用于处理维数较大的矩阵。

normest 函数的主要调用格式如下:

```
nrm=normest(S)          %估计矩阵 S 的 2 阶范数数值,默认的允许误差数值维为 1e-6
nrm=normest(S,to)       %使用参数 to 作为允许的相对误差
```

【例 4-36】分别使用 norm 和 normest 命令求解矩阵的范数。

解: 在编辑器窗口中输入以下代码。

```
W=wilkinson(90);
t1=clock;
W_norm=norm(W);
t2=clock;
t_norm=etime(t2,t1);
t3=clock;
W_normest=normest(W);
t4=clock;
t_normest=etime(t4,t3);
```

上述程序代码首先创建 wilkinson 高维矩阵,然后分别使用 norm 和 normest 命令求解矩阵的范数,并统计每个命令所使用的时间。在命令行窗口依次输入以下语句:

```
>> W_norm
W_norm =
   45.2462
```

```
>> t_norm
t_norm =
    0.0150
>> W_normest
W_normest =
  45.2459
>> t_normest
t_normest =
    0
```

从结果中可以看出，两种方法得到的结果几乎相等，但 normest 命令消耗的时间明显要少于 norm 命令。

4.4.4　条件数

在线性代数中，描述线性方程 $Ax = b$ 的解对 b 中的误差或不确定性的敏感度的度量就是矩阵 A 的条件数，其对应的数学定义是

$$k = \left\| A^{-1} \right\| \cdot \left\| A \right\|$$

根据基础的数学知识，矩阵的条件数总是大于或等于 1。其中，正交矩阵的条件数为 1，奇异矩阵的条件数为 ∞，而病态矩阵的条件数则较大。

依据条件数，方程解的相对误差可以由下面的不等式来估计：

$$\frac{1}{k}\left(\frac{\delta b}{b}\right) \leq \frac{|\delta x|}{|x|} \leq k\left(\frac{\delta b}{b}\right)$$

在 MATLAB 中，求取矩阵 X 的条件数的命令如下：

c=cond(X)	%求矩阵 X 的条件数

【例 4-37】以 MATLAB 产生的 Magic 和 Hilbert 矩阵为例，使用矩阵的条件数分析对应的线性方程解的精度。

解： 进行数值求解。在编辑器窗口中输入以下代码。

```
M=magic(3);
b=ones(3,1);            %利用左除 M 求解近似解
x=M\b;
xinv=inv(M)*b;          %计算实际相对误差
ndb=norm(M*x-b);
nb=norm(b);
ndx=norm(x-xinv);
nx=norm(x);
k=cond(M)               %也可以按定义 k=norm(inv(M))*norm(M)求解
er=ndx/nx               %求根的实际相对误差
ermax1=k*eps            %由浮点数精度决定的最大可能相对误差
ermax2=k*ndb/nb         %利用条件数确定的最大可能相对误差
```

在上面的程序代码中，首先产生 Magic 矩阵，然后对近似解和准确解进行比较，得出计算误差。

运行程序后得到的结果如下：

```
k =
    4.3301
```

```
er =
    1.6997e-16
ermax1 =
    9.6148e-16
ermax2 =
    0
```

从结果可以看出，矩阵 M 的条件数为 4.3301，这种情况下引起的计算误差很小，其误差完全可以接受。

修改求解矩阵，重新计算求解的精度。在编辑器窗口中输入下面的代码：

```
M=hilb(12);
b=ones(12,1);
x=M\b;                        %利用左除求近似解
xinv=invhilb(12)*b;          %通过矩阵求逆求精确解
ndb=norm(M*x-b);
nb=norm(b);
ndx=norm(x-xinv);
nx=norm(x);
k=cond(M)                    %也可以按定义 k=norm(inv(M))*norm(M)
er=ndx/nx                    %求根的实际相对误差
ermax1=k*eps                 %由浮点数精度决定的最大可能相对误差
ermax2=k*ndb/nb              %利用条件数确定的最大可能相对误差
```

运行程序后得到的结果如下：

```
警告：矩阵接近奇异值，或者缩放错误。结果可能不准确。RCOND = 2.684500e-17。
k =
    1.6212e+16
er =
     0.1041
ermax1 =
     3.5997
ermax2 =
     3.4957e+07
```

从结果可以看出，该矩阵的条件数为 $1.6212e+16$，故该矩阵在数学理论中是高度病态的，会造成较大的计算误差。

4.5 矩阵的数学函数

MATLAB 以矩阵为基本的数据运算单位，它能够很好地与 C 语言进行混合编程，对于符号运算，MATLAB 可以直接调用 Maple 的命令，增加了其适用范围。本节主要讨论一些常见的矩阵数学函数。

4.5.1 三角函数

常用的三角函数如表 4-5 所示。

表 4-5　常用的三角函数

序号	函数名称	公　式	序号	函数名称	公　式
1	正弦函数	Y=sin(X)	7	反余弦函数	Y=acos(X)
2	双曲正弦函数	Y=sinh(X)	8	反双曲余弦函数	Y=acosh(X)
3	余弦函数	Y=cos(X)	9	正切函数	Y=tan(X)
4	双曲余弦函数	Y=cosh(X)	10	双曲正切函数	Y=tanh(X)
5	反正弦函数	Y=asin(X)	11	反正切函数	Y=atan(X)
6	反双曲正弦函数	Y=asinh(X)	12	反双曲正切函数	Y=atanh(X)

【例 4-38】常用三角函数简单应用示例。

解： 在命令行窗口中依次输入以下语句，同时会输出相应的结果。

```
>> x=magic(2)
x =
     1     3
     4     2
>> y=sin(x)                        %计算矩阵正弦
y =
   0.8415    0.1411
  -0.7568    0.9093
>> y=cos(x)                        %计算矩阵余弦
y =
   0.5403   -0.9900
  -0.6536   -0.4161
>> y=sinh(x)                       %计算矩阵双曲正弦
y =
   1.1752   10.0179
  27.2899    3.6269
>> y=cosh(x)                       %计算矩阵双曲余弦
y =
   1.5431   10.0677
  27.3082    3.7622
>> y=asin(x)                       %计算矩阵反正弦
y =
   1.5708 + 0.0000i   1.5708 - 1.7627i
   1.5708 - 2.0634i   1.5708 - 1.3170i
>> y=acos(x)                       %计算矩阵反余弦
y =
   0.0000 + 0.0000i   0.0000 + 1.7627i
   0.0000 + 2.0634i   0.0000 + 1.3170i
>> y=asinh(x)                      %计算矩阵反双曲正弦
y =
   0.8814    1.8184
   2.0947    1.4436
>> y=acosh(x)                      %计算矩阵反双曲余弦
y =
        0    1.7627
```

```
      2.0634    1.3170
>> y=tan(x)                              %计算矩阵正切
y =
   1.5574   -0.1425
   1.1578   -2.1850
>> y=tanh(x)                             %计算矩阵双面正切
y =
   0.7616    0.9951
   0.9993    0.9640
>> y=atan(x)                             %计算矩阵反正切
y =
   0.7854    1.2490
   1.3258    1.1071
>> y=atanh(x)                            %计算矩阵反双面正切
y =
      Inf + 0.0000i    0.3466 + 1.5708i
   0.2554 + 1.5708i    0.5493 + 1.5708i
```

4.5.2　指数函数和对数函数

在矩阵中，常用的指数函数和对数函数包括 exp、expm 和 logm。其中，指数函数具体用法如下：

```
Y=exp(X)
Y=expm(X)
```

其中输入参数 X 必须为方阵，通过函数计算矩阵 X 的指数并返回 Y。

expm 函数计算的是矩阵指数，而 exp 函数则分别计算每一元素的指数。若输入矩阵是上三角矩阵或下三角矩阵，两函数计算结果中主对角线位置的元素是相等的，其余元素则不相等。expm 函数的输入参数必须为方阵，而 exp 函数则可以接收任意维度的数组作为输入。

【例 4-39】对矩阵分别用 expm 函数和 exp 函数计算魔方矩阵 a 及其上三角矩阵的指数。

解： 在命令行窗口中依次输入以下语句，同时会输出相应的结果。

```
>> a=magic(3)
a =
     8     1     6
     3     5     7
     4     9     2
>> b=expm(a)                             %对矩阵 a 求指数
b =
   1.0e+06 *
   1.0898    1.0896    1.0897
   1.0896    1.0897    1.0897
   1.0896    1.0897    1.0897
>> c=exp(a)                              %对矩阵 a 的每一元素求指数
c =
   1.0e+03 *
   2.9810    0.0027    0.4034
   0.0201    0.1484    1.0966
   0.0546    8.1031    0.0074
```

```
>> b=triu(a)                            %抽取矩阵 a 中的元素构成上三角阵
b =
     8     1     6
     0     5     7
     0     0     2
>> expm(b)                              %求上三角阵的指数
ans =
   1.0e+03 *
   2.9810    0.9442    4.0203
        0    0.1484    0.3291
        0         0    0.0074
>> exp(b)                               %求上三角矩阵每一元素的指数
ans =
   1.0e+03 *
   2.9810    0.0027    0.4034
   0.0010    0.1484    1.0966
   0.0010    0.0010    0.0074
```

对上三角矩阵 b 分别用 expm 函数和 exp 函数计算，主对角线位置元素相等，其余元素则不相等。

矩阵对数函数的使用格式如下：

```
L=logm(A)
```

输入参数 A 必须为方阵，通过函数计算矩阵 A 的对数并返回 L。如果矩阵 A 是奇异的或者有特征值在负实数轴，那么 A 的主要对数是未定义的，函数将计算非主要对数并打印警告信息。logm 函数是 expm 函数的逆运算，使用格式如下：

```
[L,exitflag]=logm(A)
```

exitflag 是一个标量值，用于描述函数 logm 的退出状态。exitflag 为零时，表示函数成功完成计算；为 1 时，表示需要计算太多的矩阵平方根，但此时返回的结果依然是准确的。

【例 4-40】先对方阵计算指数，再对结果计算对数，得到原矩阵。

解： 在命令行窗口中依次输入以下语句，同时会输出相应的结果。

```
>> x=[1,0,1;1,0,-2;-1,0,1];
>> y=expm(x)                            %对矩阵计算指数
y =
   1.4687         0    2.2874
   3.1967    1.0000   -1.8467
  -2.2874         0    1.4687
>> xx=logm(y)                           %对所得结果计算对数，得到的矩阵 xx 等于矩阵 x
xx =
   1.0000   -0.0000    1.0000
   1.0000    0.0000   -2.0000
  -1.0000    0.0000    1.0000
```

logm 函数是 expm 函数的逆运算，因此得到的结果与原矩阵相等。

4.5.3　复数函数

复数函数包括复数的创建函数、复数的模函数、复数的共轭函数等。

1. 复数的创建函数complex

函数使用方法如下：

```
c=complex(a,b)
```

用两个实数 a 和 b 创建复数 c，c=a+bi。c 与 a、b 是同型的数组或矩阵。如果 b 是全 0 的，c 也依然是一个复数，例如，c=complex(1,0)返回复数 1，isreal(c)等于 false，而 1+0i 则返回实数 1。

```
c=complex(a)
```

输入参数 a 作为复数 c 的实部，c 的虚部为 0，但 isreal(a)返回 false，表示 c 是一个复数。

【例 4-41】 创建复数 3+4i 和 2+0i。

解： 在命令行窗口中依次输入以下语句，同时会输出相应的结果。

```
>> a=complex(3,2)              %创建复数 3+2i
a =
   3.0000 + 2.0000i
>> b=complex(3,0)              %用 complex 创建复数 3+0i
b =
   3.0000 + 0.0000i
>> c=3+0i                      %直接创建复数 3+0i
c =
     3
>> b==c                        %b 的值与 c 相等
ans =
  logical
     1
>> isreal(b)                   %b 是复数
ans =
  logical
     0
>> isreal(c)                   %c 是实数
ans =
  logical
     1
```

虽然 b 与 c 相等，但 b 是由 complex 创建的，属于复数，c 则是实数。

2. 求矩阵的模abs

函数使用方法如下：

```
Y=abs(X)
```

Y 是与 X 同型的数组，如果 X 中的元素是实数，函数返回其绝对值；如果 X 中的元素是复数，函数则返回复数模值，即 sqrt(real(X).^2+imag(X).^2)。

【例 4-42】 求复数 3+4i 的幅值。

解： 在命令行窗口中依次输入以下语句，同时会输出相应的结果。

```
>> a=abs(3+2i)                        %求复数 3+2i 的幅值
a =
    3.6056
```

abs 函数是 MATLAB 中常用的数值计算函数。

3. 求复数的共轭conj

函数使用方法如下：

```
Y=conj(Z)
```

返回 Z 中元素的复共轭值，conj(Z) = real(Z) – i*imag(Z)。

【例 4-43】求复数 3+2i 的共轭值。

解： 在命令行窗口中依次输入以下语句，同时会输出相应的结果。

```
>> Z=3+2i;
>> conj(Z)                            %求 3+2i 的共轭值
ans =
    3.0000-2.0000i
```

复数 Z 的共轭，其实部与 Z 的实部相等，虚部是 Z 的虚部的相反数。

4.6 稀疏矩阵技术

如果矩阵中非零元素的个数远远小于矩阵元素的总数，且非零元素的分布没有规律，则称该矩阵为稀疏矩阵；与之相区别的是，如果非零元素的分布存在规律（如上三角矩阵、下三角矩阵、对称矩阵），则称该矩阵为特殊矩阵。

4.6.1 基本稀疏矩阵

1. 带状（对角）稀疏矩阵

带状（对角）稀疏矩阵使用的函数是 spdiags，调用格式如下：

```
[B,d]=spdiags(A)        %从矩阵 A 中提取所有非零对角元素，这些元素存储在矩阵 B 中。向量 d 表示非
                        %零元素的对角线位置
B=spdiags(A,d)          %从 A 中提取由 d 指定的对角线元素，并存储在 B 中
A=spdiags(B,d,A)        %用 B 中的列替换 A 中由 d 指定的对角线元素，输出稀疏矩阵
A=spdiags(B,d,m,n)      %产生一个 m×n 稀疏矩阵 A，其元素是 B 中的列元素放在由 d 指定的对角线位置上
```

【例 4-44】带状（对角）稀疏矩阵示例。

解： 在命令行窗口中依次输入以下语句，同时会输出相应的结果。

```
>> A=[11 0 13 0; 0 22 0 24; 0 0 55 0; 61 0 0 77]
A=
    11     0    13     0
     0    22     0    24
     0     0    55     0
    61     0     0    77
>> [B,d]=spdiags(A)
B=
```

```
    61    11    0
     0    22    0
     0    55   13
     0    77   24
d=
    -3                              %表示 B 的第 1 列元素在 A 中主对角线下方第 3 条对角线上
     0                              %表示 B 的第 2 列在 A 的主对角线上
     2                              %表示 B 的第 3 列在 A 的主对角线上方第 2 条对角线上
```

2. 单位稀疏矩阵

单位稀疏矩阵生成函数为 speye，调用格式如下：

```
S=speye(m,n)                        %生成 m×n 的单位稀疏矩阵
S=speye(n)                          %生成 n×n 的单位稀疏矩阵
```

【例 4-45】speye 函数使用方法。

解：在命令行窗口中依次输入以下语句，同时会输出相应的结果。

```
>> y=speye(3,4)
y=
   (1,1)        1
   (2,2)        1
   (3,3)        1
```

3. 稀疏均匀分布随机矩阵

稀疏均匀分布随机矩阵生成函数为 sprand，调用格式如下：

```
R=sprand(S)              %生成与 S 具有相同稀疏结构的均匀分布随机矩阵
R=sprand(m,n,density)    %生成一个 m×n 的服从均匀分布的随机稀疏矩阵，非零元素的分布密度是 density
R=sprand(m,n,density,rc) %生成一个近似的条件数为 1/rc、大小为 m×n 的均匀分布的随机稀疏矩阵
```

【例 4-46】创建均匀分布与正态分布随机矩阵。

解：在命令行窗口中依次输入以下语句，同时会输出相应的结果。

```
>> x=magic(2)
x =
     1     3
     4     2
>> y=sprand(x)
y=
   (1,1)        0.9058
   (2,1)        0.1270
   (1,2)        0.9134
   (2,2)        0.6324
>> y=sprand(2,3,4)
y=
   (2,1)        0.9595
   (1,2)        0.9157
   (2,2)        0.6557
   (1,3)        0.7922
   (2,3)        0.0357
```

4. 稀疏正态分布随机矩阵

稀疏正态分布随机矩阵生成函数是 sprandn，调用格式如下：

```
R=sprandn(S)              %生成与 S 具有相同稀疏结构的正态分布随机矩阵
R=sprandn(m,n,density)    %生成一个 m×n 的服从正态分布的随机稀疏矩阵，非零元素的分布密度是
                          %density
R=sprandn(m,n,density,rc) %生成一个近似的条件数为 1/rc、大小为 m×n 的均匀分布的随机稀疏矩阵
```

【例 4-47】创建正态分布随机矩阵（续上例）。

解： 在命令行窗口中依次输入以下语句，同时会输出相应的结果。

```
>> y=sprandn(x)
y=
   (1,1)        0.1253
   (2,1)        0.2877
   (1,2)       -1.1465
   (2,2)        1.1909
>> y=sprandn(2,3,4)
y=
   (1,1)        1.1892
   (2,1)        0.1746
   (1,2)       -0.0376
   (1,3)        0.3273
   (2,3)       -0.1867
```

5. 稀疏对称随机矩阵

稀疏对称随机矩阵生成函数为 sprandsym，调用格式如下：

```
R=sprandsym(S)               %生成稀疏对称随机矩阵，其下三角和对角线与 S 具有相同的结构，其元素
                             %服从均值为 0、方差为 1 的标准正态分布
R=sprandsym(n,density)       %生成 n×n 的稀疏对称随机矩阵，矩阵元素服从正态分布，分布密度为
                             %density
R=sprandsym(n,density,rc)    %生成近似条件数为 1/rc 的稀疏对称随机矩阵
R=sprandsym(n,density,rc,kind) %生成一个正定矩阵，参数 kind 取值为 1，表示矩阵由一正定对
                             %角矩阵经随机 Jacobi 旋转得到，其条件数正好为 1/rc；取值
                             %为 2 表示矩阵为外积的换位和，其条件数近似等于 1/rc；取
                             %值为 3 表示生成一个与矩阵 S 结构相同的稀疏随机矩阵，条件
                             %数近似为 1/rc,density 被忽略
```

【例 4-48】创建稀疏对称随机矩阵函数（续上例）。

解： 在命令行窗口中依次输入以下语句，同时会输出相应的结果。

```
>> y=sprandsym(x)
y=
   (1,1)        0.2944
   (2,1)        0.7143
   (1,2)        0.7143
   (2,2)       -1.3362
>> y=sprandsym(3,4)
y=
   (2,1)       -1.4410
```

```
    (1,2)      -1.4410
    (2,2)       1.6236
    (3,2)      -0.1735
    (2,3)      -0.1735
```

4.6.2 稀疏矩阵函数

1. 稀疏矩阵的创建

稀疏矩阵的创建函数为 sparse，其调用格式如下：

```
S=sparse(A)              %将矩阵 A 转化为稀疏矩阵形式，即由 A 的非零元素和下标构成稀疏矩阵 S。若 A 本身
                         %为稀疏矩阵，则返回 A 本身
S=sparse(m,n)            %生成一个 m×n 的所有元素都是 0 的稀疏矩阵
S=sparse(i,j,s)          %生成一个由长度相同的向量 i，j 和 s 定义的稀疏矩阵 S，其中 i，j 是整数向量，
                         %定义稀疏矩阵的元素位置(i,j)，s 是一个标量或与 i，j 长度相同的向量，表示在
                         %(i,j)位置上的元素
S=sparse(i,j,s,m,n)      %生成一个 m×n 的稀疏矩阵，(i,j)对应位置元素为 si，m = max(i)且 n =max(j)
S=sparse(i,j,s,m,n,nzmax) %生成一个 m×n 的含有 nzmax 个非零元素的稀疏矩阵 S，nzmax 的值
                         %必须大于或等于向量 i 和 j 的长度
```

【例 4-49】创建稀疏矩阵示例。

解：在命令行窗口中依次输入以下语句，同时会输出相应的结果。

```
>> S=sparse(1:10,1:10,1:10)
S=
    (1,1)       1
    (2,2)       2
    (3,3)       3
    (4,4)       4
    (5,5)       5
    (6,6)       6
    (7,7)       7
    (8,8)       8
    (9,9)       9
    (10,10)    10
```

2. 稀疏矩阵转化为满矩阵函数

将稀疏矩阵转化为满矩阵的函数为 full，其调用格式如下：

```
A=full(S)                            %S 为稀疏矩阵，A 为满矩阵
```

【例 4-50】稀疏矩阵转化为满矩阵示例。

解：在命令行窗口中依次输入以下语句，同时会输出相应的结果。

```
>> S=sparse(1:3,1:3,2:4)
S=
    (1,1)       2
    (2,2)       3
    (3,3)       4
>> A=full(S)
A=
```

```
    2     0     0
    0     3     0
    0     0     4
```

3. 稀疏矩阵非零元素的索引

稀疏矩阵非零元素的索引函数为 find，其调用格式如下：

```
k=find(X)                    %按行检索 X 中非零元素的点，若没有非零元素，则返回空矩阵
[i,j]=find(X)                %检索 X 中非零元素的行标 i 和列标 j
[i,j,v]=find(X)              %检索 X 中非零元素的行标 i 和列标 j 以及对应的元素值 v
```

【例 4-51】稀疏矩阵非零元素的索引示例。

解： 在命令行窗口中依次输入以下语句，同时会输出相应的结果。

```
>> X=sparse(1:3,2:4,3:5)
X=
    (1,2)          3
    (2,3)          4
    (3,4)          5
>> [i,j,v]=find(S)
i=
    1
    2
    3
j=
    1
    2
    3
v =
    2
    3
    4
```

4. 外部数据转化为稀疏矩阵

外部数据转化为稀疏矩阵的函数为 spconvert，其调用格式如下：

```
S=spconvert(D)              %D 是只有 3 列或 4 列的矩阵
```

注意： 先运用 load 函数把外部数据（.mat 文件或.dat 文件）装载于 MATLAB 内存空间中的变量 T；T 数组的行维为 nnz 或 nnz+1，列维为 3(对实数而言)或列维为 4(对复数而言)；T 数组的每一行(以[i,j,Sre,Sim] 形式表示)指定一个稀疏矩阵元素。

【例 4-52】外部数据转化为稀疏矩阵示例。

解： 在命令行窗口中依次输入以下语句，同时会输出相应的结果。

```
>> D=[2  2  3;2  5  4;3  4  6;3  6  7]
D=
    2     2     3
    2     5     4
    3     4     6
    3     6     7
```

```
>> S=spconvert(D)
S=
   (2,2)       3
   (3,4)       6
   (2,5)       4
   (3,6)       7
>> D=[2 2 3 4; 2 5 4 0;3 4 6 9;3 6 7 4]
D=
   2    2    3    4
   2    5    4    0
   3    4    6    9
   3    6    7    4
>> S=spconvert(D)
S=
   (2,2)     3.0000 + 4.0000i
   (3,4)     6.0000 + 9.0000i
   (2,5)     4.0000 + 0.0000i
   (3,6)     7.0000 + 4.0000i
```

5. 稀疏矩阵非零元素的个数

求取稀疏矩阵非零元素的个数的函数为 nnz，调用格式如下：

```
n=nnz(X)                          %返回矩阵 X 中非零元素的个数
```

【例 4-53】求取稀疏矩阵非零元素的个数示例。

解：在命令行窗口中依次输入以下语句，同时会输出相应的结果。

```
>> X=wilkinson(3)
X=
   1    1    0
   1    0    1
   0    1    1
>> n=nnz(X)
n=
   6
```

6. 稀疏矩阵的非零元素

获取稀疏矩阵的非零元素的函数是 nonzeros，调用格式如下：

```
s=nonzeros(A)                     %返回矩阵 A 中非零元素按列顺序构成的列向量
```

【例 4-54】获取稀疏矩阵的非零元素示例。

解：在命令行窗口中依次输入以下语句，同时会输出相应的结果。

```
>> X=eye(3)
X=
   1    0    0
   0    1    0
   0    0    1
>> n=nonzeros(X)
n=
```

```
    1
    1
    1
```

4.7　矩阵分解

在 MATLAB 中，线性方程组的求解主要基于 3 种基本的矩阵分解：Cholesky 分解、LU 分解和 QR 分解。对于这些分解，MATLAB 都提供对应的函数。除了以上 3 种分解之外，本节还将介绍奇异值分解。

4.7.1　Cholesky 分解

Cholesky 分解是把一个对称的正定矩阵 A 分解为一个上三角矩阵 B 和其转置矩阵的乘积，其对应的表达式为 $A = B^T * B$。从理论的角度来看，并不是所有的对称矩阵都可以进行 Cholesky 分解，需要进行 Cholesky 分解的矩阵必须是正定的。

在 MATLAB 中，进行 Cholesky 分解的是 chol 命令：

```
B=chol(X)
```

X 是对称的正定矩阵，B 是上三角矩阵，使得 $A = B^T * B$。如果矩阵 X 是非正定矩阵，该命令会返回错误信息：

```
[B,n]=chol(X)                        %返回两个参数，并不返回错误信息
```

当 X 是正定矩阵时，返回的矩阵 B 是上三角矩阵，且满足等式 $X = B^T * B$，同时返回参数 n=0；当 X 不是正定矩阵时，返回的参数 p 是正整数，B 是三角矩阵，且矩阵阶数是 $n-1$，且满足等式 $X(1: n-1,1: n-1)= B^T * B$。

对对称正定矩阵进行分解在矩阵理论中是十分重要的理论，可以首先对该对称正定矩阵进行 Cholesky 分解，然后经过处理得到线性方程的解。这些内容将在后面的步骤中通过实例介绍。

【例 4-55】对对称正定矩阵进行 Cholesky 分解。

解： 在命令行窗口中依次输入以下语句，同时会输出相应的结果。

```
>> n=5;
>> X=pascal(n)
X=
    1    1    1    1    1
    1    2    3    4    5
    1    3    6   10   15
    1    4   10   20   35
    1    5   15   35   70
>> A=chol(X)
A=
    1    1    1    1    1
    0    1    2    3    4
    0    0    1    3    6
    0    0    0    1    4
    0    0    0    0    1
```

```
>> B=transpose(A)*A
B=
     1     1     1     1     1
     1     2     3     4     5
     1     3     6    10    15
     1     4    10    20    35
     1     5    15    35    70
```

从结果可以看出，A 是上三角矩阵，同时满足等式 $B = A^T A = X$，表明上面的 Cholesky 分解过程成功。

【例 4-56】使用 Cholesky 分解来求解线性方程组。

解： 在命令行窗口输入以下语句，同时会输出相应的结果。

```
>> A=pascal(4);
>> b=[2;5;13;9];
>> x=A\b
x=
    21
   -58
    56
   -17
>> R=chol(A);
>> Rt=transpose(R);
>> xr=R\(Rt\b)
xr=
    21
   -58
    56
   -17
```

从结果可以看出，使用 Cholesky 分解求解得到的线性方程组的数值解，与使用左除得到的结果完全相同。其对应的数学原理如下：

对应线性方程 $Ax = b$，其中 A 是对称的正定矩阵，其 $A = R^T R$，则根据上面的定义，线性方程组可以转换为 $R^T Rx = b$，该方程的数值为 $x = R \backslash (R^T \backslash b)$。

4.7.2 不完全 Cholesky 分解

对于稀疏矩阵，MATLAB 提供 ichol 命令来做不完全的 Cholesky 分解，其具体的调用格式如下：

```
L=ichol(A)              %使用零填充对 A 执行不完全 Cholesky 分解
L=ichol(A,options)      %使用结构体 options 指定的选项对 A 执行不完全 Cholesky 分解。默认情况
                        %下，ichol 引用 A 的下三角并生成下三角因子
```

【例 4-57】使用 ichol 命令对稀疏矩阵进行不完全 Cholesky 分解。

解： 在命令行窗口中依次输入以下语句，同时会输出相应的结果。

```
>> S=sparse(1:4,1:4,2:5)
S=
   (1,1)       2
   (2,2)       3
   (3,3)       4
```

```
        (4,4)         5
>> A=ichol(S)
A=
        (1,1)       1.4142
        (2,2)       1.7321
        (3,3)       2.0000
        (4,4)       2.2361
>> S1=A*A'
S1=
        (1,1)       2.0000
        (2,2)       3.0000
        (3,3)       4.0000
        (4,4)       5.0000
```

4.7.3 LU 分解

LU 分解又称高斯消去法。它可以将任意一个方阵 A 分解为一个"心理"下三角矩阵 L 和一个上三角矩阵 U 的乘积,也就是 $A=LU$。其中,"心理"下三角矩阵的定义为下三角矩阵和置换矩阵的乘积。

在 MATLAB 中,LU 分解的命令为 lu,其主要调用格式如下:

```
[L,U]=lu(x)          %X 是任意方阵, L 是"心理"下三角矩阵, U 是上三角矩阵, 满足 X=LU
[L,U,P]= lu(x)       %P 是置换矩阵, 满足 PX=LU
Y=lu(x)              %x 是任意方阵,把上三角矩阵和下三角矩阵合并在矩阵 Y 中给出,满足等式 Y=L+U-I,
                     %该命令将损失置换矩阵 P 的信息
```

【例 4-58】使用 lu 命令对矩阵进行 LU 分解。

解: 在命令行窗口中依次输入以下语句,同时会输出相应的结果。

```
>> A=[-1 8 -5;9 -1 2;2 -5 7];
>> [L1,U1]=lu(A)
L1=
   -0.1111    1.0000        0
    1.0000        0         0
    0.2222   -0.6056    1.0000
U1=
    9.0000   -1.0000    2.0000
        0     7.8889   -4.7778
        0         0     3.6620
>> A1=L1*U1
A1=
    -1     8    -5
     9    -1     2
     2    -5     7
>> x=inv(A)
x=
   -0.0115    0.1192   -0.0423
    0.2269   -0.0115    0.1654
    0.1654   -0.0423    0.2731
```

```
>> x1=inv(U1)*inv(L1)
x1=
   -0.0115    0.1192   -0.0423
    0.2269   -0.0115    0.1654
    0.1654   -0.0423    0.2731
>> d=det(A)
d=
   -260
>> d1=det(L1)*det(U1)
d1=
   -260
```

从结果可以看出，方阵 LU 分解满足下面的等式条件：

$A=LU, U^{-1}L^{-1}=A^{-1}$ 和 $\det(A)=\det(L)\det(U)$

4.7.4　不完全 LU 分解

对于稀疏矩阵，MATLAB 提供函数 ilu 进行不完全的 LU 分解。ilu 函数调用格式如下：

```
ilu(A,options)           %计算 A 的不完全 LU 分解，options 是一个最多包含五个设置选项的输入结构体
ilu(A,options)           %返回 L+U-speye(size(A))，其中 L 为单位下三角矩阵，U 为上三角矩阵
[L,U]=ilu(A,options)     %分别在 L 和 U 中返回单位下三角矩阵和上三角矩阵
[L,U,P]=ilu(A,options)   %返回 L 中的单位下三角矩阵、U 中的上三角矩阵和 P 中的置换矩阵
```

【例 4-59】使用 ilu 命令对稀疏矩阵进行 LU 分解。

解：在命令行窗口中依次输入以下语句，同时会输出相应的结果。

```
>> S=sparse(1:4,1:4,2:5)
S=
   (1,1)        2
   (2,2)        3
   (3,3)        4
   (4,4)        5
>> [L,U]=ilu(S)
L=
   (1,1)        1
   (2,2)        1
   (3,3)        1
   (4,4)        1
U=
   (1,1)        2
   (2,2)        3
   (3,3)        4
   (4,4)        5
>> S1=L*U
S1=
   (1,1)        2
   (2,2)        3
```

```
    (3,3)        4
    (4,4)        5
```

4.7.5 QR 分解

矩阵的正交分解又称 QR 分解，也就是将一个 $m \times n$ 的矩阵 A 分解为一个正交矩阵 Q 和一个上三角矩阵 R 的乘积，也就是说 $A=QR$。

在 MATLAB 中，进行 QR 分解的命令为 qr，调用格式如下：

X=qr(A)	%返回 QR 分解 A=Q*R 的上三角 R 因子，如果 A 为满矩阵，则 R=triu(X)；如果 A 为稀疏 %矩阵，则 R=X
[Q,R]=qr(A)	%矩阵 R 和矩阵 A 大小相同，Q 是正交矩阵，满足等式 A=QR
[Q,R]=qr(A,0)	%比较经济类型的 QR 分解。假设矩阵 A 是一个 m×n 的矩阵，其中 m>n，则命令将只计算 %前 n 列的元素，返回的矩阵 R 是 n×n 矩阵；如果 m≤n，该命令与[Q,R]=qr(A)相等
[Q,R,E]=qr(A)	%Q 是正交矩阵，R 是上三角矩阵，E 是置换矩阵，满足 A*E=Q*R，适用于满矩阵

【例 4-60】使用 qr 命令对矩阵进行 QR 分解。

解： 在命令行窗口中依次输入以下语句，同时会输出相应的结果。

```
>> H=magic(4)
H=
    16     2     3    13
     5    11    10     8
     9     7     6    12
     4    14    15     1
>> [Q,R]=qr(H)
Q=
   -0.8230    0.4186    0.3123   -0.2236
   -0.2572   -0.5155   -0.4671   -0.6708
   -0.4629   -0.1305   -0.5645    0.6708
   -0.2057   -0.7363    0.6046    0.2236
R=
  -19.4422  -10.5955  -10.9041  -18.5164
         0  -16.0541  -15.7259   -0.9848
         0         0    1.9486   -5.8458
         0         0         0    0.0000
>> A=Q*R
A=
   16.0000    2.0000    3.0000   13.0000
    5.0000   11.0000   10.0000    8.0000
    9.0000    7.0000    6.0000   12.0000
    4.0000   14.0000   15.0000    1.0000
```

从结果可以看出，矩阵 R 是上三角矩阵，同时满足 A=QR。在下面的步骤中将证明 Q 矩阵是正交矩阵：

```
dQ=det(Q)
disp('N=')
for i=1:4
   H=Q(:,i);
   for j=(i+1):4
```

```
        M=Q(:,j);
        N=H'*M;
        disp(num2str(N))
    end
end
```

得到结果如下：

```
dQ=
   -1.0000
N=
-5.5511e-17
2.7756e-17
0
-1.6653e-16
-2.7756e-16
-2.498e-16
```

4.7.6　操作 QR 分解结果

在 MATLAB 中，除了提供 qr 命令之外，还提供 qrdelete 命令和 qrinsert 命令处理矩阵运算的 QR 分解。其中，qrdelete 命令的功能是删除 QR 分解得到矩阵的行或列；qrinsert 命令的功能则是插入 QR 分解得到矩阵的行或列。qrdelete 命令的调用格式如下：

```
[Q1,R1]=qrdelete(O,R,j)          %返回矩阵 A1 的 QR 分解结果，其中 A1 结果是矩阵 A 删除第 j 列得
                                 %到的结果，而矩阵 A=QR
[Q1,R1]=qrdelete(O,R,j,'col')    %计算结果和[Q1,R1]=qrdelete(O,R,j)相同
[Q1,R1]=qrdelete(O,R,j,'row')    %返回矩阵 A1 的 QR 分解结果，其中 A1 是矩阵 A 删除第 j 行的数据
                                 %得到的结果，而矩阵 A=QR
```

4.7.7　奇异值分解

奇异值分解在矩阵分析中有着重要的地位，对于任意矩阵 $A \in C^{m \times n}$，存在酉矩阵，$U=[u^1,u^2,\cdots,u^n]$，$V=[v^1,v^2,\cdots,v^n]$，使得

$$U^{\mathrm{T}}AV = \mathrm{diag}(\sigma_1,\sigma_2,\cdots,\sigma_p)$$

其中，参数 $\sigma_1 \geqslant \sigma_2 \geqslant \cdots \geqslant \sigma_p$，P=min{m,n}。在上面的式子中，$\{\sigma_i,u_i,v_i\}$ 分别是矩阵 A 的第 i 个奇异值、左奇异值和右奇异值，它们的组合就称为奇异值分解三对组。

在 MATLAB 中，计算奇异值分解的函数为 svd，调用格式如下：

```
S=svd(A)          %以降序顺序返回矩阵 A 的奇异值
[U,S,V]=svd(A)    %奇异值分解
[U,S,V]=svd(A,0)  %比较经济的奇异值分解
```

MATLAB 中还提供了 svds 函数奇异值和其向量的子集，当使用 svd 计算所有奇异值的计算量很大时（例如对于大型稀疏矩阵而言），可以使用此函数。其调用格式如下：

```
s=svds(A)          %返回一个向量，其中包含矩阵 A 的 6 个最大的奇异值
s=svds(A,k)        %返回 k 个最大奇异值
s=svds(A,k,sigma)  %基于 sigma 的值返回 k 个奇异值，例如，svds(A,k,'smallest')返回 k 个
                   %最小奇异值
```

【例 4-61】对矩阵进行奇异值分解。

解：在命令行窗口中依次输入以下语句，同时会输出相应的结果。

```
>> D=[1 3 5;2 1 3;2 3 3];
>> [U,S,V]=svd(D)
U=
   -0.7098    0.6667   -0.2273
   -0.4315   -0.6667   -0.6078
   -0.5567   -0.3333    0.7609
S=
    8.2188         0         0
         0    1.4142         0
         0         0    1.2045
V=
   -0.3268   -0.9428    0.0655
   -0.5148    0.2357    0.8243
   -0.7925    0.2357   -0.5624
>> [U,S,V]=svds(D)          %使用更经济的方法来进行分解
U=
   -0.7098    0.6667   -0.2273
   -0.4315   -0.6667   -0.6078
   -0.5567   -0.3333    0.7609
S=
    8.2188         0         0
         0    1.4142         0
         0         0    1.2045
V=
   -0.3268   -0.9428    0.0655
   -0.5148    0.2357    0.8243
   -0.7925    0.2357   -0.5624
>> s=svds(D,2)             %返回 2 个最大奇异值
s=
    8.2188
    1.4142
```

4.8 小结

由于在 MATLAB 中所有的数据都以矩阵的形式出现，MATLAB 的基本运算单元是数组。矩阵分析是线性代数的重要内容，也是几乎所有 MATLAB 函数的分析的基础。本章介绍了矩阵的基本操作、矩阵的生成、矩阵的运算、矩阵的分解等内容，最后还介绍了稀疏矩阵技术，这些内容是 MATLAB 进行数值运算的重要部分。

第 5 章

符 号 运 算

符号运算 A

符号运算 B

MATLAB 除了能够处理数值、矩阵运算之外，还可以进行各种符号计算。在 MATLAB 中，进行符号计算可以用推理解析的方式进行，以避免数值计算带来的截断误差，同时使符号计算得到正确的封闭解。在 MATLAB 中，符号运算实质上属于数值计算的补充。MATLAB 中关于符号计算的命令、符号计算结果的图形显示、计算程序的编写或者帮助系统等，都十分完整和便捷。

本章学习目标包括：

（1）理解符号对象的基本概念；

（2）掌握符号的基本运算方法；

（3）掌握符号微积分、符号矩阵运算；

（4）掌握符号方程的求解方法。

5.1　基本概念

科学与工程技术中的数值运算固然重要，但自然科学理论分析中各种各样的公式、关系式及其推导则是符号运算要解决的问题。符号运算与数值运算一样，都是科学计算研究的重要内容。MATLAB 数值运算的操作对象是数值，而 MATLAB 符号运算的操作对象则是非数值的符号对象。符号对象就是代表非数值的符号字符串。

通过 MATLAB 的符号运算功能，可以求解科学计算中符号数学问题的符号解析表达精确解，这在自然科学与工程计算的理论分析中有着极其重要的作用与实用价值。

5.1.1　符号对象

符号对象是 MATLAB 中的一种数据类型（sym 类型），用来存储代表非数值的字符符号（通常是大或小写的英文字母及其字符串）。符号对象可以是符号常量（符号形式的数）、符号变量、符号函数及各种符号表达式（符号数学表达式、符号方程与符号矩阵）等。

在 MATLAB 中，符号对象可利用函数 sym()、syms() 来建立，而利用函数 class() 来测试建立的操作对象为何种操作对象类型、是否为符号对象类型（即 sym 类型）。以下介绍函数 sym()、syms() 与 class() 的调用格式、功能及其使用说明。

1. sym()

函数 sym() 的调用格式如下：

```
S=sym(A)
```

命令功能是由 A 建立一个符号对象 S，其类型为 sym 类型。

```
S=sym('A')
```

如果 A（不带单引号）是一个数字（值）或数值矩阵或数值表达式，则输出是将数值对象转换成的符号对象。如果 A（带单引号）是一个字符串，输出则是将字符串转换成的符号对象。

```
S=sym(A,flag)
```

命令功能同 S=sym(A)，只不过转换成的符号对象应符合 flag 格式。flag 可取以下选项：'d'表示用最接近的十进制浮点数精确表示；'e'表示用带（数值计算时 0）估计误差的有理数表示；'f'表示用十六进制浮点数表示；'r'为默认设置，是最接近有理数表示的形式，该形式是指用两个正整数 p、q 构成的 p/q、p*pi/q、sqrt(p)、2^p、10^q 表示的形式之一。

```
S=sym('A',flag)
```

命令功能同 S=sym('A')。只不过转换成的符号对象应按 flag 指定的要求。flag 可取以下"限定性"选项：'positive'限定 A 为正的实型符号变量，'real'限定 A 为实型符号变量，'unreal'限定 A 为非实型符号变量。

2. syms()

函数 syms()的调用格式如下：

```
syms s1 s2 s3 flag;
```

上述格式表示建立 3 个或多个符号对象：s1、s2、s3。指定的要求即按 flag 取的"限定性"选项同前。

3. class()

函数 class()的调用格式如下：

```
str=class(object)
```

命令功能是返回指代数据对象类型的字符串。数据对象类型如表 5–1 所示。

表 5-1 数据对象类型

对象类型	含　义	对象类型	含　义
cell	CELL数组	struct	结构数组
char	字符数组	uint8	8位不带符号整型数组
double	双精度浮点数值类型	uint16	16位不带符号整型数组
int8	8位带符号整型数组	uint32	32位不带符号整型数组
int16	16位带符号整型数组	\<class_name\>	用户定义的对象类型
int32	32位带符号整型数组	\<java_class\>	java对象的java类型
sparse	实(或复)稀疏矩阵	sym	符号对象类型

【例 5-1】符号常数形成中的差异。

解：在命令行窗口中依次输入以下语句，同时会输出相应的结果。

```
>> a1=[1/3,pi/7,sqrt(5),pi+sqrt(5)]
a1=
    0.3333    0.4488    2.2361    5.3777
>> a2=sym([1/3,pi/7,sqrt(5),pi+sqrt(5)])
```

```
a2=
    [ 1/3, pi/7, 5^(1/2), 189209612611719/35184372088832]
>> a3=sym([1/3,pi/7,sqrt(5),pi+sqrt(5)],'e')
a3=
    [1/3-eps/12,pi/7-(13*eps)/165,(137*eps)/280+5^(1/2),189209612611719/
35184372088832]
```

【例 5-2】把字符表达式转换为符号变量。

解：在命令行窗口中依次输入以下语句，同时会输出相应的结果。

```
>> syms x
>> y=sym(2*sin(x)*cos(x))
y=
    2*cos(x)*sin(x)
>> y=simplify(y)
y=
    sin(2*x)
```

【例 5-3】用符号计算验证三角等式 $\sin\varphi_1\cos\varphi_2 - \cos\varphi_1\sin\varphi_2 = \sin(\varphi_1 - \varphi_2)$。

解：在命令行窗口中依次输入以下语句，同时会输出相应的结果。

```
>> syms fai1 fai2
>> y=simplify (sin(fai1)*cos(fai2)-cos(fai1)*sin(fai2))
y=
    sin(fai1-fai2)
```

【例 5-4】求矩阵 $A = \begin{bmatrix} a_{11} & a_{12} \\ a_{21} & a_{22} \end{bmatrix}$ 的行列式值、逆和特征根。

解：在命令行窗口中依次输入以下语句，同时会输出相应的结果。

```
>> syms a11 a12 a21 a22;
>> A=[a11,a12;a21,a22]
A=
    [a11, a12]
    [a21, a22]
>> DA=det(A)
DA=
    a11*a22 - a12*a21
>> IA=inv(A)
IA=
    [a22/(a11*a22 - a12*a21), -a12/(a11*a22 - a12*a21)]
    [-a21/(a11*a22 - a12*a21),  a11/(a11*a22 - a12*a21)]
>> EA=eig(A)
EA=
    a11/2 + a22/2 - (a11^2 - 2*a11*a22 + a22^2 + 4*a12*a21)^(1/2)/2
    a11/2 + a22/2 + (a11^2 - 2*a11*a22 + a22^2 + 4*a12*a21)^(1/2)/2
```

【例 5-5】验证积分 $\int_{-\tau/2}^{\tau/2} A\mathrm{e}^{-\mathrm{i}\omega t}\mathrm{d}t = A\tau \cdot \dfrac{\sin(\omega\tau/2)}{\omega\tau/2}$。

解：在命令行窗口中依次输入以下语句，同时会输出相应的结果。

```
>> syms A t tao w
>> yf=int(A*exp(-i*w*t),t,-tao/2,tao/2)
yf=
    (2*A*sin((tao*w)/2))/w
```

5.1.2 符号常量

符号常量是一种符号对象。数值常量如果作为函数 sym() 的输入参量，就建立了一个符号对象——符号常量，即看上去的一个数值量，但它已是一个符号对象了。创建的这个符号对象可以用 class() 函数来检测其数据类型。示例如下。

【例 5-6】 对数值量 1/4 创建符号对象并检测数据的类型。

解： 在编辑器窗口中输入以下代码：

```
a=1/4;
b='1/4';
c=sym(1/4);
d=sym('1/4');
classa=class(a)
classb=class(b)
classc=class(c)
classd=class(d)
```

运行程序后，输出结果如下：

```
classa=
    'double'
classb=
    'char'
classc=
    'sym'
classd=
    'sym'
```

即 a 是双精度浮点数值类型；b 是字符类型；c 与 d 都是符号对象类型。

5.1.3 符号变量

变量是程序设计语言的基本元素之一。MATLAB 数值运算中，变量是内容可变的数据。而 MATLAB 符号运算中，符号变量是内容可变的符号对象。符号变量通常是指一个或几个特定的字符，不是指符号表达式，虽然可以将一符号表达式赋值给一个符号变量。

符号变量有时也叫作自由变量。符号变量与 MATLAB 数值运算的数值变量名称的命名规则相同：

（1）变量名可以由英语字母、数字和下画线组成；

（2）变量名应以英语字母开头；

（3）组成变量名的字符长度不大于 31；

（4）MATLAB 区分大小写英语字母。

在 MATLAB 中，可以用函数 sym() 或 syms() 建立符号变量。

【例 5-7】 用函数 sym() 与 syms () 建立符号变量 α、β、γ，并检测数据的类型。

解：（1）使用函数 sym()创建符号对象。在命令行窗口中输入以下语句：

```
>> a=sym('alpha')
a=
    alpha
>> b=sym('beta')
b=
    beta
>> c=sym('gamMa')
c=
    gamMa
>> classa=class(a)
classa=
    'sym'
>> classb=class(b)
classb=
    'sym'
>> classc=class(c)
classc=
    'sym'
```

通过语句检测数据对象α、β、γ均为符号对象类型。

（2）使用函数 syms()创建符号对象并检测数据的类型，在命令行窗口中输入以下语句：

```
>> syms alpha beta gamMa;
>> classa=class(alpha)
classa=
    'sym'
>> classb=class(beta)
classb=
    'sym'
>> classg=class(gamMa)
classg=
    'sym'
```

通过上述语句执行可检测数据对象α、β、γ也是符号对象类型。

5.1.4　符号表达式、函数与方程

　　表达式也是程序设计语言的基本元素之一。MATLAB 数值运算中，数字表达式是由常量、数值变量、数值函数或数值矩阵用运算符连接而成的数学关系式。而 MATLAB 符号运算中，符号表达式是由符号常量、符号变量、符号函数用运算符或专用函数连接而成的符号对象。

　　符号表达式有符号函数与符号方程两类。符号函数不带等号，而符号方程是带等号的。在 MATLAB 中，同样用命令 sym()来建立符号表达式。

1. 符号表达式

　　【例 5-8】用函数 sym ()与 syms()建立符号函数 f1、f2、f3、f4 并检测符号对象的类型。

　　解：用函数 syms ()与 sym()创建符号函数并检测数据的类型。在命令行窗口中输入以下语句：

```
syms n x T wc p w z a;
f1=n*x^n/x;
classf1=class(f1)
f2=sym(log(T)^2*T+p);
classf2=class(f2)
f3=sym(w+sin(a*z));
classf3=class(f3)
f4=pi+atan(T*wc);
classf4=class(f4)
```

执行语句，检测符号函数均为符号对象类型：

```
classf1=
    'sym'
classf2=
    'sym'
classf3=
    'sym'
classf4=
    'sym'
```

【例 5-9】用函数 sym()建立符号方程 e1、e2、e3、e4 并检测符号对象的类型。

解： 用函数 sym()来创建符号方程并检测数据的类型。在编辑器窗口中输入以下语句。

```
syms a b c x y t p Dy;
e1=sym(a*x^2+b*x+c==0)
classe1=class(e1)
e2=sym(log(t)^2*t==p)
classe2=class(e2)
e3=sym(sin(x)^2+cos(x)==0)
classe3=class(e3)
e4=sym(Dy-y==x)
classe4=class(e4)
```

执行语句，检测符号方程均为符号对象类型：

```
e1=
    a*x^2+b*x+c==0
classe1=
    'sym'
e2=
    t*log(t)^2==p
classe2=
    'sym'
e3=
    sin(x)^2+cos(x)==0
classe3=
    'sym'
e4=
    Dy-y==x
classe4=
    'sym'
```

2. 符号函数和符号方程

【例 5-10】按不同的方式合并同幂项。

解： 在命令行窗口中依次输入以下语句，同时会输出相应的结果。

```
>> syms x t;
>> EXPR=sym((x^2+x*exp(-t)+1)*(x+exp(-t)))
EXPR=
    (x+exp(-t))*(x^2+exp(-t)*x+1)
>> expr1=collect(EXPR)
expr1=
    x^3+2*exp(-t)*x^2+(exp(-2*t)+1)*x+exp(-t)
>> expr2=collect(EXPR,exp(-t))
expr2=
    x*exp(-2*t)+(2*x^2+1)*exp(-t)+x*(x^2+1)
```

【例 5-11】factor 指令的使用。

解： 在命令行窗口中依次输入以下语句，同时会输出相应的结果。

```
>> syms a x
>> f1=x^4-5*x^3+5*x^2+5*x-6;factor(f1)
ans=
    [ x-1, x-2, x-3, x+1]
>> f2=x^2-a^2;factor(f2)
ans=
    [ -1, a-x, a+x]
>> factor(1025)
ans=
     5   5   41
```

【例 5-12】对多项式进行嵌套型分解。

解： 在命令行窗口中依次输入以下语句，同时会输出相应的结果。

```
>> syms a x
>> f1=x^4-5*x^3+5*x^2+5*x-6
f1=
    x^4-5*x^3+5*x^2+5*x-6
>> horner(f1)
ans=
    x*(x*(x*(x-5)+5)+5)-6
```

【例 5-13】写出矩阵 $\begin{bmatrix} \dfrac{3}{2} & \dfrac{x^2+3}{2x-1}+\dfrac{3x}{x-1} \\ \dfrac{4}{x^2} & 3x+4 \end{bmatrix}$ 各元素的分子、分母多项式。

解： 在命令行窗口中依次输入以下语句，同时会输出相应的结果。

```
>> syms x
>> A=[3/2,(x^2+3)/(2*x-1)+3*x/(x-1);4/x^2,3*x+4]
A=
    [3/2,(3*x)/(x-1)+(x^2+3)/(2*x-1)]
```

```
          [  4/x^2,                    3*x+4]
>> [n,d]=numden(A)
n=
     [  3,  x^3+5*x^2-3]
     [  4,       3*x+4]
d=
     [    2,  (2*x-1)*(x-1)]
     [  x^2,                1]
>> pretty(simplify(A))
      /               2      \
      |  3    3 x    x + 3  |
      |  -, ----- + ------- |
      |  2  x - 1   2 x - 1 |
      |                     |
      |  4                  |
      |  --,     3 x + 4    |
      |  2                  |
      \  x                  /
>> pretty(simplify(n./d))
      /          3     2      \
      |  3      x + 5 x - 3   |
      |  -, ---------------- |
      |  2  (2 x - 1) (x - 1) |
      |                       |
      |  4                    |
      |  --,     3 x + 4      |
      |  2                    |
      \  x                    /
```

【例 5-14】 化简公式 $f(x) = \sqrt[3]{\dfrac{1}{x^3} + \dfrac{6}{x^2} + \dfrac{12}{x} + 8}$ 。

解： 在命令行窗口中依次输入以下语句，同时会输出相应的结果。

```
>> syms x
>> f=(1/x^3+6/x^2+12/x+8)^(1/3)
f=
     (12/x+6/x^2+1/x^3+8)^(1/3)
>> sfy1=simplify(f)
sfy1=
     ((2*x+1)^3/x^3)^(1/3)
>> sfy2=simplify(sfy1)
sfy2=
     ((2*x+1)^3/x^3)^(1/3)
```

【例 5-15】 简化公式 $f(x) = \cos x + \sqrt{-\sin^2 x}$ 。

解： 在命令行窗口中依次输入以下语句，同时会输出相应的结果。

```
>> syms x
>> ff=cos(x)+sqrt(-sin(x)^2)
```

```
ff=
    cos(x)+(-sin(x)^2)^(1/2)
>> ssfy1=simplify(ff)
ssfy1=
    cos(x)+(-sin(x)^2)^(1/2)
>> ssfy2=simplify(ssfy1)
ssfy2=
    cos(x)+(-sin(x)^2)^(1/2)
```

3. 符号函数的求反和复合

【例 5-16】求 $f(x) = x^2$ 的反函数。

解：在命令行窗口中依次输入以下语句，同时会输出相应的结果。

```
>> syms x
>> f=x^2
f=
    x^2
>> g=finverse(f)
g=
    x^(1/2)
>> fg=simplify(compose(g,f))        %验算 g(f(x))是否等于 x
fg=
    (x^2)^(1/2)
```

【例 5-17】求 $f(x) = \dfrac{x}{1+u^2}, g = \cos(y+\varphi)$ 的复合函数。

解：在命令行窗口中依次输入以下语句，同时会输出相应的结果。

```
>> syms x y u fai t
>> f=x/(1+u^2)
f=
    x/(u^2+1)
>> g=cos(y+fai)
g=
    cos(fai+y)
>> fg1=compose(f,g)
fg1=
    cos(fai+y)/(u^2+1)
>> fg2=compose(f,g,u,fai,t)
fg2=
    x/(cos(t+y)^2+1)
```

5.1.5 自变量函数

在微积分、函数表达式化简、解方程中，确定自变量是必不可少的。在不指定自变量的情况下，按照数学常规，自变量通常都是字母表末尾的小写英文字母（如 t、w、x、y、z 等）。

在 MATLAB 中，可以用函数 symvar() 按这种数学习惯确定一个符号表达式中的自变量，这对于按照特定要求进行某种计算是非常有实用价值的。

函数 symvar() 的调用格式如下：

```
symvar(f,n)
```

该格式的功能是按数学习惯确定符号函数 f 中的 n 个自变量。当指定 n=1 时，从符号函数 f 中找出在字母表中与 x 最近的字母；如果有两个字母与 x 的距离相等，则取较后的一个。当输入参数 n 为默认值时，函数将给出 f 中所有的符号变量。

```
symvar(e,n)
```

该格式的功能是按数学习惯确定符号方程 e 中的 n 个自变量，其余功能同上。

【**例 5-18**】用函数 symvar() 确定符号函数 f1、f2 中的自变量。

解：用以下 MATLAB 语句确定符号函数 f1、f2 中的自变量：

```
syms k m n w y z;
f=n*y^n+m*y+w;
ans1= symvar (f,1)
f2=m*y+n*log(z)+exp(k*y*z);
ans2= symvar (f2,2)
```

语句执行结果如下：

```
ans1=
    y
ans2=
    [y,z]
```

【**例 5-19**】用函数 symvar() 确定符号方程 e1、e2 中的自变量。

解：用以下 MATLAB 语句确定符号方程 e1、e2 中的自变量：

```
syms a b c x p q t w;
e1=sym(a*x^2+b*x+c==0);
ans1=symvar(e1,1)
e2=sym(w*(sin(p*t+q))==0);
ans2=symvar(e2)
```

语句执行结果如下：

```
ans1=
    x
ans2=
    [ p, q, t, w]
```

5.1.6 符号矩阵

符号变量与符号形式的数（符号常量）构成的矩阵叫作符号矩阵。符号矩阵既可以构成符号矩阵函数，也可以构成符号矩阵方程，它们都是符号表达式。

在 MATLAB 中输入符号向量或符号矩阵的方法和输入数值类型的向量或矩阵在形式上很相似，只不过要用到符号矩阵定义函数 sym，或者用到符号定义函数 syms，先定义一些必要的符号变量，再像定义普通矩阵一样输入符号矩阵。

符号矩阵的 MATLAB 表达式的书写特点是：矩阵必须用一对方括号括起来，行之间用分号分隔，一行的元素之间用逗号或空格分隔。

1. 用命令sym定义矩阵

利用函数 sym 创建符号矩阵的调用格式如下：

```
A=sym('a',[n1 ... nM])                    %创建一个由 n1~nM 符号数组元素填充的矩阵
```

【例 5-20】用函数 sym()建立符号矩阵函数 m1、m2 与符号矩阵方程 m3 并检测符号对象的类型。

解：用函数 sym()创建符号矩阵 m1、m2、m3 并检测符号对象的类型。

```
syms ab bc cd de ef fg h I j a b c d x;
m1=sym([ab bc cd;de ef fg;h I j]);
clam1=class(m1)
m2=sym([1 12;23 34]);
clam2=class(m2)
m3=sym([a b;c d]*x==0);
clam3=class(m3)
```

语句执行结果如下：

```
clam1=
    'sym'
clam2=
    'sym'
clam3=
    'sym'
```

【例 5-21】用命令 sym 定义矩阵示例。

解：在命令行窗口中依次输入以下语句，同时会输出相应的结果。

```
>> A=sym('A',[3 4])                       %创建 3×4 的符号矩阵
A=
    [ A1_1, A1_2, A1_3, A1_4]
    [ A2_1, A2_2, A2_3, A2_4]
    [ A3_1, A3_2, A3_3, A3_4]
>> B=sym('x_%d_%d',4)                      %创建 4×4 的符号矩阵
B=
    [ x_1_1, x_1_2, x_1_3, x_1_4]
    [ x_2_1, x_2_2, x_2_3, x_2_4]
    [ x_3_1, x_3_2, x_3_3, x_3_4]
    [ x_4_1, x_4_2, x_4_3, x_4_4]
>> A=sym('a',[2 3 2])                      %创建 2 行 3 列 2 页的符号数组
A(:,:,1)=
    [ a1_1_1, a1_2_1, a1_3_1]
    [ a2_1_1, a2_2_1, a2_3_1]
A(:,:,2)=
    [ a1_1_2, a1_2_2, a1_3_2]
    [ a2_1_2, a2_2_2, a2_3_2]
```

2. 用命令syms定义矩阵

先定义矩阵中的每一个元素为一个符号变量，而后像普通矩阵一样输入符号矩阵。

【例 5-22】用命令 syms 定义矩阵示例。

解：在命令行窗口中依次输入以下语句，同时会输出相应的结果。

```
>> syms a b c
>> M1=sym('Classical')
M1=
    Classical
>> M2=sym('Jazz')
M2=
    Jazz
>> M3=sym('Blues')
M3=
    Blues
>> syms_matrix=[a b c;M1,M2,M3;2 3 5]
syms_matrix=
    [      a,    b,     c]
    [ Classical, Jazz, Blues]
    [      2,    3,     5]
```

注意：无论矩阵是用分数形式还是浮点形式表示的，将矩阵转化成符号矩阵后，都将以最接近原值的有理数形式或函数形式表示。

3. 用子矩阵创建矩阵

在 MATLAB 的符号运算中，利用联接算子——方括号（[ ]）可将小矩阵联接为一个大矩阵。

【例 5-23】 利用方括号（[ ]）连接算子将小矩阵连接成大矩阵示例。

解：在命令行窗口中依次输入以下语句，同时会输出相应的结果。

```
>> syms a b c d p q x y;
>> A=sym([a b;c d]);
>> A1=A+p
A1=
    [a + p, b + p]
    [c + p, d + p]
>> A2=A-q
A2=
    [a - q, b - q]
    [c - q, d - q]
>> A3=A*x
A3=
    [a*x, b*x]
    [c*x, d*x]
>> A4=A/y
A4=
    [a/y, b/y]
    [c/y, d/y]
>> G1=[A A3;A1 A4]
G1=
    [     a,     b, a*x, b*x]
    [     c,     d, c*x, d*x]
    [a + p, b + p, a/y, b/y]
    [c + p, d + p, c/y, d/y]
```

```
>> G2=[A1 A2;A3 A4]
G2=
    [a + p, b + p, a - q, b - q]
    [c + p, d + p, c - q, d - q]
    [ a*x,   b*x,   a/y,   b/y]
    [ c*x,   d*x,   c/y,   d/y]
```

由上可见，4个 2×2 的子矩阵组成一个 4×4 的大矩阵。

5.2　符号运算基本内容

除符号对象的加、减、乘、除、乘方、开方等基本运算外，本节重点介绍几个在符号运算中非常重要的函数。

5.2.1　符号变量代换

使用函数 subs() 实现符号变量代换。其函数调用格式为：

```
subs(S,old,new)
```

这种格式的功能是将符号表达式 S 中的 old 变量替换为 new。old 一定是符号表达式 S 中的符号变量，而 new 可以是符号变量、符号常量、双精度数值与数值数组等。

```
subs(S,new)
```

这种格式的功能是用 new 置换符号表达式 S 中的自变量。其他同上。

【例5-24】已知 $f = axn+by+k$，试对其进行符号变量替换（a=sint, b=lnw, k=ce-dt）、符号常量替换（n=5、k=p）与数值数组替换（k=1:1:4）。

解：用以下 MATLAB 程序进行符号变量、符号常量与数值数组替换。

```
syms a b c d k n x y w t;
f=a*x^n+b*y+k
f1=subs(f,[a b],[sin(t) log(w)])
f2=subs(f,[a b k],[sin(t) log(w) c*exp(-d*t)])
f3=subs(f,[n k],[5 pi])
f4=subs(f1,k,1:4)
```

程序运行结果如下：

```
f=
    k+a*x^n+b*y
f1=
    k+x^n*sin(t)+y*log(w)
f2=
    c*exp(-d*t)+x^n*sin(t)+y*log(w)
f3=
    a*x^5+pi+b*y
f4=
    [ x^n*sin(t)+y*log(w)+1, x^n*sin(t)+y*log(w)+2, x^n*sin(t)+y*log(w)+3,
x^n*sin(t)+y*log(w)+4]
```

若要对符号表达式进行两个变量的数值数组替换,可以用循环程序实现,不必使用函数 subs()。这样简单明了又高效。

【例 5-25】已知 f=asinx+k,试求当 a=1:1:2 与 3:60:=ppx 时函数 f 的值。

解:用以下 MATLAB 程序进行求值:

```
syms a k x;
f=a*sin(x)+k;
for a=1:2;
    for x=0:pi/6:pi/3;
        f1=a*sin(x)+k
    end
end
```

程序运行第一组(当 a = 1 时)结果如下:

```
f1=
    k
f1=
    k+1/2
f1=
    k+3^(1/2)/2
```

程序运行第二组(当 a = 2 时)结果如下:

```
f1=
    k
f1=
    k+1
f1=
    k+3^(1/2)
```

5.2.2　符号对象转换为数值对象

大多数 MATLAB 符号运算的目的是计算表达式的数值解,故需要将符号表达式的解析解转换为数值解。当要得到双精度数值解时,可使用函数 double();当要得到指定精度的精确数值解时,可联合使用 digits() 与 vpa() 两个函数来实现解析解的数值转换。

(1)函数 double()。

其函数调用格式为:

```
double(C)                        %将符号常量 C 转换为双精度数值
```

(2)函数 digits()。

要得到指定精度的数值解时,使用函数 digits()设置精度,其函数调用格式为:

```
digits(D)                        %设置有效数字个数为 D 的近似解精度
```

(3)函数 vpa()。

使用函数 vpa()精确计算表达式的值。其函数调用格式有两种:

```
R=vpa(E)
```

这种格式必须与函数 digits(D)连用,在其设置下,求得符号表达式 E 的设定精度的数值解。注意,返回的数值解为符号对象类型。

```
R=vpa(E,D)
```

这种格式的功能是求得符号表达式 E 的 D 位精度的数值解，返回的数值解也是符号对象类型。

（4）函数 numeric()。

使用函数 numeric()将符号对象转换为数值形式。其函数调用格式为：

```
N=numeric(E)
```

这种格式的功能是将不含变量的符号表达式 E 转换为双精度浮点数值形式，其效果与 N=double(sym(E))相同。

【例 5-26】计算以下 3 个符号常量的值：$c_1 = \sqrt{2}\ln 7$，$c_2 = \pi\sin\dfrac{\pi}{5}e^{1.3}$，$c_3 = e^{\sqrt{8}\pi}$，并将结果转换为双精度型数值。

解：用以下 MATLAB 程序进行双精度数值转换。

```
syms c1 c2 c3;
c1=sym(sqrt(2)*log(7));
c2=sym(pi*sin(pi/5)*exp(1.3));
c3=sym(exp(pi*sqrt(8)));
Ans1=double(c1)
Ans2=double(c2)
Ans3=double(c3)
Ac1=class(Ans1)
Ac2=class(Ans2)
Ac3=class(Ans3)
```

程序运行结果如下：

```
Ans1=
    2.7519
Ans2=
    6.7757
Ans3=
    7.2283e+03
Ac1=
    'double'
Ac2=
    'double'
Ac3=
    'double'
```

即 $c_1 = \sqrt{2}\ln 7 = 2.7519$，$c_2 = \pi\sin\dfrac{\pi}{5}e^{1.3} = 6.7757$，$c_3 = e^{\sqrt{8}\pi} = 7228.3$，且它们都是双精度型数值。

【例 5-27】计算以下符号常量的值：$c_1 = e^{\sqrt{80}\pi}$，并将结果转换为指定精度 8 位与 18 位的精确数值解。

解：用以下 MATLAB 程序进行数值转换。

```
c=sym(exp(pi*sqrt(79)));
c1=double(c)
ans1=class(c1)
```

```
c2=vpa(c1,8)
ans2=class(c2)
digits 18
c3=vpa(c1)
ans3=class(c3)
```

程序运行结果如下：

```
c1=
    1.3392e+12
ans1=
    'double'
c2=
    1.3391903e+12
ans2=
    'sym'
c3=
    1339190288739.15283
ans3=
    'sym'
```

5.2.3 符号表达式化简

MATLAB 中提供了多个对符号表达式进行化简的函数，如因式分解、同类项合并、符号表达式的展开、符号表达式的化简与通分等，它们都是表达式的恒等变换。

1. 因式分解函数factor()

符号表达式因式分解函数为 factor()，调用格式如下：

```
factor(E)
```

这是一种恒等变换，格式的功能是对符号表达式 E 进行因式分解，如果 E 包含的所有元素为整数，则计算其最佳因式分解式。对于大于 252 的整数的分解，可使用语句 factor(sym('N'))。

【例 5-28】已知 $f(x) = x^3 + x^2 - x - 1$，试对其因式分解。

解：用以下 MATLAB 语句进行因式分解。

```
syms x;
f=x^3+x^2-x-1;
f1=factor(f)
```

语句执行结果如下：

```
f1 =
    [ x - 1, x + 1, x + 1]
```

即 $f(x) = x^3 + x^2 - x - 1 = (x-1) \cdot (x+1)^2$。

2. 展开函数expand()

符号表达式展开函数为 expand()，调用格式如下：

```
expand(E)
```

功能是将符号表达式 E 展开，这种恒等变换常用在多项式表示式、三角函数、指数函数与对数函数的展开中。

【例 5-29】已知 $f(x) = (x+y)^3$，试将其展开。

解：用以下 MATLAB 语句进行展开：

```
syms x y;
f=(x+y)^3;
f1=expand(f)
```

语句执行结果如下：

```
f1=
    x^3 + 3*x^2*y + 3*x*y^2 + y^3
```

即 $f(x) = (x+y)^3 = x^3 + 3x^2y + 3xy^2 + y^3$。

3. 合并同类项函数collect ()

符号表达式合并同类项函数为 collect()，调用格式有以下两种：

```
collect(E,v)
```

这是一种恒等变换，格式的功能是将符号表达式 E 中的 v 的同幂项系数合并。

```
collect(E)
```

这种格式的功能是将符号表达式 E 中由函数 symvar() 确定的默认变量的系数合并。

【例 5-30】已知 $f(x) = -axe^{-cx} + be^{-cx}$，试对其同类项进行合并。

解：用以下 MATLAB 程序对同类项进行合并。

```
syms a b c x;
f=-a*x*exp(-c*x)+b*exp(-c*x);
f1=collect(f,exp(-c*x))
```

语句执行结果如下：

```
f1=
    (b - a*x)*exp(-c*x)
```

即 $f(x) = -axe^{-cx} + be^{-cx} = (b-ax)e^{-cx}$。

4. 化简函数simplify()

符号表达式化简函数为 simplify()，调用格式如下：

```
simplify(E)
```

这种格式的功能是将符号表达式 E 运用多种恒等式变换进行综合化简。

【例 5-31】试对 $e_1 = \sin^2 x + \cos^2 x$ 与 $e_2 = e^{c \cdot \ln(\alpha + \beta)}$ 进行综合化简。

解：用以下 MATLAB 语句进行综合化简。

```
syms x n c alph beta;
e10=sin(x)^2+cos(x)^2;
e1=simplify(e10)
e20=exp(c*log(alph+beta));
e2=simplify(e20)
```

语句执行结果如下：

```
e1=
    1
```

```
e2=
     (alph+beta)^c
```

即 $e_1 = \sin^2 x + \cos^2 x = 1$ 和 $e_2 = e^{c \cdot \ln(\alpha+\beta)} = (\alpha+\beta)^c$。

函数 simple() 调用格式如下:

```
simple(E)
```

这种格式的功能是对符号表达式 E 尝试多种不同（包括 simplify）的简化算法，以得到符号表达式 E 的长度最短的化简形式。若 E 为一符号矩阵，则结果为全矩阵的最短形，而可能不是每个元素的最短形。

```
[R,HOW]=simple(E)
```

这种格式的功能是对符号表达式 E 尝试多种不同（包括 simplify）的化简算法，返回参数 R 为表达式的简化型，HOW 为简化过程中使用的化简方法。

5. 通分函数numden()

符号表达式通分函数为 numden()，调用格式如下:

```
[N,D]=numden(E)
```

这是一种恒等变换，格式的功能是将符号表达式 E 通分，分别返回 E 通分后的分子 N 与分母 D，且转换成的分子与分母都是整系数的最佳多项式形式。只需要再计算 N/D 即可求得符号表达式 E 通分的结果。若无等号左边的输出参数，则仅返回 E 通分后的分子 N。

【例 5-32】已知 $f(x) = \dfrac{x}{ky} + \dfrac{y}{px}$，试对其进行通分。

解: 用以下 MATLAB 语句对同类项进行合并。

```
syms k p x y;
f=x/(k*y)+y/(p*x);
[n,d]=numden(f)
f1=n/d
numden(f)
```

语句执行结果如下:

```
n=
     p*x^2+k*y^2
d=
     k*p*x*y
f1=
     (p*x^2+k*y^2)/(k*p*x*y)
ans=
     p*x^2+k*y^2
```

即 $f(x) = \dfrac{x}{ky} + \dfrac{y}{px} = \dfrac{px^2 + ky^2}{kpxy}$。

当无等号左边的输出参数时，仅返回通分后的分子。

6. 分解为嵌套型函数horner()

对符号表达式进行嵌套型分解函数为 horner()，调用格式如下:

```
horner(E)
```

这是一种恒等变换，格式的功能是将符号表达式 E 转换成嵌套形式表达式。

【例 5-33】已知 $f(x) = -ax^4 + bx^3 - cx^2 + x + d$，试将其转换成嵌套形式表达式。

解：用以下 MATLAB 语句将其转换成嵌套形式表达式：

```
syms a b c d x;
f=-a*x^4+b*x^3-c*x^2+x+d;
f1=horner(f)
```

语句执行结果如下：

```
f1=
    d-x*(x*(c-x*(b-a*x))-1)
```

即 $f(x) = -ax^4 + bx^3 - cx^2 + x + d = d - x(x(c - x(b - ax)) - 1)$。

5.2.4　符号运算的其他函数

1. 符号对象转换与为字符对象函数char()

将数值对象、符号对象转换与为字符对象函数为 char()，调用格式如下：

```
char(S)
```

这种格式的功能是将数值对象或符号对象 S 转换为字符对象。

【例 5-34】试将数值对象 $c = 123456$ 与符号对象 $f = x + y + z$ 转换成字符对象。

解：用以下 MATLAB 语句进行转换。

```
syms a b c x y z;
c=123456;
ans1=class(c)
c1=char(sym(c))
ans2=class(c1)
f=sym(x+y+z);
ans3=class(f)
f1=char(f)
ans4=class(f1)
```

语句执行结果如下：

```
ans1=
    'double'
c1=
    '123456'
ans2=
    'char'
ans3=
    'sym'
f1=
    'x+y+z'
ans4=
    'char'
```

即原数值对象与符号对象均都转换成字符对象。

2. 习惯方式显示符号表达式函数pretty()

以习惯的方式显示符号表达式函数为 pretty()，调用格式如下：

```
pretty(E)
```

以习惯的"书写"方式显示符号表达式 E（包括符号矩阵）。

【例 5-35】 试将 MATLAB 符号表达式 f=a*x/b+c/(d*y)与 sqrt(b^2-4*a*c)以习惯的"书写"方式显示。

解： 用以下 MATLAB 语句进行"书写"显示。

```
syms a b c d x y;
f=a*x/b+c/(d*y);
pretty(f)
f1=sqrt(b^2-4*a*c);
pretty(f1)
```

语句执行结果如下：

```
 c    a x
--- + ---
d y    b

       2
sqrt(b  - 4 a c)
```

即 $f(x) = \dfrac{ax}{b} + \dfrac{c}{dy}$ 与 $f_1(x) = \sqrt{b^2 - 4ac}$ 。

5.2.5 两种特定的符号运算函数

MATLAB 两种特定的符号函数运算是指复合函数运算与反函数运算。

1. 复合函数的运算与函数compose()

设 z 是 y（自变量）的函数 z = f (y)，而 y 又是 x（自变量）的函数 y=j(x)，则 z 对 x 的函数 z = f (j (x))叫作 z 对 x 的复合函数。求 z 对 x 的复合函数 z=f(j (x))的过程叫作复合函数运算。

MATLAB 求复合函数的函数为 compose()。其函数调用格式有以下 6 种：

调用格式 1 如下：

```
compose(f,g)
```

该格式的功能是当 f=f(x)与 g=g(y)时返回复合函数 f(g(y))，即用 g=g(y)代入 f(x)中的 x，且 x 为函数 symvar()确定的 f 的自变量，y 为 symvar()确定 g 的自变量。

调用格式 2 如下：

```
compose(f,g,z)
```

该格式的功能是当 f = f (x)与 g = g(y)时返回以 z 为自变量的复合函数 f (g(z))，即用 g = g(y)代入 f (x)中的 x，并将 g(y)中的自变量 y 改换为 z。

调用格式 3 如下：

```
compose(f,g,x,z)
```

该格式的功能同格式 2 的功能。

调用格式 4 如下：

```
compose(f,g,t,z)
```

该格式的功能是当 f=f(t)与 g=g(y)时返回以 z 为自变量的复合函数 f(g(z))，即用 g=g(y)代入 f(t)中的 t，并将 g(y)中的自变量 y 改换为 z。

调用格式 5 如下：

```
compose(f,h,x,y,z)
```

该格式的功能同格式 2 与格式 3 的功能。

调用格式 6 如下：

```
compose(f,g,t,u,z)
```

该格式的功能是当 f=f(t)与 g=g(u)时返回以 z 为自变量的复合函数 f(g(z))，即用 g=g(u)代入 f(t)中的 t，并将 g(u)中的自变量 u 改换为 z。

【例 5-36】已知 $f(x) = \ln\left(\dfrac{x}{t}\right)$ 与 $g = u\cos y$，求其复合函数 $f(\varphi(x))$ 与 $f(g(z))$。

解：用以下 MATLAB 程序计算其复合函数。

```
syms f g t u x y z;
f=log(x/t);
g=u*cos(y);
cfg=compose(f,g)
cfgt=compose(f,g,z)
cfgxz=compose(f,g,x,z)
cfgtz=compose(f,g,t,z)
cfgxyz=compose(f,g,x,y,z)
cfgtuz=compose(f,g,t,u,z)
```

程序运行结果如下：

```
cfg=
    log((u*cos(y))/t)
cfgt=
    log((u*cos(z))/t)
cfgxz=
    log((u*cos(z))/t)
cfgtz=
    log(x/(u*cos(z)))
cfgxyz=
     log((u*cos(z))/t)
cfgtuz=
    log(x/(z*cos(y)))
```

2. 反函数的运算与函数finverse()

设 y 是 x(自变量)的函数 y=f(x)，若将 y 当作自变量，x 当作函数，则函数 x=j(y)叫作函数 f(x)的反函数，而 f(x)叫作直接函数。在同一坐标系中，直接函数 y=f(x)与反函数 x=j(y)表示同一图形。通常把 x 当作自变量，而把 y 当作函数，故反函数 x=j(y)写为 y=j(x)。

MATLAB 提供的求反函数的函数为 finverse()。其函数调用格式有以下两种：

```
g=finverse(f,v)
```

该格式的功能是求符号函数 f 的自变量为 v 的反函数 g。

```
g=finverse(f)
```

该格式的功能是求符号函数 f 的反函数 g，符号函数表达式 f 有单变量 x，函数 g 也是符号函数，并有 g(f(x))=x。

【例 5-37】求函数 $y = ax + b$ 的反函数。

解：（1）由数学知识可知 $y = ax + b$ 的反函数为 $x = \dfrac{-(b-y)}{a}$。

（2）利用 MATLAB 求 $y = ax + b$ 的反函数的代码如下：

```
syms a b x y;
y=a*x+b
g=finverse(y)
compose(y,g)
```

语句执行结果如下：

```
y=
    b+a*x
g=
    -(b-x)/a
ans=
    x
```

即反函数为 $y = \dfrac{-(b-y)}{a}$，且 $g(f(x)) = x$。

5.3 符号微积分

微分学是微积分的首要组成部分。它的基本概念是导数与微分，其中导数是曲线切线的斜率，反映函数相对于自变量变化的速度；而微分则反映自变量有微小变化时函数的大体变化量。积分是微分的逆运算。

求给定函数为导函数的原函数的运算，是积分学中不定积分的第一个基本问题。被积函数在积分的上下限区间的计算问题，是积分学中定积分的第二个基本问题，该问题已由牛顿–莱布尼茨公式解决。微积分学是高等数学重要的基本内容。

5.3.1 符号极限运算

众所周知，微积分中导数的定义是通过极限给出的，即极限概念是数学分析或高等数学最基本的概念，所以极限运算是微积分运算的前提与基础。函数极限的概念及其运算在高等数学中已经学习过，此处介绍 MATLAB 的符号极限运算的函数 limit()。函数 limit() 的调用格式有以下 5 种。

1. limit(F,x,a)

这种格式用来实现计算符号函数或符号表达式 F 当变量 x 满足条件 a 的情况下的极限值。

【例 5-38】试在 MATLAB 中证明 $\lim\limits_{x\to\infty}\left(1+\dfrac{1}{n}\right)^{n}=\mathrm{e}$ 和 $\lim\limits_{x\to\infty}\left(\dfrac{2x+3}{2x+1}\right)^{x+1}=\mathrm{e}$。

解：（1）运行以下 MATLAB 语句证明第一个等式。

```
syms n
limit((1+(1/n))^n,n,inf)
```

语句运行结果如下：

```
ans=
    exp(1)
```

即 $\lim\limits_{x\to\infty}\left(1+\dfrac{1}{n}\right)^{n}=\mathrm{e}$ 得证。

（2）运行以下 MATLAB 语句证明第二个等式。

```
syms x;
limit(((2*x+3)/(2*x+1))^(x+1),x,inf)
```

语句运行结果如下：

```
ans=
 exp(1)
```

即 $\lim\limits_{x\to\infty}\left(\dfrac{2x+3}{2x+1}\right)^{x+1}=\mathrm{e}$ 得证。

2. limit(F,a)

这种格式用来实现计算符号函数或符号表达式 F 中由函数 symvar() 返回的独立变量趋向于 a 时的极限值。

【例 5-39】试求 $\lim\limits_{x\to a}\dfrac{\sqrt[m]{x}-\sqrt[m]{a}}{x-a}$ 与 $\lim\limits_{x\to a}\dfrac{\sin x-\sin a}{x-a}$。

解：可以运行以下 MATLAB 语句计算第一个极限。

```
syms x m a
limit(((x^(1/m)-a^(1/m))/(x-a)),a)
```

语句运行结果如下：

```
ans=
    a^(1/m - 1)/m
```

即 $\lim\limits_{x\to a}\dfrac{\sqrt[m]{x}-\sqrt[m]{a}}{x-a}=\left(\dfrac{\sqrt[m]{a}}{ma}\right)$。

运行以下 MATLAB 语句计算第二个极限：

```
syms x a
limit(((sin(x)-sin(a))/(x-a)),a)
```

语句运行结果如下：

```
ans=
    cos(a)
```

即 $\lim\limits_{x \to a} \dfrac{\sin x - \sin a}{x - a} = \cos a$。

3. limit(F)

这种格式用来实现计算符号函数或符号表达式 F 在 x=0 时的极限。

【**例 5-40**】试求 $\lim\limits_{x \to 0} \dfrac{\sin x}{x}$ 与 $\lim\limits_{x \to 0} \dfrac{\tan(2x)}{\sin(5x)}$。

解：运行以下 MATLAB 语句计算第一个极限。

```
syms x
limit(sin(x)/x)
```

语句运行结果如下：

```
ans=
    1
```

即 $\lim\limits_{x \to 0} \dfrac{\sin x}{x} = 1$。

运行以下 MATLAB 语句计算第二个极限：

```
syms x
c=limit(tan(2*x)/sin(5*x))
```

语句运行结果如下：

```
c=
    2/5
```

即 $\lim\limits_{x \to 0} \dfrac{\tan(2x)}{\sin(5x)} = \dfrac{2}{5}$。

4. limit(F,x,a,'right')

这种格式用来实现计算符号函数或符号表达式 F 从右趋向于 a 的极限值。

5. limit(F,x,a, 'left')

这种格式用来实现计算符号函数或符号表达式 F 从左趋向于 a 的极限值。

【**例 5-41**】试求 $\lim\limits_{x \to a+0} \dfrac{\sqrt{x} - \sqrt{a} + \sqrt{x-a}}{\sqrt{x^2 - a^2}}$ 和 $\lim\limits_{x \to a-0} \dfrac{\sqrt{x} - \sqrt{a} + \sqrt{x-a}}{\sqrt{x^2 - a^2}}$

解：运行以下 MATLAB 语句计算右极限。

```
syms x a
c=limit(((sqrt(x)-sqrt(a)+sqrt(x-a))/sqrt(x^2-a^2)),x,a,'right');
c=collect(c)
```

语句运行结果如下：

```
c=
    1/(2*a)^(1/2)
```

即 $\lim\limits_{x \to a+0} \dfrac{\sqrt{x} - \sqrt{a} + \sqrt{x-a}}{\sqrt{x^2 - a^2}} = \dfrac{1}{\sqrt{2a}}$。

运行以下 MATLAB 语句计算左极限：

```
syms x a
c=limit((((sqrt(x)-sqrt(a)+sqrt(x-a))/sqrt(x^2-a^2)),x,a,'left');
c=collect(c)
```

语句运行结果如下：

```
c=1i/(-2*a)^(1/2)
```

即 $\lim\limits_{x \to a-0} \dfrac{\sqrt{x}-\sqrt{a}+\sqrt{x-a}}{\sqrt{x^2-a^2}} = 0 + \dfrac{1}{\sqrt{-2a}}\mathrm{j}$。

5.3.2 符号函数微分运算

微分运算是高等数学中除极限运算外最重要的基本内容。MATLAB 的符号微分运算，实际上是计算函数的导（函）数。MATLAB 系统提供的函数 diff() 不仅可求函数的一阶导数，还可计算函数的高阶导数与偏导数。函数 diff() 的调用格式有以下 3 种：

```
dfvn=diff(f,'v',n)
```

这种格式的功能是对符号表达式或函数 f 按指定的自变量 v 计算其 n 阶导（函）数。函数可以有左端的返回变量，也可以没有。

```
dfn=diff(f,n)
```

这种格式的功能是对符号表达式或函数 f 按 symvar() 命令确定的自变量计算其 n 阶导（函）数。函数可以有左端的返回变量，也可以没有。

```
df=diff(f)
```

这种格式的功能是对符号表达式或函数 f 按 symvar() 命令确定的自变量计算其一阶导（函）数（即函数默认 n=1）。函数可以有左端的返回变量，也可以没有。

从以上 diff() 函数的调用格式可知，计算函数的高阶导数很容易通过输入参数 n 的值来实现；对于求多元函数的偏导数，除指定的自变量外的其他变量均当作常数处理即可。

必须指出，以上几种格式中的函数 f 若为矩阵，则对元素逐个求导，且自变量定义在整个矩阵上。示例如下。

【例 5-42】已知函数 $f = \begin{bmatrix} a & t^5 \\ t\sin(x) & \ln(x) \end{bmatrix}$，试求 $\dfrac{\mathrm{d}f}{\mathrm{d}x}$、$\dfrac{\mathrm{d}^2 f}{\mathrm{d}t^2}$ 与 $\dfrac{\mathrm{d}^2 f}{\mathrm{d}x\mathrm{d}t}$。

解： 用以下 MATLAB 语句计算：

```
syms a t x;
f=[a t^5;t*sin(x) log(x)];
df=diff(f)
dfdt2=diff(f,t,2)
dfdxdt=diff(diff(f,x),t)
```

语句执行结果如下：

```
df=
    [    0,    0]
    [ t*cos(x), 1/x]
dfdt2=
    [ 0, 20*t^3]
```

```
     [ 0,      0]
dfdxdt=
     [    0, 0]
     [ cos(x), 0]
```

即 $\dfrac{\mathrm{d}\boldsymbol{f}}{\mathrm{d}x}=\begin{bmatrix} 0 & 0 \\ t\cos(x) & 1/x \end{bmatrix}$，$\dfrac{\mathrm{d}^2\boldsymbol{f}}{\mathrm{d}t^2}=\begin{bmatrix} 0 & 20t^3 \\ 0 & 0 \end{bmatrix}$ 和 $\dfrac{\mathrm{d}^2\boldsymbol{f}}{\mathrm{d}x\mathrm{d}t}=\begin{bmatrix} 0 & 0 \\ \cos(x) & 0 \end{bmatrix}$。

5.3.3 符号函数积分运算

函数的积分是微分的逆运算，即由已知导（函）数求原函数的过程。函数的积分有不定积分与定积分两种运算。

定积分中，若积分区间为无穷，或被积函数在积分区间上有无穷不连续点但积分存在或收敛，则叫作广义积分。

MATLAB 系统提供的函数 int()不仅可计算函数的不定积分，还可计算函数的定积分以及广义积分。函数 int()的调用格式有以下 4 种：

```
int(S)
```

该格式的功能是计算符号函数或表达式 S 对函数 symvar()返回的符号变量的不定积分。如果 S 为常数，则积分针对 x。函数可以有左端的返回变量，也可以没有。

```
int(S,v)
```

该格式的功能是计算符号函数或表达式 S 对指定的符号变量 v 的不定积分。函数可以有左端的返回变量，也可以没有。

```
int(S,v,a,b)
```

该格式的功能是计算符号函数或表达式 S 对指定的符号变量 v 从下限 a 到上限 b 的定积分。函数可以有左端的返回变量，也可以没有。积分下限 a 与积分上限 b 都是有限数的定积分叫作常义积分。

```
int(S,a,b)
```

该格式的功能是计算符号函数或表达式 S 对函数 symvar()返回的符号变量从 a 到 b 的定积分。函数可以有左端的返回变量，也可以没有。

注意：MATLAB 的函数 int()计算的函数不定积分，没有积分常数这一部分；高等数学中，有分部积分、换元积分、分解成部分分式的积分等各种积分方法，但在 MATLAB 中，都只使用一个函数 int()来计算。

一般来说，当多次使用 int()时，计算的就是重积分；当积分下限 a 或积分上限 b 或上下限 a、b 均为无穷大时，计算的就是广义积分，广义积分是相对于常义积分而言的。

【例 5-43】 已知导函数 $\dfrac{\mathrm{d}\boldsymbol{f}}{\mathrm{d}x}=\begin{bmatrix} x\cos x & \mathrm{e}^x\sin x \\ x\ln x & \ln x \end{bmatrix}$，试求原函数 $\boldsymbol{f}(x)$。

解：用以下 MATLAB 语句计算。

```
syms x;
dfdx=[x*cos(x) exp(x)*sin(x);x*log(x) log(x)];
f=int(dfdx)
```

语句执行结果如下：

```
f =
    [       cos(x) + x*sin(x), -(exp(x)*(cos(x) - sin(x)))/2]
    [ (x^2*(log(x) - 1/2))/2,                x*(log(x) - 1)]
```

即

$$f(x) = \begin{bmatrix} \cos(x) + x\sin(x) & -(\exp(x)(\cos(x)-\sin(x)))/2 \\ (x^2(\log(x)-1/2))/2 & x(\log(x)-1) \end{bmatrix}$$

【例 5-44】 求 $\displaystyle\int \begin{bmatrix} ax & bx^2 \\ 1/x & \sin x \end{bmatrix} \mathrm{d}x$ 。

解：用以下 MATLAB 语句计算。

```
clear
syms a b x;
f=[a*x,b*x^2;1/x,sin(x)];
disp('函数的积分结果为： ');
pretty(int(f))
```

语句执行结果如下：

```
函数的积分结果为：
 /  2              3  \
 | a x            b x |
 | ----,          ---- |
 |  2              3  |
 |                    |
 \ log(x),     -cos(x) /
```

【例 5-45】 求 $\displaystyle\int_0^x \frac{1}{\ln t} \mathrm{d}t$ 。

解：用以下 MATLAB 语句计算。

```
syms x t;
f=1/log(t);
I=int(f,t,0,x)
```

语句执行结果如下：

```
I=
    piecewise(x < 1, logint(x), 1 <= x, int(1/log(t), t, 0, x))
```

【例 5-46】 求积分 $\displaystyle\int_1^2 \int_{\sqrt{x}}^{x^2} \int_{\sqrt{xy}}^{x^2 y} (x^2 + y^2 + z^2) \mathrm{d}z \mathrm{d}y \mathrm{d}x$ 。

注意：内积分上下限都是函数。

解：用以下 MATLAB 语句计算。

```
syms x y z
F2=int(int(int(x^2+y^2+z^2,z,sqrt(x*y),x^2*y),y,sqrt(x),x^2),x,1,2)
VF2=vpa(F2)
```

语句执行结果如下：

```
F2=
    (14912*2^(1/4))/4641 - (6072064*2^(1/2))/348075 + (64*2^(3/4))/225 +
1610027357/6563700
VF2=
    224.921535733311432
```

5.3.4　符号卷积

下面通过演示卷积的时域积分法学习 MATLAB 中的符号卷积算法。

【例 5-47】已知系统冲激响应 $h(t) = \dfrac{1}{T}\mathrm{e}^{-t/T}U(t)$，求 $u(t) = \mathrm{e}^{-t}U(t)$ 输入下的输出响应。

解： 用以下 MATLAB 语句计算。

```
syms T t tao;
ut=exp(-t);
ht=exp(-t/T)/T;
uh_tao=subs(ut,t,tao)*subs(ht,t,t-tao);
yt=int(uh_tao,tao,0,t);
yt=simplify(yt)
```

语句执行结果如下：

```
yt=
    -(exp(-t)-exp(-t/T))/(T-1)
```

【例 5-48】求函数 $u(t) = U(t) - U(t-1)$ 和 $h(t) = t\mathrm{e}^{-t}U(t)$ 的卷积。

解： 用以下 MATLAB 语句计算。

```
clear, clc
syms tao;
t=sym('t','positive');
ut=sym(heaviside(t)-heaviside(t-1));
ht=t*exp(-t);
yt=int(subs(ut,t,tao)*subs(ht,t,t-tao),tao,0,t);
yt=collect(yt,heaviside(t-1))
```

语句执行结果如下：

```
yt=
    (t*exp(1-t)-1)*heaviside(t-1)-t-2*exp(-t/2)*(exp(-t/2)/2-exp(t/2)/2)
    -2*t*exp(-t/2)*(exp(-t/2)/2-exp(t/2)/2)
```

5.3.5　符号积分变换

1. Fourier变换及其逆变换

在 MATLAB 中，利用函数 fourier()实现 Fourier 变换，其调用格式如下：

```
fourier(f)            %返回 f 的 Fourier 变换。默认由函数 symvar 确定自变量，w 是变换变量
fourier(f,transVar)   %使用转换变量 transVar 代替 w
fourier(f,var,transVar) %分别使用自变量 var 和转换变量 transVar 代替 symvar 和 w
```

在 MATLAB 中，利用函数 ifourier()实现 Fourier 逆变换，其调用格式如下：

ifourier(F)	%返回 F 的 Fourier 逆变换。默认自变量为 w，转换变量为 x。如果 F 不 %包含 w，则使用函数 symvar 确定自变量
ifourier(F,transVar)	%使用转换变量 transVar 代替 x
ifourier(F,var,transVar)	%使用自变量 var 和转换变量 transVar 代替 w 和 x

【例 5-49】求以下函数的 Fourier 变换，其中 x 是参数，t 是时间变量。

$$f(t) = \begin{cases} e^{-(t-x)} & t \geq x \\ 0 & t < x \end{cases}$$

解：用以下 MATLAB 语句计算。

```
syms t x w;
ft=exp(-(t-x))*sym(heaviside(t-x));
F1=simplify(fourier(ft,t,w))
F2=simplify(fourier(ft))
F3=simplify(fourier(ft,t))
```

语句执行结果如下：

```
F1=
    exp(-w*x*1i)/(1+w*1i)
F2=
    (exp(-t*w*1i)*(1+w*1i))/(w^2+1)
F3=
    -exp(-t^2*1i)/(-1+t*1i)
```

2. Laplace 变换及其逆变换

在 MATLAB 中，利用函数 laplace() 实现 Laplace 变换，其调用格式如下：

laplace(f)	%返回 f 的 Laplace 变换。默认自变量为 t，变换变量为 s
laplace(f,transVar)	%使用转换变量 transVar 代替 s
laplace(f,var,transVar)	%分别使用自变量 var 和转换变量 transVar 代替 t 和 s

在 MATLAB 中，利用函数 ilaplace() 实现 Laplace 逆变换，其调用格式如下：

ilaplace(F)	%返回 F 的 Laplace 逆变换。默认自变量为 s，转换变量为 t，如果 F 不 %包含 s，则使用函数 symvar 确定自变量
ilaplace(F,transVar)	%使用转换变量 transVar 代替 t
ilaplace(F,var,transVar)	%使用自变量 var 和转换变量 transVar 代替 s 和 t

【例 5-50】求 $\begin{bmatrix} \delta(t-a) & u(t-b) \\ e^{-at}\sin bt & t^2\cos 3t \end{bmatrix}$ 的 Laplace 变换。

解：用以下 MATLAB 语句计算。

```
clear
syms t s;
syms a b positive
Dt=sym(dirac(t-a));
Ut=sym(heaviside(t-b));
Mt=[Dt,Ut;exp(-a*t)*sin(b*t),t^2*exp(-t)];
MS=laplace(Mt,t,s)
```

得到结果如下：

```
MS=
[        exp(-a*s), exp(-b*s)/s]
[b/((a + s)^2 + b^2), 2/(s + 1)^3]
```

【例 5-51】求 $f(x) = x^2 \mathrm{e}^{-2x} \sin(x+\pi)$ 的 Laplace 变换，并对结果进行逆变换。

解： 使用以下 MATLAB 代码计算。

```
syms x s;
fun=x^2*exp(-2*x)*sin(x+pi);
FL=laplace(fun,x,s)
FL_t=ilaplace(FL)
FL_t=simplify(FL_t)
```

得到结果如下：

```
FL=
2/((s+2)^2+1)^2-(2*(2*s+4)^2)/((s+2)^2+1)^3
FL_t=
-(t^2*(exp(-2*t)*cos(t)-exp(-2*t)*sin(t)*1i)*1i)/2+(t^2*(exp(-2*t)*cos(t)+
exp(-2*t)*sin(t)*1i)*1i)/2
FL_t=
-t^2*exp(-2*t)*sin(t)
```

由于 $\sin(x+\pi) = -\sin x$，故所有结果与原结果相同。

3. Z变换及其逆变换

在 MATLAB 中，利用函数 ztrans() 实现 Z 变换，其调用格式如下：

```
ztrans(f)                   %返回 f 的 Z 变换。默认自变量为 n，变换变量为 z。如果 f 不包含 n，使
                            %用函数 symvar 确定自变量
ztrans(f,transVar)          %使用转换变量 transVar 代替 z
ztrans(f,var,transVar)      %使用自变量 var 和转换变量 transVar 代替 n 和 z
```

在 MATLAB 中，利用函数 iztrans () 实现逆 Z 变换，其调用格式如下：

```
iztrans(F)                  %返回 F 的逆 Z 变换。默认自变量为 z，变换变量为 n。如果 F 不包含 z，
                            %使用函数 symvar 确定自变量
iztrans(F,transVar)         %使用转换变量 transVar 代替 n
iztrans(F,var,transVar)     %使用自变量 var 和转换变量 transVar 代替 z 和 n
```

【例 5-52】求① $f(x) = x^2 \mathrm{e}^{-2x}$ 的 Z 变换，② $f(x) = \dfrac{2x}{(x-2)^2}$ 的逆 Z 变换。

解： 使用以下 MATLAB 代码计算。

```
syms x;
fun=x^2*exp(-2*x);
Z=ztrans(fun)
Fun= 2*x/(x-2)^2;
IZ=iztrans(Fun)
```

得到结果如下：

```
Z=
(z*exp(2)*(z*exp(2)+1))/(z*exp(2)-1)^3
```

```
IZ=
    2^n + 2^n*(n - 1)
```

5.4　符号矩阵及其运算

线性代数中矩阵是这样定义的：有 $m \times n$ 个数 $a_{ij}(i=1,2,\cdots,m; j=1,2,\cdots,n)$ 的数组，将其排成如下格式（用方括号括起来）：

$$A = \begin{bmatrix} a_{11} & \cdots & a_{1n} \\ \vdots & & \vdots \\ a_{m1} & \cdots & a_{mn} \end{bmatrix}$$

此表作为整体，当作一个抽象的量，称为矩阵，且是 m 行 n 列的矩阵。横向每一行所有元素依次序排列则为行向量；纵向每一列所有元素依次序排列则为列向量。

注意：数组用方括号括起来后已作为一个抽象的特殊量——矩阵。

在线性代数中，矩阵有特定的数学含义，且有其自身严格的运算规则。矩阵概念是线性代数范畴内特有的。在 MATLAB 中，也定义了矩阵运算规则及其运算符。MATLAB 中的矩阵运算规则与线性代数中的矩阵运算规则相同。

5.4.1　符号矩阵元素访问

符号矩阵的访问是针对矩阵的行或列与矩阵元素进行的。矩阵元素的标识或定位地址的通用双下标格式如下：

```
A(r,c)
```

其中，r 为行号；c 为列号。有了元素的标识方法，矩阵元素的访问与赋值常用的相关指令格式如表 5-2 所示。

表 5-2　矩阵元素访问与赋值常用的相关指令格式

指令格式	指　令　功　能
A(r,c)	由矩阵A中r指定行、c指定列之元素组成的子数组
A(r,:)	由矩阵A中r指定行对应的所有列之元素组成的子数组
A(:,c)	由矩阵A中c指定列对应的所有行之元素组成的子数组
A(:)	由矩阵A的各个列按从左到右的次序首尾相接的"一维长列"子数组
A(i)	"一维长列"子数组的第i个元素
A(r,c)=Sa	对矩阵A赋值，Sa也必须为Sa (r,c)
A(:)=D(:)	矩阵全元素赋值，保持A的行宽、列长不变，A、D两矩阵元素总数应相同，但行宽、列长可不同

数组是由一组复数排成的长方形阵列。对于 MATLAB，在线性代数范畴之外，数组也是进行数值计算的基本处理单元。

一行多列的数组是行向量；一列多行的数组就是列向量；数组可以是二维的"矩形"，也可以是三维的，甚至还可以是多维的。多行多列的"矩形"数组与线性代数中的矩阵从外观形式与数据结构上看，没有什么区别。

【例 5-53】矩阵元素的标识与访问。

解：用以下 MATLAB 语句对符号矩阵元素进行访问。

```
>> syms a11 a12 a13 a21 a22 a23 a31 a32 a33;
>> A=[a11 a12 a13; a21 a22 a23; a31 a32 a33]
A=
    [a11, a12, a13]
    [a21, a22, a23]
    [a31, a32, a33]
>> A(2,3)                    %查询 A 数组的行号为 2 列号为 3 的元素
ans=
    a23
>> A(3,:)                    %查询 A 数组第三行所有的元素
ans=
    [ a31, a32, a33]
>> (A(:,2))                  %查询 A 数组第二列所有的元素
ans=
    a12
    a22
    a32
>> (A(:,2)) '                %查询 A 数组第二列转置后的元素
ans=
    [ conj(a12), conj(a22), conj(a32)]
>> A(6)                      %查询 "一维长列" 数组的第 6 个元素
ans=
    a32
>> A                         %查询原 A 矩阵所有的元素
A=
    [ a11, a12, a13]
    [ a21, a22, a23]
    [ a31, a32, a33]
>> B=(A(:))'                 %查询 A 数组按列拉长转置（采用'运算符）后所有的元素
B=
    [ conj(a11), conj(a21), conj(a31), conj(a12), conj(a22), conj(a32), conj(a13),
conj(a23), conj(a33)]
>> C=(A(:)).'               %查询 A 数组按列拉长转置（采用.'运算符）后所有的元素
C=
    [ a11, a21, a31, a12, a22, a32, a13, a23, a33]
```

在 MATLAB 中，数组的转置与矩阵的转置是不同的。用运算符 "'" 定义的矩阵转置，是其元素的共轭转置；用运算符 "." 定义的数组的转置则是其元素的非共轭转置。

5.4.2 符号矩阵基本运算

符号矩阵基本运算的规则是把矩阵当作一个整体，按照线性代数的规则进行运算。

1. 加减运算

矩阵加减运算的条件是两个矩阵的行数与列数分别相同，即为同型矩阵，运算规则是矩阵相应元素分

别进行加减运算。需要指出的是，标量与矩阵间也可以进行加减运算，其规则是标量与矩阵的每一个元素进行加减运算。

【例 5-54】符号矩阵的加减运算。

解：用以下 MATLAB 语句对符号矩阵进行加减运算。

```
syms a11 a12 a13 a21 a22 a23 a31 a32 a33;
syms b11 b12 b13 b21 b22 b23 b31 b32 b33;
syms x y;
A=[a11 a12 a13; a21 a22 a23; a31 a32 a33];
B=[b11 b12 b13; b21 b22 b23; b31 b32 b33];
P=A+(5+8j)
Q=A-(x+y*j)
S=A+B
```

语句执行结果如下：

```
P= [a11 + 5 + 8i, a12 + 5 + 8i, a13 + 5 + 8i]
   [a21 + 5 + 8i, a22 + 5 + 8i, a23 + 5 + 8i]
   [a31 + 5 + 8i, a32 + 5 + 8i, a33 + 5 + 8i]
Q=
   [a11 - x - y*1i, a12 - x - y*1i, a13 - x - y*1i]
   [a21 - x - y*1i, a22 - x - y*1i, a23 - x - y*1i]
   [a31 - x - y*1i, a32 - x - y*1i, a33 - x - y*1i]
S=
   [a11 + b11, a12 + b12, a13 + b13]
   [a21 + b21, a22 + b22, a23 + b23]
   [a31 + b31, a32 + b32, a33 + b33]
```

在 MATLAB 里，维数为 1×1 的数组叫作标量。而 MATLAB 里的数值元素是复数，所以一个标量就是有一个复数。

2. 乘法运算

矩阵与标量间可以进行乘法运算，而两矩阵相乘必须服从数学中矩阵叉乘的条件与规则。

（1）符号矩阵与标量的乘法运算：矩阵与一个标量之间的乘法运算都是指该矩阵的每个元素与这个标量分别进行乘法运算。矩阵与一个标量相乘符合交换律。

【例 5-55】标量与矩阵之间的乘法运算。

解：用以下 MATLAB 语句对符号矩阵与标量之间进行乘法运算。

```
syms a b c d e f g h i k;
s=5;
P=[a b c;d e f;g h i];
sP=s*P
Ps=P*s
kP=k*P
Pk=P*k
```

语句执行结果如下：

```
sP=
   [ 5*a, 5*b, 5*c]
```

```
    [ 5*d, 5*e, 5*f]
    [ 5*g, 5*h, 5*i]
Ps=
    [ 5*a, 5*b, 5*c]
    [ 5*d, 5*e, 5*f]
    [ 5*g, 5*h, 5*i]
kP=
    [a*k, b*k, c*k]
    [d*k, e*k, f*k]
    [g*k, h*k, i*k]
Pk=
    [a*k, b*k, c*k]
    [d*k, e*k, f*k]
    [g*k, h*k, i*k]
```

运算结果表明：

① 与矩阵相乘的标量既可以是数值对象也可以是符号对象；

② 由 $s \times P = P \times s$ 与 $k \times P = P \times k$ 可知，矩阵与一个标量相乘符合交换律。

（2）符号矩阵的乘法运算：两矩阵相乘的条件是左矩阵的列数必须等于右矩阵的行数，两矩阵相乘必须服从线性代数中矩阵叉乘的规则。示例如下。

【例 5-56】 符号矩阵的乘法运算。

解：用以下 MATLAB 语句对符号矩阵进行乘法运算：

```
syms a11 a12 a21 a22 b11 b12 b21 b22;
A=[a11 a12; a21 a22];
B=[b11 b12; b21 b22];
AB=A*B
BA=B*A
```

语句执行结果如下：

```
AB=
    [a11*b11 + a12*b21, a11*b12 + a12*b22]
    [a21*b11 + a22*b21, a21*b12 + a22*b22]
BA=
    [a11*b11 + a21*b12, a12*b11 + a22*b12]
    [a11*b21 + a21*b22, a12*b21 + a22*b22]
```

运算结果表明：

① 矩阵的乘法的规则是左行元素依次乘右列元素之和作为不同行元素，行元素依次乘不同列元素之和作为不同列元素；

② 由 $A \times B \neq B \times A$ 可知，矩阵乘法不满足交换律。

3. 除法运算

两矩阵相除的条件是两矩阵均为方阵，且两方阵的阶数相等。矩阵除法运算有左除与右除之分，分别由运算符号 "\" 和 "/" 表示。其运算规则是：A\B=inv(A)*B，A/B=A*inv(B)。

示例如下。

【例 5-57】 符号矩阵与数值矩阵的除法运算示例。

解：（1）用以下 MATLAB 语句对符号矩阵进行除法运算。

```
syms a11 a12 a21 a22 b11 b12 b21 b22;
A=[a11 a12; a21 a22];
B=[b11 b12; b21 b22];
C1=A\B
C2=simplify(inv(A)*B)
D1=A/B
D2=simplify(A*inv(B))
```

语句执行结果如下：

```
C1=
    [-(a12*b21-a22*b11)/(a11*a22-a12*a21),-(a12*b22-a22*b12)/(a11*a22-a12*a21)]
    [ (a11*b21-a21*b11)/(a11*a22-a12*a21),(a11*b22-a21*b12)/(a11*a22-a12*a21)]
C2=
    [-(a12*b21-a22*b11)/(a11*a22-a12*a21),-(a12*b22-a22*b12)/(a11*a22-a12*a21)]
    [ (a11*b21-a21*b11)/(a11*a22-a12*a21),(a11*b22-a21*b12)/(a11*a22-a12*a21)]
D1=
    [(a11*b22-a12*b21)/(b11*b22-b12*b21),-(a11*b12-a12*b11)/(b11*b22-b12*b21)]
    [(a21*b22-a22*b21)/(b11*b22-b12*b21),-(a21*b12-a22*b11)/(b11*b22-b12*b21)]
D2=
    [(a11*b22-a12*b21)/(b11*b22-b12*b21),-(a11*b12-a12*b11)/(b11*b22-b12*b21)]
    [(a21*b22-a22*b21)/(b11*b22-b12*b21),-(a21*b12-a22*b11)/(b11*b22-b12*b21)]
```

由运算结果可知，C1 = C2，D1 = D2，即验证了以上运算规则。

（2）用以下 MATLAB 语句对数值矩阵进行除法运算：

```
C=[5 2 3;4 5 6;7 8 9];
D=[2 6 8;5 2 1;4 0 3];
P1=C/D
P2=C*inv(D)
Q1=C\D
Q2=inv(C)*D
```

语句执行结果如下：

```
P1=
    0.1356    0.5932    0.4407
    0.6695    0.4915    0.0508
    1.0000    1.0000         0
P2=
    0.1356    0.5932    0.4407
    0.6695    0.4915    0.0508
    1.0000    1.0000    0.0000
Q1=
   -1.0000    0.5000    2.2500
   -5.0000   -7.0000   -1.5000
```

```
     5.6667      5.8333     -0.0833
Q2=
    -1.0000      0.5000      2.2500
    -5.0000     -7.0000     -1.5000
     5.6667      5.8333     -0.0833
```

由运算结果可知，数值矩阵的除法也符合以上符号矩阵运算规则。

4. 乘方运算

在 MATLAB 的符号运算中定义了矩阵的整数乘方运算，其运算规则是矩阵 A 的 b 次方 A^b 是矩阵 A 自乘 b 次。

【例 5-58】符号矩阵的乘方运算。

解：用以下 MATLAB 语句对符号矩阵进行乘方运算。

```
syms a11 a12 a21 a22;
A=[a11 a12; a21 a22];
b=2;
C1=A^b
C2=A*A
```

语句执行结果如下：

```
C1=
    [ a11^2 + a12*a21, a11*a12 + a12*a22]
    [a11*a21 + a21*a22,  a22^2 + a12*a21]
C2=
    [ a11^2 + a12*a21, a11*a12 + a12*a22]
    [a11*a21 + a21*a22,  a22^2 + a12*a21]
```

由运算结果可知，C1 = C2，即验证了以上运算规则。

5. 指数运算

在 MATLAB 的符号运算中定义了符号矩阵的指数运算，运算由函数 exp()实现。

【例 5-59】符号矩阵的指数运算示例。

解：用以下 MATLAB 语句对符号矩阵进行指数运算。

```
syms a11 a12 a21 a22;
A=[a11 a12; a21 a22];
B=exp(A)
```

语句执行结果如下：

```
B=
    [exp(a11), exp(a12)]
    [exp(a21), exp(a22)]
```

由运算结果可知，符号矩阵的指数运算的规则是得到一个与原矩阵行列数相同的矩阵，而以 e 为底以矩阵的每一个元素作指数进行运算的结果作为新矩阵的对应元素。

5.4.3　符号矩阵化简

在科学研究与工程技术的计算中，通常都要对数值表达式与符号表达式进行化简，如分解因式、表达式展开、合并同类项、通分以及表达式的化简等，MATLAB 提供了进行这些运算的函数。

表达式化简不论在数值运算还是在符号运算中都有十分重要的意义，极具使用价值。需要说明的是，以下介绍化简的符号矩阵的元素如果只有一行一列，那就是对单个数值或符号表达式进行化简，这种情况是极为普遍的。

1．展开函数expand()

符号矩阵展开函数 expand() 的调用格式如下：

```
expand(S)
```

函数的输入参量是一符号矩阵，这个函数格式的功能是对矩阵的各个元素进行展开。此函数多用在多项式表达式的展开中，也经常用于含有三角函数、指数函数与对数函数表达式的展开中。

【例 5-60】符号矩阵的展开。

解：用以下 MATLAB 语句对符号矩阵进行展开。

```
syms x y a b c d e f;
A=sym('[(a+b)^3 sin(x+y);(c+d)*(e+f) exp(x+y)]')
B=expand(A)
```

语句执行结果如下：

```
A=
    [    (a + b)^3, sin(x + y)]
    [(c + d)*(e + f), exp(x + y)]
B=
    [a^3 + 3*a^2*b + 3*a*b^2 + b^3, cos(x)*sin(y) + cos(y)*sin(x)]
    [        c*e + c*f + d*e + d*f,              exp(x)*exp(y)]
```

由运算结果可知，B 矩阵各个元素是 A 矩阵各个元素展开的结果。

2．同类式合并函数collect()

符号矩阵的同类式合并函数 collect() 有两种调用格式：

```
collect(S,v)    %将符号矩阵 S 中的各元素对于字符串 v 的同幂项系数合并
collect(S)      %将符号矩阵 S 中各元素的对由函数 symvar() 返回的默认变量进行同幂项系数合并
```

【例 5-61】符号矩阵的同类式合并。

解：用以下 MATLAB 语句对符号矩阵进行同类式合并。

```
syms x y a b c d e f;
A=sym('[x^3*y-x^3 exp(c)+d*exp(c);8*sin(a)+sin(a)*b f*log(e)-f]')
B11=collect(A(1,1),x^3);
B12=collect(A(1,2),exp(c));
B21=collect(A(2,1),sin(a));
B22=collect(A(2,2),f);
B=[B11 B12;B21 B22]
```

语句执行结果如下：

```
A=
    [        x^3*y-x^3, exp(c)+d*exp(c)]
    [8*sin(a)+b*sin(a),      f*log(e)-f]
B=
    [  (y-1)*x^3, (d+1)*exp(c)]
    [(b+8)*sin(a), (log(e)-1)*f]
```

由运算结果可知，B 矩阵各个元素是 A 矩阵各个元素同类式合并的结果。

3. 简化函数simplify()

符号矩阵的简化函数 simplify() 的调用格式有以下两种：

```
simplify(S)                %对符号矩阵 S 中的每个元素进行化简，以求得 S 矩阵的最短形
```

【例 5-62】符号表达式的化简。

解：用以下 MATLAB 语句对符号矩阵进行化简。

```
syms x
M=[(x^2+5*x+6)/(x+2), sin(x)*sin(2*x)+cos(x)*cos(2*x);
    (exp(-x*1i)*1i)/2-(exp(x*1i)*1i)/2, sqrt(16)];
S=simplify(M)
```

语句执行结果如下：

```
S=
    [ x+3, cos(x)]
    [sin(x),     4]
```

4. 通分函数numden()

实现矩阵分式通分的函数 numden()，其调用格式如下：

```
[N,D]=numden(A)
```

用于求解符号矩阵 A 各元素表达式的分子与分母，并把 A 的各元素转换成为分子与分母都是整系数的最佳形式。计算出的分子存放在 N 矩阵中，分母存放在 D 矩阵中。

【例 5-63】符号表达式的化简。

解：用以下 MATLAB 语句对符号矩阵进行化简：

```
syms x
A=[(x^2+5*x+6)/(x+2), sin(x)*sin(2*x)/cos(x)*cos(2*x);
    (exp(-x*1i)*1i)/(exp(x*1i)*1i), sqrt(16)];
[N,D]=numden(A)
```

语句执行结果如下：

```
N=
    [     x+3, cos(2*x)*sin(2*x)*sin(x)]
    [exp(-x*2i),                       4]
D=
    [1, cos(x)]
    [1,      1]
```

5.4.4　符号矩阵微分与积分

矩阵的微分与积分是将通常函数的微分与积分概念推广到矩阵的结果。如果矩阵

$$A=\left[a_{ij}\right]_{m\times n}$$

的每个元素都是变量 t 的函数，即

$$A=\begin{bmatrix} a_{11}(t) & \cdots & a_{1n}(t) \\ \vdots & & \vdots \\ a_{m1}(t) & \cdots & a_{mn}(t) \end{bmatrix}$$

则称 A 为一个函数矩阵，记为 $A(t)$。若 $t\in[a,b]$，则称 $A(t)$ 定义在 $[a,b]$ 上；又若每个元素 $a_{ij}(t)$ 在 $[a,b]$ 上连续、可微、可积，则称 $A(t)$ 在 $[a,b]$ 上连续、可微、可积，并定义函数矩阵的导数

$$\frac{\mathrm{d}A}{\mathrm{d}t}=\begin{bmatrix} \dfrac{\mathrm{d}}{\mathrm{d}t}a_{11}(t) & \cdots & \dfrac{\mathrm{d}}{\mathrm{d}t}a_{1n}(t) \\ \vdots & & \vdots \\ \dfrac{\mathrm{d}}{\mathrm{d}t}a_{m1}(t) & \cdots & \dfrac{\mathrm{d}}{\mathrm{d}t}a_{mn}(t) \end{bmatrix}$$

与函数矩阵的积分

$$\int A\mathrm{d}t=\begin{bmatrix} \displaystyle\int a_{11}(t)\mathrm{d}t & \cdots & \displaystyle\int a_{1n}(t)\mathrm{d}t \\ \vdots & & \vdots \\ \displaystyle\int a_{m1}(t)\mathrm{d}t & \cdots & \displaystyle\int a_{mn}(t)\mathrm{d}t \end{bmatrix}$$

【例 5-64】已知符号矩阵 $A=\begin{bmatrix} a_{11}(t) & a_{12}(t) \\ a_{21}(t) & a_{22}(t) \end{bmatrix}$ 与数值矩阵 $B=\begin{bmatrix} 2t & \sin(t) \\ \mathrm{e}^t & \ln(t) \end{bmatrix}$，试计算 $\dfrac{\mathrm{d}A}{\mathrm{d}t}$ 与 $\dfrac{\mathrm{d}B}{\mathrm{d}t}$。

解：（1）用以下 MATLAB 语句计算符号矩阵的微分。

```
syms a11(t) a12(t)  a21(t) a22(t);
A=[a11(t) a12(t); a21(t) a22(t)]
dA=diff(A,'t')
```

语句执行结果如下：

```
A=
    [a11(t), a12(t)]
    [a21(t), a22(t)]
dA=
    [diff(a11(t), t), diff(a12(t), t)]
    [diff(a21(t), t), diff(a22(t), t)]
```

（2）用以下 MATLAB 语句计算数值矩阵的微分：

```
syms t a11 a12 a21 a22;
a11=2*t;a12=sin(t);a21=exp(t);a22=log(t);
A=[a11 a12;a21 a22];
B=subs(A,[a11 a12 a21 a22],[a11 a12 a21 a22])
dB=diff(B, 't')
```

语句执行结果如下：

```
B=
    [ 2*t, sin(t)]
    [ exp(t), log(t)]
dB=
    [ 2, cos(t)]
    [ exp(t), 1/t]
```

5.5 符号方程求解

在初等数学中主要有代数方程与超越方程。能够通过有限次的代数运算（加、减、乘、除、乘方、开方）求解的方程叫代数方程；不能够通过有限次的代数运算求解的方程叫超越方程。超越方程有指数方程、对数方程与三角方程，在高等数学里主要有微分方程。

5.5.1 代数方程求解

方程的种类繁多，但用 MATLAB 符号方程解算的函数求解方程，函数的调用格式简明而精炼，求解过程很简单，使用也很方便。

众所周知，MATLAB 的函数是已经设计好的子程序。需要特别强调的是，函数的执行过程是看不到的，也就是方程如何变形、变形中是否有引起增根或遗根的可能，无法通过原方程进行校验。

符号代数方程求解函数 solve () 的调用格式如下：

```
solve(eqn1, eqn2,..., eqnN, v1, v2,..., vN)
```

这种格式函数是对 eqn1,eqn2,⋯,eqnN 方程组关于指定变量 v1, v2, ⋯, vN 联立求解，函数无输出参数。函数的输入参数 eqn1,eqn2, ⋯,eqnN 是字符串表达的方程（eqn1=0,eqn2=0,⋯,eqnN=0 等），或字符串表达式（即将等式等号右边的非零项部分移项到左边后得到的没有等号的左端表达式），函数的输入参数 v1,v2,⋯,vN 是对方程组求解的指定变量。

每一方程与变量的字符串，其两端必须用英文输入状态下的单引号 "'" 加以限定，方程组的多个方程之间用英文输入状态下的逗号 "," 加以分隔。这种调用格式有输出参数的形式如下：

```
S=solve(eqn1, eqn2,..., eqnN, v1, v2,..., vN)
```

函数输出参数 S 是一个 "构架数组"。如果要显示求解结果，必须再执行 Sv1,Sv2,⋯,SvN。这是最规范的推荐格式，使用最为广泛。函数输出参数也可以不采用构架数组的形式，而是直接用指定变量行向量的形式。这样，函数 solve() 的调用格式则为

```
[v1,v2,...,vN]=solve(eqn1,eqn2,...,eqnN,v1,v2,...,vN)
```

【例 5-65】对以下联立方程组，求 $a=1$，$b=2$，$c=3$ 时的 x、y 、z。

$$\begin{cases} y^2 - z^2 = x^2 \\ y + z = a \\ x^2 - bx = c \end{cases}$$

解： 根据函数 solve() 的调用格式的要求，求方程组的解的 MATLAB 语句段如下。

```
syms x y z a b c;
a=1;b=2;c=3;
eq1=y^2-z^2-x^2
```

```
eq2=y+z-a
eq3=x^2-b*x-c
```

语句段运行结果如下：

```
eq1=
    y^2-z^2-x^2
eq2=
    y+z-1
eq3=
    x^2-2*x-3
```

再执行以下 MATLAB 语句：

```
[x,y,z]=solve(y^2-z^2-x^2,y+z-1,x^2-2*x-3 ,x,y,z)
```

语句运行结果如下：

```
x=
    -1
    3
y=
    1
    5
z=
    0
    -4
```

即方程组的解有 2 组：当 x1=-1 时， y1=1，z1=0；当 x2=3 时，y2=5，z2=4。

经验算，两组 x1, y1, z1 与 x2，y2，z2 均为方程组的解。

【例 5-66】求线性方程组 $\begin{cases} d+\dfrac{n}{2}+\dfrac{p}{2}=q \\ n+d+q-p=10 \\ q+d-\dfrac{n}{4}=p \\ q+p-n-8d=1 \end{cases}$ 的解。

解：该方程组的矩阵形式如下：简记为 $\boldsymbol{AX}=\boldsymbol{b}$。

$$\begin{bmatrix} 1 & \dfrac{1}{2} & \dfrac{1}{2} & -1 \\ 1 & 1 & -1 & 1 \\ 1 & -\dfrac{1}{4} & -1 & 1 \\ -8 & -1 & 1 & 1 \end{bmatrix} \cdot \begin{bmatrix} d \\ n \\ p \\ q \end{bmatrix} = \begin{bmatrix} 0 \\ 10 \\ 0 \\ 1 \end{bmatrix}$$

解：根据函数 solve() 的调用格式的要求，求方程组的解的 MATLAB 语句段如下。

```
clear
syms d n p q;
eq1=d+n/2+p/2-q;
eq2=d+n+q-p-10;
eq3=d-n/4-p+q;
```

```
eq4=-8*d-n+p+q-1;
[d,n,p,q]=solve(eq1,eq2,eq3,eq4,d,n,p,q)
```

语句运行结果如下：

```
d=
    1
n=
    8
p=
    8
q=
    9
```

求符号解也可以采用如下语句：

```
clear, clc
A=sym([1 1/2 1/2 -1;1 1 -1 1;1 -1/4 -1 1;-8 -1 1 1]);
b=sym([0;10;0;1]);
X1=A\b
```

语句运行结果如下：

```
X1=
    1
    8
    8
    9
```

【例 5-67】 求方程组 $\begin{cases} uy^2 + vz + w = 0 \\ y + z + w = 0 \end{cases}$ 关于 y, z 的解。

解： 求解该方程程序如下。

```
syms y z u v w ;
S=solve(u*y^2+v*z+w, y+z+w ,y,z)
disp('S.y'),disp(S.y)
disp('S.z'),disp(S.z)
```

语句运行结果如下：

```
S=
  包含以下字段的 struct:
    y: [2×1 sym]
    z: [2×1 sym]
S.y
    (v + 2*u*w + (v^2 + 4*u*w*v - 4*u*w)^(1/2))/(2*u) - w
    (v + 2*u*w - (v^2 + 4*u*w*v - 4*u*w)^(1/2))/(2*u) - w
S.z
    -(v + 2*u*w + (v^2 + 4*u*w*v - 4*u*w)^(1/2))/(2*u)
    -(v + 2*u*w - (v^2 + 4*u*w*v - 4*u*w)^(1/2))/(2*u)
```

【例 5-68】 求 $(x+2)^x = 2$ 的解。

解： 使用如下代码。

```
syms x;
y=solve((x+2)^x-2,x)
s=vpasolve((x+2)^x==2,x)          %利用 vpasolve() 函数求解，限于篇幅该函数本书不再介绍
```

得到结果如下：

```
y=
    0.698299421702410428
s=
    0.698299421702410428
```

5.5.2　微分方程求解

1. 基本概念

表示未知函数与未知函数的导数及自变量之间的关系的方程叫作微分方程。如果在一个微分方程中出现的未知函数只含一个自变量，则这个方程叫作常微分方程；如果在一个微分方程中出现有多元函数的偏导数，则这个方程叫作偏微分方程。

微分方程中所出现的未知函数的最高阶导数的阶数，叫作微分方程的阶。找出这样的函数，把该函数代入微分方程能使该方程成为恒等式，则这个函数叫作该微分方程的解。如果微分方程的解中含有相互独立的任意常数，且任意常数的个数与微分方程的阶数相同，则这样的解叫作微分方程的通解。

由于通解中含有任意常数，所以它还不能完全确定地反映某一客观事物的规律性。要完全确定地反映某一客观事物的规律性，必须确定这些常数的值。为此，要根据实际情况，提出确定这些常数的条件，即初始条件。设微分方程的未知函数为 $y = y(x)$ ，一阶微分方程的初始条件通常是 $y\big|_{x=x_0}=y_0$ ，二阶微分方程的初始条件通常是 $y\big|_{x=x_0}=y_0\, y'\big|_{x=x_0}=y_0'$ 。由初始条件确定了通解的任意常数后的解叫作微分方程的特解。求微分方程 $y'=f(x,y)$ 满足初始条件 $y\big|_{x=x_0}=y_0$ 的特解的问题叫作一阶微分方程的初始问题，记作

$$\begin{cases} y' = f(x, y) \\ y\big|_{x=x_0} = y_0 \end{cases}$$

微分方程的一个解的图形是一条曲线，叫作微分方程的积分曲线。一阶微分方程的特解的几何意义就是求微分方程的通过已知点 (x_0, y_0) 的那条积分曲线；二阶微分方程的特解的几何意义就是求微分方程的通过已知点 (x_0, y_0) 且在该点处的切线斜率为 y_0' 的那条积分曲线，即二阶微分方程的初始问题，记作

$$y'' = f(x, y, y'),\; y\big|_{x=x_0} = y_0,\; y'\big|_{x=x_0} = y_0'$$

2. 求解函数

常微分方程的符号解由函数 dsolve() 计算，其调用格式如下：

```
S=dsolve(eqn)                     %求解微分方程 eqn，其中 eqn 是一个符号方程
```

微分方程 eqn 使用 diff 和==表示微分方程。例如 diff(y,x) == y 表示方程 dy/dx=y。将 eqn 指定为方程的向量可以求解微分方程组：

```
S=dsolve(eqn,cond)                %用初始或边界条件 cond 求解 eqn
S=dsolve(___,Name,Value)          %使用由一个或多个 Name-Value 对参数指定其他选项
[y1,...,yN]=dsolve(___)           %将解输出到变量 y1,…,yN
```

3. 求解示例

高等数学中，按微分方程的不同结构形式，可以有多种解法。在此将着重复习科学研究与实际工程中

六类最常用的微分方程，并都用 MATLAB 的求解符号微分方程的函数求解。

科学研究与实际工程中会遇到由几个微分方程联立起来共同确定几个具有同一自变量的函数的情形，这些联立的微分方程叫作微分方程组。下面示例求解几个微分方程组。

【例 5-69】求 $\dfrac{dx}{dt}=y, \dfrac{dy}{dt}=-x$ 的解。

解： 使用以下语句。

```
clear, clc
syms x(t) y(t)
eqns=[diff(x,t)==y, diff(y,t)==-x];
[xSol(t),ySol(t)]=dsolve(eqns)
S=dsolve(eqns)
```

得到结果如下：

```
xSol(t)=
    C1*cos(t)+C2*sin(t)
ySol(t)=
    C2*cos(t)-C1*sin(t)
S=
  包含以下字段的 struct:
    y: C2*cos(t)-C1*sin(t)
    x: C1*cos(t)+C2*sin(t)
```

【例 5-70】求下列微分方程组的通解：

$$\frac{dx}{dt}+2x+\frac{dy}{dt}+y=t$$
$$\frac{dy}{dt}+5x+3y=t^2$$

解：（1）求微分方程组通解的 MATLAB 语句如下。

```
clear
syms x(t) y(t)
eqns=[diff(x,t)+2*x+diff(y,t)+y==t, diff(y,t)+5*x+3*y==t^2];
% [xSol(t),ySol(t)] = dsolve(eqns)
S=dsolve(eqns)
x=collect(collect(collect(S.x,t),sin(t)),cos(t))
y=collect(collect(collect(S.y,t),sin(t)),cos(t))
```

语句执行结果如下：

```
S=
  包含以下字段的 struct:
    y: cos(t)*(C2-4*cos(t)+3*sin(t)+2*t^2*cos(t)+t^2*sin(t)-3*t*cos(t)-
4*t*sin(t…
    x: (cos(t)/5+(3*sin(t))/5)*(C1+3*cos(t)+4*sin(t)+t^2*cos(t)-2*t^2*sin(t)
- 4*t…
x=
    (- t^2+t+3)*cos(t)^2 +(C1/5-(3*C2)/5)*cos(t)+(- t^2+t+3)*sin(t)^2 +
((3*C1)/5+C2/5)*sin(t)
```

```
y=
    (2*t^2-3*t-4)*cos(t)^2+C2*cos(t)+(2*t^2-3*t - 4)*sin(t)^2+(-C1)*sin(t)
```

（2）验算微分方程的解，其 MATLAB 语句如下：

```
L1=diff(x,t)+2*x+diff(y,t)+y-t;
L1= simplify(collect(collect(L1,sin(t)),cos(t)))
L2=diff(y,t)+5*x+3*y-t^2;
L2= simplify(collect(collect(L2,sin(t)),cos(t)))
```

语句执行结果如下：

```
L1=
    0
L2=
    0
```

即第一式左=第一式右，第二式左=第二式右。验证了微分方程的通解。

5.6 小结

科学与工程技术中的数值运算固然重要，但自然科学理论分析中各种各样的公式、关系式及其推导就是符号运算要解决的问题。MATLAB 的科学运算包含数值运算与符号运算，符号运算工具也是 MATLAB 的重要组成部分。通过本章的介绍，可以帮助读者了解、熟悉并掌握符号运算的基本概念、MATLAB 符号运算函数的功能及其调用格式，为符号运算的应用打下基础。

第二部分
MATLAB 绘图与程序设计

第6章

二 维 绘 图

二维绘图

MATLAB 一向注重数据的图形表示，并不断地采用新技术改进和完备其可视化功能。MATLAB 提供了许多在二维和三维空间内显示可视信息的函数，利用这些函数可以绘制出所需的图形。MATLAB 还对绘出的图形提供了各种修饰方法，可以使图形更加美观、精确。本章先介绍二维图形的绘制。

本章学习目标包括：

（1）了解数据可视化；

（2）掌握 MATLAB 各种绘图函数；

（3）掌握二维图形的修饰方法；

（4）掌握在 MATLAB 中绘制特殊图形的方法。

6.1　数据可视化

数据可视化的目的在于通过图形，从大量杂乱的离散数据中观察数据间的内在关系，感受由图形所传递的内在本质。

6.1.1　离散数据可视化

任何二元实数标量对 (x_a, y_a) 可以在平面上表示一个点；任何二元实数向量对 (X, Y) 可以在平面上表示一组点。

对于离散实函数 $y_n = f(x_n)$，当 $X = [x_1, x_2, \cdots, x_n]$ 以递增或递减的次序取值时，有 $Y = [y_1, y_2, \cdots, y_n]$，这样，该向量对用直角坐标序列点图示时，实现了离散数据的可视化。

在科学研究中，当处理离散量时，可以用离散序列图表示离散量的变化情况。MATLAB 使用 stem 函数来实现离散图形的绘制，stem 函数的调用格式有以下几种。

（1）调用格式一：

```
stem(y)
```

以 $x = 1, 2, 3\cdots$ 作为各个数据点的 x 坐标，以向量 y 的值为 y 坐标，在(x,y)坐标点绘制一个空心小圆圈，并连接一条线段到 X 轴。

【例 6-1】用 stem 函数绘制一个离散序列图。

解： 在编辑器窗口中输入以下语句。

```
clear, clf
y=linspace(-2*pi,2*pi,8);
h=stem(y);
set(h,'MarkerFaceColor','blue')
```

运行程序，输出图形如图 6-1 所示。

（2）调用格式二：

```
stem(x,y,'option')
```

以 x 向量的各个元素为 x 坐标，以 y 向量的各个对应元素为 y 坐标，在(x,y)坐标点绘制一个空心小圆圈，并连接一条线段到 X 轴。option 选项表示绘图时的线型、颜色等设置。

（3）调用格式三：

```
stem(x,y,'filled')
```

以 x 向量的各个元素为 x 坐标，以 y 向量的各个对应元素为 y 坐标，在(x,y)坐标点绘制一个空心小圆圈，并连接一条线段到 X 轴。

【例 6-2】用 stem 函数绘制一个线型为圆圈的离散序列图。

解： 在编辑器窗口中输入以下语句。

```
clear, clf
x=0:20;
y=[exp(-.05*x).*cos(x);exp(.06*x).*cos(x)]';
h=stem(x,y);
set(h(1),'MarkerFaceColor','blue')
set(h(2),'MarkerFaceColor','red','Marker','square')
```

运行程序，输出图形如图 6-2 所示。

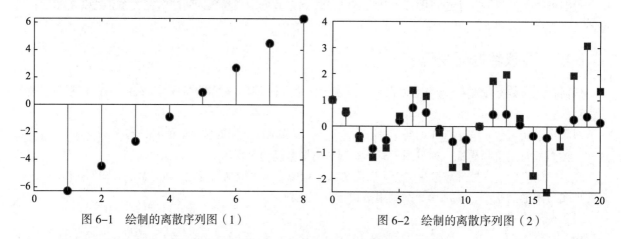

图 6-1　绘制的离散序列图（1）　　　　图 6-2　绘制的离散序列图（2）

除了使用 stem 函数外，针对离散数据利用 plot 函数也可以绘制离散图形。

【例 6-3】用图形表示离散函数。

解： 在编辑器窗口中输入以下语句。

```
clear, clf
n=0:10;                    %产生一组 10 个自变量函数 Xn
y=1./abs(n-6);             %计算相应点的函数值 Yn
```

```
plot(n,y,'r*','MarkerSize',10)        %用尺寸 15 的红星号标出函数点
grid on                               %绘制出坐标方格
```

运行程序，输出图形如图 6-3 所示。

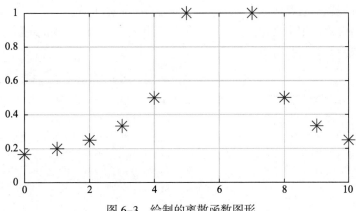

图 6-3 绘制的离散函数图形

【例 6-4】绘制函数 $y = \mathrm{e}^{-\alpha t}\cos\beta t$ 的茎图。

解： 在编辑器窗口中输入以下语句。

```
clear, clf
a=0.02; b=0.5;
t=0:2:100;
y=exp(-a*t).*sin(b*t) ;
plot(t,y)
```

运行程序，输出图形如图 6-4 所示。

利用二维茎图函数 stem(t,y)绘制二维茎图，在编辑器窗口中输入以下语句：

```
a=0.02; b=0.5;
t=0:2:100;
y=exp(-a*t).*sin(b*t) ;
stem(t,y)
xlabel('Time');ylabel('stem')
```

运行程序，输出的二维茎图如图 6-5 所示。

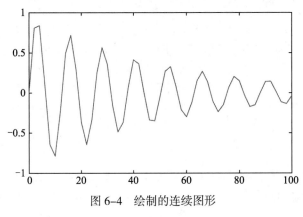

图 6-4 绘制的连续图形

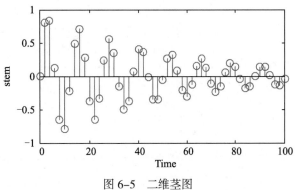

图 6-5 二维茎图

6.1.2 连续函数可视化

对于连续函数可以取一组离散自变量，然后计算函数值，显示方式同离散数据。一般绘制函数或方程式的图形时，都是先标图形上的点，再将点连接，其点越多图形越平滑。

MATLAB 在简易二维绘图中也是相同做法，必须先点出 x 和 y 坐标（离散数据），再将这些点连接。简易二维图利用 plot 函数绘制，其调用格式如下：

```
plot(x,y)                              %x 为图形上 x 坐标向量，y 为其对应的 y 坐标向量
```

【例 6-5】用图形表示连续调制波形 $y = \sin(t)\sin(9t)$。

解： 在编辑器窗口中输入以下语句。

```
clear, clf
t1=(0:12)/12*pi;                       %自变量取 13 个点
y1=sin(t1).*sin(9*t1);                 %计算函数值
t2=(0:50)/50*pi;                       %自变量取 51 个点
y2=sin(t2).*sin(9*t2);
subplot(2,2,1);                        %在子图 1 上绘图
plot(t1,y1,'r.');                      %用红色的点显示
axis([0,pi,-1,1]);                     %定义坐标大小
title('子图 1');                        %显示子图标题
% 子图 2 用红色的点显示
subplot(2,2,2);plot(t2,y2,'r.');
axis([0,pi,-1,1]);title('子图 2')
% 子图 3 用直线连接数据点和红色的点显示
subplot(2,2,3);plot(t1,y1,t1,y1,'r.')
axis([0,pi,-1,1]);title('子图 3')
% 子图 4 用直线连接数据点
subplot(2,2,4);plot(t2,y2);
axis([0,pi,-1,1]);title('子图 4')
```

运行程序，输出图形如图 6-6 所示。

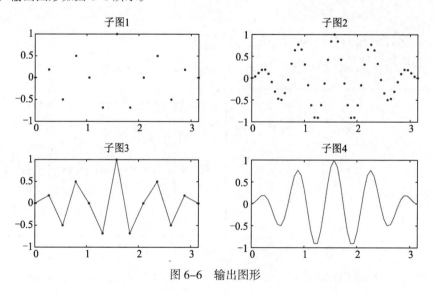

图 6-6 输出图形

【**例 6-6**】分别取 5、10、100 个点，绘制 $y = \sin(x), x \in [0, 2\pi]$ 图形。

解： 在编辑器窗口中输入以下语句。

```
clear, clf
x5=linspace(0,2*pi,5);          %在 0~2π 区间，等分取 5 个点
y5=sin(x5);                     %计算 x 的正弦函数值
plot(x5,y5);                    %进行二维平面描点作图
```

运行程序，输出 5 个点的图形如图 6-7 所示。继续在编辑器窗口中输入：

```
clear, clf
x10=linspace(0,2*pi,10);        %在 0~2π 区间，等分取 10 个点
y10=sin(x10);                   %计算 x 的正弦函数值
plot(x10,y10);                  %进行二维平面描点作图
```

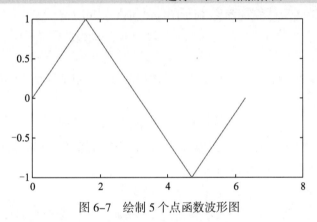

图 6-7　绘制 5 个点函数波形图

运行程序，输出 10 个点的图形如图 6-8 所示。继续在编辑器窗口中输入：

```
clear, clf
x100=linspace(0,2*pi,100);      %在 0~2π 区间，等分取 100 个点
y100=sin(x100);                 %计算 x 的正弦函数值
plot(x100,y100);                %进行二维平面描点作图
```

运行程序，输出 100 个点的图形如图 6-9 所示。

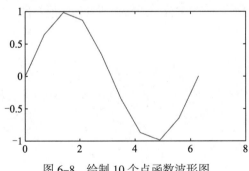

图 6-8　绘制 10 个点函数波形图

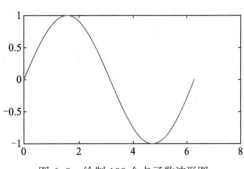

图 6-9　绘制 100 个点函数波形图

6.2　基本二维图形绘制

在介绍 MATLAB 中的基本绘图函数前，首先介绍二维图形的绘制步骤，以便规范作图过程。

6.2.1　二维图形绘制步骤

（1）数据准备。选定要表现的范围，产生自变量采样向量，计算相应的函数值向量。对于二维曲线，需要准备横坐标和纵坐标数据；对于三维曲面，则要准备矩阵参变量和对应的 Z 坐标。语句格式如下：

```
t=pi*(0:100)/100;
y=sin(t).*sin(9*t);
```

（2）指定图形窗口和子图位置。可以使用 figure 函数指定图形窗口，缺省时，打开 figure 1 或当前窗口和当前子图。还可以使用 subplot 函数指定当前子图。语句格式如下：

```
figure(1)                          %指定 1 号图形窗口
subplot(2,2,3)                     %指定 3 号子图
```

（3）绘制图形。根据数据绘制曲线，并设置曲线的绘制方式（包括线型、色彩、数据点型等）。语句格式如下：

```
plot(t,y,'b-')                     %用蓝实线绘制曲线
```

（4）设置坐标轴和图形注释。设置坐标轴包括坐标的范围、刻度和坐标分割线等，图形注释包括图名、坐标名、图例、文字说明等。语句格式如下：

```
title('调制波形')                   %图名
xlabel('t');ylabel('y')            %轴名
legend('sin(t)')                   %图例
text(2,0.5,'y=sin(t)')             %文字
axis([0,pi,-1,1])                  %设置轴的范围
grid on                            %绘制坐标分隔线
```

（5）图形的精细修饰。图形的精细修饰可以利用对象或图形窗口的菜单和工具条进行设置，属性值使用图形句柄进行操作。语句格式如下：

```
set(h,'MarkerSize',10)             %设置数据点大小
```

（6）按指定格式保存或导出图形。将绘制的图形窗口保存为 .fig 文件，或转换成其他图形文件。

【例 6-7】绘制 $y=e^{2\cos x}, x\in[0,4\pi]$ 函数图形。

解：按照上面介绍的绘图步骤，在编辑器窗口中输入以下语句。

```
clear, clf
% 开始准备数据
x=0 :0.1 : 4*pi;
y=exp( 2*cos(x));
figure(1)                          %指定图形窗口
plot(x,y,'b.')                     %绘制图形
```

运行程序，输出图形如图 6-10 所示。

接下来设置图形注释和坐标轴。继续在编辑器窗口中输入：

```
title('test')                              %图名
xlabel('x'); ylabel('y')                   %轴名
legend('e2cosx',Location='southeast')      %图例
text(2,-0.2,'y= e2cosx ')                  %文字
axis([0,4*pi,-0.5,1])                      %设置轴的范围
grid on                                    %绘制坐标分隔线
```

运行程序，得到修改后的图形如图 6-11 所示。

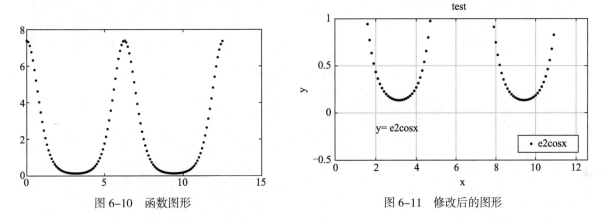

图 6-10　函数图形　　　　　　　　　　图 6-11　修改后的图形

6.2.2　二维基本绘图函数(plot)

在 MATLAB 中，基本二维图形绘图函数为 plot，6.1 节的讲解中已经涉及。plot 也可以采用下面的调用格式：

```
plot(X,'s')
```

X 是实向量时，以向量元素的下标为横坐标，元素值为纵坐标绘制一连续曲线；X 是实矩阵时，按列绘制每列元素值对应下标的曲线，曲线数目等于 X 矩阵的列数；X 是复数矩阵时，按列，分别以元素实部和虚部为横、纵坐标绘制多条曲线。

```
plot(X,Y,'s')
```

（1）X、Y 是同维向量时，将绘制以 X、Y 元素为横坐标和纵坐标的曲线；

（2）X 是向量、Y 是有一维与 X 等维的矩阵时，则绘出多根不同彩色的曲线，曲线数等于 Y 的另一维数，X 作为这些曲线的共同坐标；

（3）X 是矩阵、Y 是向量时，情况同（1），Y 作为共同坐标；

（4）X、Y 是同维实矩阵时，则以 X、Y 对应的元素为横坐标和纵坐标分别绘制曲线，曲线数目等于矩阵的列数。

```
plot(X1,Y1,'s1',X2,Y2,'s2',...)
```

其中，s、s1、s2 用来指定线型、色彩、数据点型的字符串。

【例 6-8】绘制一组幅值不同的余弦函数。

解：在编辑器窗口中输入以下语句。

```
clear, clf
t=(0:pi/5:2*pi)';                          %横坐标列向量
k=0.3:0.1:1;                               %8 个幅值
Y=cos(t)*k;                                %8 条函数值矩阵
plot(t,Y)
```

运行程序，输出图形如图6-12所示。

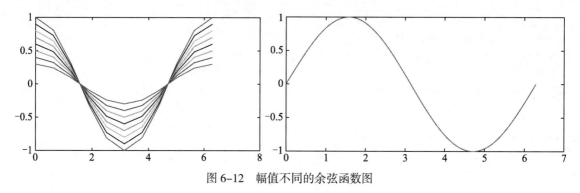

图 6-12　幅值不同的余弦函数图

【例 6-9】用图形表示连续调制波形及其包络线。

解：在编辑器窗口中输入以下语句。

```
clear, clf
t=(0:pi/100:4*pi)';              %长度为101的时间采样序列
y1=sin(t)*[1,-1];                %包络线函数值，101×2矩阵
y2=sin(t).*sin(9*t);             %长度为101的调制波列向量
t3=pi*(0:9)/9;
y3=sin(t3).*sin(9*t3);
plot(t,y1,'r--',t,y2,'b',t3,y3,'b*')  %绘制三组曲线
axis([0,2*pi,-1,1])              %控制轴的范围
```

运行程序，输出图形如图6-13所示。

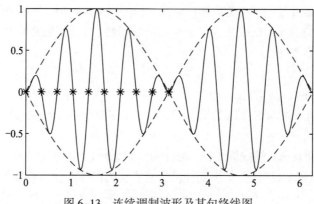

图 6-13　连续调制波形及其包络线图

【例 6-10】用复数矩阵形式绘制图形。

解：在编辑器窗口中输入以下语句。

```
clear, clf
t=linspace(0,2*pi,100)';              %产生100个数
X=[cos(t),cos(2*t),cos(3*t)]+i*sin(t)*[1,1,1];  %100×3的复数矩阵
plot(X),axis square;                  %使坐标轴长度相同
legend('1','2','3')                   %图例
```

运行程序，输出图形如图6-14所示。

【**例 6-11**】采用模型 $\dfrac{x^2}{a^2}+\dfrac{y^2}{25-a^2}=1$ 绘制一组椭圆。

解：在编辑器窗口中输入以下语句。

```
clear, clf
th=[0:pi/50:2*pi]';
a=[0.5:.5:4.5];
X=cos(th)*a;
Y=sin(th)*sqrt(25-a.^2);
plot(X,Y)
axis('equal')
xlabel('x');ylabel('y')
title('一组椭圆')
```

运行程序，输出图形如图 6-15 所示。

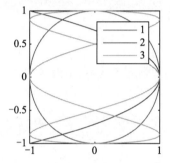

图 6-14　用复数矩阵形式绘制的图形

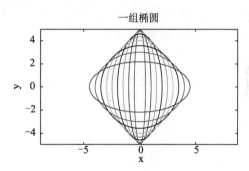

图 6-15　椭圆图形

使用 plot 函数还可以进行矩阵的线绘。继续在编辑器窗口中输入以下语句。

```
z=peaks;                                    %矩阵为 49×49
plot(z)
```

运行程序，输出图形如图 6-16 所示。

变换方向绘图。继续在编辑器窗口中输入以下语句：

```
y=1:length(peaks);
plot(peaks,y)
```

运行程序，得到如图 6-17 所示的图形。

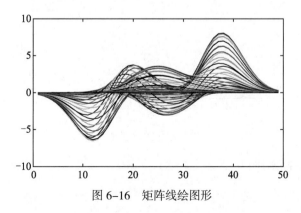

图 6-16　矩阵线绘图形

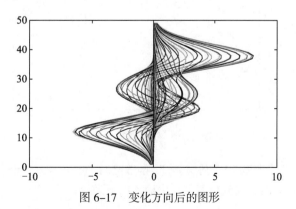

图 6-17　变化方向后的图形

6.2.3 快速方程式绘图(fplot,ezplot)

MATLAB 中的快速方程式绘图函数包括 fplot 和 ezplot，具体使用方法如下：

1. fplot

单纯绘制方程式图形时，图形上的坐标值(x,y)会自动获取，但必须输入 x 坐标的范围。调用格式如下：

```
fplot(f,[xmin,xmax,ymin,ymax])
```

绘出函数 f(表达式)的图形，x 轴的取值范围为 xmin ~ xmax，y 轴的取值范围为 ymin ~ ymax（可省略）。

【例 6-12】绘制 $y = x - \cos(x^2) - \sin(2x^3)$ 图形。

解： 在编辑器窗口中输入以下语句。

```
clear, clf
syms x;
fplot(x-cos(x^2)-sin(2*x^3),[-4,4])            %绘制图形
```

运行程序，输出图形如图 6-18 所示。

2. ezplot

类似 fplot，ezplot 可以绘制显函数 $y = f(x)$ 的图形，也可绘出绘制隐函 $f(x,y) = 0$ 及参数式的图形。其调用格式如下：

```
ezplot(f, [xmin,xmax,ymin,ymax])        %绘出函数图形，x 轴的取值范围为 xmin ~ xmax
ezplot(fx, fy, [tmin, tmax] )            %绘出参数式图形，t 的取值范围为 tmin ~ tmax
```

【例 6-13】利用 ezplot 绘制函数 $f(x) = x^2$ 的图形。

解： 在编辑器窗口中输入以下语句。

```
clear, clf
ezplot('x^2')  %绘制图形
%% 也可以采用符号表达式的方式
syms x;
ezplot(x^2)  %绘制图形
```

运行程序，输出图形如图 6-19 所示。

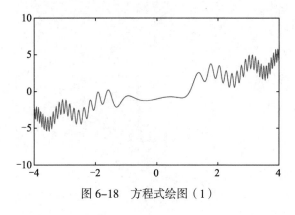

图 6-18　方程式绘图（1）

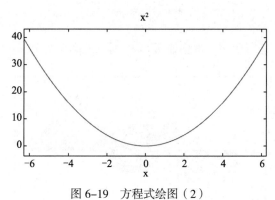

图 6-19　方程式绘图（2）

【例 6-14】利用 ezplot 函数绘制 $f(x,y) = x^2 - y = 0$ 的图形。

解： 在编辑器窗口中输入以下语句。

```
clear, clf
ezplot('x^2-y',[-6 6 -2 8])                    %绘制图形
%% 也可以采用符号表达式的方式
syms x y;
ezplot(x^2-y,[-6 6 -2 8])                      %绘制图形
```

运行程序，输出图形如图 6-20 所示。

【例 6-15】利用 ezplot 函数绘制参数式 $x = \cos(3t), y = \sin(5t), t \in [0, 2\pi]$ 的图形。

解：在编辑器窗口中输入以下语句：

```
clear, clf
ezplot('cos(3*t)','sin(5*t)',[0,2*pi])         %绘制图形
%% 也可以采用符号表达式的方式
syms t;
ezplot(cos(3*t),sin(5*t),[-6 6 -2 8])          %绘制图形
```

运行程序，输出图形如图 6-21 所示。

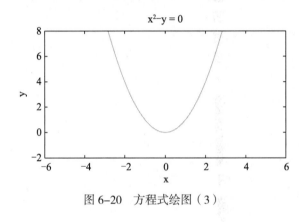

图 6-20 方程式绘图（3）

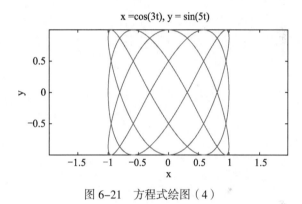

图 6-21 方程式绘图（4）

6.3 二维图形的修饰

MATLAB 在绘制二维图形的时候，还提供了多种修饰图形的方法，包括色彩、线型、点型、坐标轴等。下面介绍 MATLAB 中常见的二维图形修饰方法。

6.3.1 色彩、线型和点型

1. 色彩和线型

利用函数 plot 绘图时的有效组合方式为"色彩＋线型"，当缺省时，线型为实线，色彩从蓝色到白色循环。色彩与线型符号如表 6-1 所示。

表 6-1 色彩与线型符号

线型	符号	－		：		-.		--	
	含义	实线		虚线		点画线		双画线	
色彩	符号	b	g	r	c	m	y	k	W
	含义	蓝	绿	红	青	品红	黄	黑	白

【例 6-16】在 MATLAB 中演示色彩与线型。

解：在编辑器窗口中输入以下语句。

```
clear, clf
A=ones(1,10);              %A 为 10 个 1 的行向量，用于画横线
hold on                    %绘图保持
plot(A,'b-')  ;plot(2*A,'g-');    %蓝色、绿色的实线
plot(3*A,'r:') ;plot(4*A,'c:');   %红色、青色的虚线
plot(5*A,'m-.');plot(6*A,'y-.');  %品红、黄色的点画线
plot(7*A,'k--');plot(8*A,'w--');  %黑色、白色的双画线
axis([0,11,0,9]);          %定义坐标轴
hold off                   %取消绘图保持
```

运行程序，输出图形如图 6-22 所示。

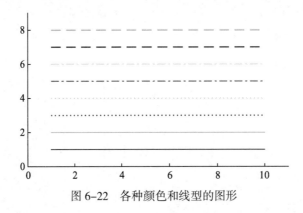

图 6-22　各种颜色和线型的图形

2. 数据点型

利用函数 plot 绘图时有效的组合方式为"点型"或"色彩＋点型"。点型符号如表 6-2 所示。

表 6-2　点型符号

符　号	含　义	符　号	含　义	符　号	含　义
.	实心点	∧	上三角	h	六角星
*	八线符	>	右三角	p	五角星
<	左三角	d	菱形	x	叉字符
V	下三角	o	空心圆		
+	十字符	s	方块符		

【例 6-17】演示数据点型。

解：在编辑器窗口中输入以下语句。

```
clear, clf
A=ones(1,10);
figure(1);
hold on
plot(A,'.');
plot(2*A,'+');
```

```
plot(3*A,'*');
plot(4*A,'^');
plot(5*A,'<');
plot(6*A,'>');
plot(7*A,'V');
plot(8*A,'d');
plot(9*A,'h');
plot(10*A,'o');
plot(11*A,'p');
plot(12*A,'s');
plot(13*A,'x');
axis([0,11,0,14]);
hold off
```

运行程序，输出图形如图 6-23 所示。

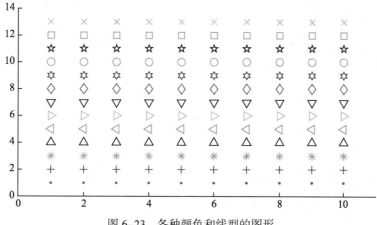

图 6-23　各种颜色和线型的图形

6.3.2　坐标轴的调整

一般情况下，MATLAB 可以自动根据曲线数据的范围选择合适的坐标系，从而使曲线尽可能清晰地显示出来。当对自动产生的坐标轴不满意时，可以利用 axis 命令对坐标轴进行调整。axis 命令调用格式如下：

```
axis(xmin xmax ymin ymax)
```

该命令将所绘图形的 X 轴的大小范围限定在 xmin ～ xmax，Y 轴的大小范围限定在 ymin ～ ymax。在 MATLAB 中，坐标轴控制的方法如表 6-3 所示。

表 6-3　坐标轴控制的方法

坐标轴控制的方式、取向和范围		坐标轴的高宽比	
axis auto	使用默认设置	axis equal	纵、横轴采用等长刻度
axis manual	使用当前坐标范围不变	axis fill	Manual 方式起作用，坐标充满整个绘图区
axis off	取消轴背景	axis image	同 equal 且坐标紧贴数据范围
axis on	使用轴背景	axis normal	默认矩形坐标系
axis ij	矩阵式坐标，原点在左上方	axis square	产生正方形坐标系

坐标轴控制的方式、取向和范围		坐标轴的高宽比	
axis xy	直角坐标，原点在左下方	axis tight	数据范围设为坐标范围
axis(V);V = [x1, x2, y1, y2]; V = [x1, x2, y1, y2, z1, z2]	人工设定坐标范围	axis vis3d	保持高、宽比不变，用于三维旋转时避免图形大小变化

【例 6-18】尝试使用不同的 MATLAB 坐标轴控制指令，观察各种坐标轴控制指令的影响。

解： 在编辑器窗口中输入以下语句。

```
clear, clf
t=0:2*pi/99:2*pi;
x=1.15*cos(t);
y=3.25*sin(t);                              %椭圆
subplot(2,3,1),plot(x,y),grid on;           %子图1
axis normal,title('normal');
subplot(2,3,2),plot(x,y),grid on;           %子图2
axis equal,title('equal');
subplot(2,3,3),plot(x,y),grid on;           %子图3
axis square,title('Square')
subplot(2,3,4),plot(x,y),grid on;           %子图4
axis image,box off,
title('Image and Box off')
subplot(2,3,5),plot(x,y);grid on            %子图5
axis image fill,
box off,title('Image and Fill')
subplot(2,3,6),plot(x,y),grid on;           %子图6
axis tight,
box off,title('Tight')
```

运行程序，输出图形如图 6-24 所示。

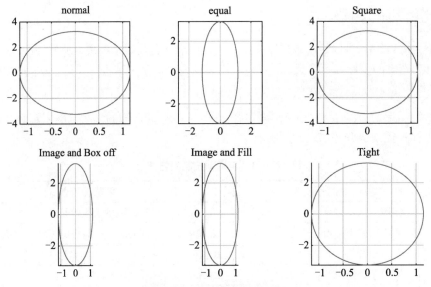

图 6-24　坐标轴变换对比图

【例 6-19】将一个正弦函数的坐标轴由默认值修改为指定值。

解： 在编辑器窗口中输入以下语句。

```
clear, clf
x=0:0.02:4*pi;
y=sin(x);
plot(x,y)                      %绘制出振幅为 1 的正弦波
axis([0 4*pi -3 3])            %将先前绘制的图形坐标修改为所设置的大小
```

运行程序，输出图形如图 6–25 所示。

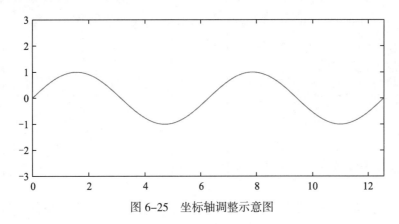

图 6–25　坐标轴调整示意图

6.3.3　刻度和栅格

在 MATLAB 中，设置刻度的函数包括 semilogx 和 semilogy，其调用格式如下：

```
semilogx(X1,Y1,...)            %X 轴为对数刻度，Y 轴为线性刻度
semilogy(X1,Y1,...)            %X 轴为线性刻度，Y 轴为对数刻度
```

在 MATLAB 中，设置栅格（栅格）的函数为 grid，其调用格式如下：

```
grid                          %栅格在显示和关闭间切换
grid on                       %显示绘图中的栅格
grid off                      %关闭绘图中的栅格
```

【例 6-20】绘制不同刻度的二维图形，并分别显示和关闭栅格。

解： 在编辑器窗口中输入以下语句。

```
clear, clf
x=0:0.1:10;
y=2*x+3;
subplot(221);plot(x,y);        %使用 plot 函数进行常规绘图
grid on
title('plot')
subplot(222);semilogy(x,y);    %X 轴为线性刻度，Y 轴为对数刻度
grid on
title('semilogy')
subplot(223);x = 0:1000;
```

```
y=log(x);
semilogy(x,y);                           %X 轴为对数刻度，Y 轴为线性刻度
grid on
title('semilogx')
subplot(224);plot(x,y);
grid off                 %关闭栅格
title('grid off')
```

运行程序，输出图形如图 6-26 所示。

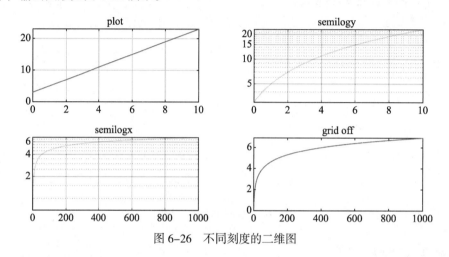

图 6-26　不同刻度的二维图

6.3.4　设置坐标框

在 MATLAB 中，使用 box 函数可以开启或封闭二维图形的坐标框，默认坐标框处于开启状态。其调用格式如下：

```
box                                      %坐标框在封闭和开启间切换
box on                                   %开启坐标框
box off                                  %封闭坐标框
```

【例 6-21】演示坐标框的开启与封闭。

解： 在编辑器窗口中输入以下语句。

```
clear, clf
x=linspace(-2*pi,2*pi);
y1=sin(x);
y2=cos(x);
h=plot(x,y1,x,y2);
box on
```

运行程序，输出有坐标框的图形如图 6-27（a）所示。继续在上面代码后增加以下语句：

```
box off
```

运行程序，即可看到如图 6-27（b）所示的无坐标框的二维图形。

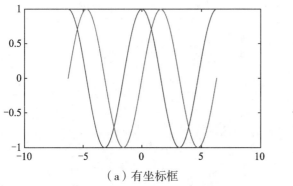
（a）有坐标框

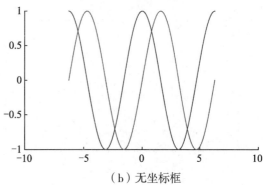
（b）无坐标框

图 6-27 坐标框的开启与封闭

6.3.5 图形标识

在 MATLAB 中，增加标识的函数为 title 和 text。其中，title 是将标识添加在默认位置，text 是将标识添加到指定位置。它们的调用格式如下：

```
title('string')          %在默认位置给图形添加标题
xlabel('string')         %给 X 轴添加标注
ylabel('string')         %给 Y 轴添加标注
```

在 MATLAB 中，使用 text 函数可以在图形的指定位置添加一串文本作为注释，其调用格式如下：

```
text(x,y, 'string','option')    %在图形的指定坐标位置(x,y)处，写出由 string 所给出的字符串
```

其中，坐标 x，y 的单位由 option 选项决定，如果不加选项，则 x，y 的坐标单位和图中一致；如果选项为'sc'，表示坐标单位是取左下角为(0,0)，右上角为(1,1)的相对坐标。

【例 6-22】图形添加标识示例。

解：在编辑器窗口中输入以下语句。

```
clear, clf
x=0:0.01:2*pi;
y1=sin(x);
y2=cos(x);
plot(x,y1,x,y2, '--')
grid on;
xlabel('弧度值')
ylabel('函数值')
title('正弦与余弦曲线')
```

运行程序，输出图形如图 6-28 所示。继续在编辑器窗口中输入以下语句：

```
text(0.4,0.8, '正弦曲线', 'sc')
text(0.8,0.8, '余弦曲线', 'sc')
```

运行程序，输出图形如图 6-29 所示，图中添加了文本注释。

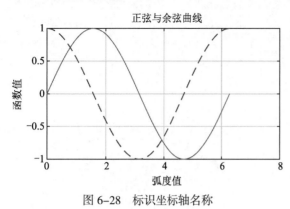

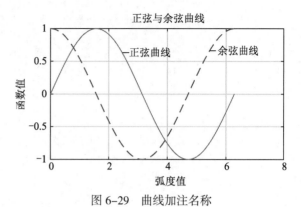

图 6-28　标识坐标轴名称　　　　　　　　　　图 6-29　曲线加注名称

【**例 6-23**】使用 text 命令标注文字的位置。

解：在编辑器窗口中输入以下语句。

```
clear, clf
t=0:900;
hold on;
plot(t,0.25*exp(-0.005*t));
text(300,.25*exp(-0.005*300),...
    '\bullet\leftarrow\fontname{times} 0.05 at t=300','FontSize',14)
hold off;
```

运行程序，输出图形如图 6-30 所示。

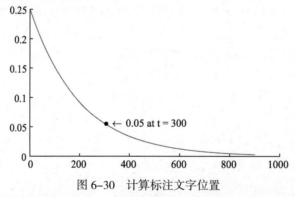

图 6-30　计算标注文字位置

【**例 6-24**】使用 text 命令绘制连续和离散数据图形，并对图形进行标识。

解：在编辑器窗口中输入以下语句。

```
clear, clf
x=linspace(0,2*pi,60);
a=sin(x);
b=cos(x);
hold on
stem_handles=stem(x,a+b);
plot_handles=plot(x,a,'-r',x,b,'-g');
xlabel('时间')
ylabel('量级')
title('两函数叠加')
```

```
legend_handles=[ stem_handles; plot_handles ];
legend(legend_handles,'a+b','a=sin(x)', 'b=cos(x)')
```

运行程序，输出图形如图 6-31 所示，图中添加了详细文字标识。

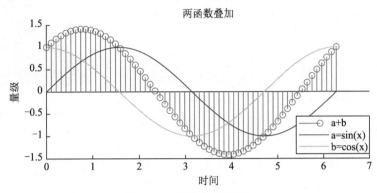

图 6-31 详细文字标识图

【例 6-25】使用 text 命令绘制包括不同统计量的标注说明。

解：在编辑器窗口中输入以下语句。

```
clear, clf
x=0:.2:10;
b=bar(rand(10,5),'stacked'); colormap(summer); hold on
x=plot(1:10,5*rand(10,1),'marker','square','markersize',8,...
    'markeredgecolor','y','markerfacecolor',[.6 0 .6],'linestyle','-','color','r',
'linewidth',1);
hold off
legend([b,x],'Carrots','Peas','Peppers','Green Beans', 'Cucumbers','Eggplant')

b=bar(rand(10,5),'stacked');
colormap(summer);
hold on
x=plot(1:10,5*rand(10,1),'marker','square','markersize',8, ...
    'markeredgecolor','y','markerfacecolor',[.6 0 .6],'linestyle','-','color','r',
'linewidth',1);
hold off
legend([b,x],'Carrots','Peas','Peppers','Green Beans','Cucumbers','Eggplant')
```

运行程序，输出图形如图 6-32 所示，图中添加了不同统计量的标注说明图形。

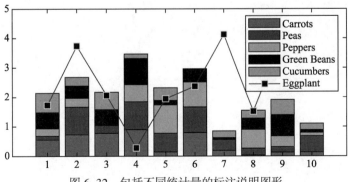

图 6-32 包括不同统计量的标注说明图形

6.3.6　图案填充

　　MATLAB 除了可以直接绘制单色二维图之外，还可以使用 patch 函数在指定的两条曲线和水平轴所包围的区域填充指定的颜色。patch 函数使用格式如下：

```
patch(x, y, [r g b])    %其中 r 表示红色，g 表示绿色，
                        %b 表示蓝色
```

　　例如，在 MATLAB 命令行窗口中输入如下命令，可以输出如图 6-33 所示的图形。

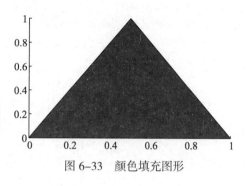

图 6-33　颜色填充图形

```
patch([0 .5 1], [0 1 0], [1 0 0]);
```

　　【例 6-26】图案填充示例一。

　　解： 在编辑器窗口中输入以下语句。

```
clear, clf
x=-1:0.01:1;
y=-1.*x.*x;
plot(x,y,'-','LineWidth',1)
XX=x;
YY=y;
hold on
y=-2.*x.*x;
plot(x,y,'r-','LineWidth',1)
hold on
XX=[XX x(end:-1:1)];
YY=[YY y(end:-1:1)];
patch(XX,YY,'r')

y=-4.*x.*x;
plot(x,y,'g--','LineWidth',1)
XX=x;
YY=y;
hold on
y=-8.*x.*x;
plot(x,y,'k--','LineWidth',1)
XX=[XX x(end:-1:1)];
YY=[YY y(end:-1:1)];
patch(XX,YY,'b')
```

　　运行程序，输出图形如图 6-34 所示。图中两条实线之间填充红色（见图中①），两条虚线之间填充黑色（见图中②）。

　　【例 6-27】图案填充示例二。

　　解： 在编辑器窗口中输入以下语句。

```
clear, clf
x=-5:0.01:5;
ls=length(x);
```

```
y1=2*x.^2+12*x+6;            %y1 是一个长 1s 的行向量
y2=3*x.^3-9*x+24;            %y2 是一个长 1s 的行向量
plot(x,y1,'r-');
hold on;
plot(x,y2,'b--');
hold on;
y1_y2=[y1;y2];               %是 2×1s 的矩阵, 第一行为 y1, 第二行为 y2
maxY1vsY2=max(y1_y2);        %是 1×1s 的行向量, 表示 y1_y2 每一列的最大值, 即 x 相同时 y1 与 y2
                             %的最大值
minY1vsY2=min(y1_y2);        %是 1×1s 的行向量, 表示 y1_y2 每一列的最小值, 即 x 相同时 y1 与 y2
                             %的最小值
yForFill=[maxY1vsY2,fliplr(minY1vsY2)];
xForFill=[x,fliplr(x)];
fill(xForFill,yForFill,'r','FaceAlpha',0.5,'EdgeAlpha',0.5,'EdgeColor','r');
```

运行程序, 输出图形如图 6-35 所示。图中实线和虚线之间的区域填充了红色。

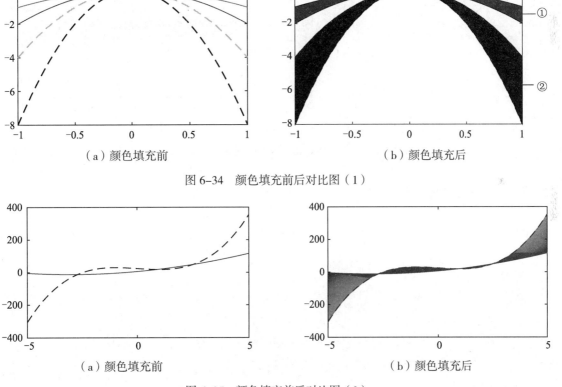

图 6-34　颜色填充前后对比图（1）

图 6-35　颜色填充前后对比图（2）

【例 6-28】绘制函数 $y = \sin x - x^3 \cdot \cos x$ 的曲线, 并在该条曲线上、下方的一个函数标准差的区域内填充红色。

解: 在编辑器窗口中输入以下语句。

```
clear, clf
x=0:0.005:50;
```

```
y=sin(x)-x.^3.*cos(x);              % 指定函数
stdY=std(y);                        % 标准差
y_up=y+stdY;                        % 上限值
y_low=y-stdY;                       % 下限值
plot(x,y,'b-','LineWidth',1);       % 绘制曲线图像
hold on;
```

运行程序，输出图形如图 6-36（a）所示。继续在编辑器窗口中输入以下语句：

```
yForFill=[y_up,fliplr(y_low)];
xForFill=[x,fliplr(x)];
fill(xForFill,yForFill,'r','FaceAlpha',0.5,'EdgeAlpha',1,'EdgeColor','r');
```

运行程序，输出图形如图 6-36（b）所示。

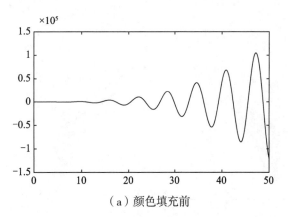
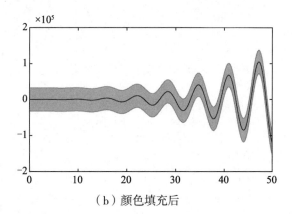

（a）颜色填充前   （b）颜色填充后

图 6-36　函数曲线图

6.4　子图绘制法

在 MATLAB 中，利用 subplot 函数可以在一个图形窗口同时绘制多个子图形。subplot 函数调用格式主要有以下几种：

（1）调用格式一：

```
subplot(m,n,p)
```

将当前图形窗口分成 m×n 个子窗口，并在第 x 个子窗口建立当前坐标平面。子窗口按从左到右、从上到下的顺序编号，如图 6-37 所示。如果 p 为向量，则在向量表示的位置建立当前子窗口的坐标平面。

（2）调用格式二：

```
subplot(m,n,p,'replace')
```

按图 6-37 所示建立当前子窗口的坐标平面时，若指定位置已经建立了坐标平面，则以新建的坐标平面代替。

图 6-37　子图位置示意图

（3）调用格式三：

```
subplot(h)
```

指定当前子图坐标平面的句柄 h，h 为按 mnp 排列的整数，如在图 6-37 所示的子图中 h=232 表示第 2 个子图坐标平面的句柄。

（4）调用格式四：

```
subplot('Position',[left bottom width height])
```

在指定的位置建立当前子图坐标平面，把当前图形窗口看成 1.0×1.0 的平面，所以 left、bottom、width、height 分别在(0,1)的范围内取值，分别表示所创建当前子图坐标平面距离图形窗口左边、底边的长度，以及所建子图坐标平面的宽度和高度。

（5）调用格式五：

```
h=subplot(...)
```

创建当前子图坐标平面，同时返回其句柄。

注意：subplot 函数只是创建子图坐标平面，并在该坐标平面内绘制子图，绘图仍然需要使用 plot 函数或其他绘图函数。

【例 6-29】用 subplot 函数绘制一个子图，要求两行两列共 4 个子窗口，并分别绘制出正弦、余弦、正切和余切函数曲线。

解：在编辑器窗口中输入以下语句。

```
clear, clf
x=-5:0.01:5;
subplot(2,2,1);
plot(x,sin(x));                          %绘制 sin(x)
xlabel('x');ylabel('y');title('sin(x)')
subplot(2,2,2);
plot(x,cos(x));                          %绘制 cos(x)
xlabel('x');ylabel('y');title('cos(x)');
x=(-pi/2)+0.01:0.01:(pi/2)-0.01;
subplot(2,2,3);
plot(x,tan(x));                          %绘制 tan(x)
xlabel('x');ylabel('y');title('tan(x)');
x=0.01:0.01:pi-0.01;
subplot(2,2,4);
plot(x,cot(x));
xlabel('x');ylabel('y');title('cot(x)');  %绘制 cot(x)
```

运行程序，输出图形如图 6-38 所示。

【例 6-30】用 subplot 函数绘制一个子图，要求有两行两列共 4 个子窗口，且分别显示 4 种不同的曲线图像。

解：在编辑器窗口中输入以下语句。

```
clear, clf
t=0:pi/20:2*pi;
[x,y]=meshgrid(t);
subplot(2,2,1)
plot(sin(t),cos(t))
axis equal
```

```
subplot(2,2,2)
z=sin(x)+cos(y);
plot(t,z)
axis([0  2*pi  -2  2 ])
subplot( 2, 2, 3 )
z=sin(x).*cos(y);
plot(t,z)
axis([0  2*pi  -1  1 ])
subplot(2,2,4)
z=(sin(x).^2)-(cos(y).^2);
plot(t,z)
axis([0  2*pi  -1  1 ])
```

运行程序，输出图形如图 6-39 所示。

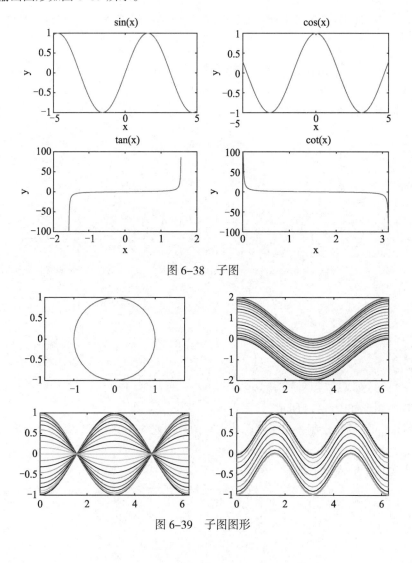

图 6-38 子图

图 6-39 子图图形

6.5　特殊图形的绘制

使用基本的绘图函数绘制出的图形坐标轴刻度均为线性刻度。但是当实际的数据出现指数变化时，指数变化就不能直观地从图形上体现出来。为了解决这个问题，MATLAB 提供了多种特殊的绘图函数。

6.5.1　特殊坐标系图形的绘制

所谓特殊坐标系是区别于均匀直角坐标系的坐标系，包括对数坐标系、极坐标系、柱坐标系和球坐标系等。

1. 极坐标系图形绘制

在 MATLAB 中，函数 polar 可用于描绘极坐标系下的图形。其最常用的命令调用格式如下：

```
polar(theta, rho, LineSpec)
```

其中，theta 是用弧度制表示的角度，rho 是对应的半径，极角 theta 为从 x 轴到半径的单位为弧度的向量，极径 rho 为各数据点到极点的半径向量，LineSpec 指定极坐标图中线条的线型、标记符号和颜色等。

【例 6-31】用函数绘制极坐标图。

解：在编辑器窗口中输入以下语句。

```
clear, clf
t=0:0.1:3*pi;                    %极坐标的角度
polar(t,abs(cos(5*t)));
```

运行程序，输出图形如图 6-40（a）所示。继续用函数绘制一个包含心形图案的极坐标图，在编辑器窗口中输入以下语句：

```
clear, clf
a=-2*pi:.001:2*pi;               %设定角度
b=(1-sin(a));                    %设定对应角度的半径
polar(a, b,'r')                  %绘图
```

运行程序，输出图形如图 6-40（b）所示。

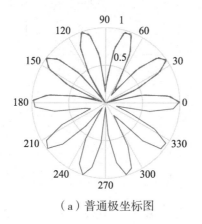

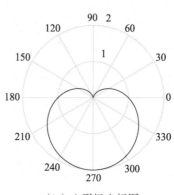

（a）普通极坐标图　　　　（b）心形极坐标图

图 6-40　函数绘制极坐标图

2. 对数坐标系图形绘制

MATLAB 中提供了 semilogx、semilogy 和 loglog 函数，用于绘制不同形式的对数坐标系下的图形，其中 semilogx 函数的调用格式如下：

```
semilogx          %绘制 x 轴对数刻度坐标图，即用该函数绘制图形时 x 轴采用对数坐标
semilogx(y)       %对 x 轴的刻度求常用对数（以 10 为底），而 y 轴为线性刻度
```

若 y 为实数向量或矩阵，则 semilogx(y)结合 y 列向量的下标与 y 的列向量绘制出线条，即以 y 列向量的索引值为横坐标，以 y 列向量的值为纵坐标。

函数 semilogy 调用格式与 semilogx 相同，只是 semilogy 绘制 y 轴对数刻度坐标图。

注意： 若 y 为复数向量或矩阵，则 semilogx (y)等价于 semilogx (real (y). imag (y))。

函数 loglog 绘制双对数刻度图，该函数的调用格式如下：

```
loglog(X,Y)          %在 X 轴和 Y 轴上应用以 10 为底的对数刻度绘制 X 和 Y 坐标
loglog(X,Y,LineSpec) %使用指定的线型、标记和颜色创建绘图
```

当要绘制由线段连接的一组坐标时，需要将 X 和 Y 指定为相同长度的向量。当要在同一组坐标轴上绘制多组坐标时，需要将 X 或 Y 中的至少一个指定为矩阵。

【**例 6-32**】绘制对数坐标系绘图示例。

解： 在编辑器窗口中输入以下语句。

```
clear, clf
x=0:1000;
y=log(x);
figure(1), semilogx(x,y)
```

运行程序，输出图形如图 6-41 所示。继续在编辑器窗口中输入以下语句：

```
y=[21,35,26,84;65,28,39,68;62,71,59,34];
figure(2), semilogx(y)
```

运行程序，输出图形如图 6-42 所示。继续在编辑器窗口中输入以下语句：

```
y=[1+3*1i,5+6*1i,3+9*1i;5+9*1i,5+1*1i,9+8*1i;3+2*1i,5+4*1i,3+7*1i];
figure(3), semilogx(y)
```

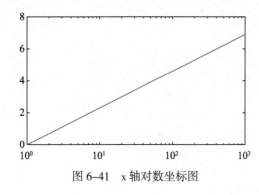

图 6-41　x 轴对数坐标图

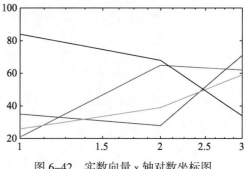

图 6-42　实数向量 x 轴对数坐标图

运行程序，输出图形如图 6-43 所示。继续在编辑器窗口中输入以下语句：

```
x=0.001:0.1*pi:2*pi;
y=10.^x;
figure(4),
subplot ( 2, 1, 1 ); semilogy(x,y,'r-')
hold on
subplot ( 2, 1, 2 ); plot(x,y)
```

运行程序，输出图形如图 6-44 所示。

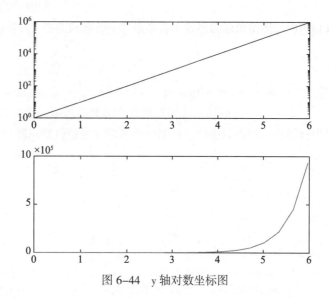

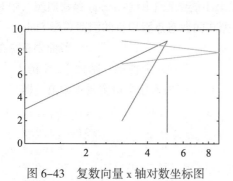

图 6-43 复数向量 x 轴对数坐标图

图 6-44 y 轴对数坐标图

【例 6-33】把直角坐标和对数坐标轴合并绘图。

解： 在编辑器窗口中输入以下语句。

```
clear, clf
t=0:900;
A=1000;
a=0.005;
b=0.005;
z1=A*exp(-a*t);                              %对数函数
z2=sin(b*t);                                 %正弦函数
[ haxes, hline1, hline2 ] = plotyy ( t, z1, t, z2, 'semilogy', 'plot' );
axes(haxes(1));ylabel('对数坐标')
axes(haxes(2));ylabel('直角坐标')
set(hline2, 'LineStyle', ' -- ' )
```

运行程序，输出图形如图 6-45 所示。

3. 柱坐标系图形绘制

在 MATLAB 中，没有在柱坐标系和球坐标系下直接绘制数据图形的命令，但 pol2cart 命令能够将柱坐标系和球坐标系下的坐标值转化为直角坐标系下的坐标值，然后在直角坐标系下绘制数据图形。

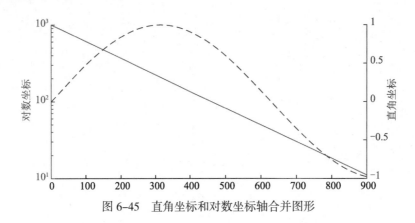

图 6-45　直角坐标和对数坐标轴合并图形

pol2cart 命令用于将极坐标系或柱坐标系下的坐标值转换成直角坐标系下的坐标值，其调用格式如下：

```
[x,y]=pol2cart(theta,rho)        %将极坐标数组theta和rho的对应元素转换为二维笛卡儿坐标
                                 %或xy坐标
[x,y,z]=pol2cart(theta,rho,z)    %将柱坐标数组theta、rho和z的对应元素转换为三维笛卡儿
                                 %坐标或xyz坐标
```

【例 6-34】在直角坐标下绘制柱坐标数据图形。

解： 在编辑器窗口中输入以下语句。

```
clear, clf
theta=0:pi/20:2*pi;
rho=sin (theta);
[t,r]=meshgrid (theta,rho);
z=r.*t;
[X,Y,Z,]=pol2cart(t,r,z);
mesh(X,Y,Z)
```

运行程序后，输出图形如图 6-46 所示。

4. 球坐标系图形绘制

在 MATLAB 中，可以使用函数 sph2cart 将球坐标系下的坐标值转换成直角坐标系下的坐标值，然后使用 plot3、mesh 等绘图命令，即在直角坐标系下绘制使用球坐标系下的坐标值描述的图形。其调用格式如下：

```
[x,y,z]=sph2cart(azimuth,elevation,r)    %将球面坐标数组azimuth、elevation和r的对
                                         %应元素转换为笛卡儿坐标，即xyz坐标
```

【例 6-35】在直角坐标下绘制球坐标数据图形。

解： 在编辑器窗口中输入以下语句。

```
clear, clf
theta=0:pi/20:2*pi;
rho=sin (theta);
[t,r]=meshgrid (theta,rho);
z=r.*t;
[X,Y,Z,]=sph2cart(t,r,z);
mesh(X,Y,Z)
```

运行程序，输出图形如图 6-47 所示。

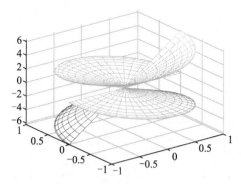

图 6-46 在直角坐标系下绘制柱坐标数据图形

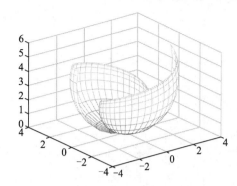

图 6-47 在直角坐标系下绘制球坐标数据图形

6.5.2 特殊二维图形的绘制

在 MATLAB 中，还有其他绘图函数用于绘制不同类型的二维图形，以满足不同的要求。表 6–4 列出了部分绘图函数。

表 6-4 其他绘图函数

函　　数	二维图的形状	备　　注
bar(x,y)	条形图	x是横坐标，y 是纵坐标
fplot(y,[a b])	精确绘图	y代表某个函数，[a b]表示需要精确绘图的范围
polar(θ,r)	极坐标图	θ 是角度，r 代表以θ 为变量的函数
stairs(x,y)	阶梯图	x是横坐标，y 是纵坐标
line([x1, y1],[x2,y2],⋯)	折线图	[x1, y1]表示折线上的点
fill(x,y,'b')	实心图	x是横坐标，y 是纵坐标，b代表颜色
scatter(x,y,s,c)	散点图	s是圆圈标记点的面积，c 是标记点颜色
pie(x)	饼图	x为向量
contour(x)	等高线	x为向量
…	…	…

【例 6-36】特殊二维图形的绘制示例一。

解：在编辑器窗口中输入以下语句。

```
clear, clf
x=-5:0.5:5;
figure(1), bar(x,exp(-x.*x));
```

运行程序，输出图形如图 6-48 所示，该图为一条形图。继续在编辑器窗口中输入以下语句：

```
x=0:0.05:3;
y=(x.^0.4).*exp(-x);
figure(2), stem(x,y)
```

运行程序，输出图形如图 6-49 所示，该图为一针状图。继续在编辑器窗口中输入以下语句：

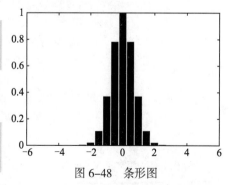

图 6-48 条形图

```
x=0:0.5:10;
figure(3), stairs(x,sin(2*x)+sin(x));
```

运行程序，输出图形如图 6-50 所示，该图为一阶梯图。

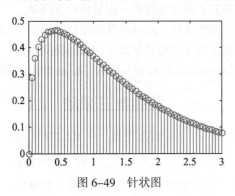

图 6-49　针状图

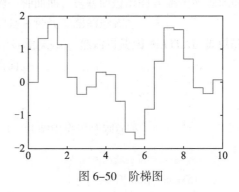

图 6-50　阶梯图

继续在编辑器窗口中输入以下语句：

```
x=[13,28,23,43,22];
figure(4), pie(x)
```

运行程序，输出图形如图 6-51（a）所示，该图为一饼图。如果要将饼图中的某一块颜色块（例如黄色块，17%部分）割开，可以采用以下程序。

继续在编辑器窗口中输入以下语句：

```
x=[13,28,23,43,22];
y=[0 0 0 0 1];
figure(5), pie(x,y)
```

运行程序，输出图形如图 6-51（b）所示。

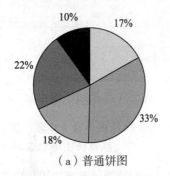

（a）普通饼图

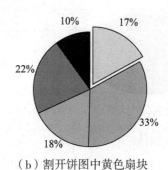

（b）割开饼图中黄色扇块

图 6-51　饼图

【例 6-37】特殊二维图形的绘制示例二。

解： 在编辑器窗口中输入以下语句。

```
clear, clf
x=linspace(-2*pi,2*pi);
y=linspace(0,4*pi);
[X,Y]=meshgrid(x,y);
Z=sin(X)+cos(Y);
```

```
figure(1), contour(X,Y,Z)
grid on
```

运行程序，输出图形如图 6-52 所示，该图为二维等高线图。继续在编辑器窗口中输入以下语句：

```
y=[10 6 17 13 20];
e=[2 1.5 1 3 1];
figure(2), errorbar(y,e)
```

运行程序，输出图形如图 6-53 所示，该图为一误差条图。

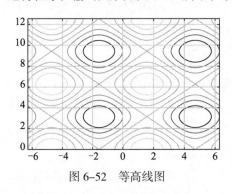

图 6-52　等高线图

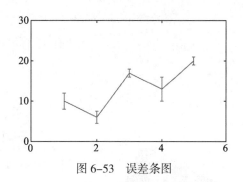

图 6-53　误差条图

继续在编辑器窗口中输入以下语句：

```
x=1:40;
y=rand(size(x));
figure(3), scatter(x,y)
```

运行程序，输出图形如图 6-54 所示，该图为二维散点图。继续在编辑器窗口中输入以下语句：

```
Y=randn(10000,3);
figure(4), hist(Y)
```

运行程序，输出图形如图 6-55 所示，该图为一直方图。继续在编辑器窗口中输入以下语句：

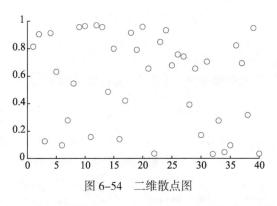

图 6-54　二维散点图

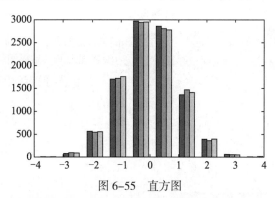

图 6-55　直方图

【例 6-38】特殊二维图形的绘制示例三。

解：在编辑器窗口中输入以下语句。

```
clear, clf
[x,y,z]=peaks(30);
[dx,dy]=gradient(z,.2,.2);
```

```
figure(1), contour(x,y,z)
hold on
quiver(x,y,dx,dy)
colormap autumn
grid off
hold off
```

运行程序，输出图形如图 6-56 所示，该图为一向量图。继续在编辑器窗口中输入以下语句：

```
wdir=[ 40 90 90 45 360 335 360 270 335 270 335 335];
knots=[ 5 6 8 6 3 9 6 8 9 10 14 12 ];
rdir=wdir*pi/180;
[x,y]=pol2cart(rdir,knots) ;
figure(2), compass(x,y)
text(-28,15,desc)
```

运行程序，输出图形如图 6-57 所示，该图为一方向和速度向量图。

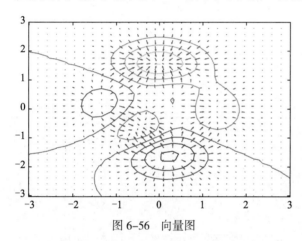

图 6-56 向量图

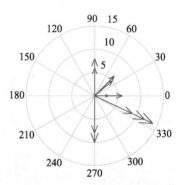

图 6-57 方向和速度向量图

【例 6-39】特殊二维图形的绘制示例四。

解：在编辑器窗口中输入以下语句。

```
clear, clf
t=linspace(-2*pi,2*pi,10);
figure(1), h=stem(t,cos(t),'fill','--');
set(get(h,'BaseLine'),'LineStyle',':')
set(h,'MarkerFaceColor','red')
```

运行程序，输出图形如图 6-58 所示，该图为一火柴棍图。

继续在编辑器窗口中输入以下语句：

```
t=0:pi/20:2*pi;
figure(2), plot(sin(t),2*cos(t))
grid on
```

运行程序，输出图形如图 6-59（a）所示，该图为一椭圆图。继续增加命令

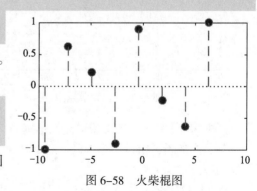

图 6-58 火柴棍图

```
axis square
```

运行程序，此时绘出图形变得更加扁平，如图 6-59（b）所示。如果继续加入命令

```
axis equal tight
```

运行程序，绘出最扁平的椭圆图形如图 6-59（c）所示。

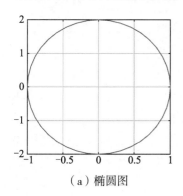 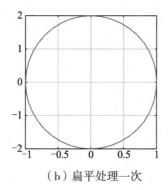 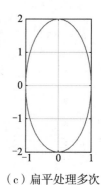

（a）椭圆图 （b）扁平处理一次 （c）扁平处理多次

图 6-59 椭圆图

【例 6-40】特殊二维图形的绘制示例五。

解： 在编辑器窗口中输入以下语句。

```
clear, clf
t=0:0.5: 8;
s=0.04+1i ;
z=exp(-s*t);
figure(1),feather(z)
```

运行程序，输出图形如图 6-60 所示，该图为复数函数图形。继续在编辑器窗口中输入以下语句：

```
clear, clf
for k=1:10
    plot(fft(eye(k+10)))
    axis equal
    M(k)=getframe;
end
figure(2), movie(M,5)
```

运行程序，输出图形如图 6-61 所示，该图为一个动态二维图形。继续在编辑器窗口中输入以下语句：

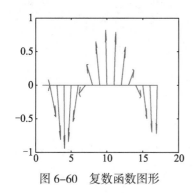 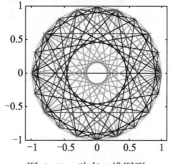

图 6-60 复数函数图形 图 6-61 动态二维图形

【**例 6-41**】特殊二维图形的绘制示例六。

解：在编辑器窗口中输入以下语句。

```
clear, clf
[th,r]=meshgrid((0:5:360)*pi/180,0:.05:1);
[X,Y]=pol2cart(th,r);
Z=X+1i*Y;f=(Z.^4-1).^(1/4);
figure(1), contour(X,Y,abs(f),30)
axis([-1 1 -1 1 ])
```

运行程序，输出图形如图 6-62 所示，该图为在笛卡儿坐标系中创建的 Contour 图。继续输入以下语句：

```
clear, clf
[th,r]=meshgrid((0:5:360)*pi/180,0:.05:1);
[X,Y]=pol2cart(th,r);
figure(2),h=polar([0 2*pi],[0 1])
delete(h)
Z=X+1i*Y; f=(Z.^4-1).^(1/4);
hold on
contour(X,Y,abs(f),30)
```

运行程序，输出图形如图 6-63 所示，该图为在极轴坐标系中创建的 Contour 图。

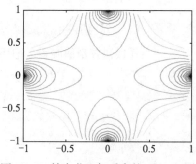

图 6-62　笛卡儿坐标系中的 Contour 图

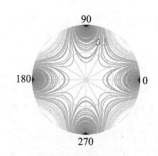

图 6-63　极轴坐标系中的 Contour 图

除上述函数绘图方式外，在 MATLAB 中还有一种较为简单的方法，就是使用工作区进行绘图：在工作区选中变量，然后执行"绘图"选项卡"绘图"选项组中相应的绘图命令，如图 6-64 所示，即可根据需要绘制图形。

图 6-64　"绘图"选项组

6.6　二维绘图应用

本节通过两个综合绘图应用案例，帮助读者尽快掌握二维图形的绘制，为以后的学习打下基础。

【**例 6-42**】利用 MATLAB 绘图函数绘制模拟电路演示过程。要求电路中有蓄电池、开关和灯，开关默认处于不闭合状态。当开关闭合后,灯变亮。

　　解: 在编辑器窗口中输入以下语句。

```
clear, clf
figure('name','模拟电路');
axis([-3,12,0,10]);                                    %建立坐标系
hold on                                                %保持当前图形的所有特性
axis('off');                                           %关闭所有轴标注和控制
%绘制蓄电池的过程
fill([-1.5,-1.5,1.5,1.5],[1,5,5,1],[0.5,1,1]);
fill([-0.5,-0.5,0.5,0.5],[5,5.5,5.5,5],[0,0,0]);
text(-0.5,1.5,'-');
text(-0.5,3,'蓄电池');
text(-0.5,4.5,'+');
%绘制导电线路的过程
plot([0;0],[5.5;6.7],'color','r','linestyle','-','linewidth',2);      %绘制二维图形线
                                                                     %(竖、实心、红色)
plot([0;4],[6.7;6.7],'color','r','linestyle','-','linewidth',2);      %绘制二维图形线,实
                                                                     %心红色为导线
a=line([4;5],[6.7;7.7],'color','b','linestyle','-','linewidth',2);%绘制开关为蓝色
plot([5.2;9.2],[6.7;6.7],'color','r','linestyle','-','linewidth',2);  %绘制图导线为
                                                                     %红色
plot([9.2;9.2],[6.7;3.7],'color','r','linestyle','-','linewidth',2);  %绘制图导线竖
                                                                     %线为红线
plot([9.2;9.7],[3.7;3.7],'color','r','linestyle','-','linewidth',2);  %绘制图导线横
                                                                     %线为红色
plot([0;0],[1;0],'color','r','linestyle','-','linewidth',2);         %如上绘制红色竖线
plot([0;10],[0;0],'color','r','linestyle','-','linewidth',2);        %如上绘制横线
plot([10;10],[0;3],'color','r','linestyle','-','linewidth',2);       %绘制竖线
%绘制灯泡的过程
fill([9.8,10.2,9.7,10.3],[3,3,3.3,3.3],[0 0 0]);                     %确定填充范围
plot([9.7,9.7],[3.3,4.3],'color','b','linestyle','-','linewidth',0.5);%绘制灯泡外形
                                                                     %线为蓝色
plot([10.3,10.3],[3.3,4.45],'color','b','linestyle','-','linewidth',0.5);
%绘制圆
x=9.7:pi/50:10.3;
plot(x,4.3+0.1*sin(40*pi*(x-9.7)),'color','b','linestyle','-','linewidth',0.5);
t=0:pi/60:2*pi;
plot(10+0.7*cos(t),4.3+0.6*sin(t),'color','b');
%下面是箭头及注释的显示
text(4.5,10,'电流运动方向');
line([4.5;6.6],[9.4;9.4],'color','r','linestyle','-','linewidth',2);  %绘制箭头横线
line(6.7,9.4,'color','b','marker','>','markersize',10);              % 绘制箭头三角形
pause(1);
%绘制开关闭合的过程
t=0;
y=7.6;
while y>6.6                                             %电路总循环控制开关动作条件
```

```
        x=4+sqrt(2)*cos(pi/4*(1-t));
        y=6.7+sqrt(2)*sin(pi/4*(1-t));
        set(a,'xdata',[4;x],'ydata',[6.7;y]);
        drawnow;
        t=t+0.1;
end
%绘制开关闭合后模拟大致电流流向的过程
pause(1);
light=line(10,4.3,'color','y','marker','.','markersize',40);    %绘制灯丝发出的光为黄色
%绘制电流的各部分
h=line([1;1],[5.2;5.6],'color','r','linestyle','-','linewidth',2);
g=line(1,5.7,'color','b','marker','^','markersize',10);
%设定循环初值
t=0;
m2=5.6;
n=5.6;
while n<6.5                                              %确定电流竖向循环范围
    m=1;
    n=0.05*t+5.6;
    set(h,'xdata',[m;m],'ydata',[n-0.5;n-0.1]);
    set(g,'xdata',m,'ydata',n);
    t=t+0.01;
    drawnow;
end
t=0;
while t<1                                                %在转角处的停顿时间
    m=1.2-0.2*cos((pi/4)*t);
    n=6.3+0.2*sin((pi/4)*t);
    set(h,'xdata',[m-0.5;m-0.1],'ydata',[n;n]);
    set(g,'xdata',m,'ydata',n);
    t=t+0.05;
    drawnow;
end
t=0;
while t<0.4                                              %在转角后的停顿时间
    t=t+0.5;
    g=line(1.2,6.5,'color','b','linestyle','^','markersize',10);
    g=line(1.2,6.5,'color','b','marker','>','markersize',10);
    set(g,'xdata',1.2,'ydata',6.5);
    drawnow;
end
pause(0.5);
t=0;
while m<7                                                %确定第二个箭头的循环范围
    m=1.1+0.05*t;
    n=6.5;
    set(g,'xdata',m+0.1,'ydata',6.5);
    set(h,'xdata',[m-0.4;m],'ydata',[6.5;6.5]);
```

```
    t=t+0.05;
    drawnow;
end
t=0;
while t<1                                             %在转角后的停顿时间
    m=8.1+0.2*cos(pi/2-pi/4*t);
    n=6.3+0.2*sin(pi/2-pi/4*t);
    set(g,'xdata',m,'ydata',n);
    set(h,'xdata',[m;m],'ydata',[n+0.1;n+0.5]);
    t=t+0.05;
    drawnow;
end
t=0;
while t<0.4                                           %在转角后的停顿时间
    t=t+0.5;
    %绘制第三个箭头
    g=line(8.3,6.3,'color','b','linestyle','>','markersize',10);
    g=line(8.3,6.3,'color','b','linestyle','v','markersize',10);
    set(g,'xdata',8.3,'ydata',6.3);
    drawnow;
end

pause(0.5);
t=0;
while n>1                                             %确定箭头的运动范围
    m=8.3;
    n=6.3-0.05*t;
    set(g,'xdata',m,'ydata',n);
    set(h,'xdata',[m;m],'ydata',[n+0.1;n+0.5]);
    t=t+0.04;
    drawnow;
end
t=0;
while t<1                                             %箭头的起始时间
    m=8.1+0.2*cos(pi/4*t);
    n=1-0.2*sin(pi/4*t);
    set(g,'xdata',m,'ydata',n);
    set(h,'xdata',[m+0.1;m+0.5],'ydata',[n;n]);
    t=t+0.05;
    drawnow;
end
t=0;
while t<0.5
    t=t+0.5;
    %绘制第四个箭头
    g=line(8.1,0.8,'color','b','linestyle','v','markersize',10);
    g=line(8.1,0.8,'color','b','marker','<','markersize',10);
    set(g,'xdata',8.1,'ydata',0.8);
```

```
        drawnow;
    end
    pause(0.5);
    t=0;
    while m>1.1                                          %箭头的运动范围
        m=8.1-0.05*t;
        n=0.8;
        set(g,'xdata',m,'ydata',n);
        set(h,'xdata',[m+0.1;m+0.5],'ydata',[n;n]);
        t=t+0.04;
        drawnow;
    end
    t=0;
    while t<1                                            %停顿时间
        m=1.2-0.2*sin(pi/4*t);
        n=1+0.2*cos(pi/4*t);
        set(g,'xdata',m,'ydata',n);
        set(h,'xdata',[m;m+0.5],'ydata',[n-0.1;n-0.5]);
        t=t+0.05;
        drawnow;
    end
    t=0;
    while t<0.5                                          %绘制第五个箭头
        t=t+0.5;
        g=line(1,1,'color','b','linestyle','<','markersize',10);
        g=line(1,1,'color','b','marker','^','markersize',10);
        set(g,'xdata',1,'ydata',1);
        drawnow;
    end
    t=0;
    while n<6.2
        m=1;
        n=1+0.05*t;
        set(g,'xdata',m,'ydata',n);
        set(h,'xdata',[m;m],'ydata',[n-0.5;n-0.1]);
        t=t+0.04;
        drawnow;
    end
    %绘制开关断开后的情况
    t=0;
    y=6.6;
    while y<7.6                                          %开关的断开
        x=4+sqrt(2)*cos(pi/4*t);
        y=6.7+sqrt(2)*sin(pi/4*t);
        set(a,'xdata',[4;x],'ydata',[6.7;y]);
        drawnow;
        t=t+0.1;
    end
```

```
pause(0.2);                                    %开关延时作用
nolight=line(10,4.3,'color','y','marker','.',
'markersize',40);
```

运行程序，输出图形如图 6-65 所示，该图即为得到的模拟电路图形。

【例 6-43】利用 MATLAB 绘图函数，绘制防汛检测系统动态图形。

解：在编辑器窗口中输入以下语句。

电流运动方向

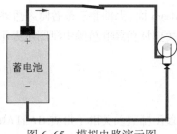

图 6-65 模拟电路演示图

```
clear, clf
for j=0:11
    axis([-0.7 0.9 -0.9 0.5]);                %设置 x,y 的坐标范围
    axis('off');                              %覆盖坐标刻度

    x1=[0 0 0.8 0.8];
    y1=[-0.6 -0.8 -0.8 -0.6];                 %对水槽中的水进行初始设置

    line([0;0],[0.2;-0.8],'color','k','linewidth',3);        %水槽左壁的颜色和宽度
    line([0;0.8],[-0.8;-0.8],'color','k','linewidth',3);     %水槽底部的颜色和宽度
    line([0.8;0.8],[-0.7;-0.8],'color','k','linewidth',3);   %水槽右边出水口的下面的颜色
                                                             %和宽度
    line([0.8;0.8],[0.2;-0.6],'color','k','linewidth',3);    %水槽右边出水口的上面的颜色
                                                             %和宽度
    line([0.8;0.85],[-0.7;-0.7],'color','k','linewidth',3);  %出水口的下壁的颜色和宽度
    line([0.8;0.85],[-0.6;-0.6],'color','k','linewidth',3);  %出水口的上壁的颜色和宽度
    line(-0.35,0,'Color','r','linestyle','-', 'markersize',20);   %给水线处小圆的颜
                                                                  %色和尺寸
    line(-0.35,-0.6,'Color','r','linestyle','-', 'markersize',20); %警戒线出小圆的颜
                                                                  %色和尺寸
    line([-0.45;-0.35],[0;0],'color','k','linewidth',2);    %给水线处线条的颜色和宽度
    line([-0.45;-0.35],[-0.6;-0.6],'color','k','linewidth',2); %警戒线处线条的颜
                                                              %色和宽度
    line([-0.5;-0.5],[0.2,-1],'color','b','linewidth',15);  %标杆的颜色和宽度
    text(-0.9,0,'给水线');
    text(-0.9,-0.6,'警戒线');
    text(-0.4,0.5,'防汛水位检测系统');
    text(0.7,-0.9,'江河水位');

    water=patch(x1,y1,[0 1 1]);                              %设置水的颜色及运动路径
    ball1=line(0.4,-0.6,'Color','b','linestyle','-', 'markersize',100);
    ball2=line(-0.3,-0,'Color','r','linestyle','-', 'markersize',50);
    gan=line([-0.3;0.4],[-0;-0.6],'color','k','linewidth',1);
    %水的上升过程
    for i=1:120
        a=-0.6+0.005*i;
        y1=[a -0.8 -0.8 a];
        yy1=a;
        yy2=-a-0.6;
        set(water,'ydata',y1);
        set(ball1,'ydata',yy1);
```

```
        set(ball2,'ydata',yy2);
        set(gan,'ydata',[yy2 yy1]);                %设置两球之间的杆的运动
        drawnow;
    end
%水的下降过程
for i=1:120
    a=-0.005*i;                                    %设置系统运动规律
    y1=[a -0.8 -0.8 a];                            %设置水的下降运动过程
    yy1=a;                                         %设置水槽中小球的下降运动过程
    yy2=-a-0.6;                                     %设置标杆处小球的下降运动过程
    set(water,'ydata',y1);                         %设置水的下降运动
    set(ball1,'ydata',yy1);                        %设置水槽中小球的下降运动
    set(ball2,'ydata',yy2);                        %设置标杆处小球的下降运动
    set(gan,'ydata',[yy2 yy1]);                    %设置两球之间的杆的下降运动
    drawnow;
end
water=patch(x1,y1,[0 1 1]);                        %设置水的颜色及运动路径
ball1=line(0.4,-0.6,'Color','b',...
    'linestyle','-', 'markersize',100);            %设置水槽中小球的颜色、大小和擦除方式
ball12=line(-0.3,-0,'Color','r',...
    'linestyle','-', 'markersize',50);             %设置标杆处小球的颜色、大小和擦除方式
gan=line([-0.3;0.4],[-0;-0.6],...
    'color','k','linewidth',1);                    %设置两球之间连线的颜色、大小和擦除方式
end
```

运行程序，输出图形如图 6-66 所示，该图即为防汛检测系统动态图。

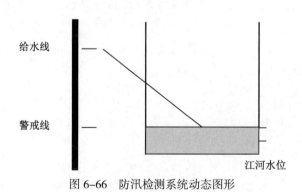

图 6-66 防汛检测系统动态图形

6.7 小结

本章介绍了 MATLAB 的二维绘图，主要介绍了二维绘图的基本绘图函数及二维绘图的各种图形修饰方法，对二维绘图中经常出现的子图也做了详细讲解，最后通过举例介绍了多种特殊坐标图形和特殊二维图形的绘制方法。

第 7 章

三 维 绘 图

三维绘图

MATLAB 提供了多种函数显示三维图形，利用这些函数可以在三维空间中绘制曲线或曲面。MATLAB 还提供了颜色用于代表第四维，即伪色彩。通过改变视角还可以观看三维图形的不同侧面。通过本章的学习，读者可以学会灵活使用三维绘图函数以及图形属性进行数据绘制，使数据具有一定的可读性，能够表达出特定的信息。

本章学习目标包括：

（1）了解三维绘图的基本步骤；

（2）掌握三维图形的绘图函数；

（3）掌握特殊三维图形的绘制方法；

（4）掌握三维图形的处理方法。

7.1 三维绘图基础

MATLAB 中的三维图形包括三维折线及曲线图、三维曲面图等。创建三维图形和创建二维图形的过程类似，都包括数据准备、绘图区选择、绘图、设置和标注，以及图形的打印或输出。不过，三维图形能够设置和标注更多元素，如颜色过渡、光照和视角等。

7.1.1 三维绘图基本步骤

在讲解三维绘图前，先看下面的三维绘图示例。本例为一典型的三维绘图思路。

【例 7-1】绘制三维曲线示例。

解： 在编辑器窗口中输入以下语句。

```
clear, clf
x=-8:0.1:8;
y=-8:0.1:8;
[X,Y]=meshgrid(x,y);
Z=(exp(X)-exp(Y)).*sin(X-Y);
figure
surf(X,Y,Z)
view([75 25])
colormap hsv
shading interp
```

```
light('Position',[1 0.5 0.5])
lighting gouraud
material metal
axis square
set(gca,'ZTickLabel','')
xlabel('x')
ylabel('y')
colorbar
print
```

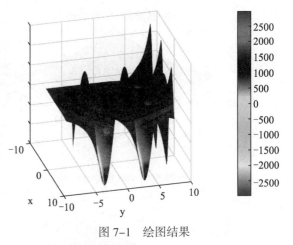

图 7-1   绘图结果

运行程序，输出图形如图 7-1 所示。

由例 7-1 可知，在 MATLAB 中创建三维图形的基本步骤如表 7-1 所示。从表中可以看出，三维绘图中多了颜色表、颜色过渡、光照等专门针对三维图形的设置项，其他步骤与二维绘图类似。

表 7-1   三维绘图基本步骤

基 本 步 骤	M-代码举例	备 注
清理空间	clear all	清空空间的数据
数据准备	x=−8:0.1:8; y=−8:0.1:8; [X,Y]=meshgrid(x,y); Z=(exp(X)−exp(Y)).*sin(X−Y);	三维曲线图用一般的数组创建即可。 三维网线图和三维表面图的创建需要通过meshgrid创建网格数据
图形窗口和绘图区选择	figure	创建绘图窗口和选定绘图子区
绘图	surf(X,Y,Z)	创建三维曲线图或网线图、表面图
设置视角	view([75 25])	设置观察者查看图形的视角和Camera属性
设置颜色表	colormap hsv shading interp	为图形设置颜色表，用颜色显示z值的大小变化。 对表面图和三维片块模型还可以设置颜色过渡模式
设置光照效果	light('Position',[1 0.5 0.5]) lighting gouraud material metal	设置光源位置和类型。 对表面图和三维片块模型还可以设置反射特性
设置坐标轴刻度和比例	axis square set(gca,'ZTickLabel','')	设置坐标轴范围、刻度和比例
标注图形	xlabel('x') ylabel('y') colorbar	设置坐标轴标签、标题等标注元素
保存、打印或导出	print	将绘图结果打印或导出为标准格式图像

下面根据绘制三维图形的基本步骤，分别介绍创建和操作三维图形的各种函数。

7.1.2   三维绘图基本函数

绘制二维折线或曲线时，可以使用 plot 函数。与这条函数类似，MATLAB 也提供了一个绘制三维折线或曲线的基本函数 plot3，其格式如下：

```
plot(x1,y1,z1,option1,x2,y2,z2,option2,…)
```

plot3 函数以 x1，y1，z1 所给出的数据分别作为 x，y，z 坐标值，option1 为选项参数，以逐点连折线的方式绘制一个三维折线图形；以 x2，y2，z2 所给出的数据分别作为 x，y，z 坐标值，option2 为选项参数，以逐点折线的方式绘制另一个三维折线图形。

plot3 函数的功能及使用方法与 plot 命令的功能及使用方法相类似，区别在于前者绘制出的是三维图形。

plot3 函数参数的含义与 plot 命令的参数含义相类似，区别在于前者多了一个 Z 方向上的参数。同样，各个参数的取值情况及其操作效果也与 plot 命令相同。

上面给出的 plot3 函数格式是一种完整的格式，在实际操作中，根据各个数据的取值情况，均可以有下述简单的书写格式：

```
plot3(x,y,z)
plot3(x,y,z,option)
```

其中，选项参数 option 指明了所绘图中线条的线性、颜色以及各个数据点的表示记号。

plot3 函数使用的是以逐点连线的方法来绘制三维折线的，当各个数据点的间距较小时，也可利用它来绘制三维曲线。

【例 7-2】绘制三维曲线示例。

解： 在编辑器窗口中输入以下语句。

```
clear, clf
t=0:0.5:10;
figure
subplot(2,2,1);plot3(sin(t),cos(t),t);           %绘制三维曲线
text(0,0,0,'0');                                  %在 x=0,y=0,z=0 处标记 0
title('三维曲线');
xlabel('sin(t)'),ylabel('cos(t)'),zlabel('t');grid
subplot(2,2,2);plot(sin(t),t);
title('x-z 面投影');                              %三维曲线在 x-z 平面的投影
xlabel('sin(t)'),ylabel('t');grid
subplot(2,2,3);plot(cos(t),t);
title('y-z 面投影');                              %三维曲线在 y-z 平面的投影
xlabel('cos(t)'),ylabel('t');grid
subplot(2,2,4);plot(sin(t),cos(t));
title('x-y 面投影');                              %三维曲线在 x-y 平面的投影
xlabel('sin(t)'),ylabel('cos(t)');grid
```

运行程序，输出图形如图 7-2 所示。由图可知，二维图形的基本特性在三维图形中都存在，函数 subplot、title、xlabel、grid 等都可以扩展到三维图形中。

【例 7-3】绘制函数 $z = \sqrt{x^2 + y^2}$ 的图形，其中 $(x, y) \in [-5, 5]$。

解： 在编辑器窗口中输入以下语句。

```
clear, clf
x=-5:0.1:5;
y=-5:0.1:5;
[X,Y]=meshgrid(x,y);           %将向量 x,y 指定的区域转化为矩阵 X,Y
Z=sqrt(X.^2+Y.^2);             %产生函数值 Z
mesh(X,Y,Z)
```

运行程序，输出图形如图 7-3 所示。

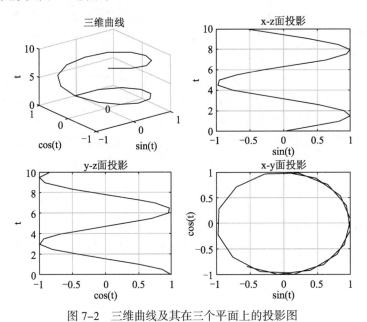

图 7-2　三维曲线及其在三个平面上的投影图

【例 7-4】利用 plot3 函数绘制 $x = \sin t$、$y = \cos t$ 的三维螺旋线。

解： 在编辑器窗口中输入以下语句。

```
clear, clf
t=0:pi/100:9*pi;
x=sin(t);
y=cos(t);
z=t;
plot3(x,y,z)
```

运行程序，输出图形如图 7-4 所示。

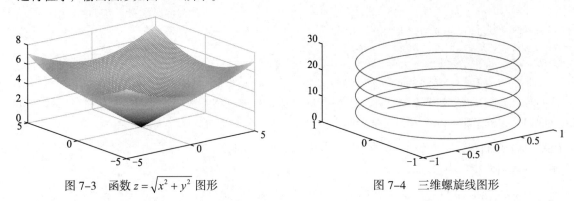

图 7-3　函数 $z = \sqrt{x^2 + y^2}$ 图形　　　　　　　图 7-4　三维螺旋线图形

【例 7-5】利用 plot3 函数绘制 $z = x(-x^3 - y^2)$ 三维线条图形。

解： 在编辑器窗口中输入以上语句。

```
clear, clf
[X,Y]=meshgrid(-5:0.1:5);
```

```
Z=X.*(-X.^3-Y.^3);
plot3(X,Y,Z,'b')
```

运行程序，输出图形如图 7-5 所示。

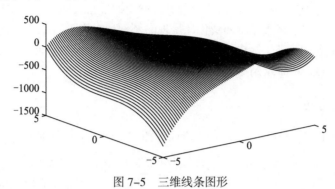

图 7-5　三维线条图形

7.1.3　三维坐标标记及图形标记

MATLAB 提供了 3 条用于三维图形坐标标记的函数，还提供了用于图形标题说明的语句。这种标记方式的调用格式如下：

```
xlabel(str)              %将字符串 str 水平放置于 X 轴，以说明 X 轴数据的含义
ylabel(str)              %将字符串 str 水平放置于 Y 轴，以说明 Y 轴数据的含义
zlabel(str)              %将字符串 str 水平放置于 Z 轴，以说明 Y 轴数据的含义
title(str)               %将字符串 str 水平放置于图形的顶部，作为该图形的标题
```

【例 7-6】利用函数为 $x = 2\sin t$、$y = 3\cos t$ 的三维螺旋线图形添加标题说明。

解： 在编辑器窗口中输入以下语句。

```
clear, clf
t=0:pi/100:9*pi;
x=2*sin(t);
y=3*cos(t);
z=t;
plot3(x,y,z)
xlabel('x=2sin(t)');ylabel('y=3cos(t)');zlabel('z = t')
title('三维螺旋图形')
```

运行程序，输出图形如图 7-6 所示的图形。

三维螺旋图形

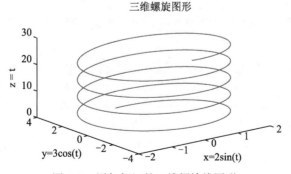

图 7-6　添加标记的三维螺旋线图形

7.2　三维网格曲面

三维网格曲面是由一些四边形相互连接在一起构成的一种曲面，这些四边形的 4 条边所围成的区域内颜色与图形窗口的背景色相同，且无色调的变化，呈现的是一种线架图的形式。

绘制网格曲面时，需要知道各个四边形顶点的 3 个坐标值(x,y,z)，然后再使用 MATLAB 提供的网格曲面绘图函数 mesh、meshc 或 meshz 绘制不同形式的网格曲面。

7.2.1　绘制三维曲面

在 MATLAB 中，可用函数 surf、surfc 绘制三维曲面图。其调用格式分别如下：

```
surf(Z)
```

以矩阵 Z 指定的参数创建一渐变的三维曲面，坐标 x = 1:n，y = 1:m，其中[m,n] = size(Z)。

```
surf(X,Y,Z)
```

以 Z 确定的曲面高度和颜色，按照 X、Y 形成的格点矩阵创建一渐变的三维曲面。X、Y 可以为向量或矩阵，若 X、Y 为向量，则必须满足 m= size(X)，n =size(Y)，[m,n] = size(Z)。

```
surf(X,Y,Z,C)
```

以 Z 确定的曲面高度、C 确定的曲面颜色，按照 X、Y 形成的格点矩阵创建一渐变的三维曲面。

```
surf(...,'PropertyName',PropertyValue)    %设置曲面的属性
surfc(...)                  %采用 surfc 函数的格式同 surf，同时在曲面下绘制曲面的等高线
```

【例 7-7】绘制球体的三维图形。

解：在编辑器窗口中输入以下语句。

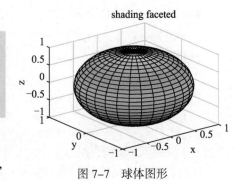

图 7-7　球体图形

```
clear, clf
[X,Y,Z]=sphere(30);         %计算球体的三维坐标
surf (X,Y,Z);               %绘制球体的三维图形
xlabel('x'),ylabel('y'),zlabel('z');
title(' shading faceted ');
```

运行程序，输出图形如图 7-7 所示。

注意：在图形窗口，需将图形的属性 Renderer 设置成 Painters，才能显示出坐标名称和图形标题。

从图 7-7 中可以看到球面被网格线分割成小块，每一小块可看作一块补片，嵌在线条之间。这些线条和渐变颜色可以由函数 shading 指定，其格式如下：

```
shading faceted    %在绘制曲面时采用分层网格线，为默认值
shading flat       %表示平滑式颜色分布方式。去掉黑色线条，补片保持单一颜色
shading interp     %表示插补式颜色分布方式。同样去掉线条，但补片以插值加色。该方式计算量增大
```

对图 7-7 所绘制的曲面分别采用函数 shading flat 和 shading interp 处理，显示的效果如图 7-8 所示。

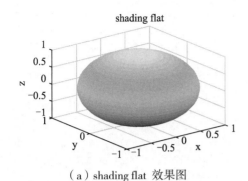
（a）shading flat 效果图

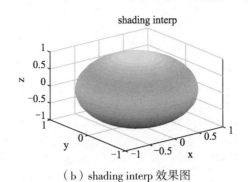
（b）shading interp 效果图

图 7-8 不同方式下球体的三维曲面图

【例 7-8】以 surfl 函数绘制具有亮度的曲面图。

解： 在编辑器窗口中输入以下语句。

```
clear, clf
[x,y] = meshgrid(-5:0.1:5);    %以 0.1 的间隔形
                               %成格点矩阵
z=peaks(x,y);
surfl(x,y,z);
shading interp
colormap(gray);
axis([-4 4 -4 4 -5 5]);
```

运行程序，输出图形如图 7-9 所示。

除了函数 surf、surfc 以外，还有下列函数可以绘制不同的三维曲面。

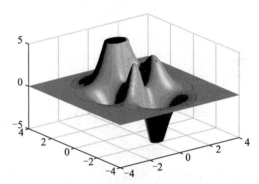

图 7-9 具有亮度的曲面图

（1）sphere 函数用于绘制三维球面，调用格式如下：

```
[x,y,z]=sphere(n)              %球面的光滑程度，默认值为 20
```

（2）cylinder 函数用于绘制三维柱面，调用格式如下：

```
[x,y,z]=cylinder(R,n):         %R 是一个向量，存放柱面各等间隔高度上的半径，n 表示圆柱圆周上
                               %有 n 个等间隔点，默认值为 20
```

（3）多峰函数 peaks 常用于三维函数的演示。其中函数形式为

$$f(x,y) = 3(1-x^2)e^{-x^2-(y+1)^2} - 10\left(\frac{x}{5}-x^3-y^5\right)e^{-x^2-y^2} - \frac{1}{3}e^{-(x+1)^2-y^2}$$

其中 $-3 \leqslant x, y \leqslant 3$。

多峰函数 peaks 的调用格式如下：

```
z=peaks(n)                     %生成一个 n×n 的矩阵 z，n 的默认值为 48
z=peaks(x,y)                   %根据网格坐标矩阵 x，y 计算函数值矩阵 z
```

【例 7-9】绘制三维标准曲面。

解： 在编辑器窗口中输入以下语句。

```
clear, clf
t=0:pi/20:2*pi;
```

```
[x,y,z]=sphere;
subplot(1,3,1);
surf(x,y,z);xlabel('x'),ylabel('y'),zlabel('z');
title('球面')
[x,y,z]=cylinder(2+sin(2*t),30);
subplot(1,3,2);
surf(x,y,z);xlabel('x'),ylabel('y'),zlabel('z');
title('柱面')
[x,y,z]=peaks(20);
subplot(1,3,3);
surf(x,y,z);xlabel('x'),ylabel('y'),zlabel('z');
title('多峰');
```

运行程序，输出图形如图 7-10 所示。因柱面函数的 R 选项 2+sin(2*t)，所以绘制的柱面是一个正弦型的。

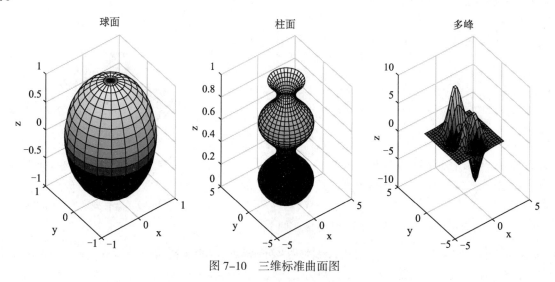

图 7-10　三维标准曲面图

【例 7-10】讨论参数 a,b,c 对二次曲面的方程 $\dfrac{x^2}{a^2}+\dfrac{y^2}{b^2}+\dfrac{z^2}{c^2}=d$ 形状的影响。

解：在编辑器窗口中输入以下语句。

```
clear, clf
a=input('a=');
b=input('b=');
c=input('c=');
d=input('d=');
N=input('N=');                          %输入参数，N 为网格线数目
xgrid=linspace(-abs(a),abs(a),N);       %建立 x 网格坐标
ygrid=linspace(-abs(b),abs(b),N);       %建立 y 网格坐标
[x,y]=meshgrid(xgrid,ygrid);            %确定 N×N 个点的 x,y 网格坐标
z=c*sqrt(d-y.*y/b^2-x.*x/a^2);u=1;      %u=1,表示 z 要取正值
z1=real(z);                             %取 z 的实部 z1
for k=2:N-1                             %以下 7 行程序的作用是取消 z 中含虚数的点
```

```
    for j=2:N-1
        if imag(z(k,j))~=0
            z1(k,j)=0;
        end
        if all(imag(z(k-1:k+1,j-1:j+1)))~=0
            z1(k,j)=NaN;
        end
    end
end
surf(x,y,z1),hold on                               %绘制空间曲面
if u==1
    z2=-z1;
    surf (x,y,z2);                                  %u=1 时加绘制负半面
    axis([-abs(a),abs(a),-abs(b),abs(b),-abs(c),abs(c)]);
end
xlabel('x'),ylabel('y'),zlabel('z')
hold off
```

运行程序，输出结果如图 7-11 所示。

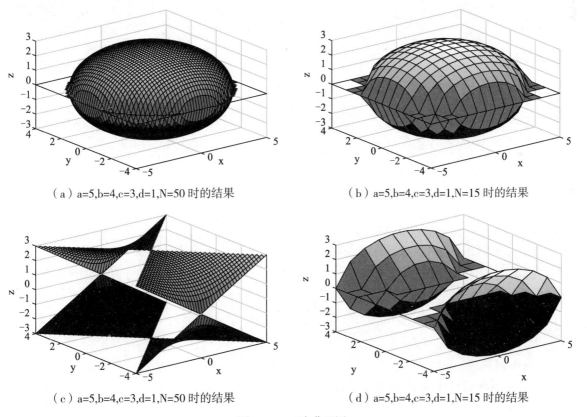

（a）a=5,b=4,c=3,d=1,N=50 时的结果   （b）a=5,b=4,c=3,d=1,N=15 时的结果

（c）a=5,b=4,c=3,d=1,N=50 时的结果   （d）a=5,b=4,c=3,d=1,N=15 时的结果

图 7-11   二次曲面图

7.2.2 栅格数据的生成

栅格数据是按网格单元的行与列排列、具有不同灰度或颜色的阵列数据。每一个单元（像素）的位置由它的行列号定义，所表示的实体位置隐含在栅格行列位置中，数据组织中的每个数据表示地物或现象的非几何属性或指向其属性的指针。

在绘制网格曲面之前，必须先知道各个四边形顶点的三维坐标值。绘制曲面的一般情况是，先给出四边形各个顶点的二维坐标(x, y)，然后再利用某个函数公式计算出四边形各个顶点的 z 坐标。

这里所使用的(x, y)二维坐标值是一种栅格形的数据点，它可由 MATLAB 所提供的 meshgrid 函数产生，该函数的调用格式如下：

```
[X,Y]=meshgrid(x,y)    %由 x、y 向量值通过复制方法产生绘制三维图形时所需的栅格数据 X、Y 矩阵
```

说明：①向量 x 和 y 分别代表三维图形在 X 轴、Y 轴方向上的取值数据点；②x 和 y 分别是 1 个向量，而 X 和 Y 分别代表 1 个矩阵。

【例 7-11】查看 meshgrid 函数功能执行效果。

解： 在编辑器窗口中输入以下语句。

```
clear, clf
x=[1 2 3 4 5 6 7 8 9];
y=[3 5 7];
[X ,Y]=meshgrid(x,y)
```

运行程序，得到栅格数据如下：

```
X=
    1    2    3    4    5    6    7    8    9
    1    2    3    4    5    6    7    8    9
    1    2    3    4    5    6    7    8    9
Y=
    3    3    3    3    3    3    3    3    3
    5    5    5    5    5    5    5    5    5
    7    7    7    7    7    7    7    7    7
```

【例 7-12】利用 meshgrid 函数绘制矩形网格。

解： 在编辑器窗口中输入以下语句。

```
clear, clf
x=-1:0.2:1;
y=1:-0.2:-1;
[X,Y]=meshgrid(x,y);
plot(X,Y,'o')
```

运行程序，输出图形如图 7-12 所示，该图形给出了矩形网格的顶点。

运行 whos 命令查看工作区变量属性，得到结果如下：

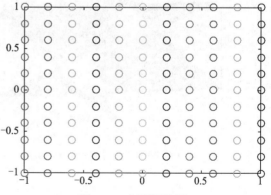

图 7-12 矩形网格图

```
>> whos
  Name        Size           Bytes  Class      Attributes
  X          11x11             968  double
  Y          11x11             968  double
  x           1x11              88  double
  y           1x11              88  double
```

绘制栅格数据还可以使用 georasterref 命令, 其调用格式如下:

```
R=georasterref()
```

对于 georasterref 对象, 最主要的是要输入栅格的大小和栅格数据表示的地理范围, 否则原始数据 Z 将不会出现在图形上。

【例 7-13】使用 georasterref 函数绘制一组地理栅格数据。

解: 在编辑器窗口中输入以下语句。

```
clear, clf
Z=[1 2 3 4 5 6; 7 8 9 10 11 12; 13 14 15 16 17 18];      %地理数据 3×6
R=georasterref('RasterSize', size(Z), 'Latlim', [-90 90], 'Lonlim', [-180 180]);
                                                          %地理栅格数据参考对象(类)

figure('Color','white')
ax=axesm('MapProjection', 'eqdcylin');                    %设定地图等距离圆柱投影方式
axis off                                                  %关闭本地坐标轴系统
setm(ax,'GLineStyle','--', 'Grid','on','Frame','on')      %指定网格线形, 绘制 frame 框架
setm(ax,...
    'MlabelLocation', 60,...                              %每隔 60° 绘制经度刻度标签
    'PlabelLocation',[-30 30],...                         %只在指定值处绘制纬度刻度标签
    'MeridianLabel','on',...                              %显示经度刻度标签
    'ParallelLabel','on',...                              %显示纬度刻度标签
    'MlineLocation',60,...                                %每隔 60° 绘制经度线
    'PlineLocation',[-30 30],...                          %在指定值处绘制纬度线
    'MLabelParallel','north');                            %将经度刻度标签放在北方, 即上部
geoshow(Z, R, 'DisplayType', 'texturemap');              %显示地理数据
colormap('autumn')
colorbar
```

绘制的图形如图 7-13 所示。

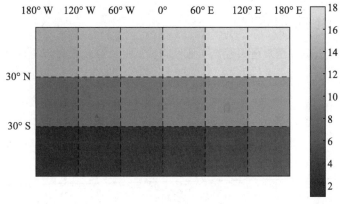

图 7-13 地理栅格数据图形

【例 7-14】使用地理栅格数据绘制世界地图经度、纬度曲线。

解： 在编辑器窗口中输入以下语句。

```
clear, clf
maps                                    %查看当前可用的地图投影方式
%%%导入数据,全球海岸线%%%
load coast
%%%绘图%%%
axesm robinson
%patchm(lat,long,'g');
%%%设置属性%%%
setm(gca);                              %查看当前可以设置的所有图形坐标轴（map axes）的属性
setm(gca,'Frame','on');                 %使框架可见
getm(gca,'Frame');                      %使用 getm 可以获取指定的图形坐标轴的属性
setm(gca,'Grid','on');                  %打开网格
setm(gca,'MLabelLocation',180);         %标上经度刻度标签，每次间隔 60°
setm(gca,'MeridianLabel','on');         %设置经度刻度标签可见
setm(gca,'PLabelLocation',-90:90:90);   %标上经度刻度标签
setm(gca,'ParallelLabel','on');         %设置经度刻度标签可见
setm(gca,'MLabelParallel','south');     %将经度刻度标签放在南方，即下部
setm(gca,'Origin',[0,90,0]);            %设置地图的中心位置和绕中心点与地心点的轴旋转角度
```

运行程序，输出图形如图 7-14 所示。

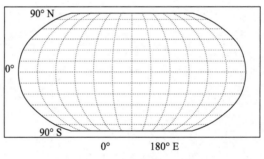

图 7-14　世界地图经度、纬度

7.2.3　网格曲面的绘制命令

在 MATLAB 中，通过 mesh 函数可以绘制三维网格曲面图，该函数可以生成指定的网线面及其颜色。其使用格式如下：

```
mesh(X,Y,Z)                             %绘制出颜色由 X，Y 和 Z 指定的网线面
```

若 X 与 Y 均为向量，length(X)=n，length(Y)=m，而[m,n]=size(Z)，则空间中的点(X(j),Y(I),Z(I,j))为所绘制曲面网线的交点其中 X 对应于 Z 的列，Y 对应于 Z 的行。若 X 与 Y 均为矩阵，则空间中的点(X(I,j),Y(I,j),Z(I,j))为所绘制曲面的网线的交点。

```
mesh(Z)
```

由[n,m] = size(Z)可得，X =1:n，Y=1:m，其中 Z 为定义在矩形划分区域上的单值函数。

mesh(…,C)

用由矩阵 C 指定的颜色绘制网线网格图。MATLAB 对矩阵 C 中的数据进行线性处理，以便从当前色图中获取有用的颜色。

mesh(…,PropertyName',PropertyValue, …)

对指定的属性 PropertyName 设置属性值 PropertyValue,可以在同一语句中对多个属性进行设置。

h=mesh(…)　　　　　　　　　　　　　　%返回 surface 图形对象句柄

该格式中，由 X，Y 和 Z 指定网线面，由 C 指定颜色。函数 mesh 的运算规则如下：

（1）数据 X、Y 和 Z 的范围，或者对当前轴的 XLimMode、YLimMode 和 ZLimMode 属性的设置，决定坐标轴的范围。通过函数 aXis 可对这些属性进行设置。

（2）参量 C 的范围，或者对当前轴的 Clim 和 ClimMode 属性的设置（可用函数 caxis 进行设置），决定颜色的刻度化程度。刻度化颜色值作为引用当前色图的下标。

（3）网格图显示函数生成由于把 Z 的数据值当前色图表现出来的颜色值。MATLAB 会自动用最大值与最小值计算颜色的范围（可用函数 caxis auto 进行设置），最小值用色图中的第一个颜色表现，最大值用色图中的最后一个颜色表现。MATLAB 会对数据的中间值执行一个线性变换，使数据能在当前的范围内显示出来。

【例 7-15】利用 mesh 函数绘制网格曲面图。

解： 在编辑器窗口中输入以下语句。

```
clear, clf
[X,Y]=meshgrid(-3:.125:3);
Z=peaks(X,Y);
mesh(X,Y,Z);
```

运行程序，输出图形如图 7-15 所示。

【例 7-16】在笛卡儿坐标系中绘制以下函数的网格曲面图 $f(x,y) = \dfrac{\sin\sqrt{x^2+y^2}}{\sqrt{x^2+y^2}}$ 。

解： 在编辑器窗口中输入以下语句。

```
clear, clf
x=-8:0.5:8;
y=x;
[X,Y]=meshgrid(x,y);
R=sqrt(X.^2+Y.^2)+eps;
Z=sin(R)./R;
mesh(X,Y,Z)
grid on
```

运行程序，输出图形如图 7-16 所示，该图为函数的三维网格图形。

另外，在 MATLAB 中还有两个 mesh 的派生函数：meshc 和 meshz。其中 meshc 在绘图的同时，在 x-y 平面上绘制函数的等值线；meshz 则在网格图基础上在图形的底部外侧绘制平行 z 轴的边框线。

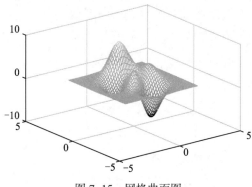

图 7-15　网格曲面图

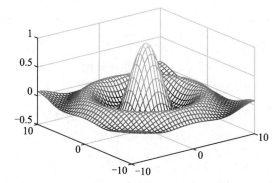

图 7-16　笛卡儿坐标系的网格曲面图

【例 7-17】 利用 meshc 和 meshz 绘制三维网格图。

解： 在编辑器窗口中输入以下语句。

```
clear, clf
[X,Y]=meshgrid(-3:.5:3);
Z=2*X.^2-3*Y.^2;
subplot(2,2,1);plot3(X,Y,Z)
title('plot3')
subplot(2,2,2);mesh(X,Y,Z)
title('mesh')
subplot(2,2,3);meshc(X,Y,Z)
title('meshc')
subplot(2,2,4);meshz(X,Y,Z)
title('meshz')
```

运行代码，得到如图 7-17 所示的绘图结果。

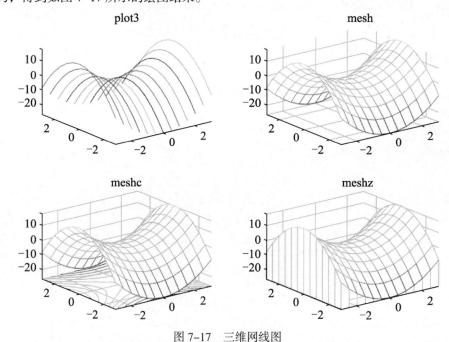

图 7-17　三维网线图

从图 7-20 可以看到，plot3 函数只能绘制出 X、Y、Z 的对应列表示的一系列三维曲线，只要求 X、Y、

Z 三个数组具有相同的尺寸，并不要求(X,Y)必须定义网格点。

mesh 函数则要求(X,Y)必须定义网格点，且在绘图结果中可以把邻近网格点对应的三维曲面点(X,Y,Z)用线条连接起来。

此外，plot3 函数绘图时按照 MATLAB 绘制图线的默认颜色序循环使用颜色区别各条三维曲线，而 mesh 绘制的网格曲面图中颜色用来表征 Z 值的大小，可以通过 colormap 函数显示表示图形中颜色和数值对应关系的颜色表。

7.2.4　隐藏线的显示和关闭

显示或不显示的网格曲面的隐藏线对图形的显示效果有一定的影响。MATLAB 提供了相关的控制函数 hidden，调用该函数的格式是 hidden on 或 hidden off。

```
hidden on                        %去掉网格曲面的隐藏线
hidden off                       %显示网格曲面的隐藏线
```

【例 7-18】绘出有隐藏线和无隐藏线的函数 $f(x,y) = \dfrac{\sin\sqrt{x^2+y^2}}{\sqrt{x^2+y^2}}$ 的网格曲面。

解：在编辑器窗口中输入以下语句。

```
clear, clf
x=-8:0.5:8;
y=x;
[X,Y]=meshgrid(x,y);
R=sqrt(X.^2+Y.^2)+eps;
Z=sin(R)./R;
subplot(1,2,1);mesh(X,Y,Z)
hidden on
grid on
title('hidden on')
axis([-10 10 -10 10 -1 1])
subplot(1,2,2);mesh(X,Y,Z)
hidden off
grid on
title('hidden off')
axis([-10 10 -10 10 -1 1])
```

运行程序，得到如图 7-18 所示的图形。

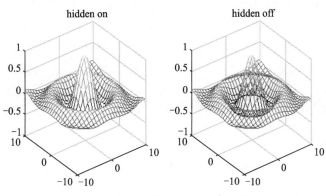

图 7-18　有无隐藏线的函数网格曲面图

7.3 三维阴影曲面的绘制

在 MATLAB 中，可用函数 surfc、surfl 绘制三维曲面图，同时这些函数也可以用于绘制三维阴影曲面。这种曲面也是由很多个较小的四边形构成的，但是各个四边形的四条边是无色的（为绘图窗口的底色），其内部却分布着不同的颜色，也可认为是四边形带有阴影效果。

7.3.1 带有等高线的阴影曲面绘制

绘制在 XY 平面上带有等高线的三维阴影曲面的函数采用 surfc，调用这种函数的格式与调用 surf 函数的使用方法及参数含义相同。

surfc 函数与 surf 函数的区别是前者除了绘制出三维阴影曲面外，在 XY 坐标平面上还绘制有曲面在 Z 轴方向上的等高线，而后者仅绘制出三维阴影曲面。

【例 7-19】利用函数 surfc 为三维曲面添加等高线。

解：在编辑器窗口中输入以下语句。

```
clear, clf
[X,Y,Z]=peaks(30);
surfc(X,Y,Z)
```

运行程序，得到如图 7-19 所示的图形。

7.3.2 具有光照效果的阴影曲面绘制

MATLAB 为用户提供了一种可以绘制具有光照效果的阴影曲面的绘制函数 surfl，该函数与 surf 函数的使用方法及参数含义相类似。surfl 函数与 surf 函数的区别是前者绘制出的三维阴影曲面具有光照效果，而后者绘制出的三维阴影曲面无光照效果。

【例 7-20】利用 surfl 函数为三维阴影曲面添加光照效果。

解：在编辑器窗口中输入以下语句。

```
clear, clf
[x,y]=meshgrid(-3:1/8:3);
z=peaks(x,y);
surfl(x,y,z)
shading interp
```

运行程序，输出图形如图 7-20 所示。

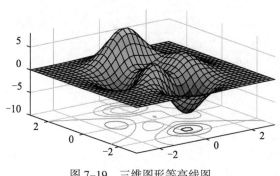

图 7-19　三维图形等高线图

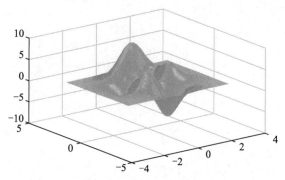

图 7-20　增加光照效果的三维图形等高线图

7.4 三维图形的控制

三维图形的控制主要指视角位置和坐标轴设置。本节将详细介绍三维图形中的视角位置和坐标轴设置方法。

7.4.1 设置视角位置

前面绘制的三维图形，是以 30° 视角向下看 z=0 平面。以 –37.5° 视角看 x=0 平面与 z=0 平面所成的方向角称为仰角，与 x=0 平面的夹角叫方位角，如图 7-21 所示。因此默认的三维视角为仰角 30°，方位角 –37.5°；默认的二维视角为仰角 90°，方位角 0°。

在 MATLAB 中，用函数 view 改变所有类型的图形视角。命令格式如下：

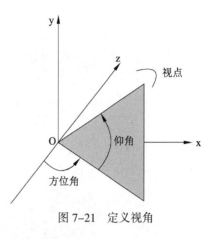

图 7-21 定义视角

```
view(az,el)与view([az,el])        %设置视角的方位角和仰角分别为 az 与 el
view([x,y,z])                     %将视点设为坐标(x,y,z)
view(2)                           %设置为默认的二维视角，az=0, el=90
view(3)                           %设置为默认的三维视角，az=-37.5,el=30
view(T)                           %以矩阵 T 设置视角，T 为由函数 viewmtx 生成的 4×4 矩阵
[az,el] = view                    %返回当前视角的方位角和仰角
T = view                          %由当前视角生成的 4×4 矩阵 T
```

【例 7-21】从不同的视角观察曲线。

解：在编辑器窗口中输入以下语句。

```
clear, clf
x=-4:4;
y=-4:4;
[X,Y]=meshgrid(x,y);
Z=X.^2+Y.^2;
subplot(2,2,1);surf(X,Y,Z);             %绘制三维曲面
ylabel('y'),xlabel('x'),zlabel('z');
title('(a) 默认视角 ')
subplot(2,2,2);surf(X,Y,Z);             %绘制三维曲面
ylabel('y'),xlabel('x'),zlabel('z');
title('(b) 仰角 75°，方位角-45° ')
view(-45,75)                            %将视角设为仰角 75°，方位角-45°
subplot(2,2,3);surf(X,Y,Z);             %绘制三维曲面
ylabel('y'),xlabel('x'),zlabel('z');
title('(c) 视点为(2,1,1)')
view([2,1,1])                           %将视点设为(2,1,1)指向原点
subplot(2,2,4);surf(X,Y,Z);             %绘制三维曲面
ylabel('y'),xlabel('x'),zlabel('z');
title('(d) 仰角 120°，方位角 30° ')
view(30,120)                            %将视角设为仰角 120°，方位角 30°
```

运行程序，输出图形如图 7-22 所示。

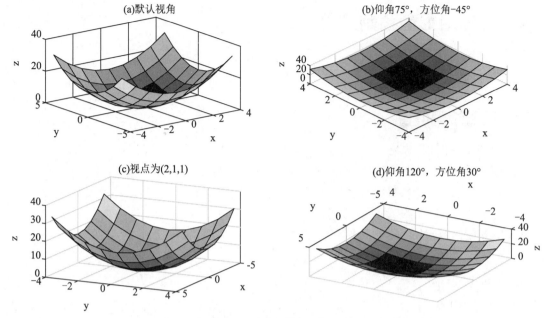

图 7-22　不同视角下的曲面图

最后，为了演示 MATLAB 句柄图形能力，精通 MATLAB 工具箱包含了函数 mmview3d。在产生二维或三维图形后调用函数 mmview3d，可在当前图形中放置水平角和方位角滑标（滚动条）以设置视角。使用函数 mmview3d 的更详细的信息见在线帮助。

7.4.2　设置坐标轴

三维图形下坐标轴的设置和二维图形下类似，都是通过带参数的 axis 函数设置坐标轴显示范围和显示比例：

```
axis([xmin xmax ymin ymax zmin zmax])    %设置三维图形的显示范围,数组元素分表确定了每一
                                         %坐标轴显示的最大值和最小值
axis auto                                %根据 x, y, z 的范围自动确定坐标轴的显示范围
axis manual                              %锁定当前坐标轴的显示范围,除非手动修改
axis tight                               %设置坐标轴显示范围为数据所在范围
axis equal                               %设置各坐标轴的单位刻度长度等长显示
axis square                              %将当前坐标范围显示在正方形(或正方体)内
axis vis3d                               %锁定坐标轴比例不随对三维图形的旋转而改变
```

【例 7-22】坐标轴设置函数 axis 使用实例。

解：在编辑器窗口中输入以下语句。

```
clear, clf
subplot(1,3,1)
ezsurf(@(t,s)(sin(t).*cos(s)),@(t,s)(sin(t).*sin(s)),@(t,s)cos(t),[0,2*pi,0,2*pi])
axis auto;title('auto')
subplot(1,3,2)
ezsurf(@(t,s)(sin(t).*cos(s)),@(t,s)(sin(t).*sin(s)),@(t,s)cos(t),[0,2*pi,0,2*pi])
axis equal;title('equal')
```

```
subplot(1,3,3)
ezsurf(@(t,s)(sin(t).*cos(s)),@(t,s)(sin(t).*sin(s)),@(t,s)cos(t),[0,2*pi,0,2*pi])
axis square;title('square')
```

运行结果如图 7-23 所示。

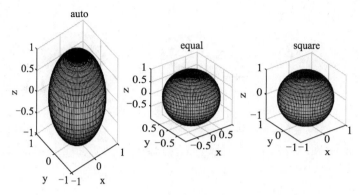

图 7-23　设置坐标轴

7.5　三维图形特殊处理

相对于二维图形，三维图形增加了一个维度，需要处理的问题更多。本节重点介绍几种比较典型的处理方法。

7.5.1　透视、镂空和裁切

1. 透视

MATLAB 在绘制三维网线图和曲面图时，一般进行消隐处理。为得到透视效果，用以下命令：

```
hidden off                         %透视被遮挡的图形
hidden on                          %消隐被遮挡的图形
```

【例 7-23】透视效果演示。

解： 在编辑器窗口中输入以下语句。

```
clear, clf
[X0,Y0,Z0]=sphere(25);             %产生单位球面的三维坐标
X=3*X0;
Y=3*Y0;
Z=3*Z0;                            %产生半径为 3 的球面坐标
surf(X0,Y0,Z0);                    %绘制单位球面
shading interp                     %对球的着色进行浓淡细化处理
hold on;                           %绘图保持
mesh(X,Y,Z)                        %绘制大球
colormap(hot);                     %定义色表
hold off                           %取消绘图保持
hidden off                         %产生透视效果
axis equal,axis off                %坐标等轴并隐藏
```

运行程序，结果如图 7-24 所示。

2. 裁剪

在 MATLAB 中，一般利用非数（NaN）对图形进行剪切处理。

【例 7-24】利用 NaN 对图形进行剪切处理。

解： 在编辑器窗口中输入以下语句。

```
clear, clf
t=linspace(0,2*pi,100);        %产生参数
r=1-exp(-t/2).*cos(4*t);       %旋转母线
[X,Y,Z]=cylinder(r,60);        %创建圆柱
ii=find(X<0&Y<0);              %确定 x-y 平面第四象限的坐标
surf(X,Y,Z);colormap(spring),shading interp
```

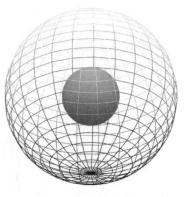

图 7-24　透视球

运行程序，输出图形如图 7-25（a）所示。下面对图像进行剪切处理。继续在编辑器窗口中输入以下语句：

```
Z(ii)=NaN;                                    %剪切
surf(X,Y,Z);colormap(spring),shading interp
light('position',[-3,-1,3],'style','local')   %设置光源
```

运行程序，结果如图 7-25（b）所示。

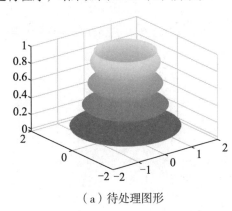

（a）待处理图形

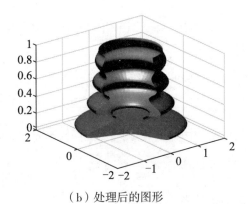

（b）处理后的图形

图 7-25　图形剪切

注意： 镂空处理不能产生切面，为看清图形需要剪切的表面，把被切部分强制为 0。

【例 7-25】绘制三维切面图。

解： 在编辑器窗口中输入以下语句。

```
clear, clf
x=[-8:0.05:8];
y=x;[X,Y]=meshgrid(x,y);       %产生格点数据
ZZ=X.^2-Y.^2;                  %计算函数值
ii=find(abs(X)>6|abs(Y)>6);    %确定超出[-6,6]的格点下标
ZZ(ii)=zeros(size(ii));        %强制为 0
surf(X,Y,ZZ),
shading interp;
colormap(copper)
```

```
light('position',[0,-15,1]);
lighting phong
material([0.8,0.8,0.5,10,0.5])
```

运行程序，结果如图 7-26 所示。

3. 镂空

【例 7-26】利用 NaN 对图形进行镂空处理。

解： 在 MATLAB 编辑器窗口中输入以下语句。

```
clear, clf
P=peaks(25);                    %MATLAB 提供的一个典型三维函数
P(17:21,8:18)=NaN;              %镂空
surfc(P);colormap(summer)       %加投影等高线的曲面
light('position',[40,-8,5]),
lighting flat
material([0.8,0.8,0.9,14,0.5])
```

运行程序，结果如图 7-27 所示。

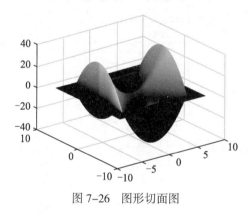

图 7-26 图形切面图

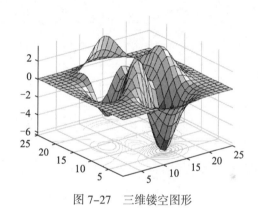

图 7-27 三维镂空图形

7.5.2 色彩控制

MATLAB 提供的用色风格函数如下：

```
colordef C                      %对屏幕上所有子对象设置默认值
colordef(fig,C)                 %对图形窗 fig 的所有子对象设置默认值
h=colordef('new',C)             %对新图形窗设置
whitebg                         %使当前图形窗背景色在黑白间切换
whitebg(fig)                    %切换指定窗
whitebg(C)                      %使当前图形窗背景色变为 C 指定的颜色
```

背景颜色含义如表 7-2 所示。

表 7-2 背景颜色

C	轴背景色	图背景色	轴标色	色图	画线用色次序
White	白	淡灰	黑	Jet	蓝，深绿，红，青，洋红，黄，黑
Black	黑	黑	白	jet	黄，洋红，青，红，淡绿，蓝，淡灰

一种色彩用[R,G,B]基色三元行数组表示。取值为(0,1)。常用颜色的 RGB 值如表 7-3 所示。

表 7-3　常用颜色的RGB值

R	G	B	颜　　色	色符	R	G	B	颜　　色	色符
0	0	1	蓝色（blue）	B	1	0	1	洋红（Magenta）	M
0	1	0	绿色（green）	G	1	1	0	黄色（yellow）	Y
1	0	0	红色（red）	R	0	0	0	黑色（black）	B
0	1	1	青色（cyan）	C	1	1	1	白色（white）	W

MATLAB 的每一个图形窗里只能有一个色图，色图为 m×3 的矩阵，m 默认为 64。表 7-4 为定义的色度矩阵。

表 7-4　色度矩阵

颜色图函数	含　　义	颜色图函数	含　　义	颜色图函数	含　　义
Autumn	红、黄浓淡色	Gray	灰色调	Prism	光谱交错色
Bone	蓝色调浓淡色	Hot	黑-红-黄-白	Spring	青、黄浓淡色
Colorcube	三浓淡多彩交错色	Hsv	红-红饱和色	Summer	绿、黄浓淡色
Cool	青、品红浓淡色	Jet	篮-红饱和色	Winter	篮、绿浓淡色
Copper	纯铜色调线性浓淡色	Lines	采用plot色	White	全白色
Flag	红-白-蓝-黑交错色	pink	淡粉红色图		

如果需要在 MATLAB 图形中显示色图，可以使用如下语句：

```
clear, clf
colormap(bone);
colorbar
```

运行程序，输出图形如图 7-28 所示。

【例 7-27】用 MATLAB 预定义的两个色图矩阵构成一个更大的色图阵。

解：在编辑器窗口中输入以下语句。

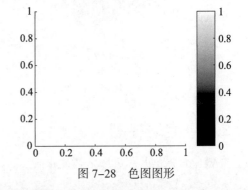

图 7-28　色图图形

```
clear, clf
%产生 25×25 的典型函数，C 为颜色分量，等于函数值
Z=peaks(25);
C=Z;
%计算颜色的最大值、最小值和差
Cmin=min(min(C));
Cmax=max(max(C));
DC=Cmax-Cmin;
CM=[autumn;winter];              %用两个已知的色图构成新的色图
colormap(CM);                    %给窗口设置颜色图
subplot(1,3,1); surf(Z,C);       %在子图 1 上绘制曲面
caxis([Cmin+DC*2/5,Cmax-DC*2/5]);%把色轴范围定义为比 C 小
colorbar('horiz')                %显示水平色度条
```

```
subplot(1,3,2); surf(Z,C);colorbar('horiz')
subplot(1,3,3); surf(Z,C); colorbar('horiz')
caxis([Cmin,Cmax+DC]);
```

运行程序，结果如图 7-29 所示。

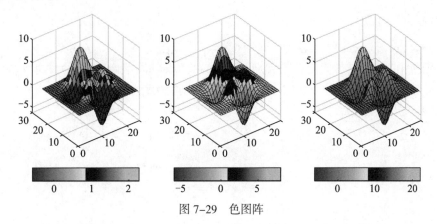

图 7-29　色图阵

MATLAB 还可以对图形颜色的浓淡进行处理。MATLAB 中处理颜色浓淡的函数如下所示：

```
shading flat                    %用一种颜色
shading interp                  %用线性插值成色
shading faceted                 %勾画出网格线
```

【例 7-28】比较 3 种浓淡处理方式的效果。

解： 在编辑器窗口中输入以下语句。

```
clear, clf
Z=peaks(25);
colormap(jet)
subplot(1,3,1); surf(Z)
subplot(1,3,2); surf(Z); shading flat
subplot(1,3,3); surf(Z); shading interp
```

运行程序，得到如图 7-30 所示的结果。

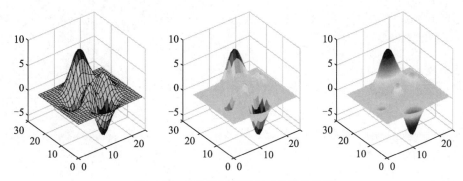

图 7-30　3 种浓淡处理方式效果比较图

7.5.3　照明和材质处理

MATLAB 不指定光照，图形采用强度各处相等的漫射光。如果需要对光源、照明模式和材质进行处理，可以使用如下方式：

（1）设置光源：

```
light('color',c1,'style',s1,'position',p1)
```

其中，c1 代表光的颜色，用[r,g,b]表示，默认为[1 1 1]；s1 取'infinite'表示无穷远光，取'local'表示近光；p1 表示[x,y,z]，对于远光，表示穿过该点射向原点，对于近光则指光源的位置。

（2）设置照明模式：

```
lighting flat            %光线均匀洒落在图形对象上（默认值）
lighting gouraud         %采用插补光线
lighting phong           %计算反射光，效果最好
lighting none            %关闭光源
```

（3）控制光效的材质指令：

```
material shiny           %使对象比较明亮，镜反射大
material dull            %使对象比较暗淡，漫反射大
material metal           %使对象带金属光泽（默认模式）
material default         %返回默认模式
material([ka kd ks n sc]) %对反射五要素设置，其中 ka 表示均匀背景光的强度，kd 表示漫反射
                         %的强度，ks 表示反射光的强度，n 表示控制镜面亮点大小，sc 表示
                         %控制镜面颜色的反射系数
```

【例 7-29】比较不同灯光、照明、材质条件下的球形效果。

解： 在编辑器窗口中输入以下语句。

```
clear, clf
[X,Y,Z]=sphere(35);                              %球形坐标
colormap(jet)                                    %选定色图
subplot(1,2,1);
surf(X,Y,Z);
shading interp                                   %在子图 1 上绘制曲面
light ('position',[2,-2,2],'style','local')      %近白光
lighting  phong                                  %照明模式
material([0.4,0.4,0.4,11,0.5])                   %材质
subplot(1,2,2);
surf(X,Y,Z,-Z);
shading flat                                     %在子图 2 上绘制曲面
light;                                           %用光源 1
lighting flat                                    %照明模式
light('position',[-1,-2,-1],'color','y')         %用光源 2
light('position',[-2,0.5,2],'style','local','color','w') %用光源 3
material([0.5,0.3,0.4,11,0.4])                   %材质
```

运行程序，输出图形如图 7-31 所示。

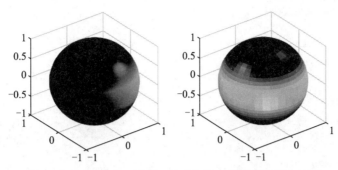

图 7-31　不同灯光、照明、材质条件下的球形效果比较图

7.5.4　简捷绘图函数

简捷绘图函数包括泛函绘图函数 fplot、一元函数简捷绘图函数 ezplot、二元函数简捷绘图函数 ezsurf 三种。其具体使用方法如下。

（1）泛函绘图函数 fplot 使用格式如下：

```
fplot(fname,xinterval)              %将在指定区间[xmin xmax]绘图
fplot(funx,funy,tinterval)          %在指定区间[tmin tmax]绘图
fplot(___,LineSpec)                 %指定线型、标记符号和线条颜色
fplot(___,Name,Value)               %使用一个或多个Name,Value对组参数指定线条属性
```

【例 7-30】比较 fplot 函数与一般绘图函数的绘图效果。

解： 在编辑器窗口中输入以下语句。

```
clear, clf
[x,y]=fplot(@(x)cos(tan(pi*x)),[-0.4,1.4]);
n=length(x);
subplot(1,2,1);plot(x,y)
title('泛函绘图')
t=(-0.4:1.8/n:1.4)';
subplot(1,2,2);plot(t,cos(tan(pi*t)))
title('等分采样')
```

运行程序，输出图形如图 7-32 所示。

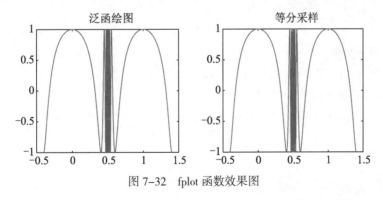

图 7-32　fplot 函数效果图

（2）一元函数简捷绘图函数 ezplot 使用格式如下：

```
ezplot(F,[x1,x2],fig)
```

其中，F 为要绘制的函数，[x1,x2]为自变量范围，默认为[-2π,2π]；fig 用于指定图形窗。

【例 7-31】绘制 $y = \dfrac{2}{3} e^{-\frac{t}{2}} \cos \dfrac{\sqrt{3}}{2} t$ 和它的积分 $s(t) = \displaystyle\int_0^t y(t)\mathrm{d}t$ 在 $[0, 3\pi]$ 的图形。

解： 在编辑器窗口中输入以下语句。

```
clear, clf
syms t tao;
y=2/3*exp(-t/2)*cos(sqrt(3)/2*t);
subplot(1,2,1),ezplot(y,[0,3*pi]);grid
s=subs(int(y,t,0,tao),tao,t);
subplot(1,2,2),ezplot(s,[0,3*pi]);grid
title('s = \inty(t)dt')
```

运行程序，输出图形如图 7-33 所示。

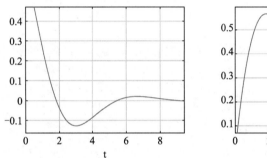

图 7-33　一元函数效果图

（3）二元函数简捷绘图函数 ezsurf 使用格式如下：

```
ezsurf(fun)                                    %fun 为需要绘制的函数
```

【例 7-32】在圆域上绘制 $z = x^2 y$ 的图形。

解： 在编辑器窗口中输入以下语句。

```
clear, clf
ezsurf('x*x*y','circ');
shading flat;
view([-15,25])
```

得到如图 7-34 所示图像。

【例 7-33】使用球坐标参量绘制部分球壳。

解： 在编辑器窗口中输入以下语句。

```
clear, clf
x='cos(s)*cos(t)';
y='cos(s)*sin(t)';
z='sin(s)';
ezsurf(x,y,z,[0,pi/2,0,3*pi/2])
view(17,40);shading interp;colormap(spring)
light('position',[0,0,-10],'style','local')
```

```
light('position',[-1,-0.5,2],'style','local')
material([0.5,0.5,0.5,10,0.3])
```

运行程序，输出图形如图 7-35 所示。

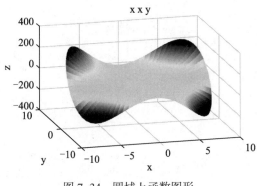

图 7-34 圆域上函数图形

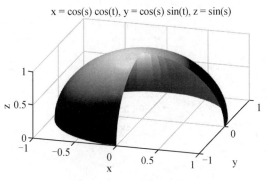

图 7-35 部分球壳图形

7.6 特殊三维图形

在科学研究中，我们有时也需要绘制一些特殊的三维图形，如统计学中的三维直方图、圆柱体图、饼状图等特殊样式的三维图形。

7.6.1 螺旋线

在三维绘图中，螺旋线分为静态螺旋线、动态螺旋线和圆柱螺旋线。

【例 7-34】 绘制螺旋线示例。

解：（1）产生静态螺旋线，在编辑器窗口中输入以下语句。

```
clear, clf
a=0:0.1:20*pi;
h=plot3(a.*cos(a),a.*sin(a),2.*a,'b','linewidth',1);
axis([-50,50,-50,50,0,150]);
grid on
set(h,'markersize',22);
title('静态螺旋线');
```

运行程序，输出图形如图 7-36 所示。

（2）产生动态螺旋线，在编辑器窗口中输入以下语句：

```
clear, clf
t=0:0.1:9*pi;
i=1;
h=plot3(sin(t(i)),cos(t(i)),t(i),'*');
grid on
axis([-1 1 -1 1 0 30])
for i=2:length(t)
    set(h,'xdata',sin(t(i)),'ydata',cos(t(i)),'zdata',t(i));
    drawnow
```

```
        pause(0.01)
end
title('动态螺旋线')
```

运行程序，输出图形如图7-37所示。

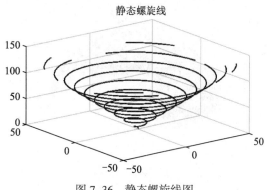

图7-36 静态螺旋线图

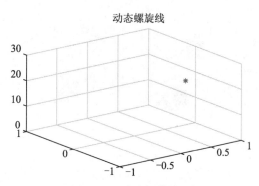

图7-37 动态螺旋线图

（3）产生圆柱螺旋线，在编辑器窗口中输入以下语句：

```
clear, clf
t=0:0.1:10*pi;
r=0.5;
x=r.*cos(t);
y=r.*sin(t);
z=t;
plot3(x,y,z,'h','linewidth',1);
grid on
axis('square')
xlabel('x轴');ylabel('y轴');zlabel('z轴'); title
('圆柱螺旋线')
```

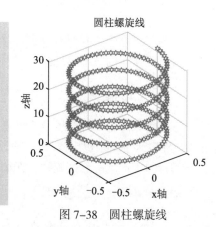

图7-38 圆柱螺旋线

运行程序，输出图形如图7-38所示。

7.6.2 抛物面

在MATLAB三维图形中，抛物面包括旋转抛物面、椭圆抛物面和双曲抛物面。

【例7-35】 产生抛物面示例。

解：（1）产生旋转抛物面，在编辑器窗口中输入以下语句。

```
clear, clf
b=0:1:3*pi;
[X,Y]=meshgrid(-5:0.1:5);
Z=(X.^2+Y.^2)./4;
meshc(X,Y,Z);
axis('square')
title('旋转抛物面')
```

运行程序，输出图形如图7-39所示。

（2）产生椭圆抛物面，在编辑器窗口中输入以下语句：

```
clear, clf
b=0:1:50*pi;
[X,Y]=meshgrid(-5:0.1:5);
Z=X.^2./9+Y.^2./4;
meshc(X,Y,Z);
axis('square')
title('椭圆抛物面')
```

运行程序，输出图形如图 7-40 所示。

（3）产生双曲抛物面，在编辑器窗口中输入以下语句：

```
clear, clf
[X,Y]=meshgrid(-6:0.1:6);
Z=X.^2./8-Y.^2./6;
meshc(X,Y,Z);
view(80,25)
axis('square')
title('双曲抛物面')
```

运行程序，输出图形如图 7-41 所示。

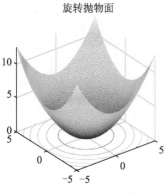

图 7-39　旋转抛物面图

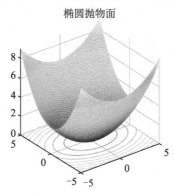

图 7-40　椭圆抛物面图

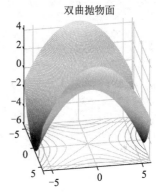

图 7-41　双曲抛物面图

7.6.3　柱状图

与二维情况相类似，MATLAB 提供了两类绘制三维直方图的函数，一类用于绘制垂直放置的三维直方图，另一类用于绘制水平放置的三维直方图。

1. 垂直放置的三维直方图

MATLAB 中绘制垂直放置的三维直方图函数格式如下：

```
bar3(Z)
```

以 x=1,2,3,…,m 为各个数据点的 x 坐标，以 y=1,2,3,…,n 为各个数据点的 y 坐标，以 Z 矩阵的各个对应元素为 z 坐标（Z 矩阵的维数为 m×n）：

```
bar3(Y,Z)
```

以 x=1,2,3,…,m 为各个数据点的 x 坐标，以 Y 向量的各个元素为各个数据点的 y 坐标，以 Z 矩阵的各个对应元素为 z 坐标（Z 矩阵的维数为 m×n）：

```
bar3(Z,option)
```

以 x=1,2,3,…,m 为各个数据点的 x 坐标，以 y=1,2,3,…,n 为各个数据点的 y 坐标，以 Z 矩阵的各个对应元素为 z 坐标（Z 矩阵的维数为 m×n），且各个方块的放置位置由字符串参数 option 指定（detached 为分离式三维直方图；grouped 为分组式三维直方图；stached 为累加式三维直方图）。

2. 水平放置的三维直方图

MATLAB 中绘制水平放置的三维直方图的函数包括 bar3h(Z)、bar3h(Y,Z)、bar3h(Z,option)。它们的功能及使用方法与前述的 3 个 bar3 命令的功能及使用方法相同。

【例 7-36】 利用函数绘制出不同类型的直方图。

解： 在编辑器窗口中输入以下语句。

```
clear, clf
Z=[15,35,10;20,10,30];
subplot(2,2,1);h1=bar3(Z,'detached');
set(h1,'FaceColor','W')
title('分离式直方图')
subplot(2,2,2);h2=bar3(Z,'grouped');
set(h2,'FaceColor','W')
title('分组式直方图')
subplot(2,2,3);h3=bar3(Z,'stacked');
set(h3,'FaceColor','W')
title('叠加式直方图')
subplot(2,2,4);h4=bar3h(Z);
set(h4,'FaceColor','W')
title('无参式直方图')
```

运行程序，输出图形如图 7-42 所示。

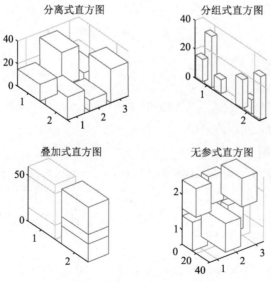

图 7-42　不同类型的三维直方图

7.6.4 柱体

MATLAB 中的柱体种类比较多，主要分为圆柱体、椭圆柱体、双曲柱体和抛物面柱体。下面分别举例说明每种柱体的绘图方法。

【例 7-37】利用函数 cylinder 绘制出两种圆柱体。

解： 在编辑器窗口中输入以下语句。

```
clear, clf
[X,Y,Z]=cylinder;
subplot(1,2,1); mesh(X,Y,Z)
title('单位圆柱体')
t=1:9;
r(t)=t.*t;
[X,Y,Z]=cylinder(r,35);
subplot(1,2,2);mesh(X,Y,Z)
title('一般圆柱体')
```

运行程序，输出图形如图 7–43 所示。

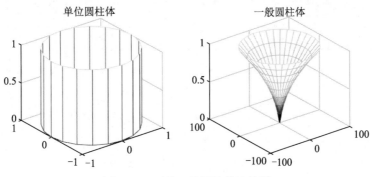

图 7–43 两种三维圆柱体比较图

【例 7-38】利用函数 ezsurf 绘制椭圆柱面。

解： 在编辑器窗口中输入以下语句。

```
clear, clf
load clown
ezsurf('(2*cos(u))','4*sin(u)','v',[0,2*pi,0,2*pi])
view(-105,40)                                      %视角处理
shading interp                                     %灯光处理
colormap(map)                                      %颜色处理
title('椭圆柱面')                                   %添加标题
grid on                                            %添加网格线
axis equal                                         %使 x,y 轴比例一致
```

运行程序，输出图形如图 7–44 所示。

【例 7-39】利用函数 ezsurf 绘制双曲柱面。

解： 在编辑器窗口中输入以下语句。

```
clear, clf
load clown
ezsurf('2*sec(u)','2*tan(u)','v',[-pi/2,pi/2,-3*pi,3*pi])
hold on
ezsurf('2*sec(u)','2*tan(u)','v',[pi/2,3*pi/2,-3*pi,3*pi])
colormap(map)
shading interp
view(-15,30)
axis equal
grid on
axis equal
title('双曲柱面')
```

运行程序，输出图形如图 7-45 所示。

【例 7-40】利用函数 ezsurf 绘制抛物柱面。

解： 在编辑器窗口中输入以下语句。

```
clear, clf
[X,Y]=meshgrid(-7:0.1:7);
Z=Y.^2./8;
h=mesh(Z);
rotate(h,[1 0 1],180)              %旋转处理
%axis([-8,8,-8,8,-2,6]);
axis('square')
title('抛物柱面')
```

运行程序，输出图形如图 7-46 所示。

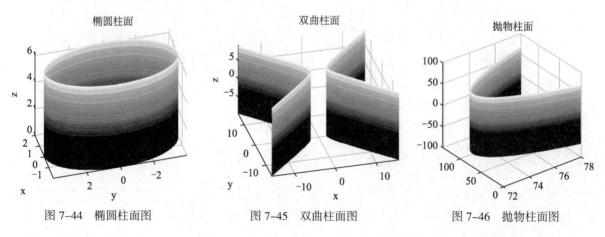

图 7-44 椭圆柱面图   图 7-45 双曲柱面图   图 7-46 抛物柱面图

7.6.5 饼状图

MATLAB 中，三维饼状图的绘制函数是 pie3，用法和 pie 类似，其功能是以三维饼状图形显示各组分所占比例。调用这种函数的格式是 pie3(x,Z)。

【例 7-41】利用 pie3 函数绘制三维饼状图。

解： 在编辑器窗口中输入以下语句。

```
clear, clf
x=[32 45 11 76 56];
explode=[0 0 1 0 1];
pie3(x,explode)
```

运行程序，绘制结果如图 7-47 所示。

7.6.6　双曲面

MATLAB 中的双曲面主要分为单叶双曲面、旋转单叶双曲面和双叶双曲面。下面分别举例说明每种类型的绘图方法。

【例 7-42】绘制双曲面图形。

解：（1）绘制单叶双曲面图形，在编辑器窗口中输入以下语句。

```
clear, clf
ezsurf('4*sec(u)*cos(v)','2.*sec(u)*sin(v)','3.*tan(u)',[-pi./2,pi./2,0,2*pi])
axis equal
grid on
title('单叶双曲面')
```

运行程序，得到如图 7-48 所示的图像。

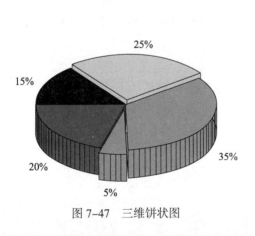

图 7-47　三维饼状图

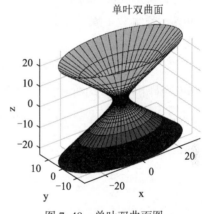

图 7-48　单叶双曲面图

（2）绘制旋转单叶双曲面图形，在编辑器窗口中输入以下语句：

```
ezsurf('8*sec(u)*cos(v)','8.*sec(u)*sin(v)','2.*tan(u)',[-pi./2,pi./2,0,2*pi])
axis square
grid on
title('旋转单叶双曲面')
```

运行程序，得到如图 7-49 所示的图像。

（3）绘制旋转双叶双曲面图形，在编辑器窗口中输入以下语句：

```
ezsurf('8*tan(u)*cos(v)','8.*tan(u)*sin(v)','2.*sec(u)',[-pi./2,3*pi./2,0,2*pi])
axis square
grid on
title('双叶双曲面')
```

运行程序，得到如图 7-50 所示的图像。

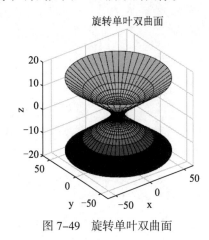

图 7-49 旋转单叶双曲面

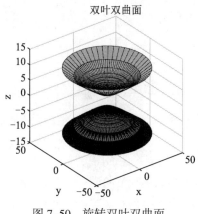

图 7-50 旋转双叶双曲面

7.6.7 三维等高线

MATLAB 中提供的三维等高线的绘制函数格式如下：

```
contour3(X,Y,Z,n,option)
```

参数 n 指定要绘制出 n 条等高线。若缺省参数 n，则系统自动确定绘制等高线的条数；参数 option 指定等高线的线型和颜色。

```
clabel(c,h)      %标记等高线的数值，参数(c,h)必须是contour命令的返回值
```

【例 7-43】绘制下列函数的曲面及其对应的三维等高线：

$$f(x,y) = 3(1-x)^2 e^{-x^2-(y+1)^2} - 10\left(\frac{x}{5}-x^3-y^5\right)e^{-(x^2-y^2)} - \frac{1}{3}e^{-(x+1)^2-y^2}$$

解：在编辑器窗口中输入以下语句。

```
clear, clf
x=-5:0.2:5;
y=x;
[X,Y]=meshgrid(x,y);
Z=3*(1-X).^2.*exp(-(X.^2)-(Y+1).^2)...
  -10*(X/5-X.^3-Y.^5).*exp(-X.^2-Y.^2)...
  -1/3*exp(-(X+1).^2-Y.^2);
subplot(2,2,1)
mesh(X,Y,Z)
xlabel('x'),ylabel('y'),zlabel('Z')
title('Peaks 函数图形')
subplot(2,1,2)
[c,h]=contour3(x,y,Z);
clabel(c,h)
xlabel('x'),ylabel('y'),zlabel('z')
title('Peaks 函数的三维等高线')
```

运行程序，得到如图 7-51 所示的结果。

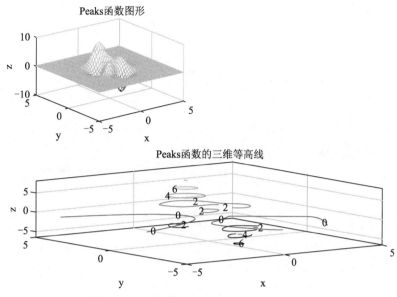

图 7-51　函数曲面及其对应的三维等高线

7.6.8　三维离散序列图

MATLAB 提供了绘制三维离散序列图的函数，该函数的调用格式如下：

```
stem3(X,Y,Z,option)
```

以向量 X 的各个元素为 x 坐标，以向量 Y 的各个元素为 y 坐标，以 Z 矩阵的各个对应元素为 z 坐标，在(x,y,z)坐标点绘制一个空心的小圆圈，并作一条垂线段连接到 X 坐标轴，option 是个可选的参数，代表绘图时的线型和颜色。

```
stem3(X,Y,Z,'filled')
```

以向量 X 的各个元素为 x 坐标，以向量 Y 的各个元素为 y 坐标，以 Z 矩阵的各个对应元素为 z 坐标，在(x,y,z)坐标点绘制一个实心的小圆圈，并作一条垂线段连接到 XY 坐标平面。

【例 7-44】利用三维离散序列图绘制函数 stem3 绘制离散序列图。

解： 在编辑器窗口中输入以下语句。

```
clear, clf
t=0:pi/11:5*pi;
x=exp(-t/11).*cos(t);
y=3*exp(-t/11).*sin(t);
stem3(x,y,t,'filled')
hold on
plot3(x,y,t)
xlabel('X'),ylabel('Y'),zlabel('Z')
```

运行程序，得到如图 7-52 所示的结果。

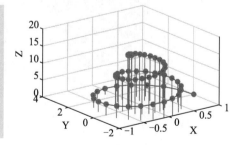

图 7-52　三维离散序列图

7.6.9　其他图形

本节通过举例介绍几种平时较少用到的特殊三维图形。

【例 7-45】利用函数绘制三维心形图案。

解： 在编辑器窗口中输入以下语句。

```
clear, clf
[X,Y,Z]=meshgrid(-3:0.05:3,-3:0.05:3,-3:0.05:3);
V=(X.^2+9/4*Y.^2+Z.^2-1).^3-X.^2.*Z.^3-9/80* (Y.^2) .*Z.^3;
V1=V<0;
W=smooth3(V1);
p=patch(isosurface(X,Y,Z,W,0));
isonormals(X,Y,Z,W,p)
hold on
set(p,'FaceColor','red','EdgeColor','none');
daspect([1 1 1])
view(3); axis tight
camlight
lighting phong
rotate3d on
hold off
```

运行程序，得到如图 7-53 所示的结果。

【例 7-46】绘制一个三维 FFT 的茎图。

解： 在编辑器窗口中输入以下语句。

```
clear, clf
th=(0:119)/120*pi;
x=cos(th);
y=sin(th);
f=abs(fft(ones(9,1),120));
stem3(x,y,f','d','fill')
view([-60 35])
```

运行程序，得到如图 7-54 所示的结果。

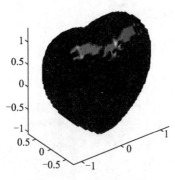

图 7-53　三维心形图形

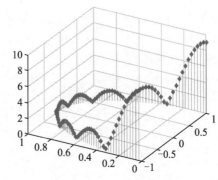

图 7-54　三维 FFT 的茎图

7.7　三维绘图应用

【例 7-47】在一丘陵地带测量高度，x 和 y 方向每隔 100m 测一个点，得高度见表 7-5。试拟合一曲面，确定合适的模型，并由此找出最高点和该点的高度。

表 7-5 高度数据

x	y			
	100	200	300	400
100	536	597	524	278
200	598	612	530	378
300	580	574	498	312
400	562	526	452	234

解： 在编辑器窗口中输入以下语句。

```
clear, clf
x=[100 100 100 100 200 200 200 200 300 300 300 300 400 400 400 400];
y=[100 200 300 400 100 200 300 400 100 200 300 400 100 200 300 400];
z=[536 597 524 378 598 612 530 378 580 574 498 312 562 526 452 234];
xi=100:5:400;
yi=100:5:400;
[X,Y]=meshgrid(xi,yi);
H=griddata(x,y,z,X,Y,'cubic');
surf(X,Y,H);
view(-112,26);
hold on;
maxh=vpa(max(max(H)),6)
[r,c]=find(H>=single(maxh));
stem3(X(r,c),Y(r,c),maxh,'fill')
```

运行程序，结果如图 7–55 所示。

同时在 MATLAB 命令行窗口得到如下结果：

```
>> maxh =
 616.242
```

即该丘陵地带高度最高点为 616.242。

【例 7-48】 利用 MATLAB 绘图函数，绘制电梯门自动开关图形。

解： 在编辑器窗口中输入以下语句。

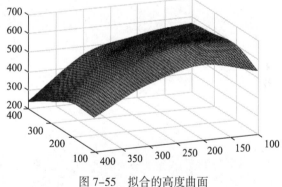

图 7–55 拟合的高度曲面

```
clear, clf
figure('name','自动门系统');
axis ([0 ,55,0,55]);
hold on;
axis off;
text(23,55,'自动门','fontsize',20,'color','b');
text(8,32,'放大器','fontsize',8,'color','r');
text(20,40,'电动机','fontsize',8,'color','k');
text(20,14,'门','fontsize',10,'color','r');
text(43.5,23,'开关（开门）','fontsize',10,'color','k');
text(43.5,8,'开关（关门）','fontsize',10,'color','k');
```

```
%绘制导线
c1=line([1;55],[50;50],'color','g','linewidth',2);
c2=line([4;35],[45;45],'color','g','linewidth',2);
c3=line([4;7],[35;35],'color','g','linewidth',2);
c4=line([1;1],[30;50],'color','g','linewidth',2);
c5=line([4;4],[35;45],'color','g','linewidth',2);
c6=line([1;7],[30;30],'color','g','linewidth',2);
c7=line([55;55],[15;50],'color','g','linewidth',2);
c8=line([49;55],[15;15],'color','g','linewidth',2);
%绘制放大器
c9=line([7;7],[28;37],'color','g','linewidth',2);
c10=line([7;12],[37;37],'color','g','linewidth',2);
c11=line([12;12],[28;37],'color','g','linewidth',2);
c12=line([7;12],[28;28],'color','g','linewidth',2);
hold on;
%绘制箭头
j1=line([6;7],[35.5;35],'linewidth',2);
j2=line([6;7],[34.5;35],'linewidth',2);
j3=line([6;7],[30.5;30],'linewidth',2);
j4=line([6;7],[29.5;30],'linewidth',2);
j5=line([43;44],[20;20.5],'linewidth',2);
j6=line([43;44],[20;19.5],'linewidth',2);
j7=line([43;44],[10;10.5],'linewidth',2);
j8=line([43;44],[10;9.5],'linewidth',2);
j9=line([36;37],[10.5;10],'linewidth',2);
j10=line([36;37],[9.5;10],'linewidth',2);
hold on;
%绘制电阻
fill([37,38,38,37],[28,28,2,2],[1,0.1,0.5]);                %左电阻
fill([42,43,43,42],[28,28,2,2],[1,0.1,0.5]);                %右电阻
%绘制连接电阻的导线
f1=line([25;37],[10;10],'color','g','linewidth',2);
f2=line([35;35],[10;45],'color','g','linewidth',2);
f3=line([37.5;37.5],[1;2],'color','g','linewidth',2);
f4=line([37.5;42.5],[1;1],'color','g','linewidth',2);
f5=line([42.5;42.5],[1;2],'color','g','linewidth',2);
f6=line([37.5;37.5],[28;29],'color','g','linewidth',2);
f7=line([37.5;42.5],[29;29],'color','g','linewidth',2);
f8=line([42.5;42.5],[28;29],'color','g','linewidth',2);
f9=line([40;40],[17;29],'color','g','linewidth',2);
f10=line([40;40],[1;15.5],'color','g','linewidth',2);
%绘制电源
f11=line([39;41],[15.5;15.5],'color','r','linewidth',2);    %负极
f12=line([38.5;41.5],[17;17],'color','r','linewidth',2);    %正极
f13=line([43;48],[20;20],'color','g','linewidth',2);        %开门开关
f14=line([43;48],[10;10],'color','g','linewidth',2);        %关门开关
g0=line([48;49],[20;15],'color','k','linewidth',2);         %闸刀
```

```
door=line([25;25],[5;15],'color','g','linewidth',25);                      %绘制门
d1=line([25;25],[27.5;15],'color','g','linewidth',2);                      %绘制门顶的绳索
hold on;
%绘制电机的两端（用两个椭圆）
t=0:pi/100:2*pi;
fill(18+2*sin(t),32.5+5*cos(t),[0.7,0.85,0.9]);                            %电机左端
fill(25+2*sin(t),32.5+5*cos(t),[0.7,0.85,0.9]);                            %电机右端
e0=line([12;18],[32.5;32.5],'color','r','linewidth',2);                    %绘制连接电机中轴的线
%绘制电机的表面（用 8 根不同颜色的线代替，每根之间相差 pi/4）
%简便起见，初始条件下可将 8 根线分成两组放在电机的顶端和底端
sig1=line([18;25],[37.5;37.5],'color','r','linestyle','-','linewidth',2);
sig2=line([18;25],[27.5;27.5],'color','m','linestyle','-','linewidth',2);
sig3=line([18;25],[37.5;37.5],'color','w','linestyle','-','linewidth',2);
sig4=line([18;25],[27.5;27.5],'color','b','linestyle','-','linewidth',2);
sig5=line([18;25],[37.5;37.5],'color','c','linestyle','-','linewidth',2);
sig6=line([18;25],[27.5;27.5],'color','g','linestyle','-','linewidth',2);
sig7=line([18;25],[37.5;37.5],'color','k','linestyle','-','linewidth',2);
sig8=line([18;25],[27.5;27.5],'color','b','linestyle','-','linewidth',2);
a=0;                                              %设定电机运转的初始角度
da=0.02;                                          %设定电机正转的条件
s=0;                                              %设定门运动的初始条件
ds=0.02;                                          %设定门运动的周期
while s<9                                         %条件表达式（当 0<s<9 时，电机正转,门上升）
    a=a+da;
    xa1=18+abs(2*sin(a));
    xa2=25+2*sin(a);
    ya1=32.5+5*cos(a);
    ya2=32.5+5*cos(a);
    xb1=18+2*abs(sin(a+pi));
    xb2=25+2*sin(a+pi);
    yb1=32.5+5*cos(a+pi);
    yb2=32.5+5*cos(a+pi);
    xc1=18+abs(2*sin(a+pi/2));
    xc2=25+2*sin(a+pi/2);
    yc1=32.5+5*cos(a+pi/2);
    yc2=32.5+5*cos(a+pi/2);
    xd1=18+2*abs(sin(a-pi/2));
    xd2=25+2*sin(a-pi/2);
    yd1=32.5+5*cos(a-pi/2);
    yd2=32.5+5*cos(a-pi/2);

    xe1=18+abs(2*sin(a+pi/4));
    xe2=25+2*sin(a+pi/4);
    ye1=32.5+5*cos(a+pi/4);
    ye2=32.5+5*cos(a+pi/4);
    xf1=18+2*abs(sin(a+pi*3/4));
    xf2=25+2*sin(a+pi*3/4);
```

```
        yf1=32.5+5*cos(a+pi*3/4);
        yf2=32.5+5*cos(a+pi*3/4);
        xg1=18+abs(2*sin(a-pi*3/4));
        xg2=25+2*sin(a-3*pi/4);
        yg1=32.5+5*cos(a-3*pi/4);
        yg2=32.5+5*cos(a-3*pi/4);
        xh1=18+2*abs(sin(a-pi/4));
        xh2=25+2*sin(a-pi/4);
        yh1=32.5+5*cos(a-pi/4);
        yh2=32.5+5*cos(a-pi/4);
        %绘制电机表面各线条的运动
        set(sig1,'xdata',[xa1;xa2],'ydata',[ya1;ya2]);
        set(sig2,'xdata',[xb1;xb2],'ydata',[yb1;yb2]);
        set(sig3,'xdata',[xc1;xc2],'ydata',[yc1;yc2]);
        set(sig4,'xdata',[xd1;xd2],'ydata',[yd1;yd2]);
        set(sig5,'xdata',[xe1;xe2],'ydata',[ye1;ye2]);
        set(sig6,'xdata',[xf1;xf2],'ydata',[yf1;yf2]);
        set(sig7,'xdata',[xg1;xg2],'ydata',[yg1;yg2]);
        set(sig8,'xdata',[xh1;xh2],'ydata',[yh1;yh2]);

        s=s+ds;
        set(door,'xdata',[25;25],'ydata',[5+s;15+s]);      %绘制门的向上运动
        set(d1,'xdata',[25;25],'ydata',[27.5;15+s]);       %绘制门顶绳索的向上运动
        set(f1,'xdata',[25;37],'ydata',[10+s;10+s]);       %绘制门和电阻之间两根导线的运动
        set(f2,'xdata',[35;35],'ydata',[45;10+s]);
        set(j9,'xdata',[36;37],'ydata',[10.5+s;10+s]);     %绘制上箭头的向上运动
        set(j10,'xdata',[36;37],'ydata',[9.5+s;10+s]);     %绘制下箭头的向上运动
        set(gcf,'doublebuffer','on');                      %消除振动
        drawnow;
end

b=0;                                                       %设定电机反转的条件
db=0.02;
while s<22                                                 %条件表达式（当9<s<22时，电机反转，门下降）

        b=b-db;
        xa1=18+abs(2*sin(a+b));
        xa2=25+2*sin(a+b);
        ya1=32.5+5*cos(a+b);
        ya2=32.5+5*cos(a+b);
        xb1=18+2*abs(sin(a+pi+b));
        xb2=25+2*sin(a+pi+b);
        yb1=32.5+5*cos(a+pi+b);
        yb2=32.5+5*cos(a+pi+b);
        xc1=18+abs(2*sin(a+pi/2+b));
        xc2=25+2*sin(a+pi/2+b);
        yc1=32.5+5*cos(a+pi/2+b);
```

```
        yc2=32.5+5*cos(a+pi/2+b);
        xd1=18+2*abs(sin(a-pi/2+b));
        xd2=25+2*sin(a-pi/2+b);
        yd1=32.5+5*cos(a-pi/2+b);
        yd2=32.5+5*cos(a-pi/2+b);

        xe1=18+abs(2*sin(a+pi/4+b));
        xe2=25+2*sin(a+pi/4+b);
        ye1=32.5+5*cos(a+pi/4+b);
        ye2=32.5+5*cos(a+pi/4+b);
        xf1=18+2*abs(sin(a+pi*3/4+b));
        xf2=25+2*sin(a+pi*3/4+b);
        yf1=32.5+5*cos(a+pi*3/4+b);
        yf2=32.5+5*cos(a+pi*3/4+b);
        xg1=18+abs(2*sin(a-pi*3/4+b));
        xg2=25+2*sin(a-3*pi/4+b);
        yg1=32.5+5*cos(a-3*pi/4+b);
        yg2=32.5+5*cos(a-3*pi/4+b);
        xh1=18+2*abs(sin(a-pi/4+b));
        xh2=25+2*sin(a-pi/4+b);
        yh1=32.5+5*cos(a-pi/4+b);
        yh2=32.5+5*cos(a-pi/4+b);
    %绘制电机表面各线条的运动
        set(sig1,'xdata',[xa1;xa2],'ydata',[ya1;ya2]);
        set(sig2,'xdata',[xb1;xb2],'ydata',[yb1;yb2]);
        set(sig3,'xdata',[xc1;xc2],'ydata',[yc1;yc2]);
        set(sig4,'xdata',[xd1;xd2],'ydata',[yd1;yd2]);
        set(sig5,'xdata',[xe1;xe2],'ydata',[ye1;ye2]);
        set(sig6,'xdata',[xf1;xf2],'ydata',[yf1;yf2]);
        set(sig7,'xdata',[xg1;xg2],'ydata',[yg1;yg2]);
        set(sig8,'xdata',[xh1;xh2],'ydata',[yh1;yh2]);

        s=s+ds;
        set(g0,'xdata',[49;48],'ydata',[15;10]);              %绘制闸刀的换向运动
        set(door,'xdata',[25;25],'ydata',[35-s;25-s]);        %绘制门的向下运动
        set(d1,'xdata',[25;25],'ydata',[27.5;35-s]);          %绘制门顶绳索的向下运动
        set(f1,'xdata',[25;37],'ydata',[30-s;30-s]);          %绘制门和电阻之间两根导线的运动
        set(f2,'xdata',[35;35],'ydata',[45;30-s]);

        set(j9,'xdata',[36;37],'ydata',[30.5-s;30-s]);        %绘制上箭头的向下运动
        set(j10,'xdata',[36;37],'ydata',[29.5-s;30-s]);       %绘制下箭头的向下运动
        set(gcf,'doublebuffer','on');                         %消除振动
        drawnow;
end
```

运行程序，得到如图 7-56 所示的自动门演示图。

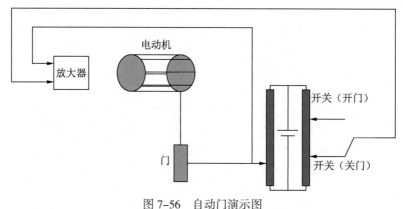

图 7-56 自动门演示图

【例 7-49】利用 MATLAB 绘图函数，绘制调速风扇图形。

解：在编辑器窗口中输入以下语句。

```matlab
clear, clf
speed=50;
t=0;
Y_a=3;Y_b=3;Y_c=3;
y0=figure;
axis equal;axis off
axis([-5 5 -12 5])
title('调速风扇','fontsize',18);
grid off;
[x1,y1,z1]=sphere(30);                                   %产生球体坐标
x=5*x1;
y=5*y1;
z=5*z1;
shading interp;
hold on;
mesh(x,y,z),colormap(hot);                               %绘制风扇框架
hold on;
hidden off;
hold on;
fill([-3,-1,1,3],[-8.5,-5,-5,-8.5],[0.5,0.5,0.5]);       %绘制一个多边形
text(-1.3,-7,'调速风扇 ','color','k');                    %多边形里的文字
hold on
ax=Y_a*cos(2 * pi * t);ay = Y_a * sin(2 * pi * t);   %计算初始3个叶片的横坐标和纵坐标
bx=Y_b*cos(2 * pi * t - 2 * pi/3);by = Y_b * sin(2 * pi * t - 2 * pi/3);
cx=Y_c*cos(2 * pi * t + 2 * pi/3);cy = Y_c * sin(2 * pi * t + 2 * pi/3);
y_line_a=line([0 ax],[0 ay],'Color','r','linestyle','-','linewidth',20);   %绘制出
                                                                           %3个叶片

y_line_b=line([0 bx],[0 by],'Color','b','linestyle','-','linewidth',20);
y_line_c=line([0 cx],[0 cy],'Color','g','linestyle','-','linewidth',20);
k=1;
```

```matlab
%b1 为停止按钮
b1=uicontrol('parent',y0,...
    'units','points',...
    'tag','b2',...
    'style','pushbutton',...
    'string','停止',...
    'backgroundcolor',[0.75 0.75 0.75],...
    'position',[280 10 50 20],...
    'callback','k=0;');

%b2 为关闭按钮
b2=uicontrol('parent',y0,...
    'units','points',...
    'tag','b3',...
    'style','pushbutton',...
    'string','关闭',...
    'backgroundcolor',[0.75 0.75 0.75],...
    'position',[350 10 50 20],...
    'callback',[...
    'k=1;,',...
    'close']);

%s1 为调速框条
s1=uicontrol('parent',y0,...
    'units','points',...
    'tag','s1',...
    'style','slider',...
    'value',1*speed,...
    'max',100,...
    'min',30,...
    'backgroundcolor',[0.75 0.75 0.75],...
    'position',[30 10 190 20],...
    'callback',[...
    'm=get(gcbo,''value'');,',...
    'speed = m/1;']);

%t1 为上面的文字说明
t1=uicontrol('parent',y0,...
    'units','points',...
    'tag','t',...
    'style','text',...
    'fontsize',15,...
    'string','风扇转速调节',...
    'backgroundcolor',[0.75 0.75 0.75],...
    'position',[30 30 190 20]);

while 1 %让风扇转起来的循环
    if k==0
```

```
        break
    end
    t = t + 1/speed;
    ax = Y_a * cos(2 * pi * t);ay = Y_a * sin(2 * pi * t);
    bx = Y_b * cos(2 * pi * t - 2 * pi/3);by = Y_b * sin(2 * pi * t - 2 * pi/3);
    cx = Y_c * cos(2 * pi * t + 2 * pi/3);cy = Y_c * sin(2 * pi * t + 2 * pi/3);
    drawnow;
    set(y_line_a,'XData',[0 ax],'YData',[0 ay]);
    set(y_line_b,'XData',[0 bx],'YData',[0 by]);
    set(y_line_c,'XData',[0 cx],'YData',[0 cy]);
end
```

运行程序，得到如图 7-57 所示的调速风扇图。

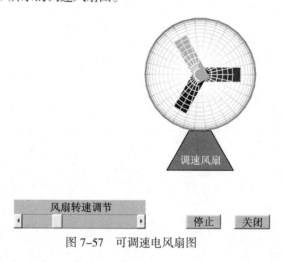

图 7-57　可调速电风扇图

7.8　小结

本章讲述了 MATLAB 中三维绘图的知识，包括基本的三维曲线图和三维曲面图的绘制、三维图形显示方法的设置、特殊的三维图形绘制等内容。其中，基本的三维图形的绘制和显示设置是本章的重点，尤其是网格曲面和各种三维图形的区别，读者需要仔细体会和理解。

第 8 章

程 序 设 计

类似于其他的高级语言编程，MATLAB 提供了非常方便易懂的程序设计方法，利用 MATLAB 编写的程序简洁、可读性强，且调试十分容易。本章重点讲解 MATLAB 中最基础的程序设计，包括程序结构、控制语句及程序调试与优化等内容。

本章学习目标包括：

（1）掌握 MATLAB 的程序结构；

（2）掌握 MATLAB 的控制语句；

（3）掌握文件操作方法；

（4）掌握程序调试与优化方法。

8.1　程序结构

MATLAB 程序结构一般可分为顺序结构、循环结构、分支结构 3 种。顺序结构是指按顺序逐条执行，循环结构与分支结构都有其特定的语句，这样可以增强程序的可读性。在 MATLAB 中常用的程序结构包括 if、switch、while 和 for 等。

8.1.1　if 分支结构

如果在程序中需要根据一定条件执行不同的操作，可以使用条件语句。MATLAB 中提供了 if 分支结构，或者称为 if-else-end 语句。

根据不同的条件情况，if 分支结构有多种形式，其中最简单的用法是：如果条件表达式为真，则执行语句 1，否则跳过该组命令。

if 分支结构是一个条件分支语句，若满足表达式的条件，则往下执行；若不满足，则跳出 if 结构。else if 表达式 2 与 else 为可选项，这两条语句可依据具体情况取舍。

if 语法结构如下：

```
if  表达式 1
    语句 1
    else if 表达式 2（可选）
        语句 2
    else （可选）
        语句 3
```

```
        end
    end
```

注意：

（1）每一个 if 都对应一个 end，即有几个 if，就应有几个 end；

（2）if 分支结构是所有程序结构中比较灵活的结构之一，可以使用任意多个 else if 语句，但是只能有一个 if 语句和一个 end 语句；

（3）if 语句可以相互嵌套，可以根据实际需要将各个 if 语句进行嵌套，从而解决比较复杂的实际问题。

【例 8-1】编写一个 if 程序并运行，然后针对结果说明原因。

解： 在编辑器窗口中输入以下语句。

```
clear
a=100;
b=20;
if a<b
    fprintf ('b>a')          %在 Word 中输入'b>a'单引号不可用，要在 Editor 中输入
else
    fprintf ('a>b')          %在 Word 中输入'b>a'单引号不可用，要在 Editor 中输入
end
```

运行程序，得到结果如下：

```
a>b
```

在程序中用到了 if…else…end 的结构，如果 a<b，则输出 b>a；反之则输出 a>b。由于 a=100，b=20，比较可得结果 a>b。

在分支结构中，多条语句可以放在同一行，但语句间要用 “;” 分开。

8.1.2 switch 分支结构

在 MATLAB 中，switch 分支结构适用于条件多且比较单一的情况，类似于一个数控的多个开关。其一般的语法调用方式如下：

```
switch  表达式
    case 常量表达式 1
        语句组 1
    case 常量表达式 2
        语句组 2
        … … …
    otherwise
        语句组 n
end
```

其中，switch 后面的表达式可以是任何类型，如数字、字符串等。

当表达式的值与 case 后面常量表达式的值相等时，就执行这个 case 后面的语句组，如果所有的常量表达式的值都与这个表达式的值不相等，则执行 otherwise 后的语句组。

表达式的值可以重复，在语法上并不错误，但是在执行时，后面符合条件的 case 语句将被忽略。

各个 case 和 otherwise 语句的顺序可以互换。

【例 8-2】输入一个数，判断它能否被 5 整除。

解： 在编辑器窗口中输入以下语句。

```
clear
n=input('输入 n=');                  %输入 n 值
switch mod(n,5)                      %mod 是求余函数，余数为 0，得 0；余数不为 0，得 1
    case 0
        fprintf ('%d 是 5 的倍数',n)
    otherwise
        fprintf('%d 不是 5 的倍数',n)
end
```

运行程序，得到结果如下：

```
输入 n=12
12 不是 5 的倍数>>
```

在 swith 分支结构中，case 命令后的检测不仅可以为一个标量或字符串，还可以为一个元胞数组。如果检测值是一个元胞数组，MATLAB 将把表达式的值和该元胞数组中的所有元素进行比较；如果元胞数组中某个元素和表达式的值相等，则 MATLAB 认为比较结构为真。

8.1.3　while 循环结构

除了分支结构之外，MATLAB 还提供多个循环结构。和其他编程语言类似，循环语句一般用于有规律的重复计算。被重复执行的语句称为循环体，控制循环语句流程的语句称为循环条件。

在 MATLAB 中，while 循环结构的语法形式如下：

```
while 逻辑表达式
    循环语句
end
```

while 结构依据逻辑表达式的值判断是否执行循环体语句。若表达式的值为真，则执行循环体语句一次，在反复执行时，每次都要进行判断。若表达式为假，则程序执行 end 之后的语句。

为了避免因逻辑上的失误导致陷入死循环，建议在循环体语句的适当位置加 break 语句。

while 循环也可以嵌套，其结构如下：

```
while 逻辑表达式 1
    循环体语句 1
    while 逻辑表达式 2
        循环体语句 2
    end
    循环体语句 3
end
```

【例 8-3】请设计一段程序，求 1～100 的偶数和。

解： 在编辑器窗口中输入以下语句。

```
clear
x=0;                                 %初始化变量 x
sum=0;                               %初始化 sum 变量
while x<101                          %当 x<101 执行循环体语句
```

```
    sum=sum+x;                          %进行累加
    x=x+2;
end                                     %while 结构的终点
sum                                     %显示 sum
```

运行程序，得到的结果如下：

```
sum =
   2550
```

【例 8-4】请设计一段程序，求 1~100 内的奇数和。

解： 在编辑器窗口中输入以下语句。

```
clear
x=1;                                    %初始化变量 x
sum=0;                                  %初始化 sum 变量
while x<101                             %当 x<101 执行循环体语句
    sum=sum+x;                          %进行累加
    x=x+2;
end                                     %while 结构的终点
sum                                     %显示 sum
```

运行程序，得到的结果如下：

```
sum =
   2500
```

8.1.4 for 循环结构

在 MATLAB 中，另外一种常见的循环结构是 for 循环，常用于知道循环次数的情况。其语法规则如下：

```
for ii=初值: 增量: 终值
    语句 1
    …
    语句 n
end
```

如 ii=初值: 终值，则增量为 1。初值、增量、终值可正可负，可以是整数，也可以是小数，只需符合数学逻辑即可。

【例 8-5】请设计一段程序，求 1+2+…+100 的和。

解： 在编辑器窗口中输入以下语句。

```
clear
sum=0;                                  %设置初值（必须要有）
for ii=1:100                            %for 循环，增量为 1
    sum=sum+ii;
end
sum
```

运行程序，得到结果如下：

```
sum =
     5050
```

【例 8-6】比较以下两个程序的区别。

解：在编辑器窗口中输入以下语句。

```
for ii=1:100                              %for 循环，增量为 1
    sum=sum+ii;
end
sum
```

运行程序，得到的结果如下：

```
sum =
    10100
```

程序 2 设计如下：

```
clear
for ii=1:100                              %for 循环，增量为 1
    sum=sum+ii;
end
sum
```

运行结果如下：

```
错误使用 sum
输入参数的数目不足。
出错 ex08_6 (第 9 行)
    sum=sum+ii;
```

一般的高级语言中，变量若没有设置初始值，程序会以 0 作为其初始值，然而这在 MATLAB 中是不允许的。所以，在 MATLAB 中应给出变量的初始值。

（1）程序 1 没有 clear，程序会调用到内存已经存在的 sum 值，其结果就成了 sum =10100。

（2）程序 2 与程序 1 的差别是少了 sum=0，此时因为程序中有 clear 语句，故出现错误信息。

注意：while 循环和 for 循环都是比较常见的循环结构，但是两个循环结构还是有区别的。其中最明显的区别在于，while 循环的执行次数是不确定的，而 for 循环的执行次数是确定的。

8.2　控制语句

在使用 MATLAB 设计程序时，经常遇到需要使用其他控制语句实现提前终止循环、跳出子程序、显示错误等功能的需求。在 MATLAB 中，对应的控制语句有 continue、break、return 等。

8.2.1　continue 命令

continue 语句通常用于 for 或 while 循环体中，其作用就是跳过本次循环，即跳过当前循环中未被执行的语句，执行下一轮的循环。下面使用一个简单的实例，说明 continue 命令的使用方法。

【例 8-7】请编写一个 continue 语句并运行，然后针对结果说明原因。

解：在编辑器窗口中输入以下语句。

```
clear
a=3;
```

```
b=6;
for ii=1:3
    b=b+1
    if ii<2
        continue
    end                                    %if 语句结束
    a=a+2
end                                        %for 循环结束
```

运行程序，得到结果如下：

```
b=
    7
b=
    8
a=
    5
b=
    9
a=
    7
```

当 if 条件满足时，程序将不再执行 continue 后面的语句，而是开始下一轮的循环。continue 语句常用于循环体中，与 if 一同使用。

8.2.2 break 命令

break 语句也通常用于 for 或 while 循环体中，与 if 一同使用。当 if 后的表达式为真时就调用 break 语句，跳出当前循环。它只终止最内层的循环。

【例 8-8】请编写一个 break 语句并运行，然后针对结果说明原因。

解：在编辑器窗口中输入以下语句。

```
clear
a=3;
b=6;
for ii=1:3
    b=b+1
    if ii>2
        break
    end
    a=a+2
end
```

运行程序，得到结果如下：

```
b=
    7
a=
    5
b=
```

```
       8
a=
       7
b=
       9
```

从以上程序可以看出，当 if 表达式的值为假时，程序执行 a=a+2；当 if 表达式的值为真时，程序执行 break 语句，跳出循环。

8.2.3　return 命令

通常情况下，当被调用函数执行完毕后，MATLAB 会自动把控制转至主调函数或指定窗口。如果在被调函数中插入 return 命令，可以强制 MATLAB 结束执行该函数并把控制转出。

return 命令可终止当前命令的执行，并立即返回上一级调用函数或等待键盘输入命令，可以用来提前结束程序的运行。

在 MATLAB 的内置函数中，很多函数的程序代码中引入了 return 命令，下面引用一个简要的 det 函数代码如下：

```
function d=det(A)
if isempty(A)
    a=1;
    return
else
    ...
end
```

在上面的程序代码中，首先通过函数语句判断函数 A 的类型，当 A 是空数组时，直接返回 a=1，然后结束程序代码。

8.2.4　input 命令

在 MATLAB 中，input 命令的功能是将 MATLAB 的控制权暂时借给用户，然后，用户通过键盘输入数值、字符串或表达式，通过按 Enter 键将内容输入工作区中，同时将控制权交换给 MATLAB。其常用的调用格式如下：

```
user_entry=input('prompt')              %将用户输入的内容赋给变量 user_entry
user_entry=input('prompt','s')          %将用户输入的内容作为字符串赋给变量 user_entry
```

【例 8-9】在 MATLAB 中演示如何使用 input 函数。

解： 在命令行窗口中依次输入以下语句，同时会输出相应的结果。

```
>> clear
>> a=input('input a number: ')          %输入数值给 a
input a number: 45
a =
    45
>> b=input('input a number:','s')       %输入字符串给 b
input a number: 45
b =
```

```
    '45'
>> input('input a number: ')                    %将输入值进行运算
input a number: 2+3
ans =
    5
```

8.2.5 keyboard 命令

在 MATLAB 中，将 keyboard 命令放置到 M 文件中，将使程序暂停运行，等待键盘命令。通过提示符 k 显示一种特殊状态，只有当用户使用 return 命令结束输入后，控制权才交还给程序。在 M 文件中使用该命令，对程序的调试和在程序运行中修改变量都十分便利。

【例 8-10】在 MATLAB 中演示如何使用 keyboard 命令。

解： 在命令行窗口中输入以下语句。

```
>> keyboard
K>> for i=1:9
      if i==3
         continue
      end
      fprintf('i=%d\n',i)
      if i==5
         break
      end
   end
i=1
i=2
i=4
i=5
K>> return
>>
```

从上面的语句中可以看出，当输入 keyboard 命令后，在提示符的前面会显示 k 提示符，而当用户输入 return 后，提示符恢复正常的提示效果。

在 MATLAB 中，keyboard 命令和 input 命令的不同之处在于，keyboard 命令运行用户输入的任意多个 MATLAB 命令，而 input 命令只能输入赋值给变量的数值。

8.3 文件操作

常用的文件操作函数如表 8-1 所示。本节仅对文件打开和关闭命令进行介绍，其他命令请自行查阅 MATLAB 帮助或参阅其他书籍。

表 8-1 常用的文件操作函数

类　　别	函　　数	说　　明
文件打开和关闭	fopen	打开文件，成功则返回非负值
	fclose	关闭文件，可用参数'all'关闭所有文件

类　别	函　数	说　明
二进制文件	fread	读文件，可控制读入类型和读入长度
	fwrite	写文件
格式化文本文件	fscanf	读文件，与C语言中的fscanf相似
	fprintf	写文件，与C语言中的fprintf相似
	fgetl	读入下一行，忽略回车符
	fgets	读入下一行，保留回车符
文件定位	ferror	查询文件的错误状态
	feof	检验是否到文件结尾
	fseek	移动位置指针
	ftell	返回当前位置指针
	frewind	把位置指针指向文件头
临时文件	tempdir	返回系统存放临时文件的目录
	tempname	返回一个临时文件名

8.3.1　fopen 语句

在 MATLAB 中，函数 fopen 的常用格式如下：

```
fid=fopen(filename)
```

以只读方式打开名为 filename 的二进制文件，如果文件可以正常打开，则获得一个文件句柄号 fid；否则 fid=−1。

```
fid=fopen(filename,permission)
```

以 permission 指定的方式打开名为 filename 的二进制文件或文本文件，如果文件可以正常打开，则获得一个文件句柄号 fid(非 0 整数)；否则 fid =−1。参数 permission 的设置如表 8−2 所示。

表 8-2　参数permission 的设置

permission	功　能
'r'	以只读方式打开文件，默认值
'w'	以写入方式打开或新建文件，如果是存有数据的文件，则删除其中的数据，从文件的开头写入数据
'a'	以写入方式打开或新建文件，从文件的最后追加数据
'r+'	以读/写方式打开文件
'w+'	以读/写方式打开或新建文件，如果是存有数据的文件，则写入时删除其中的数据，从文件的开头写入数据
'a+'	以读/写方式打开或新建文件，写入时从文件的最后追加数据
'A'	以写入方式打开或新建文件，从文件的最后追加数据。在写入过程中不会自动刷新当前输出缓冲区，是为磁带驱动器的写入设计的参数
'W'	以写入方式打开或新建文件，如果是存有数据的文件，则删除其中的数据，从文件的开头写入数据。在写入过程中不会自动刷新当前输出缓冲区，是为磁带驱动器的写入设计的参数

8.3.2 fclose 语句

在 MATLAB 中，fclose 函数的调用格式如下：

```
status=fclose(fid)
```
关闭句柄号 fid 指定的文件。如果 fid 是已经打开的文件句柄号，成功关闭，则 status =0；否则 status=-1。

```
status=fclose('all')
```
关闭所有文件（标准的输入/输出和错误信息文件除外）。成功关闭，则 status =0；否则 status=-1。

【例 8-11】文件打开关闭操作示例。

解：在命令行窗口输入以下语句。

```
clear
fileID=fopen('badpoem.txt');        %打开文件 badpoem.txt 并获取文件标识符
tline=fgetl(fileID)                 %将 fileID 传递给 fgetl 函数以从文件读取一行
fclose(fileID)                      %关闭文件
```

运行程序，输出结果如下：

```
tline=
    'Oranges and lemons,'
ans=
    0
```

8.4   程序调试

程序调试的目的是检查程序是否正确，即程序能否顺利运行并得到预期结果。在运行程序之前，应先设想到程序运行的各种情况，并测试在各种情况下程序是否能正常运行。

对初学编程的人来说，很难保证所编的每个程序都能一次性运行通过，大多情况下都需要对程序进行反复的调试。所以，不要害怕程序出错，要时刻准备着查找错误、改正错误。

8.4.1   程序调试命令

MATLAB 提供了一系列程序调试命令，利用这些命令，可以在调试过程中设置、清除和列出断点，逐行运行 M 文件，在不同的工作区检查变量，跟踪和控制程序的运行，帮助寻找和发现错误。所有的程序调试命令都是以字母 db 开头的，如表 8-3 所示。

表 8-3   程序调试命令

命　　令	功　　能
dbstop in fname	在M文件fname的第一行可执行程序上设置断点
dbstop at r in fname	在M文件fname的第r行程序上设置断点
dbstop if v	当遇到条件v时，停止运行程序。当发生错误时，条件v可以是error，当发生NaN或inf时，也可以是naninf/infnan
dstop if warning	如果有警告，则停止运行程序
dbclear at r in fname	清除文件fname的第r行处断点

续表

命　　令	功　　能
db in fname	清除文件fname中的所有断点
db	清除所有M文件中的所有断点
dbclear in fname	清除文件fname第一行可执行程序上的所有断点
dbclear if v	清除第v行由dbstop if v设置的断点
dbstatus fname	在文件fname中列出所有的断点
Mdbstatus	显示存放在dbstatus中用分号隔开的行数信息
dbstep	运行M文件的下一行程序
dbstep n	执行下n行程序，然后停止
dbstep in	在下一个调用函数的第一可执行程序处停止运行
dbcont	执行所有行程序直至遇到下一个断点或到达文件尾
dbquit	退出调试模式

进行程序调试，要调用带有一个断点的函数。当 MATLAB 进入调试模式时，提示符为 K>>，此时能访问函数的局部变量，但不能访问 MATLAB 工作区中的变量。具体的调试技术，请读者在调试程序过程中逐渐体会。

程序调试的目的是检查程序是否正确，即程序能否顺利运行并得到预期结果。在运行程序之前，应预想到程序运行的各种情况，测试在这些情况下程序是否能正常运行。

8.4.2　程序常见的错误类型

在 MATLAB 中进行程序代码的编写时，经常会出现各种各样的错误，下面对程序常见的错误类型进行总结。

1. 输入错误

常见的输入错误除了在写程序时疏忽所导致的手误外，一般还有以下几种：

（1）在输入某些标点时没有切换成英文状态；

（2）表循环或判断语句的关键词 for、while、if 的个数与 end 的个数不对应（尤其是在多层循环嵌套语句中）；

（3）左右括号不对应。

2. 语法错误

语法错误就是指输入不符合 MATLAB 语言的规定。例如在用 MATLAB 语句表示数学式 $k1 \leqslant x \leqslant k2$ 时，不能直接写成"k1<=x<=k2"，而应写成"k1<=x&x<=k2"。此外，输入错误也可能导致语法错误。

3. 逻辑错误

在程序设计中逻辑错误也是较为常见的一类错误，这类错误往往隐蔽性较强、不易查找。产生逻辑错误的原因通常是算法设计有误，这时需要对算法进行修改。

4. 运行错误

程序的运行错误通常包括不能正常运行和运行结果不正确，出错的原因一般有以下几种：

（1）数据不对，即输入的数据不符合算法要求；

（2）输入的矩阵大小不对，尤其是当输入的矩阵为一维数组时，应注意行向量与列向量在使用上的区别；

（3）程序不完善，只能对某些数据正确运行，而对另一些数据则无法正常运行，或者根本无法正常运行，这有可能是算法考虑不周所致。

对于简单的 MATLAB 程序中出现的语法错误，可以采用直接调试法，即直接运行该 M 文件，MATLAB 将直接找出语法错误的类型和出现的位置，根据 MATLAB 的反馈信息对语法错误进行修改。

当 M 文件很大或 M 文件中含有复杂的嵌套时，则需要使用 MATLAB 调试器对程序进行调试，即使用 MATLAB 提供的大量调试函数及与之相对应的图形化工具。

下面通过一个判断 2000—2010 年的闰年年份的示例来介绍 MATLAB 调试器的使用方法。

【例 8-12】 编写一个判断 2000—2010 年的闰年年份的程序并调试。

解：（1）创建一个名为 leapyear.m 的 M 函数文件，并输入如下函数代码程序。

```
%程序为判断 2000—2010 年的闰年年份
%本程序没有输入/输出变量
%函数的使用格式为 leapyear，输出结果为 2000—2010 年的闰年年份
function leapyear                    %定义函数 leapyear
for year=2000:2010                   %定义循环区间
    sign=1;
    a=rem(year,100);                 %求 year 除以 100 后的余数
    b=rem(year,4);                   %求 year 除以 4 后的余数
    c=rem(year,400);                 %求 year 除以 400 后的余数
    if a=0                           %以下根据 a、b、c 是否为 0 对标志变量 sign 进行处理
        signsign=sign-1;
    end
    if b=0
        signsign=sign+1;
    end
    if c=0
        signsign=sign+1;
    end
    if sign=1
        fprintf('%4d \n',year)
    end
end
```

（2）运行以上 M 程序，此时 MATLAB 命令行窗口会给出如下错误提示：

```
>> leapyear
文件：leapyear.m 行：10 列：10
'=' 运算符的使用不正确。'=' 用于为变量赋值，'==' 用于比较值的相等性。
```

由错误提示可知，在程序的第 10 行存在语法错误，检测可知 if 选择判断语句中，用户将 "==" 写成了 "="。因此将 "=" 改成 "=="，同时也更改第 13、16、19 行中的 "=" 为 "=="。

（3）程序修改并保存完成后，可直接运行修正后的程序，程序运行结果如下：

```
>> leapyear
2000
2001
```

```
2002
2003
2004
2005
2006
2007
2008
2009
2010
```

显然，2000—2010 年不可能每年都是闰年，由此判断程序存在运行错误。

（4）分析原因。可能由于在处理年号是否是 100 的倍数时，变量 sign 存在逻辑错误。

（5）断点设置。断点为 MATLAB 程序执行时人为设置的中断点，程序运行至断点时便自动停止运行，等待用户的下一步操作。设置断点只需要单击程序左侧的行号，使其变成红色的框，如图 8-1 所示。

在可能存在逻辑错误或需要显示相关代码的执行数据附近设置断点，如本例中的 12、15 和 18 行。再次单击红色行号即可去除断点。

（6）运行程序。按快捷键 F5 或单击选项卡中的 ▷ 按钮执行程序，此时其他调试按钮将被激活。程序运行至第一个断点暂停，在断点右侧则出现指向右的绿色箭头，如图 8-2 所示。

图 8-1　断点标记　　　　　　　　　　　　　图 8-2　程序运行至断点处暂停

程序调试运行时，在 MATLAB 的命令行窗口中将显示如下内容：

```
>> leapyear
K>>
```

此时可以输入一些调试指令，方便对程序调试的相关中间变量进行查看。

（7）单步调试。单击"运行"选项卡下的 ⤵ （步进）按钮，此时程序将逐步按照用户需求向下执行，如图 8-3 所示，在单击 ⤵ 按钮后，程序才会从第 12 步运行到第 13 步。

（8）查看中间变量。可以将鼠标停留在某个变量上，MATLAB 将会自动显示该变量的当前值，也可以在 MATLAB 的工作区中直接查看所有中间变量的当前值，如图 8-4 和图 8-5 所示。

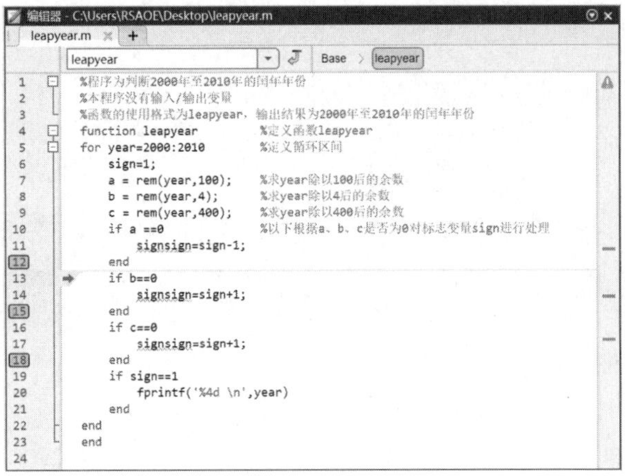

图 8-3　程序单步执行 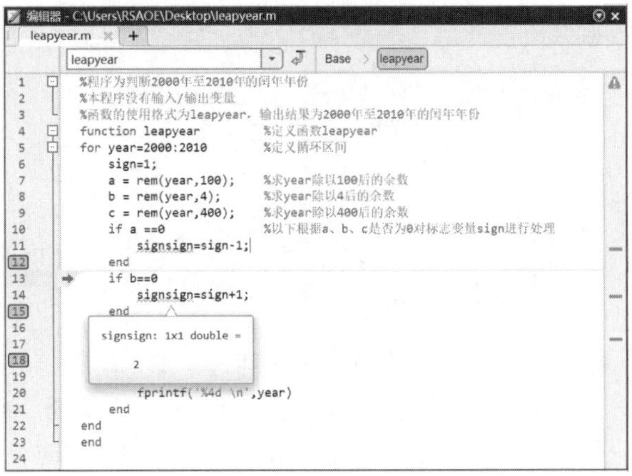　　　　　　　　　　图 8-4　用鼠标停留方法查看中间变量

（9）修正代码。通过查看中间变量可知，在任何情况下 sign 的值都是 1，此时调整修改代码程序如下：

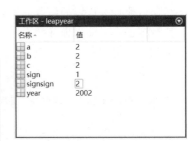

图 8-5　查看工作区中所有
中间变量的当前值

```
%程序为判断 2000—2010 年的闰年年份
%本程序没有输入/输出变量
%函数的使用格式为 leapyear，输出结果为 2000—2010 年的闰年年份
function leapyear
for year=2000:2010
    sign=0;
    a=rem(year,400);
    b=rem(year,4);
    c=rem(year,100);
    if a==0
        sign=sign+1;
    end
    if b==0
        sign=sign+1;
    end
    if c==0
        sign=sign-1;
    end
    if sign==1
        fprintf('%4d \n',year)
    end
end
```

去掉所有的断点，单击"运行"选项卡下的 ▷（运行）按钮再次执行程序，得到的运行结果如下：

```
>> leapyear
2000
2004
2008
```

分析发现，结果正确，此时程序调试结束。

8.5　程序优化

MATLAB 程序调试工具只能对 M 文件中的语法错误和运行错误进行定位,但是无法评价该程序的性能。程序的性能包括程序的执行效率,内存使用效率,程序的稳定性、准确性及适应性。

MATLAB 提供了一个性能剖析指令 profile,可以用于评价程序的性能指标,获得程序各个环节的耗时分析报告。用户可以依据该分析报告寻找程序运行效率低下的原因,以便修改程序。

MATLAB 程序优化主要包括效率优化和内存优化两个部分,下面将分别介绍这两部分中常用的优化方法及建议。

8.5.1　效率优化（时间优化）

在程序编写的起始阶段,用户往往将精力集中在程序的功能实现、程序的结构、准确性和可读性等方面,并没有考虑程序的执行效率问题,在程序不能够满足需求或者效率太低的情况下才考虑对程序的性能进行优化。因程序所解决的问题不同,程序的效率优化也存在差异,这对编程人员的经验以及对函数的编写和调用有一定的要求。一些通用的程序效率优化建议如下。

依据所处理问题的需要,尽量预分配足够大的数组空间,避免在出现循环结构时增加数组空间,但是也要注意避免产生不需要的数组空间,太多的大数组会影响内存的使用效率。

例如预先声明一个 8 位整型数组 A 时,语句 A=repmat(int8(0),5000,5000)要比 A=int8zeros(5000,5000)快25 倍左右,且更节省内存。因为前者中的双精度 0 仅需一次转换,然后直接申请 8 位整型内存;而后者不但需要为 zeros(5000,5000)申请 double 型内存空间,还需要对每个元素都执行一次类型转换。需要注意的是:

（1）尽量采用函数文件而不是脚本文件,通常运行函数文件都比脚本文件效率更高。

（2）尽量避免更改已经定义的变量的数据类型和维数。

（3）合理使用逻辑运算,防止陷入死循环。

（4）尽量避免不同类型变量间的相互赋值,必要时可以使用中间变量解决。

（5）尽量采用实数运算,复数运算可以转化为多个实数进行运算。

（6）尽量将运算转化为矩阵的运算。

（7）尽量使用 MATLAB 的 load、save 指令,避免使用文件的 I/O 操作函数进行文件操作。

以上建议仅供参考,针对不同的应用场合,可以有所取舍。有时为了实现复杂的功能不可能将这些要求全部考虑进去。程序的效率优化通常要结合 MATLAB 的优越性,由于 MATLAB 的优势是矩阵运算,所以应尽量将其他数值运算转化为矩阵的运算,在 MATLAB 中处理矩阵运算的效率要比简单四则运算更加高效。

8.5.2　内存优化（空间优化）

内存优化对于一些普通的用户而言可以不用顾及,因为随着计算机的发展,内存容量已经能够满足大多数数学运算的要求,而且 MATLAB 本身对计算机内存优化提供的操作支持较少,只有遇到超大规模运算时,内存优化才能起到作用。下面给出几个比较常见的内存操作函数,可以在需要时使用。

```
whos                          %查看当前内存使用状况函数
clear                         %删除变量及其内存空间,可以减少程序的中间变量
```

```
save                            %将某个变量以 mat 数据文件的形式存储到磁盘中
load                            %载入 mat 数据到内存空间
```

由于内存操作函数在函数运行时使用较少，合理的优化内存操作往往由用户编写程序时养成的习惯和经验决定，一些好的做法如下：

（1）尽量保证创建变量的集中性，最好在函数开始时创建。

（2）对于含零元素多的大型矩阵，尽量转化为稀疏矩阵。

（3）及时清除占用内存很大的临时中间变量。

（4）尽量少开辟新的内存，而是重用内存。

程序的优化本质上也是算法的优化，如果一个算法描述得比较详细，几乎也就指定了程序的每一步。若算法本身描述得不够详细，在编程时会给某些步骤的实现方式留有较大空间，这样就需要找到尽量好的实现方式以达到程序优化的目的。如果一个算法设计得足够"优"，就等于从源头上控制了程序走向"劣质"。

算法优化的一般要求是：不仅在形式上尽量做到步骤简化、简单易懂，更重要的是用最少的时间复杂度和空间复杂度完成所需计算。包括巧妙的设计程序流程、灵活的控制循环过程（如及时跳出循环或结束本次循环）、较好的搜索方式及正确的搜索对象等，以避免不必要的计算过程。

例如在判断一个整数是否为素数时，可以看它能否被 $m/2$ 以前的整数整除，而更快的方法是，只需看它能否被 $\sqrt{m}$ 以前的整数整除就可以了。再比如，在求 0~100 的所有素数时跳过偶数直接对奇数进行判断，这都体现了算法优化的思想。

【例 8-13】编写冒泡排序算法程序。

解：冒泡排序是一种简单的交换排序，其基本思想是两两比较待排序记录，如果是逆序则进行交换，直到这个记录中没有逆序的元素。

该算法的基本操作是逐次进行比较和交换。第一次比较将最大记录放在 x[n]的位置。一般地，第 i 次从 x[1]到 x[n−i+1]依次比较相邻的两个记录，将这 n−i+1 个记录中的最大者放在第 n−i+1 的位置上。其算法程序如下：

```
function s=BubbleSort(x)
% 冒泡排序，x 为待排序数组
n=length(x);
for i=1:n-1                      %最多做 n-1 趟排序
    flag=0;                      %flag 为交换标志,本趟排序开始前,交换标志应为假
    for j=1:n-i                  %每次从前向后扫描,j 从 1 到 n-i
        if x(j)>x(j+1)           %如果前项大于后项则进行交换
            t=x(j+1);
            x(j+1)=x(j);
            x(j)=t;
            flag=1;              %当发生了交换,将交换标志置为真
        end
    end
    if (~flag)                   %若本趟排序未发生交换,则提前终止程序
        break;
    end
end
s=x;
```

本程序通过使用标志变量 flag 标志在每一次排序中是否发生了交换，若某次排序中一次交换都没有发

生则说明此时数组已经为有序（正序），应提前终止算法（跳出循环）。不使用这样的标志变量来控制循环往往会增加不必要的计算量。

【例 8-14】公交线路查询问题：设计一个查询算法，给出一个公交线路网中从起始站 s1 到终到站 s2 的最佳线路。其中一个最简单的情形就是查找直达线路，假设相邻公交车站的平均行驶时间（包括停站时间）为 3 分钟，若以时间最少为择优标准，请在此简化条件下完成查找直达线路的算法，并根据附录数据（见题后数据 1），利用此算法求出以下起始站到终到站的最佳路线。

① 242→105；② 117→53；③ 179→201；④ 16→162。

解： 为了便于 MATLAB 程序计算，应先将线路信息转化为矩阵形式并导入 MATLAB（可先将原始数据经过文本导入 Excel）。每条线路可用一个一维数组表示，该线路终止站以后的节点用 0 表示，每条线路按从上到下的顺序排列构成矩阵 A。

此算法的核心是线路选择问题，要找最佳线路，应先找到所有的可行线路，然后再以所用的时间为关键字选出用时最少的线路。

在寻找可行线路时，可先在每条线路中搜索 s1，若找到 s1 则接着在该线路中搜索 s2，若又找到 s2，则该线路为一可行线路，记录该线路及所需时间，并结束对该线路的搜索。

另外，在搜索 s1 与 s2 时若遇到 0 节点，则停止对该数组的遍历。其算法程序如下：

```matlab
function [L,t]=DirectLineSearch(A,s1,s2)
%直达线路查询
%A 为线路信息矩阵，s1、s2 分别为起始站和终点站
%返回值 L 为最佳线路，t 为所需时间
[m,n]=size(A);
L1=[];t1=[];                           %L1 记录可行线路，t1 记录对应线路所需时间
for i=1:m
    for j=1:n
        if A(i,j)==s1                  %若找到 s1，则从下一站点开始寻找 s2
            for k=j+1:n
                if A(i,k)==0           %若此节点为 0，则跳出循环
                    break;
                elseif A(i,k)==s2      %若找到 s2，记录该线路及所需时间，然后跳出循环
                    L1=[L1,i];
                    t1=[t1,(k-j)*3];
                    break;
                end
            end
        end
    end
end
m1=length(L1);                         %测可行线路的个数
if m1==0                               %若没有可行线路，则返回相应信息
    L='No direct line';
    t='Null';
elseif m1==1
    L=L1;t=t1;                         %否则，存在可行线路，用 L 存放最优线路，t 存放最小的时间
else
    L=L1(1);t=t1(1);                   %分别给 L 和 t 赋初始值为第一条可行线路和所需时间
```

```
    for i=2:m1
        if t1(i)< t                    %若第 i 条可行线路的时间小于 t
            L=i;                       %则给 L 和 t 重新赋值
            t=t1(i);
        elseif t1(i)==t                %若第 i 条可行线路的时间等于 t
            L=[L,L1(i)];               %则将此线路并入 L
        end
    end
end
```

首先说明，这个程序能正常运行并得到正确结果，但仔细观察就会发现它的不足之处：一个是在对 j 的循环中应先判断节点是否为 0，若为 0 则停止向后访问，转向下一条路的搜索；另一个是，对于一个二维的数组矩阵，用两层（不是两个）循环进行嵌套就可以遍历整个矩阵，得到所有需要的信息，而上面的程序中却出现了三层循环嵌套。

在这种情况下，若找到了 s2，本该停止对此线路节点的访问，但这里的 break 只能跳出对 k 的循环，而对该线路数组节点的访问（对 j 的循环）将会一直进行到 n，做了大量的无用功。

为了消除第三层的循环，能否对第二个循环内的判断语句做如下修改？

```
if A(i,j)==s1
    continue;
    if A(i,k)==s2
        L1=[L1,i];
        t1=[t1,(k-j)*3];
        break;
    end
end
```

这种做法企图控制流程在搜到 s1 时继续搜索 s2，而不用再嵌套循环。这样却是行不通的，因为即使 s1 的后面有 s2，也会先被 if A(i,j)==s1 拦截，continue 后的语句将不被执行。所以，经过这番修改后得到的其实是一个错误的程序。

事实上，若想消除第三层循环可将这第三层循环提出来放在第二层成为与 j 并列的循环，若在对 j 的循环中找到了 s1，可用一个标志变量对其进行标志，然后再对 s1 后的节点进行访问，查找 s2。综上，可将第一个 for 循环内的语句修改如下：

```
    flag=0;                           %用 flag 标志是否找到 s1，为其赋初值为假
    for j=1:n
        if A(i,j)==0                  %若该节点为 0，则停止对该线路的搜索，转向下一条线路
            break;
        elseif A(i,j)==s1             %否则，若找到 s1，置 flag 为真，并跳出循环
            flag=1;
            break;
        end
    end
    if flag                           %若 flag 为真，则找到 s1，从 s1 的下一节点开始搜索 s2
        for k=j+1:n
            if A(i,k)==0
                break;
            elseif A(i,k)==s2         %若找到 s2，记录该线路及所需时间，然后跳出循环
```

```
                    L1=[L1,i];
                    t1=[t1,(k-j)*3];
                    break;
                end
            end
        end
```

若将程序中重叠的部分合并还可以得到一种形式上更简捷的方案：

```
q=s1;                           %用 q 保存 s1 的初始值
for i=1:m
    s1=q;                       %每一次给 s1 赋初始值
    p=0;                        %用 p 值标记是否搜到 s1 或 s2
    k=0;                        %用 k 记录站点差
    for j=1:n
        if ~A(i,j)
            break;
        elseif A(i,j)==s1       %若搜到 s1，之后在该线路上搜索 s2，并记 p 为 1
            p=p+1;
            if p==1
                k=j-k;
                s1=s2;
            elseif p==2         %当 p 值为 2 时，说明已搜到 s2，记录相关信息
                L1=[L1,i];
                t1=[t1,3*k];    %同时 s1 恢复至原始值，进行下一线路的搜索
                break;
            end
        end
    end
end
```

运行程序，得到结果如下：

```
>> [L,t]=DirectLineSearch(A,242,105)
L=
     8
t=
    24
>> [L,t]=DirectLineSearch(A,117,53)
L=
    10
t=
    15
>> [L,t]=DirectLineSearch(A,179,201)
L=
     7    14
t=
    27
>> [L,t]=DirectLineSearch(A,16,162)
L=
```

```
    'No direct line'
t=
    'Null'
```

在设计算法或循环控制时，应注意信息获取的途径，避免做无用的操作。如果上面这个程序优化不够，将对后续转车的程序造成不良影响。

附：公交线路数据信息。

线路 1：

219→114→88→48→392→29→36→16→312→19→324→20→314→128→76→113→110→213→14→301→115→34→251→95→184→92；

线路 2：

348→160→223→44→237→147→201→219→321→138→83→161→66→129→254→331→317→303→127→68；

线路 3：

23→133→213→236→12→168→47→198→12→236→113→212→233→18→127→303→117→231→254→129→366→161→133→181→132；

线路 4：

201→207→177→144→223→216→48→42→280→140→238→236→158→53→93→64→130→77→264→208→286→123；

线路 5：

217→272→173→25→33→76→37→27→65→274→234→221→137→306→162→84→325→97→89→24；

线路 6：

301→82→79→94→41→105→142→118→130→36→252→172→57→20→302→65→32→24→92→218→31；

线路 7：

184→31→69→179→84→212→99→224→232→157→68→54→201→57→172→22→36→143→218→129→106→101→194；

线路 8：

57→52→31→242→18→353→33→60→43→41→246→105→28→33→111→77→49→67→27→8→63→39→317→168→12→163；

线路 9：

217→161→311→25→29→19→171→45→71→173→129→219→210→35→83→43→139→241→78→50；

线路 10：

136→208→23→117→77→130→68→45→53→51→78→241→139→343→83→333→190→237→251→291→129→173→171→90→42→179→25→311→161→17；

线路 11：

43→77→111→303→28→65→246→99→54→37→303→53→18→242→195→236→26→40→280→142；

线路 12：

274→302→151→297→329→123→122→215→218→102→293→86→15→215→186→213→105→128→201→122→12→29→56→79→141→24→74；

线路 13：

135→74→16→108→58→274→53→59→43→86→85→47→246→108→199→296→261→203→227→146；

线路 14：

224→22→70→89→219→228→326→179→49→154→251→262→307→294→208→24→201→261→192→264→146→377→172→123→61→235→294→28→94→57→226→18；

线路 15：

189→170→222→24→92→184→254→215→345→315→301→214→213→210→113→263→12→167→177→313→219→154→349→316→44→52→19；

线路 16：

233→377→327→97→46→227→203→261→276→199→108→246→227→45→346→243→59→93→274→58→118→116→74→135。

事实上，对于编程能力的训练，往往是从解决一些较为简单问题入手，然后对这些问题修改部分条件、增加难度等，不断地进行摸索，在不知不觉中编程能力就已经提升到了一个新的高度。

8.5.3　几个常用的算法程序

1. 雅可比（Jacobi）迭代算法

该算法是解方程组的一个较常用的迭代算法，其 MATLAB 程序如下：

```
function x=ykb(A,b,x0,tol)
%A 为系数矩阵,b 为右端项,x0(列向量)为迭代初值,tol 为精度
D=diag(diag(A));                                %将 A 分解为 D, -L, -U
L=-tril(A,-1);
U=-triu(A,1);
B1=D\(L+U);
f1=D\b;
q=norm(B1);
d=1;
while q*d/(1-q)>tol                             %迭代过程
    x=B1*x0+f1;
    d=norm(x-x0);
    x0=x;
end
end
```

2. 拉格朗日（Lagrange）插值函数算法

该算法用于求解插值点处的函数值。其 MATLAB 程序如下：

```
function y=lagr1(x0,y0,x)
%x0,y0 为已知点列, x 为待插值节点（可为数组）
%当输入参数只有 x0,y0 时，返回 y 为插值函数
%当输入参数有 x 时，返回 y 为插值函数在 x 处所对应的函数值
```

```
n=length(x0);
if nargin==2
    syms x
    y=0;
    for i=1:n
        L=1;
        for j=1:n
            if j~=i
                L=L*(x-x0(j))/(x0(i)-x0(j));
            end
        end
        y=y+L*y0(i);
        y=simple(y);
    end
    x1=x0(1):0.01:x0(n);
    y1=subs(y,x1);
    plot(x1,y1);
else
    m=length(x);
    for k=1:m                              %对每个插值节点分别求值
        s=0;
        for i=1:n
            L=1;
            for j=1:n
                if j~=i
                    L=L*(x(k)-x0(j))/(x0(i)-x0(j));
                end
            end
            s=s+L*y0(i);
        end
    end
end
end
```

3. 图论相关算法

图论算法在计算机科学中扮演着很重要的角色，它提供了对很多问题都有效的一种简单而系统的建模方式。很多问题都可以转化为图论问题，然后用图论的基本算法加以解决。下面介绍几种常见的图论算法。

（1）最小生成树。MATLAB 程序如下：

```
function [w,E]=MinTree(A)
%避圈法求最小生成树
%A 为图的赋权邻接矩阵
%w 记录最小树的权值之和，E 记录最小树上的边
n=size(A,1);
for i=1:n
    A(i,i)=inf;
end
s1=[];s2=[];                              %s1,s2 记录一条边上的两个顶点
```

```
w=0; k=1;                                    %k 记录顶点数
T=A+inf;
T(1,:)=A(1,:);
A(:,1)=inf;
while k<n
    [p1,q1]=min(T);                          %q1 记录行下标
    [p2,q2]=min(p1);
    i=q1(q2);
    s1=[s1,i];s2=[s2,q2];
    w=w+p; k=k+1;
    A(:,q2)=inf;                             %若此顶点已被连接，则切断此顶点的入口
    T(q2,:)=A(q2,:);                         %在 T 中并入此顶点的出口
    T(:,q2)=inf;
end
E=[s1;s2];                                   %E 记录最小树上的边
end
```

（2）最短路的 Dijkstra 算法。MATLAB 程序如下：

```
function [d,path]=ShortPath(A,s,t)
%Dijkstra 最短路算法实现，A 为图的赋权邻接矩阵
%当输入参数含有 s 和 t 时，求 s 到 t 的最短路径
%当输入参数只有 s 时，求 s 到其他顶点的最短路
%返回值 d 为最短路权值，path 为最短路径
if nargin==2
    flag=0;
elseif nargin==3
    flag=1;
end
n=length(A);
for i=1:n
    A(i,i)=inf;
end
V=zeros(1,n);                                %存储 lamda（由来边）标号值
D=zeros(1,n);                                %用 D 记录权值
T=A+inf;                                     %T 为标号矩阵
T(s,:)=A(s,:);                               %先给起点标号
A(:,s)=inf;                                  %关闭进入起点的边
for k=1:n-1
    [p,q]=min(T);                            %p 记录各列最小值，q 为对应的行下标
    q1=q;                                    %用 q1 保留行下标
    [p,q]=min(p);                            %求最小权值及其列下标
    V(q)=q1(q);                              %求该顶点的 lamda 值
    if flag&q==t
        d=p;                                 %求最短路权值
        break;
    else                                     %修改 T 标号
        D(q)=p;                              %求最短路径权值
        A(:,q)=inf;                          %将 A 中第 q 列的值改为 inf
```

```
            T(q,:)=A(q,:)+p;                    %同时修改从顶点q出去的边上的权值
            T(:,q)=inf;                         %顶点q点已完成标号,将进入q的边关闭
        end
    end
    if flag                                     %输入参数含有s和t,求s到t的最短路径
        path=t;                                 %逆向搜索路径
        while path(1)~=s
            path=[V(t),path];
            t=V(t);
        end
    else                                        %输入参数只有s,求s到其他顶点的最短路径
        for i=1:n
            if i~=s
                path0=i;v0=i;                    %逆向搜索路径
                while path0(1)~=s
                    path0=[V(i),path0];
                    i=V(i);
                end
                d=D; path(v0)={path0};           %将路径信息存放在元胞数组中
                % 在命令行窗口显示权值和路径
                disp([int2str(s),'->',int2str(v0),' d=',...
                    int2str(D(v0)),' path= ',int2str(path0)]);
            end
        end
    end
end
```

（3）Ford 最短路算法。

该算法用于求解一个赋权图中 s 到 t 的最短路径，并且对于权值的情况同样适用。其 MATLAB 程序如下：

```
function [w,v]=Ford(W,s,t)
%W 为图的带权邻接矩阵,s 为发点,t 为终点
%返回值 w 为最短路径的权值之和,v 为最短路线上的顶点下标
n=length(W);
d(:,1)=(W(s,:))';                               %求 d(vs,vj)=min{d(vs,vi)+wij} 的解,用 d 存放
%d(t)(v1,vj), 赋初值为 W 的第 s 行,以列存放
j=1;
while j
    for i=1:n
        b(i)=min(W(:,i)+d(:,j));
    end
    j=j+1;
    d=[d,b'];
    if d(:,j)==d(:,j-1)                          %若找到最短路径,则跳出循环
        break ;
    end
end
w=d(t,j);                                        %记录最短路径的权值之和
```

```
v=t;                                              % 用数组 v 存放最短路径上的顶点,终点为 t
while v(1)~=s
   for i=n:-1:1
      if i~=t&W(i,t)+d(i,j)==d(t,j)
         break;
      end
   end
   v=[i,v];
   t=i;
end
end
```

（4）模糊聚类分析算法程序（组）。

在模糊聚类分析中，该算法中的程序 3 用于求解模糊矩阵、模糊相似矩阵和模糊等价矩阵，程序 4 用来完成聚类。程序 1 和程序 2 是为程序 3 服务的子程序。

程序 1：求模糊合成矩阵的最大最小法。

```
function s=mhhc(R1,R2)                             %模糊合成
[m,n]=size(R1);
[n,n1]=size(R2);
for i=1:m
   for j=1:n1
      s(i,j)=max(min(R1(i,:),(R2(:,j))'));         %最大最小法
   end
end
end
```

程序 2：求模糊传递包的算法。

```
function s=mhcdb(R)
%求模糊传递包
while sum(sum(R~=mhhc(R,R)))                       %调用模糊合成函数'mhhc'
   R=mhhc(R,R);
end
s=R;
end
```

程序 3：求解模糊矩阵、模糊相似矩阵和模糊等价矩阵。

```
function [s1,s2,s3]=mhjl(x)
%x 为原始数据矩阵,行为分类对象,列为性状指标
%返回值 s1 表示模糊矩阵,s2 表示模糊相似矩阵,s3 表示模糊等价矩阵
[m,n]=size(x);
x0=sum(x)/m;
for j=1:n
   s1(j)= sqrt(sum((x(:,j)-x0(j)).^2)/m);          %对 x 做平移——标准差变换
   x(:,j)=(x(:,j)-x0(j))/s1(j);
   x1(:,j)=(x(:,j)-min(x(:,j)))/(max(x(:,j))-min(x(:,j)));
   %平移——极差变换
end
s1=x1;                                             %s1 表示模糊矩阵
```

```
R=eye(m);
M=0;                           %相似系数 r 由数量积法求得
for i=1:m
    for j=i+1:m
        if(sum(x1(i,:).*x1(j,:))>M)
            M=sum(x1(i,:).*x1(j,:));
        end
    end
end
for i=1:m
    for j=1:m
        if(i~=j)
            R(i,j)=(sum(x1(i,:).*x1(j,:)))/M;
        end
    end
end
s2=R;                          %R 为模糊相似矩阵
s3=mhcdb(R);                   %s3 表示模糊等价矩阵，此处调用 mhcdb 函数求模糊传递包
end
```

本程序中若想用"夹角余弦法"求相似系数 r，可将第 14 行（M=0;）至第 28 行（倒数第 4 行）用下面的程序段替换：

```
for i=1:m % 夹角余弦法求相似系数 r
    for j=1:m
        M1=sqrt(sum(x1(i,:).^2)*sum(x1(j,:).^2));
        R(i,j)=(sum(x1(i,:).*x1(j,:)))/M1;
    end
end
```

程序 4：完成聚类。

```
function [L1,s]=Lamjjz(x,lam)
%求 λ-截矩阵并完成聚类，x 为模糊等价矩阵
%（即程序_3 中求得的 s3），lam 为待输入的 λ 值
n=length(x(1,:));
for i=1:n
    for j=1:n
        if x(i,j)>=lam
            L1(i,j)=1;                    %x1 为 λ-截矩阵
        end
    end
end
A=zeros(n,n+1);
for i=1:n
    if ~A(i,1)
        A(i,2)=i;                         %A 的第一列为标示符，其值为 0 或 1
        for j=i+1:n
            if x1(i,:)==x1(j,:)
                A(i,j+1)=j;
```

```
            A(j,1)=1;
        end
    end
end
for i=1:n
    if ~A(i,1)
        a=[];
        for j=2:n+1
            if A(i,j)
                a=[a,A(i,j)];          %a 表示聚类数组
            end
        end
        disp(a)                        %将聚类数组依次显示
    end
end
end
```

（5）层次分析——求近似特征向量算法。

在层次分析中，该算法用于根据成对比较矩阵求近似特征向量。其 MATLAB 程序如下：

```
function [w,lam,CR]=ccfx(A)
%A 为成对比较矩阵，返回值 w 为近似特征向量
%lam 为近似最大特征值 maxλ，CR 为一致性比率
n=length(A(:,1));
a=sum(A);
B=A;                                   %用 B 代替 A 做计算
for j=1:n                              %将 A 的列向量归一化
    B(:,j)=B(:,j)./a(j);
end
s=B(:,1);
for j=2:n
    s=s+B(:,j);
end
c=sum(s);                              %和法计算近似最大特征值 maxλ
w=s./c;
d=A*w;
lam=1/n*sum((d./w));
CI=(lam-n)/(n-1);                      %一致性指标
RI=[0,0,0.58,0.90,1.12,1.24,1.32,1.41,1.45,1.49,1.51];    %RI 为随机一致性指标
CR=CI/RI(n);                           %求一致性比率
if CR>0.1
    disp('没有通过一致性检验');
else disp('通过一致性检验');
end
end
```

（6）灰色关联性分析——单因子情形。

单因子情形即系统的行为特征只有一个因子 x0 的情形。该算法用于求解各种因素 xi 对 x0 的影响大小。

其 MATLAB 程序如下：

```
function s=Glfx(x0,x)              %x0(行向量)为因子，x 为因素集
[m,n]=size(x);
B=[x0;x];
k=m+1;                            %k 为 B 的行数
c=B(:,1);                        %对序列进行无量纲化处理
for j=1:n
    B(:,j)=B(:,j)./c;
end
for i=2:k                        %求参考序列对各比较序列的绝对差
    B(i,:)=abs(B(i,:)-B(1,:));
end
A=B(2:k,:);                      %求关联系数
a=min(min(A));
b=max(max(A));
for i=1:m
    for j=1:n
        r1(i,j)=r1(i,j)*(a+0.5*b)/(A(i,j)+0.5*b);
    end
end
s=1/n*(r1*ones(m,1));            %比较序列对参考序列 x0 的灰关联度
end
```

（7）灰色预测——GM(1,1)。

该算法用灰色模型中的 GM(1,1)模型做预测。其 MATLAB 程序如下：

```
function [s,t]=huiseyc(x,m)
%x 为待预测变量的原值，为其预测 m 个值
[m1,n]=size(x);
if m1~=1                          %若 x 为列向量，则将其变为行向量放入 x0
    x0=x';
else
    x0=x;
end
n=length(x0);
c=min(x0);
if c<0                           %若 x0 中有小于 0 的数，则作平移，使每个数字都大于 0
    x0=x0-c+1;
end
x1=(cumsum(x0))';               %x1 为 x0 的 1 次累加生成序列，即 AGO
for k=2:n
    r(k-1)=x0(k)/x1(k-1);
end
rho=r,                           %光滑性检验
for k=2:n
    z1(k-1)=0.5*x1(k)+0.5*x1(k-1);
end
B=[-z1',ones(n-1,1)];
```

```
YN=(x0(2:n))';
a=(inv(B'*B))*B'*YN;
y1(1)=x0(1);
for k=2:n+m                                    %预测 m 个值
    y1(k)=(x0(1)-a(2)/a(1))*exp(-a(1)*(k-1))+a(2)/a(1);
end
y(1)=y1(1);
for k=2:n+m
    y(k)=y1(k)-y1(k-1);                        %还原
end
if c<0
    y=y+c-1;
end
y;
e1=x0-y(1:n);
e=e1(2:n),                                     %e 为残差
for k=2:n
    dd(k-1)=abs(e(k-1))/x0(k);
end
dd;
d=1/(n-1)*sum(dd);
f=1/(n-1)*abs(sum(e));
s=y;
t=e;
end
```

8.6　小结

MATLAB 语言称为第四代编程语言，程序简洁、可读性很强且调试十分容易。MATLAB 为用户提供了非常方便易懂的程序设计方法，类似于其他的高级语言编程。本章侧重于 MATLAB 中最基础的程序设计，分别介绍了程序结构、控制语句、文件操作、程序调试及程序优化等内容。

函数

第9章 函 数

CHAPTER 9

前文已经详细讲解了 MATLAB 中各种基本数据类型和程序流控制语句，本章在此基础上讲述了 MATLAB 函数类型及参数传递方法。MATLAB 提供了极其丰富的内部函数，使用户通过命令行调用就可以完成很多工作，想要更加高效地利用 MATLAB，离不开 MATLAB 程序直接参数的传递。

本章学习目标包括：

（1）掌握 M 文件的概念和应用；

（2）掌握 MATLAB 函数类型；

（3）掌握 MATLAB 中的参数传递方法。

9.1 M 文件

M 文件有两种形式：脚本文件和函数文件。脚本文件通常用于执行一系列简单的 MATLAB 命令，运行时只需输入文件名字，MATLAB 就会自动按顺序执行文件中的命令。

函数文件和脚本文件不同，它可以接收参数，也可以返回参数。一般情况下，用户不能靠单独输入其文件名运行函数文件，而必须由其他语句调用。MATLAB 的大多数应用程序都以函数文件的形式给出。

9.1.1 M 文件概述

MATLAB 提供了极其丰富的内部函数，使用户通过命令行调用就可以完成很多工作，但是想要更加高效地利用 MATLAB，离不开 MATLAB 编程。

通过组织一个 MATLAB 命令序列完成一个独立的功能，这就是脚本 M 文件编程；而把 M 文件抽象封装，形成可以重复利用的功能块，则是函数 M 文件编程。

M 文件是包含 MATLAB 代码的文件。M 文件按其内容和功能可以分为脚本 M 文件和函数 M 文件两大类。

1. 脚本M文件

脚本 M 文件是许多 MATLAB 代码按顺序组成的命令序列集合，不接收参数的输入和输出，与 MATLAB 工作区共享变量空间。脚本 M 文件一般用来实现一个相对独立的功能，比如对某个数据集进行某种分析、绘图，求解某个已知条件下的微分方程等。

通过脚本 M 文件，用户可以把实现一个具体功能的一系列 MATLAB 代码书写在一个 M 文件中，每次只需要在命令行窗口中直接输入文件名即可运行脚本 M 文件中的所有代码。

2. 函数M文件

函数 M 文件也是为了实现一个单独功能的代码块,但与脚本 M 文件不同的是前者需要接收参数输入和输出,其中的代码一般只处理输入参数传递的数据,并把处理结果作为函数输出参数返回给 MATLAB 工作区中指定的接收量。

因此,函数 M 文件具有独立的内部变量空间,在执行函数 M 文件时,需指定输入参数的实际取值,且一般要指定接收输出结果的工作区变量。

MATLAB 提供的许多函数就是用函数 M 文件编写的,尤其是各种工具箱中的函数,用户可以打开这些 M 文件查看。特殊应用领域的用户,如果积累了充足的专业领域应用的函数,就可以组建自己的专业领域工具箱。

通过函数 M 文件,用户可以把实现一个抽象功能的 MATLAB 代码封装成一个函数接口,在以后的应用中重复调用。

9.1.2　变量

在复杂的程序结构中,变量是各种程序结构的基础。MATLAB 中变量的命令规则包括以下几条:

(1)必须以字母开头,之后可以是任意字母、数字或下画线;

(2)变量命名不能有空格,变量名称区分大小写;

(3)变量名称不能超过 63 个字符,第 63 个字符之后的部分都将被忽略。

在 MATLAB 中,存在一些默认的预定义变量,在设置变量时应该尽量避免和这些默认的变量相同,否则会给程序代码带来不可预知的错误。表 9–1 列出了常见的预定义变量。

表 9-1　MATLAB常见的预定义变量

预定义变量	含　　义	预定义变量	含　　义
ans	计算结果的默认名称	pi	圆周率
eps	计算机的零阈值	NaN(nan)	表示结果或变量不是数值
inf(Inf)	无穷大		

在编写程序代码的时候,可以定义全局变量和局部变量两种类型,这两种变量类型在程序设计中有不同的应用范围和工作原理。因此,有必要了解这两种变量的使用方法和特点。

每一个函数在运行的时候,都会占用独自的内存,形成工作区,这个工作区独立于 MATLAB 的基本工作区和其他函数的工作区。这样的工作原理保证了不同的工作区中的变量相互独立,不会相互影响,这些变量都被称为局部变量。

无论在脚本文件还是在函数文件中,都会定义一些变量。函数文件所定义的变量是局部变量,这些变量独立于其他函数的局部变量和 MATLAB 基本工作区的变量,即只能在该函数的工作区引用,而不能在其他函数工作区和命令工作区引用。但是如果某些变量被定义成全局变量,则可以在整个 MATLAB 工作区进行存取和修改,以实现共享。

在默认情况下,如果用户没有特别声明,函数运行过程中使用的变量都是局部变量。如果希望减少变量传递,可以使用全局变量。在 MATLAB 中,用命令 global 定义全局变量,其格式如下:

```
global A B C                    %将 A、B、C 这 3 个变量定义为全局变量
```

在 M 文件中定义全局变量时,如果在当前工作区已经存在相同的变量,系统将会给出警告,说明由于

将该变量定义为全局变量，可能会使变量的值发生改变。为避免发生这种情况，应该在使用变量前先将其定义为全局变量。

注意： 在 MATLAB 中对变量名是区分大小写的，因此为了在程序中分清楚而不至于误声明，习惯上可以将全局变量定义为大写字母。

在命令变量名称时，MATLAB 预留了一些关键字且不允许用户对其进行重新赋值。因此在定义变量名称的时候，应该避免使用这些关键字，否则系统会显示缺少操作之类的错误提示。在 MATLAB 中，使用 iskeyword 命令可以查看 MATLAB 中的关键字，得到的结果如下：

```
>> iskeyword
ans =
  20×1 cell 数组
    {'break'      }
    {'case'       }
    {'catch'      }
    {'classdef'   }
    {'continue'   }
    {'else'       }
    {'elseif'     }
    {'end'        }
    {'for'        }
    {'function'   }
    {'global'     }
    {'if'         }
    {'otherwise'  }
    {'parfor'     }
    {'persistent' }
    {'return'     }
    {'spmd'       }
    {'switch'     }
    {'try'        }
    {'while'      }
```

9.1.3 脚本文件

脚本文件是 M 文件中最简单的一种，不需要输入顿号输出参数，用命令语句就可以控制 MATLAB 命令工作区的所有数据。

在运行过程中，产生的所有变量均是命令工作区变量，这些变量一旦生成，就一直保存在内存空间中，除非用户执行 clear 命令将它们清除。

运行一个脚本文件等价于从命令行窗口中顺序运行文件里的语句。由于脚本文件只是一串命令的集合，因此只需像在命令行窗口中输入语句那样，依次将语句编辑在脚本文件中即可。

【例 9-1】编程计算向量元素的平均值。

解： 在命令行窗口中输入以下语句。

```
clear
a=input('输入变量：a=');
```

```
[b,c]=size(a);
if ~((b==1)||(c==1))||(((b==1)&&(c==1)))          %判断输入是否为向量
    error('必须输入向量')
end
average=sum(a)/length(a)                           %计算向量 a 所有元素的平均值
```

运行程序后，系统提示如下：

```
输入变量: a=
```

如果输入行向量[1 2 3]，则运行结果如下：

```
average =
     2
```

如果输入的不是向量，如[1 2; 3 4]，则运行结果如下：

```
错误使用 ex09_1
必须输入向量
```

9.1.4　函数文件

如果 M 文件的第一个可执行语句以 function 开始，该文件就是函数文件，每一个函数文件都定义一个函数。事实上，MATLAB 提供的函数大部分是由函数文件定义的，这足以说明函数文件的重要性。

从使用的角度看，函数是一个"黑箱"，把一些数据送进去，经加工处理，把结果送出来。从形式上看，函数文件区别于脚本文件之处在于脚本文件的变量为命令工作区变量，在文件执行完成后保留在命令工作区中；而函数文件内定义的变量为局部变量，只在函数文件内部起作用，当函数文件执行完后，这些内部变量将被清除。

【例 9-2】编写函数 average()用于计算向量元素的平均值。

解： 在编辑器窗口中输入以下语句。

```
function y=average(x)
%函数 average(x)用于计算向量元素的平均值
%输入参数 x 为输入向量，输出参数 y 为计算的平均值；非向量输入将导致错误
[a,b]=size(x);                                %判断输入量的大小
if~((a==1)||(b==1))|| ((a==1)&& (b==1))       %判断输入是否为向量
    error('必须输入向量。')
end
y=sum(x)/length(x);                           %计算向量 x 所有元素的平均值
end
```

将文件存盘，默认状态下函数名为 average.m（文件名与函数名相同），函数 average 接收一个输入参数并返回一个输出参数，该函数的用法与其他 MATLAB 函数一样。

求得 1~9 的平均值，可以在命令行窗口中输入以下语句。

```
>> x=1:9
x =
     1     2     3     4     5     6     7     8     9
>> average(x)
ans =
     5
```

由例 9-2 可知，通常函数文件由以下几个基本部分组成。

1. 函数定义行

函数定义行由关键字 function 引导，指明这是一个函数文件，并定义函数名、输入参数和输出参数，函数定义行必须为文件的第一个可执行语句，函数名与文件名相同，可以是 MATLAB 中任何合法的字符。

函数文件可以带有多个输入和输出参数，例如：

```
function [x,y,z]=sphere(theta,phi,rho)
```

也可以没有输出参数，如：

```
function printresults(x)
```

2. H1行

H1 行就是帮助文本的第一行，是函数定义行下的第一个注释行，是供 lookfor 查询时使用的。一般来说为了充分利用 MATLAB 的搜索功能，在编制 M 文件时，应在 H1 行中尽可能多地包含该函数的特征信息。

由于在搜索路径上包含 average 的函数很多，因此用 lookfor average 语句可能会查询到多个相关的命令。如：

```
>> lookfor average
average                    - 函数 average(x)用于计算向量元素的平均值
mean                       - Average or mean value
HueSaturationValueExample  - Compute Maximum Average HSV of Images with MapReduce
mean                       - Average or mean value
affygcrma                   - Performs GC Robust Multi-array Average (GCRMA) procedure
            ⋮                           ⋮
```

3. 帮助文本

在函数定义行后面，连续的注释行不仅可以起解释与提示作用，更重要的是为用户自建的函数文件建立在线查询信息，以供 help 命令在线查询时使用。例如：

```
>> help average
  函数 average(x)用于计算向量元素的平均值
  输入参数 x 为输入向量，输出参数 y 为计算的平均值；非向量输入将导致错误
```

4. 函数体

函数体包含了全部用于完成计算及为输出参数赋值等工作的语句，这些语句可以是调用函数、流程控制、交互式输入/输出、计算、赋值、注释和空行。

5. 注释

以%起始到行尾结束的部分为注释部分，MATLAB 的注释可以放置在程序的任何位置，可以单独占一行，也可以在一个语句之后，如：

```
%非向量输入将导致错误
[m,n]=size(x);                          %判断输入量的大小
```

9.1.5　函数调用

在 MATLAB 中，调用函数文件的一般格式如下：

```
[输出参数表] = 函数名(输入参数表)
```

调用函数时应注意以下事项：

（1）当调用一个函数时，输入和输出参数的顺序应与函数定义时的一致，其数目可以少于函数文件中所规定的输入和输出参数调用函数，但不能使用多于函数文件所规定的输入和输出参数数目。

如果输入和输出参数数目多于函数文件所允许的数目，则调用时自动返回错误信息。例如：

```
>> [x,y]=sin(pi)
错误使用 sin
输出参数太多。
```

又如：

```
>> y=linspace(2)
输入参数的数目不足。
出错 linspace (第 19 行)
   n = floor(double(n));
```

（2）在编写函数文件调用时常通过 nargin 函数和 nargout 函数设置默认输入参数，并决定用户希望的输出参数。函数 nargin 可以检测函数被调用时用户指定的输入参数个数，函数 nargout 可以检测函数被调用时用户指定的输出参数个数。

在函数被调用，用户输入和输出参数数目少于函数文件中 function 语句规定的数目时，函数文件中通过 nargin 函数和 nargout 函数可以决定采用何种默认输入参数和用户所希望的输出参数。例如 lenspiece 函数：

```
function y = linspace(d1, d2, n)
%LINSPACE Linearly spaced vector.
%   LINSPACE(X1, X2) generates a row vector of 100 linearly
%   equally spaced points between X1 and X2.
%
%   LINSPACE(X1, X2, N) generates N points between X1 and X2.
%   For N = 1, LINSPACE returns X2.
%
%   Class support for inputs X1,X2:
%      float: double, single
%
%   See also LOGSPACE, COLON.

%   Copyright 1984-2018 The MathWorks, Inc.

if nargin == 2
    n = 100;
else
    n = floor(double(n));
end
if ~isscalar(d1) || ~isscalar(d2) || ~isscalar(n)
    error(message('MATLAB:linspace:scalarInputs'));
end
n1 = n-1;
if d1 == -d2 && n > 2 && isfloat(d1) && isfloat(d2)
    % For non-float inputs, fall back on standard case.
    if isa(d1, 'single')
```

```
        % Mixed single and double case always returns single.
        d2 = -d1;
    end
    y = (-n1:2:n1).*(d2./n1);
    y(1) = d1;
    y(end) = d2;
    if rem(n1, 2) == 0 % odd case
        y(n1/2+1) = 0;
    end
else
    c = (d2 - d1).*(n1-1);        %check intermediate value for appropriate treatment
    if isinf(c)
        if isinf(d2 - d1)          %opposite signs overflow
            y = d1 + (d2./n1).*(0:n1) - (d1./n1).*(0:n1);
        else
            y = d1 + (0:n1).*((d2 - d1)./n1);
        end
    else
        y = d1 + (0:n1).*(d2 - d1)./n1;
    end
    if ~isempty(y)
        if isscalar(y)
            if ~isnan(n)
                y(1) = d2;
            end
        elseif d1 == d2
            y(:) = d1;
        else
            y(1) = d1;
            y(end) = d2;
        end
    end
end
end
```

如果用户只指定 2 个输入参数调用 linspace 函数，例如 linspace(0,10)，linspace 函数将在 0～10 等间隔产生 100 个数据点；如果输入参数的个数是 3，例如 linspace(0,10,50)，第 3 个参数将决定数据点的个数，linspace 函数将在 0～10 等间隔产生 50 个数据点。

函数也可按少于函数文件中所规定的输出参数进行调用。例如对函数 size() 的调用，可以有以下方式：

```
>> x=[1 2 3 ; 4 5 6];
>> m=size(x)
m=
    2    3
>> [m,n]=size(x)
m=
    2
n=
    3
```

（3）当函数有一个以上输出参数时，输出参数包含在方括号内，例如[m,n]=size(x)。注意：[m,n]在左边表示 m 和 n 为函数的两个输出参数，[m,n]在等号右边（如 y=[m,n]）则表示数组 y 由变量 m 和 n 所组成。

（4）当函数有一个或多个输出参数，但调用时未指定输出参数，则不给输出变量赋任何值。例如：

```
function t=toc
% TOC Read the stopwatch timer.
% TOC, by itself, prints the elapsed time (in seconds) since TIC was used.
% t = TOC; saves the elapsed time in t, instead of printing it out.
% See also TIC, ETIME, CLOCK, CPUTIME.
% Copyright(c)1984-94byTheMathWorks,Inc.
% TOC uses ETIME and the value of CLOCK saved by TIC.
Global TICTOC
If nargout<1
elapsed_time=etime(clock,TICTOC)
else
    t=etime(clock,TICTOC);
end
```

如果用户调用 toc 时不指定输出参数 t，例如：

```
>> tic
>> toc
历时 2.551413 秒。
```

函数在命令行窗口将显示函数工作区变量 elapsed_time 的值，但在 MATLAB 命令工作区里则不给输出参数 t 赋任何值，也不创建变量 t。

如果用户调用 toc 时指定输出参数 t，例如：

```
>> tic
>> out=toc
out =
    2.8140
```

则以变量 out 的形式返回到命令行窗口，并在 MATLAB 命令工作区里创建变量 out。

（5）函数有自己的独立工作区，与 MATLAB 的工作区分开，除非使用全局变量。函数内变量与 MATLAB 其他工作区之间唯一的联系是函数的输入和输出参数。

如果函数任一输入参数值发生变化，其变化将仅在函数内出现，不影响 MATLAB 其他工作区的变量。函数内所创建的变量只驻留在该函数工作区，且只在函数执行期间临时存在，函数执行结束后将消失。因此，从一个调用到另一个调用，在函数工作区以变量存储信息是不可能的。

（6）在 MATLAB 其他工作区重新定义预定义的变量，该变量将不会延伸到函数的工作区；反之，在函数内重新定义的预定义变量也不会延伸到 MATLAB 的其他工作区中。

（7）如果变量说明是全局的，则函数可以与其他函数、MATLAB 命令工作区和递归调用本身共享变量。为了在函数内或 MATLAB 命令工作区中访问全局变量，全局变量在每一个所希望的工作区都必须说明。

（8）全局变量可以为编程带来某些方便，但却破坏了函数对变量的封装，所以在实际编程中，无论什么时候都应尽量避免使用全局变量。如果一定要用全局变量，建议全局变量名要长、采用大写字母，并有选择地以首次出现的 M 文件的名字开头，使全局变量之间不必要的互作用减至最小。

（9）MATLAB 以搜寻脚本文件的同样方式搜寻函数文件。例如，输入 cow 语句，MATLAB 首先认为 cow

是一个变量；如果它不是，那么 MATLAB 认为它是一个内置函数；如果还不是，MATLAB 将检查当前 cow.m 的目录或文件夹；如果仍然不是，MATLAB 就检查 cow.m 在 MATLAB 搜寻路径上的所有目录或文件夹。

（10）从函数文件内可以调用脚本文件。在这种情况下，脚本文件只查看函数工作区，不查看 MATLAB 命令工作区。从函数文件内调用的脚本文件不必调到内存进行编译，函数每调用一次，脚本文件就被打开和解释一次。因此，从函数文件内调用脚本文件减慢了函数的执行。

（11）当函数文件到达文件终点，或者碰到返回命令 return，就结束执行并返回。返回命令 return 提供了一种结束函数的简单方法，而不必到达文件的终点。

9.2　函数类型

MATLAB 中的函数有多种，可以分为匿名函数、主函数、嵌套函数、子函数、私有函数和重载函数。

9.2.1　匿名函数

匿名函数通常是很简单的函数。不像一般的 M 文件主函数要通过 M 文件编写，匿名函数是面向命令行代码的函数形式，它通常只通过一句非常简单的语句，就可以在命令行窗口或 M 文件中调用函数，这在那些函数内容非常简单的情况下是很方便的。

创建匿名函数的标准格式如下：

```
fhandle=@(arglist)expr
```

其中：

（1）expr 通常是一个简单的 MATLAB 变量表达式，实现函数的功能，比如 x+x.^2 等；

（2）arglist 是参数列表，它指定函数的输入参数列表，对应多个输入参数的情况，通常要用逗号分隔各个参数；

（3）符号@是 MATLAB 中创建函数句柄的操作符，表示创建由输入参数列表 arglist 和表达式 expr 确定的函数句柄，并把这个函数句柄返回给变量 fhandle，以后就可以通过 fhandle 来调用定义好的这个函数。

例如，定义函数：

```
myfunhd=@(x)(x+x.^2)
```

表示创建了一个匿名函数，它有一个输入参数 x，实现的功能是 x+x.^2，并把这个函数句柄保存在变量 myfunhd 中，以后就可以通过 myfunhd(a) 计算当 x=a 时的函数值。

注意： 匿名函数的参数列表 arglist 中可以包含一个或多个参数，这样调用的时候就要按顺序给出这些参数的实际取值。但 arglist 也可以不包含参数，即留空。这种情况下调用函数时还需要通过 fhandle() 的形式来调用，即要在函数句柄后紧跟一个空的括号，否则将只显示 fhandle 句柄对应的函数形式。

匿名函数可以嵌套，即在 expr 表达式中可以用函数调用一个匿名函数句柄。

【例 9-3】学习匿名函数的使用。

解： 在命令行窗口中输入以下语句。

```
>> myth=@(x)(x+x.^2)
myth =
  包含以下值的 function_handle:
    @(x)(x+x.^2)
```

```
>> myth(2)
ans =
     6
>> myth1=@()(3+2)
myth1 =
  包含以下值的 function_handle:
    @()(3+2)
>> myth1()
ans =
     5
>> myth1
myth1 =
  包含以下值的 function_handle:
    @()(3+2)
```

匿名函数可以保存在.mat 文件中，本例可以通过 save myth.mat 把匿名函数句柄 myth 保存在 save myth.mat 文件中，以后需要用到匿名函数 myth 时，只需要运行 load myth.mat 文件即可。

9.2.2 主函数

每一个函数 M 文件第一行定义的函数就是 M 文件的主函数，一个 M 文件只能包含一个主函数，习惯上将 M 文件名和 M 文件主函数名设为一致。

M 文件主函数的说法是针对其内部嵌套函数和子函数而言的，一个 M 文件中除了一个主函数以外，还可以编写多个嵌套函数或子函数，以便在主函数功能实现中进行调用。

9.2.3 嵌套函数

在一个函数内部，可以定义一个或多个函数，这种定义在其他函数内部的函数称为嵌套函数。嵌套可以多层发生，就是说一个函数内部可以嵌套多个函数，这些嵌套函数内部又可以继续嵌套其他函数。

嵌套函数的书写语法格式如下：

```
function x=a(b,c)
...
    function y=d(e,f)
    ...
        function z=h(m,n)
        ...
        end
    end
end
```

一般函数代码中结尾是不需要专门标明 end 的，但是使用嵌套函数时，无论嵌套函数还是嵌套函数的父函数（直接上一层次的函数）都要明确标出 end 表示的函数结束。

嵌套函数的互相调用需要注意嵌套的层次，例如下面一段代码中：

```
function A(a,b)
...
   function B(c,d)
```

```
    ...
        function D=h(e)
        ...
        end
    end
    function C(m,n)
    ...
        function E(g,f)
            ...
        end
    end
end
```

（1）外层的函数可以调用向内一层直接嵌套的函数（A 可以调用 B 和 C），而不能调用更深层次的嵌套函数（A 不可以调用 D 和 E）；

（2）嵌套函数可以调用与自己具有相同父函数的其他同层函数（B 和 C 可以相互调用）；

（3）嵌套函数也可以调用其父函数，或与父函数具有相同父函数的其他嵌套函数（D 可以调用 B 和 C），但不能调用其父函数具有相同父函数的其他嵌套函数内深层嵌套的函数。

9.2.4　子函数

一个 M 文件只能包含一个主函数，但是一个 M 文件可以包含多个函数，这些编写在主函数后的函数统称为子函数。所有子函数只能被其所在 M 文件中的主函数或其他子函数调用。

所有子函数都有自己独立的声明和帮助、注释等结构，只需要位于主函数之后即可。而各个子函数的前后顺序都可以任意放置，和被调用的前后顺序无关。

M 文件内部发生函数调用时，MATLAB 首先检查该 M 文件中是否存在相应名称的子函数；然后检查这一 M 文件所在的目录的子目录是否存在同名的私有函数；然后按照 MATLAB 路径，检查是否存在同名的 M 文件或内部函数。根据这一顺序，函数调用时首先查找相应的子函数，因此，可以通过编写同名子函数的方法实现 M 文件内部的函数重载。

通过 help 命令也可以查看子函数的帮助文件。

9.2.5　私有函数

私有函数是具有限制性访问权限的函数，它们对应的 M 文件需要保存在名为 private 的文件夹下，这些私有函数代码编写上和普通的函数没有什么区别，也可以在一个 M 文件中编写一个主函数和多个子函数，以及嵌套函数。但私有函数只能被 private 目录的直接父目录下的脚本 M 文件或 M 文件主函数调用。

通过 help 命令获取私有函数的帮助，也需要声明其私有特点，例如要获取私有函数 myprifun 的帮助，就要通过 help private/myprifun 命令。

9.2.6　重载函数

重载是计算机编程中非常重要的概念，它经常用在处理功能类似、但参数类型或个数不同的函数编写中。

例如现在要实现一个计算功能，输入的参数既有双精度浮点型，又有整数类型，这时就可以编写两个同名函数，一个用来处理双精度浮点型的输入参数，另一个用来处理整数类型的输入参数。这样，当实际调用函数时，MATLAB 就可以根据实际传递的变量类型选择执行其中的一个函数。

MATLAB 中重载函数通常放置在不同的文件夹下，文件夹名称通常以符号@开头，然后跟一个代表 MATLAB 数据类型的字符，如@double 目录下的重载函数输入参数应该是双精度浮点型，而@int32 目录下的重载函数的输入参数应该是 32 位整型。

9.3　参数传递

MATLAB 中通过 M 文件编写函数时，只需要指定输入和输出的形式参数列表。而在函数实际被调用时，需要把具体的数值提供给函数声明中给出的输入参数，这时就需要用到参数传递。

9.3.1　参数传递概述

MATLAB 中参数传递过程是传值传递，也就是说，在函数调用过程中，MATLAB 将传入的实际变量值赋值为形式参数指定的变量名，这些变量都存储在函数的变量空间中，和工作区变量空间是独立的，每一个函数在调用中都有自己独立的函数空间。

例如在 MATLAB 中编写函数：

```
function y=myfun(x,y)
```

在命令行窗口通过语句 a=myfun(3,2)调用此函数，MATLAB 首先会建立 myfun 函数的变量空间，把 3 赋值给 x，把 2 赋值给 y，然后执行函数实现的代码，执行完毕后把 myfun 函数返回的参数 y 的值传递给工作区变量 a，调用过程结束后，函数变量空间被清除。

9.3.2　输入和输出参数的数目

MATLAB 的函数可以具有多个输入或输出参数。通常在调用时，需要给出和函数声明语句中一一对应的输入参数；而输出参数个数可以按参数列表对应指定，也可以不指定。不指定输出参数调用函数时，MATLAB 默认把输出参数列表中的第一个参数的数值返回给工作区变量 ans。

MATLAB 中可以通过 nargin 和 nargout 函数，确定函数调用时实际传递的输入和输出参数个数，结合条件分支语句，就可以处理函数调用中指定输入/输出参数数目不同的情况。

【例 9-4】输入和输出参数数目的使用。

解：在编辑器窗口中输入以下代码，并保存为 mytha.m 文件。

```
function [n1,n2]=mytha(m1,m2)
if nargin==1
    n1=m1;
    if nargout==2
        n2=m1;
    end
else
    if nargout==1
        n1=m1+m2;
    else
        n1=m1;
```

```
        n2=m2;
    end
end
end
```

进行函数调试，在命令行窗口中输入以下语句：

```
>> m=mytha(4)
m =
    4
>> [m,n]=mytha(4)
m =
    4
n =
    4
>> m=mytha(4,8)
m =
    12
>> [m,n]=mytha(4,8)
m =
    4
n =
    8
>> mytha(4,8)
ans =
    4
```

指定输入和输出参数个数的情况比较容易理解，只要对应函数 M 文件中对应的 if 分支项即可；而不指定输出参数个数的调用情况，MATLAB 是按照指定了所有输出参数的调用格式对函数进行调用的，不过在输出时只把第一个输出参数对应的变量值赋给工作区变量 ans。

9.3.3　可变数目的参数传递

函数 nargin 和 nargout 结合条件分支语句，可以处理可能具有不同数目的输入和输出参数的函数调用，但这要求对每一种输入参数数目和输出参数数目的结果分别进行代码编写。

有些情况下，用户可能无法确定具体调用中传递的输入参数或输出参数的个数，即存在可变数目的传递参数。前文提到，MATLAB 中可通过 varargin 和 varargout 函数实现可变数目的参数传递，使用这两个函数对于处理具有复杂的输入/输出参数个数组合的情况也是便利的。

函数 varargin 和 varargout 把实际的函数调用时的传递的参数值封装成一个元胞数组，因此，在函数实现部分的代码编写中，就要用访问元胞数组的方法访问封装在 varargin 和 varargout 中的元胞或元胞内的变量。

【例 9-5】可变数目的参数传递。

解： 在编辑器窗口中输入以下代码，并保存为 mythb.m 文件。

```
function y=mythb(x)
a=0;
for i=1:1:length(x)
    a=a+mean(x(i));
```

```
end
y=a/length(x);
```

函数 mythb 以 x 作为输入参数，从而可以接收可变数目的输入参数，函数实现部分首先计算了各个输入参数（可能是标量、一维数组或二维数组）的均值，然后计算这些均值的均值，调用结果如下：

```
>> mythb([4 3 4 5 1])
ans =
    3.4000
>> mythb(4)
ans =
    4
>> mythb([2 3;8 5])
ans =
    5
>> mythb(magic(4))
ans =
    8.5000
```

9.3.4 返回被修改的输入参数

前文已经讲过，MATLAB 函数有独立于 MATLAB 工作区的自己的变量空间，因此输入参数在函数内部的修改，都只具有和函数变量空间相同的生命周期，如果不指定将此修改后的输入参数值返回到工作区间，那么在函数调用结束后，这些修改后的值将被自动清除。

【例 9-6】函数内部的输入参数修改。

解： 在编辑器窗口中输入以下代码，并保存为 mythc.m 文件。

```
function y=mythc(x)
x=x+2;
y=x.^2;
end
```

在 mythc 函数的内部，首先修改了输入参数 x 的值（x=x+2），然后以修改后的 x 值计算输出参数 y 的值（y=x×2）。在命令行窗口中输入以下命令，输出结果如下：

```
>> x=2
x =
    2
>> y=mythc(x)
y =
    16
>> x
x =
    2
```

由此结果可见，调用结束后，函数变量区中的 x 在函数调用中被修改，但此修改只能在函数变量区有效，这并没有影响到 MATLAB 工作区变量空间中的变量 x 的值，函数调用前后，MATLAB 工作区中的变量 x 取值始终为 2。

如果希望函数内部对输入参数的修改也对 MATLAB 工作区的变量有效，就需要在函数输出参数列表中返回此输入参数。对 mythc 函数，则需要把函数修改为 function[y,x]=mythcc(x)，而在调用时也要通过 [y,x]=mythcc(x)语句。

【例 9-7】将修改后的输入参数返回给 MATLAB 工作区。

解：在编辑器窗口中输入以下代码，并保存为 mythcc.m 文件。

```
function [y,x]=mythcc(x)
x=x+2;
y=x.^2;
end
```

调试结果如下：

```
>> x=2
x =
     2
>> [y,x]=mythcc(x)
y =
    16
x =
     4
>> x
x =
     4
```

通过函数调用后，MATLAB 工作区中的变量 x 取值从 2 变为 4，可见通过[y,x]=mythcc(x)调用，实现了函数对 MATLAB 工作区变量的修改。

9.3.5 全局变量

通过返回修改后的输入参数，可以实现函数内部对 MATLAB 工作区变量的修改。另一种殊途同归的方法是使用全局变量，声明全局变量需要用到 global 关键词，语法格式为 global variable。

通过全局变量可以实现 MATLAB 工作区变量空间和多个函数的函数空间共享，这样，多个使用全局变量的函数和 MATLAB 工作区将共同维护这一全局变量，任何一处对全局变量的修改，都会直接改变此全局变量的取值。

在应用全局变量时，通常在各个函数内部通过 global variable 语句声明，在命令行窗口或脚本 M 文件中也要先通过 global 语句声明，然后进行赋值。

【例 9-8】全局变量的使用。

解：在编辑器窗口中输入以下代码，并保存为 mythd.m 文件。

```
function y=mythd(x)
global a;
a=a+9;
y=cos(x);
end
```

在命令行窗口声明全局变量赋值，然后调用该函数：

```
>> global a
>> a=2
```

```
a =
     2
>> mythd(pi)
ans =
    -1
>> cos(pi)
ans =
    -1
>> a
a =
    11
```

由此可见，用 global 将 a 声明为全局变量后，函数内部对 a 的修改也会直接作用到 MATLAB 工作区，函数调用一次后，a 的值从 2 变为 11。

9.4 小结

通过本章的学习，读者应掌握脚本 M 文件和函数 M 文件在结构、功能、应用范围上的差别，并熟练掌握 MATLAB 中各种类型的函数，尤其要熟练应用匿名函数、以 M 文件为核心的主函数、子函数、嵌套函数等，同时还要熟悉参数传递过程及相关函数。

第三部分

MATLAB 高级应用

第 10 章

CHAPTER 10

数据分析与处理

数据分析与
处理

　　数据分析和处理在各个领域有着广泛的应用，尤其是在数学、物理等科学领域和工程领域的实际应用中，会经常遇到进行数据分析的情况。例如，在工程领域根据有限的已知数据对未知数据进行推测时经常需要用到数据插值和拟合，在信号工程领域则经常需要用到傅里叶变换工具等。

　　本章学习目标包括：

　　（1）了解各种命令的使用和内在关系；

　　（2）掌握数据插值和拟合的方法；

　　（3）掌握傅里叶分析在 MATAB 中的实现；

　　（4）掌握使用 MATLAB 实现傅里叶变换的方法。

10.1　插值

　　插值是指在给定基准数据的情况下，研究如何平滑地估算出基准数据之间其他点的函数数值。MATLAB 提供了大量的插值函数，保存在 MATLAB 的 polyfun 子目录下。下面对一维插值、二维插值、样条插值和高维插值分别进行介绍。

10.1.1　一维插值

　　一维插值是进行数据分析的重要方法，在 MATLAB 中，一维插值有基于多项式的插值和基于快速傅里叶的插值两种类型。一维插值就是对一维函数 $y = f(x)$ 进行插值。

　　在 MATLAB 中，一维多项式插值采用函数 interp1()实现。函数 interp1()使用多项式技术，用多项式函数通过提供的数据点计算目标插值点上的插值函数数值，用于对数据点之间计算内插值。函数 interp1()找出一元函数 $f(x)$ 在中间点的数值，其中函数 $f(x)$ 由所给数据决定。

　　其调用格式如下：

```
yi=interp1(x,Y,xi)
```

　　使用线性插值返回插值向量 yi，每一元素对应于参量 xi，同时由向量 x 与 Y 的内插值决定。参量 x 指定数据 Y 的点。若 Y 为一矩阵，则按 Y 的每列计算。yi 是阶数为 length(xi)×size(Y,2)的输出矩阵。

```
yi=interp1(Y,xi)                    %假定x=1:N,其中N为向量Y的长度,或者为矩阵Y的行数
yi=interp1(x,Y,xi,method)           %用指定的算法计算插值
yi=interp1(x,Y,xi,method,'extrap')  %对于超出x范围的xi中的分量将执行特殊的外插值
                                    %法extrap
```

| yi=interp1(x,Y,xi,method,extrapval) | %确定超出 x 范围的 xi 中的分量的外插值 extrapval,其
%值通常取 NaN 或 0 |

一维插值可以采用的方法如下:

（1）'linear'：线性插值。该方法采用直线连接相邻的两点，为 MATLAB 系统中采用的默认方法。对超出范围的点将返回 NaN。

（2）'nearest'：邻近点插值。该方法在已知数据的最邻近点设置插值点，对插值点的数值采用四舍五入的方法处理。对超出范围的点将返回一个 NaN（Not a Number）。

（3）'next'：下一个邻近点插值。在查询点插入的值是下一个抽样网格点的值。

（4）'previous'：上一个邻近点插值。在查询点插入的值是上一个抽样网格点的值。

（5）'pchip'：分段三次 Hermite 插值。对查询点的插值基于邻点网格点处数值的保形分段三次插值。

（6）'cubic'：与分段三次 Hermite 插值相同，用于 MATLAB 5 的三次卷积。

（7）'v5cubic'：使用一个三次多项式函数对已知数据进行拟合，同'cubic'。

（8）'makima'：修正 Akima 三次 Hermite 插值。在查询点插入的值基于次数最大为 3 的多项式的分段函数。

（9）'spline'：三次样条插值。使用非结终止条件的样条插值，对查询点的插值基于各维中邻近点网格点处数值的三次插值。

说明：对于超出 x 范围的 xi 的分量，使用方法'nearest'、'linear'、'v5cubic'的插值算法，相应地将返回 NaN。对其他方法，interp1 将对超出的分量执行外插值算法。

【**例 10-1**】已知当 x=0:0.3:3 时函数 $y = (x^2 - 4x + 2)\sin(x)$ 的值，对 xi=0:0.01:3 采用不同的方法进行插值。

解：在编辑器窗口中输入以下语句。

```
clear, clc
x=0:0.3:3;
y=(x.^2-4*x+2).*sin(x);
xi=0:0.01:3;                              %要插值的数据
yi_nearest=interp1(x,y,xi,'nearest');    %邻近点插值
yi_linear=interp1(x,y,xi);               %默认为线性插值
yi_spine=interp1(x,y,xi,'spline');       %三次样条插值
yi_pchip=interp1(x,y,xi,'pchip');        %分段三次 Hermite 插值
yi_v5cubic=interp1(x,y,xi,'v5cubic');    %MATLAB 中三次多项式插值
figure(1);                               %绘图显示
hold on;
subplot(231);plot(x,y,'ro');             %绘制数据点
title('已知数据点');
subplot(232);plot(x,y,'ro',xi,yi_nearest,'b-');  %绘制邻近点插值的结果
title('邻近点插值');
subplot(233);plot(x,y,'ro',xi,yi_linear,'b-');   %绘制线性插值的结果
title('线性插值');
subplot(234);plot(x,y,'ro',xi,yi_spine,'b-');    %绘制三次样条插值的结果
title('三次样条插值');
subplot(235);plot(x,y,'ro',xi,yi_pchip,'b-');    %绘制分段三次 Hermite 插值的结果
title('分段三次 Hermite 插值');
```

```
subplot(236);plot(x,y,'ro',xi,yi_v5cubic,'b-');      %绘制三次多项式插值的结果
title('三次多项式插值');
```

运行程序，对数据采用不同的插值方法，输出结果如图 10-1 所示。由图可以看出，采用邻近点插值时，数据的平滑性最差，得到的数据不连续。

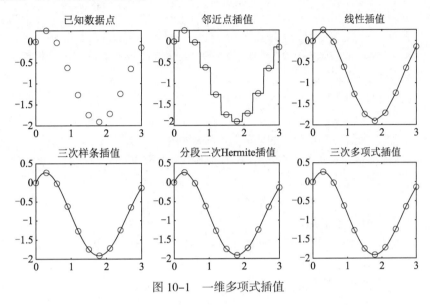

图 10-1　一维多项式插值

选择插值方法时考虑的因素主要有运算时间、占用计算机内存和插值的光滑程度。下面对邻近点插值、线性插值、三次样条插值和分段三次 Hermite 插值进行比较，如表 10-1 所示。

表 10-1　不同插值方法进行比较

插值方法	运算时间	占用计算机内存	光滑程度
邻近点插值	快	少	差
线性插值	稍长	较多	稍好
三次样条插值	最长	较多	最好
三次Hermite插值	较长	多	较好

邻近点插值的速度最快，但是得到的数据不连续，其他方法得到的数据都连续。三次样条插值的速度最慢，可以得到最光滑的结果，是最常用的插值方法。

本小节多次使用到了 MATLAB 中关于 M 文件中的基础知识来实现各种插值方法的功能，关于 M 文件的使用方法请读者自行查看相应的章节。

10.1.2　二维插值

二维插值主要用于图像处理和数据的可视化，对函数 $z = f(x, y)$ 进行插值，其基本思想与一维插值相同。MATLAB 中采用函数 interp2() 进行二维插值，其调用格式如下：

```
Zi= interp2(X,Y,Z,Xi,Yi)
```

返回矩阵 Zi 的元素包含对应于参量 Xi 与 Yi（可以是向量或同型矩阵）的元素，即 Zi(i,j) 属于[Xi(i,j),yi(i,j)]。

用户可以输入行向量和列向量 Xi 与 Yi，此时，输出向量 Zi 与矩阵 meshgrid(xi,yi)是同型的，同时取决于由输入矩阵 X、Y 与 Z 确定的二维函数 Z=f(X,Y)。参量 X 与 Y 必须是单调的，且必须是相同的划分格式，就像由命令 meshgrid 生成的一样。若 Xi 与 Yi 中有在 X 与 Y 范围之外的点，则相应地返回 nan(Not a Number)。

```
Zi=interp2(Z,Xi,Yi)          %默认 X=1:n、Y=1:m，其中[m,n]=size(Z)，然后按第一种情形进行计算
Zi=interp2(Z,n)              %作 n 次递归计算，在 Z 的每两个元素之间插入它们的二维插值，这样，Z 的阶
                            %数将不断增加。interp2(Z)等价于 interp2(z,1)
Zi=interp2(X,Y,Z,XI,YI,method)           %用指定的算法 method 计算二维插值
```

二维插值可以采用的方法如下：

（1）'linear'：双线性插值算法。对查询点插值基于各维中邻点网格点处数值的线性插值，为默认插值方法。

（2）'nearest'：最邻近插值。对查询点的插值是距样本网格点最近的值。

（3）'cubic'：双三次插值。对查询点的插值基于各维中邻点网格点处数值的三次插值，插值基于三次卷积。

（4）'makima'：修正 Akima 三次 Hermite 插值。对查询点的插值基于次数最大为 3 的多项式的分段函数，使用各维中相邻网格点的值进行计算。

（5）'spline'：三次样条插值。对查询点的插值基于各维中邻点网格点处数值的三次插值。插值基于使用非结终止条件的三次样条。

【例 10-2】二维插值函数实例分析，分别采用方法'nearest''linear''spline'和'cubic'进行二维插值，并绘制三维表面图。

解： 在编辑器窗口中输入以下语句。

```
clear, clf
[x,y]=meshgrid(-5:1:5);                       %原始数据
z=peaks(x,y);
[xi,yi]=meshgrid(-5:0.8:5);                   %插值数据
zi_nearest=interp2(x,y,z,xi,yi,'nearest');    %邻近点插值
zi_linear=interp2(x,y,z,xi,yi);               %系统默认为线性插值
zi_spline=interp2(x,y,z,xi,yi,'spline');      %三次样条插值
zi_cubic=interp2(x,y,z,xi,yi,'cubic');        %三次多项式插值
figure(1);                                    %数据显示
hold on;
subplot(231);surf(x,y,z);                     %绘制原始数据点
title('原始数据');
subplot(232);surf(xi,yi,zi_nearest);          %绘制邻近点插值的结果
title('邻近点插值');
subplot(233);surf(xi,yi,zi_linear);           %绘制线性插值的结果
title('线性插值');
subplot(234);surf(xi,yi,zi_spline);           %绘制三次样条插值的结果
title('三次样条插值');
subplot(235);surf(xi,yi,zi_cubic);            %绘制三次多项式插值的结果
title('三次多项式插值');
```

运行程序，输出的结果如图 10-2 所示。输出结果分别采用邻近点插值、线性插值、三次样条插值和三次多项式插值。在二维插值中已知数据(x,y)必须是栅格格式，一般采用函数 meshgrid()产生，例如本程序中采用[x,y] = meshgrid(-4:0.8:4)产生数据(x,y)。

另外，函数 interp2()要求数据(x,y)必须严格单调，即单调增加或单调减少。如果数据(x,y)在平面上分布不是等间距，函数 interp2()会通过变换将其转换为等间距；如果数据(x,y)已经是等间距的，可以在 method 参数的前面加星号'*'，例如参数'cubic'变为'*cubic'，来提高插值的速度。

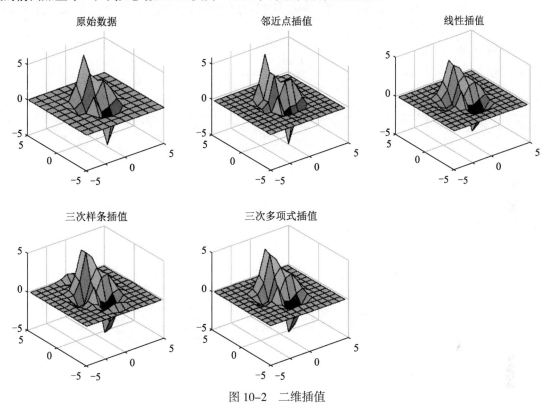

图 10-2　二维插值

10.1.3　三维插值

三维插值的基本思想与一维插值和二维插值相同，例如对函数 $v = f(x, y, z)$ 进行三维插值。在 MATLAB 中，采用函数 interp3()进行三维插值，其调用格式如下：

```
Vq=interp3(X,Y,Z,V,Xq,Yq,Zq)
```

使用线性插值返回三变量函数对特定查询点的插值，结果始终穿过函数的原始采样。X、Y 和 Z 包含样本点的坐标，V 包含各样本点处的对应函数值，Xq、Yq 和 Zq 包含查询点的坐标。

```
Vq=interp3(V,Xq,Yq,Zq)
```

假定一个默认的样本点网格。默认网格点覆盖区域 X=1:n、Y=1:m 和 Z=1:p，其中[m,n,p]=size(V)。当需要节省内存且不在意点之间的绝对距离时，可使用此语法。

```
Vq=interp3(V)
```

将每个维度上样本值之间的间隔分割一次，形成优化网格，并在这些网格上返回插入值。

```
Vq=interp3(V,k)
```

将每个维度上样本值之间的间隔反复分割 k 次，形成优化网格，并在这些网格上返回插入值。这将在样本值之间生成 2^{k-1} 个插值点。

`Vq=interp3(___,method)`	%指定插值方法：`'linear'`、`'nearest'`、`'cubic'`、`'makima'` %或 `'spline'`。默认方法为 `'linear'`
`Vq=interp3(___,method,extrapval)`	%额外指定标量值 extrapval，此参数会为处于样本点域范围外 %的所有查询点赋予该标量值

【例 10-3】 三维插值函数实例分析。

解： 在编辑器窗口中输入以下语句。

```
clear, clf
[X,Y,Z,V] = flow(10);                              %利用 flow 函数采样点，每个维度采样 10 个点
subplot(121);slice(X,Y,Z,V,[6 9],2,0);             %绘制穿过以下样本体的切片：X=6、X=9、Y=2 和 Z=0
shading flat
[Xq,Yq,Zq] = meshgrid(.1:.25:10,-3:.25:3,-3:.25:3);  %创建间距为 0.25 的查询网格
Vq = interp3(X,Y,Z,V,Xq,Yq,Zq);                    %对查询网格中的点插值
subplot(122);slice(Xq,Yq,Zq,Vq,[6 9],2,0);         %使用相同的切片平面绘制
shading flat
```

运行程序，输出图形如图 10-3 所示。

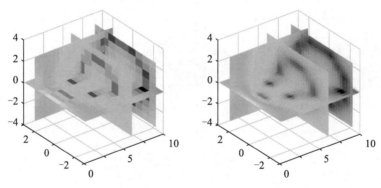

图 10-3 三维插值

10.1.4 多维插值

MATLAB 中还提供了 interpn()函数进行多维插值，可以实现一维、二维、三维插值在内的 n 维插值，其调用格式如下：

```
Vq=interpn(X1,X2,...,Xn,V,Xq1,Xq2,...,Xqn)
```

使用线性插值返回 n 变量函数在特定查询点的插入值。结果始终穿过函数的原始采样。X1,X2,…,Xn 包含样本点的坐标。V 包含各样本点处的对应函数值。Xq1,Xq2, …,Xqn 包含查询点的坐标。

```
Vq=interpn(V,Xq1,Xq2,...,Xqn)
```

假定一个默认的样本点网格。默认网格的每个维度均包含点 1,2,3, …,ni。ni 的值为 V 中第 i 个维度的长度。如果希望节省内存且不介意各点之间的绝对距离，则可使用此语法。

```
Vq=interpn(V)
```

将每个维度上样本值之间的间隔分割一次,形成优化网格,并在这些网格上返回插入值。

```
Vq=interpn(V,k)
```

将每个维度上样本值之间的间隔反复分割 k 次,形成优化网格,并在这些网格上返回插入值。这将在样本值之间生成 2^{k-1} 个插值点。

`Vq=interpn(___,method)`	%指定插值方法'linear'、'nearest'、'pchip'、'cubic'、 %'makima'或'spline',默认为'linear'
`Vq=interpn(___,method,extrapval)`	%为处于样本点域范围外的所有查询点赋予 extrapval 标量值

【例 10-4】三维插值函数实例分析。

解: 在编辑器窗口中输入以下语句。

```
clear, clf
x=[1 2 3 4 5];
v=[12 16 31 10 6];
xq=(1:0.1:5);
vq=interpn(x,v,xq,'cubic');                     %一维插值
figure(1)
subplot(121);plot(x,v,'o',xq,vq,'-');
legend('样本','Cubic 插值');

[X1,X2] = ndgrid((-5:1:5));
R=sqrt(X1.^2 + X2.^2)+ eps;
V=sin(R)./(R);
Vq=interpn(V,'cubic');                          %二维插值
subplot(122);mesh(Vq);

f=@(x,y,z,t) t.*exp(-x.^2 - y.^2 - z.^2);
[x,y,z,t]=ndgrid(-1:0.2:1,-1:0.2:1,-1:0.2:1,0:2:10);
V=f(x,y,z,t);
[xq,yq,zq,tq]=ndgrid(-1:0.05:1,-1:0.08:1,-1:0.05:1,0:0.5:10);
Vq=interpn(x,y,z,t,V,xq,yq,zq,tq);              %四维插值
nframes=size(tq, 4);
figure(2)
for j=1:nframes
    slice(yq(:,:,:,j),xq(:,:,:,j),zq(:,:,:,j),Vq(:,:,:,j),0,0,0);
    caxis([0 10]);
    M(j)=getframe;
end
movie(M);
```

运行程序,输出图形如图 10-4 所示。

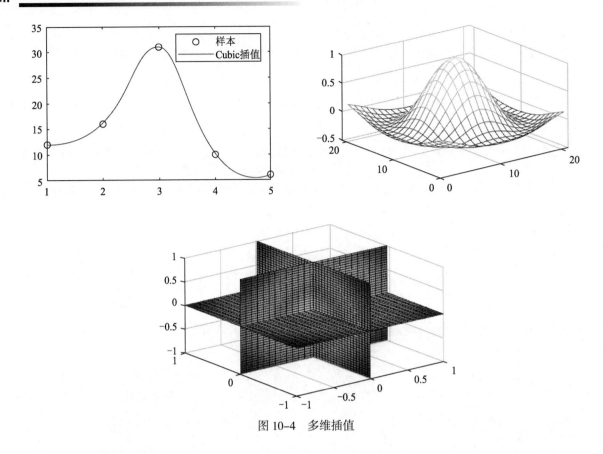

图 10-4　多维插值

10.1.5　样条插值

对于给定的离散的测量数据 (x, y)（称为断点），要寻找一个三项多项式 $y = p(x)$，以逼近每对数据 (x, y) 点间的曲线。

过两点 (x_i, y_i) 和 (x_{i+1}, y_{i+1}) 只能确定一条直线，而通过一点的三次多项式曲线有无穷多条。为使通过中间断点的三次多项式曲线具有唯一性，要增加以下条件（因为三次多项式有 4 个系数）：

（1）三次多项式在点 (x_i, y_i) 处有 $p_i'(x_i) = p_i''(x_i)$；

（2）三次多项式在点 (x_{i+1}, y_{i+1}) 处有 $p_i'(x_{i+1}) = p_i''(x_{i+1})$；

（3）$p(x)$ 在点 (x_i, y_i) 处的斜率是连续的；

（4）$p(x)$ 在点 (x_i, y_i) 处的曲率是连续的。

对于第一个和最后一个多项式规定如下条件：

$$\begin{cases} p_1'''(x) = p_2'''(x) \\ p_n'''(x) = p_{n-1}'''(x) \end{cases}$$

上述两个条件称为非结点（not-a-knot）条件。综合上述内容，可知对数据拟合的三次样条函数 $p(x)$ 是一个分段的三次多项式

$$p(x) = \begin{cases} p_1(x) & x_1 \leqslant x \leqslant x_2 \\ p_2(x) & x_2 \leqslant x \leqslant x_3 \\ \vdots & \\ p_n(x) & x_n \leqslant x \leqslant x_{n+1} \end{cases}$$

其中每段 $p_i(x)$ 都是三次多项式。

在 MATLAB 中，三次样条插值可以采用函数 spline()，该函数的调用格式如下：

```
yy=spline(x,y,xx)
```

返回由向量 x 与 y 确定的一元函数 y=f(x)在点 xx 处的值，该值采用三次样条插值计算。若参量 y 是一矩阵，则以 y 的每一列和 x 配对，再分别计算由它们确定的函数在点 xx 处的值。则 yy 是一阶数为 length(xx)*size(y,2)的矩阵。

```
pp=spline(x,y)          %返回由向量 x 与 y 确定的分段样条多项式的系数矩阵 pp，用于函数
                        %ppval、unmkpp 的计算
```

【例 10-5】对离散地分布在 y=exp(x)sin(x)函数曲线上的数据点进行样条插值计算。

解： 在编辑器窗口中输入以下语句。

```
clear, clf
x=[0 2 4 5 8 12 12.8 17.2 19.9 20];
y=exp(x).*sin(x);
xx=0:.25:20;
yy=spline(x,y,xx);
plot(x,y,'o',xx,yy)
```

运行程序，输出图形如图 10-5 所示。

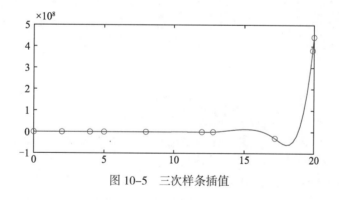

图 10-5　三次样条插值

10.2　曲线拟合

在科学和工程领域，曲线拟合的主要功能是寻求平滑的曲线，以最好地表现带有噪声的测量数据，从这些测量数据中寻求两个函数变量之间的关系或者变化趋势，最后得到曲线拟合的函数表达式 $y = f(x)$。

从 10.1 节可以看出，使用多项式进行数据拟合会出现数据振荡，而 Spline 插值的方法可以得到很好的平滑效果，但是关于该插值方法有太多的参数，不适合曲线拟合的方法。

同时，由于在进行曲线拟合的时候，已经认为所有测量数据中已经包含噪声，因此，最后的拟合曲线

并不要求通过每一个已知数据点，衡量拟合数据的标准则是整体数据拟合的误差最小。

一般情况下，MATLAB 的曲线拟合方法是用的是"最小方差"函数，其中方差的数值是拟合曲线和已知数据之间的垂直距离。

10.2.1　多项式拟合

在 MATLAB 中，函数 polyfit()采用最小二乘法对给定的数据进行多项式拟合，得到该多项式的系数。该函数的调用方式如下：

p=polyfit(x,y,n)	%找到次数为 n 的多项式系数，对于数据集合{(xi, yi)}，满足差的平方 %和最小
[p,E]=polyfit(x,y,n)	%返回同上的多项式 P 和矩阵 E。多项式系数在向量 p 中，矩阵 E 用在 %polyval 函数中计算误差
[p,E,mu]=polyfit(x,y,n)	%返回二元素向量 mu，包含中心化值和缩放值。mu(1)是 mean(x)，mu(2) %是 std(x)

返回的多项式形式为：

$$p(x) = p_1x^n + p_2x^{n-1} + \cdots + p_nx + p_{n+1}$$

【例 10-6】某数据的横坐标为 x=[0.2 0.3 0.5 0.6 0.8 0.9 1.2 1.3 1.5 1.8]，纵坐标为 y=[1 2 3 5 6 7 6 5 4 1]，对该数据进行多项式拟合。

解：在编辑器窗口中输入以下语句。

```
clear, clf
x=[0.3 0.4 0.7 0.9 1.2 1.9 2.8 3.2 3.7 4.5];
y=[1 2 3 4 5 2 6 9 2 7];
p5=polyfit(x,y,5);                    %5 阶多项式拟合
y5=polyval(p5,x);
p5=vpa(poly2sym(p5),5)                %显示 5 阶多项式
p9=polyfit(x,y,9);                    %9 阶多项式拟合
y9=polyval(p9,x);
plot(x,y,'bo');
hold on;
plot(x,y5,'r');
plot(x,y9,'b--');
legend('原始数据','5 阶多项式拟合','9 阶多项式拟合',Location='northwest');
xlabel('x');ylabel('y');
```

运行程序后，得到的 5 阶多项式如下：

```
p5=
   0.8877*x^5 - 10.3*x^4 + 42.942*x^3 - 77.932*x^2 + 59.833*x - 11.673
```

运行程序，得到的输出结果如图 10-6 所示。由图可以看出，使用 5 次多项式拟合时，得到的结果比较差。

当采用 9 次多项式拟合时，得到的结果与原始数据符合较好。当使用函数 polyfit()进行拟合时，多项式的阶次最大不超过 length(x)-1。

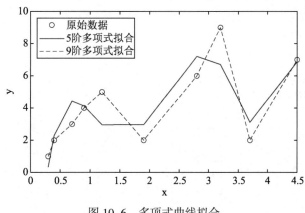

图 10-6　多项式曲线拟合

10.2.2　加权最小方差拟合

所谓加权最小方差（WLS），就是根据基础数据本身准确度的不同，在拟合的时候给每个数据以不同的加权数值。这种方法比前文介绍的单纯最小方差方法更加符合拟合的初衷。

对应 N 阶多项式的拟合公式，要求解的拟合系数需要求解线性方程组，其中线性方程组的系数矩阵和需要求解的拟合系数矩阵分别为

$$A = \begin{bmatrix} x_1^N & \cdots & x_1 & \cdots 1 \\ x_2^N & \cdots & x_2 & \cdots 1 \\ \vdots & \ddots & \vdots & \vdots \\ x_m^N & \cdots & x_m & \cdots 1 \end{bmatrix}, \quad \boldsymbol{\theta} = \begin{bmatrix} \theta_n \\ \theta_{n-1} \\ \vdots \\ \theta_1 \end{bmatrix}$$

使用加权最小方差方法求解得到拟合系数为

$$\boldsymbol{\theta}_m^n = \begin{bmatrix} \theta_{mn}^n \\ \theta_{mn-1}^n \\ \vdots \\ \theta_1^n \end{bmatrix} = \left[A^{\mathrm{T}} M A \right]^{-1} A^{\mathrm{T}} M \boldsymbol{y}$$

其对应的加权最小方差为表达式

$$J_m = [A\boldsymbol{\theta} - \boldsymbol{y}]^{\mathrm{T}} W [A\boldsymbol{\theta} - \boldsymbol{y}]$$

【例 10-7】根据 WLS 数据拟合方法，自行编写使用 WLS 方法拟合数据的 M 函数，然后使用 WLS 方法进行数据拟合。

解： 在编辑器窗口中输入以下语句。

```
function [th,err,yi]=polyfits(x,y,N,xi,r)
% x,y: 数据点系列
% N : 多项式拟合的系统
% r : 加权系数的逆矩阵
M=length(x);
x=x(:);
y=y(:);
%判断调用函数的格式
if nargin==4
```

```
    %当调用函数的格式为(x,y,N,r)
    if length(xi)==M
        r=xi;
        xi=x;
        %当调用函数的格式为(x,y,N,xi)
    else r=1;
    end
    %当调用格式为(x,y,N)
elseif nargin==3
    xi=x;
    r=1;
end
%求解系数矩阵
A(:,N+1)=ones(M,1);
for n=N:-1:1
    A(:,n)=A(:,n+1).*x;
end
if length(r)==M
    for m=1:M
        A(m,:)=A(m,:)/r(m);
        y(m)=y(m)/r(m);
    end
end
%计算拟合系数
th=(A\y)';
ye=polyval(th,x);
err=norm(y-ye)/norm(y);
yi=polyval(th,xi);
end
```

将上述代码保存为 "polyfits.m" 文件。使用上述程序代码对基础数据进行 LS 多项式拟合。在编辑器窗口中输入以下语句：

```
clear, clf
x=[-3:1:3]';
y=[1.1650  0.0751  -0.6965  0.0591  0.6268  0.3516  1.6961]';
[x,i]=sort(x);
y=y(i);
xi=min(x)+[0:100]/100*(max(x)-min(x));
for i=1:4
    N=2*i-1;
    [th,err,yi]=polyfits(x,y,N,xi);
    subplot(2,2,i);plot(x,y,'o')
    hold on
    plot(xi,yi,'-')
    grid on
end
```

运行程序，得到拟合结果如图 10-7 所示。由图可以看出，LS 方法其实是 WLS 方法的一种特例，相当于将每个基础数据的准确度都设为 1。但是，自行编写的 M 文件和默认的命令结果不同，请仔细比较。

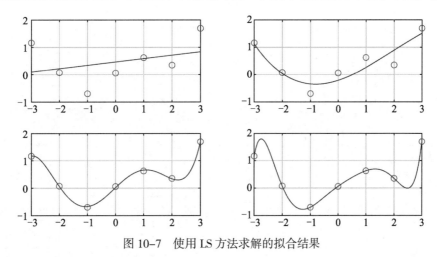

图 10-7　使用 LS 方法求解的拟合结果

10.3　曲线拟合工具

MATLAB 中提供了曲线拟合图形界面，用户可以在该界面上直接进行曲线拟合。在该界面中可以实现多种曲线拟合、绘制拟合残余等多种功能。最后，该界面还可以将拟合结果和估计数值保存到 MATLAB 的工作区中。

10.3.1　曲线拟合

为了方便使用，在 MATLAB 中提供了曲线拟合的图形用户接口。它位于 MATLAB 图形窗口的"工具"菜单下的"基本拟合"命令中。

【例 10-8】曲线拟合工具应用示例。

（1）在使用该工具时，首先将需要拟合的数据采用函数 plot() 绘图，在编辑器窗口中输入以下语句：

```
clear, clf
x=-3:1:3;
y=[1.1650  0.0751  -0.6965  0.0591 0.6268  0.3516  1.6961];
plot(x,y,'o')
```

运行程序，得到如图 10-8 所示的图形窗口。

（2）在该图形窗口中执行"工具"→"基本拟合"命令，将弹出基本拟合对话框。单击各选项左侧的▼（展开）按钮，将会全部展开基本拟合对话框，如图 10-9 所示。

（3）在基本拟合对话框的"拟合的类型"选项组中勾选"五次多项式"复选框，在图形窗口中会把拟合曲线绘制出来，在"拟合结果"选项区域中勾选"方程"复选框，此时图形窗口中会自动列出曲线拟合的多项式，如图 10-10 所示。

（4）单击"拟合结果"选项区域右下方的 ▨（扩展结果）按钮，将弹出如图 10-11 所示的"拟合结果"对话框，该对话框中会自动列出曲线拟合的多项式系数、残差范数等。

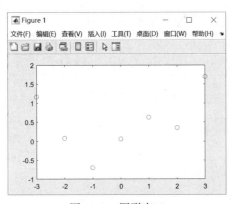

图 10-8　图形窗口

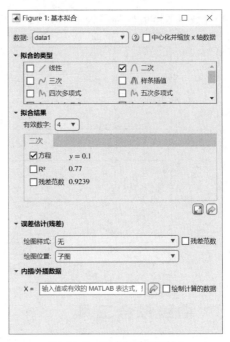

图 10-9　基本拟合对话框

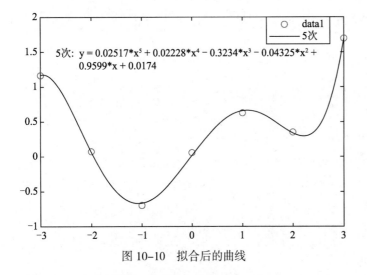

图 10-10　拟合后的曲线

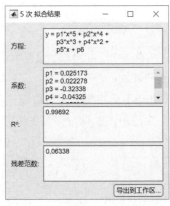

图 10-11　选择 5 阶多项式拟合

10.3.2　绘制拟合残差图形

延续 10.3.1 节的步骤绘制拟合残差图形，并显示拟合残差及其标准差。

（1）在"基本拟合"对话框中展开"误差估计（残差）"选项组，在"绘图样式"下拉列表框中选择"条形图"，在"绘图位置"下拉列表框中选择"子图"，并勾选"残差范数"复选框，如图 10-12 所示。

（2）完成上面的设置后，MATLAB 会在图形窗口原始图形的下方绘制残差图形，并在图形中显示残差的标准差，如图 10-13 所示。

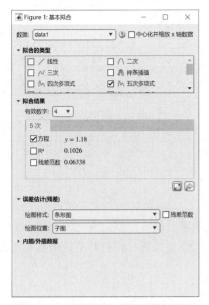

图 10-12　显示拟合残差及其标准差

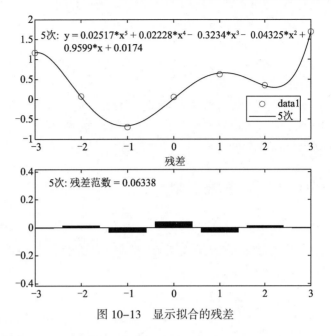

图 10-13　显示拟合的残差

在基本拟合对话框中可以选择残差图形的图标类型，可以再对应的选项组中选择图标类型，还可以选择绘制残差图形的位置。

10.3.3　数据预测

延续 10.3.2 节的步骤，对数据进行预测。

（1）在基本拟合对话框中展开"内插/外插数据"选项组，在 X=文本框中输入"-2:0.8:2"，在其下方会显示预测的数据，如图 10-14 所示。

（2）勾选对话框中的"绘制计算的数据"复选框，预测的结果将显示在图形窗口中，如图 10-15 所示。

图 10-14　预测数据

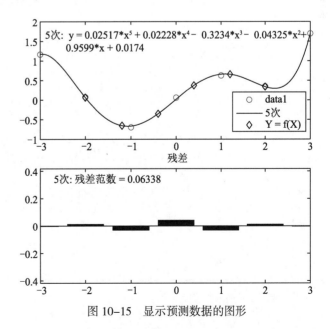

图 10-15　显示预测数据的图形

（3）保存预测的数据，然后单击 （将计算导入工作区）按钮，打开"将结果保存到工作区"对话框，如图 10-16 所示。在其中设置保存数据选项，单击"确定"按钮，即可保存预测的数据。

图 10-16　保存预测数据

上面的操作比较简单，基本演示了使用曲线拟合曲线界面的方法，读者可以根据实际情况，选择不同的拟合参数，完成其他的拟合工作。

10.4　傅里叶分析

现实生活中大部分信号包含多个不同频率组建，这些信号组建频率会随着时间的变化而变化。傅里叶变换就是用来分析周期或非周期信号的频率特性的数学工具。从时间角度来看，傅里叶分析包括连续时间和离散时间的傅里叶变换。

10.4.1　离散傅里叶变换

离散傅里叶变换（DFT）是离散时间傅里叶变换（DTFT）的特例。DTFT 在时域上离散，在频域上则是周期的。DTFT 可以看作傅里叶级数的逆变换。

DFT 是傅里叶变换在时域和频域上都呈离散的形式，将信号的时域采样变换为其 DTFT 的频域采样。在形式上，变换两端（时域和频域上）的序列是有限长的，而实际上这两组序列都应当被认为是离散周期信号的主值序列。即使对有限长的离散信号作 DFT，也应当将其看作其周期延拓的变换。在实际应用中通常采用快速傅里叶变换计算 DFT。

定义一个有限长序列 $x(n)$，长为 N，且

$$x(n) = \begin{cases} x(n), & 0 \leqslant n \leqslant N-1 \\ 0, & \text{其余} n \end{cases}$$

即只有 $n=0 \sim N-1$ 个点上有非零值，其余为零。

为了利用周期序列的特性，假定周期序列 $\tilde{x}(n)$ 是由有限长序列 $x(n)$ 以周期为 N 延拓而成的，它们的关系为

$$\begin{cases} \tilde{x}(n) = \sum_{r=-\infty}^{\infty} x(n+rN) \\ x(n) = \begin{cases} \tilde{x}(n) & 0 \leqslant n \leqslant N-1 \\ 0 & \text{其余} n \end{cases} \end{cases}$$

对于周期序列 $\tilde{x}(n)$，定义其第一个周期 $n=0 \sim N-1$ 为 $\tilde{x}(n)$ 的"主值区间"，主值区间上的序列为主值序列 $x(n)$。$x(n)$ 与 $\tilde{x}(n)$ 的关系可描述为

$$\begin{cases} \tilde{x}(n) \text{是} x(n) \text{的周期延拓} \\ x(n) \text{是} \tilde{x}(n) \text{的"主值序列"} \end{cases}$$

下面给出 DFT 的变换对：

对于 N 点序列 $\{\tilde{x}[n]\}, 0 \leqslant n \leqslant N$，其离散傅里叶变换（DFT）为

$$\tilde{x}[n] = \sum_{n=0}^{N-1} e^{-i\frac{2\pi}{N}nk} x[n] \qquad k = 0, 1, \cdots, N-1$$

通常以符号 F 表示这一变换，即 $\hat{x} = Fx$。

DFT 的逆变换（IDFT）为

$$x[n] = \frac{1}{N} \sum_{k=0}^{N-1} e^{i\frac{2\pi}{N}nk} \hat{x}[n] \qquad n = 0, 1, \cdots, N-1$$

可记为

$$x = \boldsymbol{F}^{-1}\hat{x}$$

实际上，DFT 和 IDFT 变换式中和式前的归一化系数并不重要。在上面的定义中，DFT 和 IDFT 前的系数分别为 1 和 1/N。有时会将这两个系数都改成 $1/\sqrt{N}$。

在 MATLAB 中，提供了 FFT 和 IFFT 函数求解上面的两种傅里叶变换。其中 FFT 为快速傅里叶变换，其调用格式如下：

```
Y=fft(X)                %用快速傅里叶变换（FFT）算法计算 X 的离散傅里叶变换（DFT）
```

如果 X 是向量，则 fft(X)返回该向量的傅里叶变换；如果 X 是矩阵，则 fft(X)将 X 的各列视为向量，并返回每列的傅里叶变换；如果 X 是一个多维数组，则 fft(X)将沿大小不等于 1 的第一个数组维度的值视为向量，并返回每个向量的傅里叶变换。

```
Y=fft(X,n)              %返回 n 点 DFT。如果未指定任何值，则 Y 的大小与 X 相同
```

如果 X 是向量且 X 的长度小于 n，则为 X 补上尾零以达到长度 n；如果 X 是向量且 X 的长度大于 n，则对 X 进行截断以达到长度 n；如果 X 是矩阵，则每列的处理与在向量情况下相同；如果 X 为多维数组，则大小不等于 1 的第一个数组维度的处理与在向量情况下相同。

```
Y=fft(X,n,dim)          %返回沿维度 dim 的傅里叶变换
```

例如，如果 X 是矩阵，则 fft(X,n,2)返回每行的 n 点傅里叶变换。

ifft 为快速傅里叶逆变换，其调用格式如下：

```
X=ifft(Y)               %使用快速傅里叶变换算法计算 Y 的逆离散傅里叶变换。X 与 Y 的大小相同
```

如果 Y 是向量，则 ifft(Y)返回该向量的逆变换；如果 Y 是矩阵，则 ifft(Y)返回该矩阵每一列的逆变换；如果 Y 是多维数组，则 ifft(Y)将大小不等于 1 的第一个维度上的值视为向量，并返回每个向量的逆变换。

```
X=ifft(Y,n)             %过用尾随零填充 Y 以达到长度 n，返回 Y 的 n 点傅里叶逆变换
X=ifft(Y,n,dim)         %返回沿维度 dim 的傅里叶逆变换
```

例如，如果 Y 是矩阵，则 ifft(Y,n,2)返回每一行的 n 点逆变换。

```
X=ifft(___,symflag)     %指定 Y 的对称性
```

例如，ifft(Y,'symmetric')将 Y 视为共轭对称。

【例 10-9】使用 FFT，从包含噪声信号在内的信号信息中寻找组成信号的主要频率。

解： 产生原始信号，并绘制信号图形。在编辑器窗口中输入以下语句。

```
clear, clf
t=0:0.01:6;
x=sin(2*pi*5*t)-cos(pi*15*t);
```

```
y=x+2*randn(size(t));
figure(1),plot(100*t(1:50),y(1:50))
grid
```

查看原始信号的图形如图 10-17 所示。

对信号进行傅里叶变换：

```
Y=fft(y,512);
Py=Y.*conj(Y)/512;
f=1000*(1:257)/512;
fy=f(1:257);
Pyy=Py(1:257);
plot(fy,Pyy)
```

查看信号转换图形如图 10-18 所示。

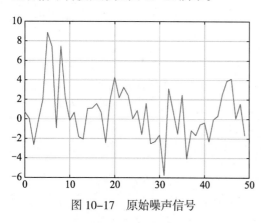

图 10-17　原始噪声信号

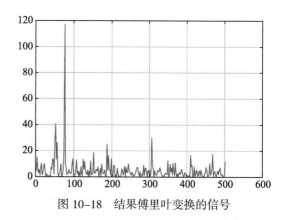

图 10-18　结果傅里叶变换的信号

10.4.2　FFT 和 DFT 对比

前面曾经提到过，MATLAB 提供 FFT 函数用于实现离散傅里叶变换（DFT），该命令对应的是快速计算算法。为了让读者更加直观地了解 FFT 函数算法相对于 DFT 算法的优势，下面通过一个简单的示例分别使用 FFT 函数和 DFT 方法进行傅里叶变换，比较两者的优劣。

【例 10-10】分别使用 FFT 函数和 DFT 方法进行傅里叶变换，比较二者的优劣。

解：在编辑器窗口中输入以下语句。

```
clear, clf
N=2^10;
n=0:N-1;
x=sin(2*pi*200/N*n)+2*cos(2*pi*300/N*n);
tic
%使用 DFT 方法
for k=0:N-1
    X(k+1)=x*exp(-1j*2*pi*k*n/N).';
end
k=0:N-1;
%使用 IDET 方法
```

```
for n=0:N-1
    xx(n+1)=X*exp(1j*2*pi*k*n/N).';
end
time_IDFT=toc;
subplot(2,1,1),plot(k,abs(X))
title('DET')
grid,hold on
tic
x1=fft(xx);                                    %使用 FET 方法
xx1=ifft(x1);                                  %使用 IFFT 方法
time_IFFT=toc;
subplot(2,1,2),plot(k,abs(x1))
title('FFT')
grid,hold on
tic
```

运行程序，得到的结果如图 10-19 所示。

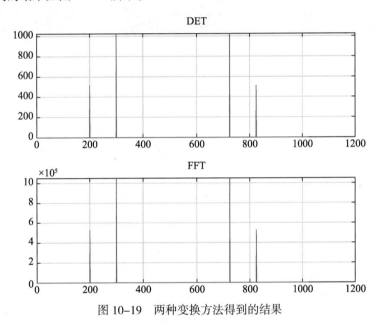

图 10-19　两种变换方法得到的结果

比较两个方法的计算时间。在命令行窗口中输入以下语句：

```
>> t1=['time DFT'  num2str(time_IDFT)];
>> t2=['time FFT'  num2str(time_IFFT)];
>> time=strvcat(t1,t2);
>> disp(time)
   time DFT0.086051
   time FFT0.0002162
```

由结果可知，使用 FFT 函数用时更少。

10.5　图像数据分析

在 MATLAB 中，有很多函数用于图像分析和处理。本章将利用 MATLAB 函数，调用与图像相关的函数读取如图 10-20 所示的图像，求出图 10-20（a）的最大值、最小值、均值、中值、和、标准差，并求出图 10-20（a）和（b）的协方差和相关系数。

除了对图像进行数据分析，还可以调用 MATLAB 中的函数对图像 10-20（c）进行处理，包括灰度处理、灰度直方图绘制、快速傅里叶变换等。

（a）color　　　　　　　　　（b）black　　　　　　　　　（c）sun

图 10-20　待处理图像

首先，需要调用 imread() 函数读入三幅图像文件的数据，分别保存在 A、B、C 三个矩阵中。调用 imshow() 函数可以显示图像，对矩阵 A 调用 max()、min()、mean2()、median()、sum()、std2() 函数求出第一幅图像的最大值、最小值、均值、中值、和、标准差，利用定义对矩阵 A、B 进行相关运算求出前两幅图像的协方差、相关系数。

对矩阵 C 调用 isgray() 函数判断其是否为灰度图像，若返回值为 0 则调用 rgb2gray() 函数将其转换为灰度图像；调用 imhist() 函数绘制灰度直方图；调用 fft2()、ifft2() 函数对图像进行傅里叶变换和傅里叶逆变换。

MATLAB 图像数据分析处理流程如图 10-21 所示。

从图像文件中读取数据用函数 imread()，这个函数的作用就是将图像文件的数据读入矩阵，此外还可以用 imfinfo() 函数查看图像文件的信息。

在命令行窗口中输入以下程序，读取图像数据及图像信息：

```
>> A=imread('color.jpg');              %图像数据的读取，将图像数据放入矩阵 A
>> A=double(A);                        %将 A 中数据转换成 double 型
>> info_A=imfinfo('color.jpg')         %读取图像信息
info_A =
  包含以下字段的 struct:
        Filename: 'D:\MATLAB\Chapter10\color.jpg'
     FileModDate: '13-Apr-2015 00:32:18'
        FileSize: 104490
          Format: 'jpg'
   FormatVersion: ''
           Width: 469
          Height: 543
```

```
        BitDepth: 24
       ColorType: 'truecolor'
 FormatSignature: ''
 NumberOfSamples: 3
    CodingMethod: 'Huffman'
   CodingProcess: 'Sequential'
         Comment: {}
     XResolution: 240
     YResolution: 240
  ResolutionUnit: 'Inch'
        Software: 'Adobe Photoshop Lightroom 5.6 (Windows)'
        DateTime: '2015:04:13 00:31:26'
          Artist: 'fox'
       Copyright: 'sunshine boy fox'
   DigitalCamera: [1×1 struct]
   ExifThumbnail: [1×1 struct]
```

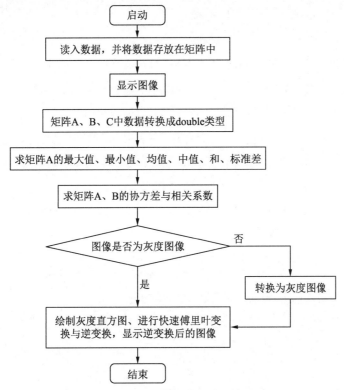

图 10-21　图形数据分析处理流程图

为了方便计算和图像处理，常把图像转换成灰度图像，转换前首先要确定所选图像是否为灰度图，如果是，则可正常处理，如果不是，则要将图片转换为二维灰度图。

MATLAB 中判别图像是否为灰度图的函数为 isgray()，若为灰度图则返回 1，否则返回 0。另外，MATLAB 还有多种图形转换函数可实现不同图形的转换。

MATLAB 实现把 RGB 图像转换为灰度图像的函数为 rgb2gray()，可以用此函数把原图像转换为所需类型图像。

在命令行窗口中输入以下程序，实现 RGB 到灰度图像的转换：

```
>> A=rgb2gray(A);                        %用已有的函数进行 RGB 到灰度图像的转换
```

下面运用 MATLAB 函数计算图像 10-20（a）各像素点的最大值、最小值、均值、中值、和、标准差，以及计算两幅图像的协方差、相关系数计算最大值。

1. 图像最大值

MATLAB 中提供最大值计算函数 max()，若 A 为 n 列矩阵，max(A)会对矩阵 A 的每一列取最大得到一个 1×n 列矩阵，可先将 n 列矩阵 A 合并成一列，合并方法为 A(:)，再调用 max()函数得到结果，或者调用两次 max()函数。max()函数的使用方法如下：

```
max(max(A)) 或 max(A(:))                  %求出矩阵 A 所有元素的最大值
```

继续在命令行窗口中输入以下程序，计算图像各像素点的最大值：

```
>> A_max=max(A(:))                        %计算图像各像素点的最大值
A_max =
    1
```

2. 图形最小值

MATLAB 中提供最小值计算函数 min()，使用方法同 max()函数：

```
min(min(A)) 或 min(A(:))                  %求出矩阵 A 所有元素的最小值
```

继续在命令行窗口中输入以下程序，计算图像各像素点的最小值：

```
>> A_min=min(min(A))                      %计算图像各像素点的最小值
A_min =
    0
```

3. 均值计算

MATLAB 中提供均值计算函数 mean()和 mean2()，mean()函数的使用方法同 max()函数，mean2()函数则直接返回二维矩阵中所有值的均值，使用方法如下：

```
mean(mean(A)) 或 mean(A(:))              %求出矩阵 A 中所有元素的均值
mean2(A)                                  %求出矩阵 A 中所有元素的均值
```

继续在命令行窗口中输入以下程序，计算图像数据均值：

```
>> A_average=mean2(A)                     %计算图像各像素点的均值
A_average =
    0.9999
```

4. 中值计算

MATLAB 中提供中值计算函数 median()，median()函数的使用方法同 max()函数：

```
median(A(:))                              %求出矩阵 A 中所有元素的中值
```

继续在命令行窗口中输入以下程序，计算图像数据中值：

```
>> A_middle=median(A(:))                  %计算图像各像素点的中值
A_middle =
    1
```

5. 和计算

MATLAB 中提供和计算函数 sum()，sum()函数的使用方法同 max()函数：

```
sum(sum(A))或 sum(A(:))                        %求出矩阵 A 中所有元素的和
```

继续在命令行窗口中输入以下程序，计算图像数据和：

```
>> A_sum=sum(A(:))                             %计算图像各像素点的和
A_sum =
   2.5465e+05
```

6. 标准差计算

MATLAB 中提供标准差计算函数 std()和 std2()，两个函数的使用方法如下：

```
s=std(A)                                       %求出一维矩阵 A 的标准差
s=std2(A)                                      %求出二维矩阵 A 的标准差
```

要求计算图像各像素点的标准差，可通过 std2()函数进行计算，在命令行中输入 std2(A)即可求得图像各像素点的标准差。

继续在命令行窗口中输入以下程序，计算图像数据标准差：

```
A_std=std2(A)                                  %计算图像各像素点的标准差
A_std =
   0.0078
```

7. 协方差计算

在概率论和统计学中，协方差用于衡量两个变量的总体误差。期望值分别为 $E(X)$ 与 $E(Y)$ 的两个实数随机变量 X 与 Y 之间的协方差定义为

$$\text{COV}(X,Y) = E\big[(X - E(X))(Y - E(Y))\big]$$

其中，E 为期望值。

【例 10-11】 两幅图像数据协方差计算。

解： 在编辑器窗口中输入以下语句。

```
A=imread('color.jpg');
B=imread('black.jpg');
A=double(A);B=double(B);                       %数据转换成 double 型
A=A(:);B=B(:);                                 %合并成一列矩阵
A=A';B=B';                                      %列矩阵转换成行矩阵
length_A=length(A);
length_B=length(B);                            %求矩阵长度
if(length_A>length_B)                          %若 A 矩阵比 B 矩阵长
B=[B,zeros(1,length_A-length_B)];              %在 B 矩阵后面加 0 补齐
else                                           %若 A 矩阵比 B 矩阵短
A=[A,zeros(1,length_B-length_A)];              %在 A 矩阵后面加 0 补齐
end
A_average=mean(A);B_average=mean(B);           %求矩阵均值
AB=(A-A_average).*(B-B_average);               %构造矩阵 AB=[A-E(A)][B-E(B)]
cov=mean(AB)                                    %求矩阵 AB 均值即 A、B 的协方差
```

运行程序后，得到协方差如下：

```
cov =
   1.9226e+03
```

8. 相关系数计算

协方差作为描述 X 和 Y 相关程度的量，在同一物理量纲之下有一定的作用，但同样的两个量采用不同的量纲使它们的协方差在数值上表现出很大的差异。为此引入如下概念，定义

$$\rho_{XY} = \frac{\text{COV}(X,Y)}{\sqrt{D(X)}\sqrt{D(Y)}}$$

为随机变量 X 和 Y 的相关系数。

继续在命令行窗口中输入以下程序，计算两幅图像数据的相关系数。

```
>> r=cov/std(A)/std(B);                          %计算两幅图像各像素点的相关系数
r =
   0.9054
```

9. 灰度直方图绘制

灰度直方图用于显示图像的灰度值分布情况，是数字图像处理中最简单和最实用的工具。MATLAB 中提供了专门绘制直方图的函数 imhist()。用它可以很简单地绘制出一幅图像的灰度直方图。

在 MATLAB 中可以调用函数 hist 绘制图像的灰度直方图，对应图像处理函数为 imhist()，用该函数可以方便地绘制图像的数据柱状图，在命令行窗口输入 imhist(C_gray) 即可得到图像 C_gray 的灰度直方图。

继续在命令行窗口中输入以下程序，绘制图像的灰度直方图：

```
>> C=imread('sun');                              %图像数据的读取
>> C_gray=rgb2gray(C);                           %图像转换
>> imhist(C_gray);                               %绘制灰度直方图
```

运行程序，输出结果如图 10-22 所示。

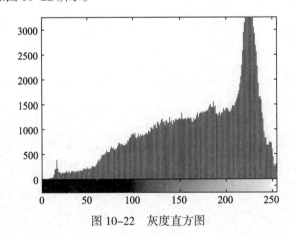

图 10-22　灰度直方图

10. 快速傅里叶变换

傅里叶变换是线性系统分析的一个有力工具。它在图像处理，特别是在图像增强、复原和压缩中，扮演着非常重要的作用。实际中一般采用一种叫作快速傅里叶变换（FFT）的方法，MATLAB 中的 fft2 指令用于得到二维傅里叶变换的结果，ifft2 指令用于得到二维傅里叶变换逆变换的结果。

【例 10-12】快速傅里叶变换与逆变换程序。

解: 在编辑器窗口中输入以下语句。

```
C=imread('color.jpg');                          %读取图像信息
C_gray=rgb2gray(C);                             %图像转换
figure(1)
subplot(131);imshow(C_gray,[])                  %显示图像
title('原图像')
colorbar
j=fft2(C_gray);
k=fftshift(j);
l=log(abs(k));                                  %进行傅里叶变换
subplot(132);imshow(l,[])                       %显示傅里叶变换后结果
title('二维 FFT 结果')
colorbar
C_gray1=ifft2(j)/255;                           %进行傅里叶逆变换
subplot(133);imshow(C_gray1,[])                 %显示傅里叶逆变换后结果
title('傅里叶逆变换结果')
colorbar
```

运行程序，得到二维傅里叶变换结果如图 10–23（b）所示，傅里叶逆变换结果如图 10–23（c）所示。

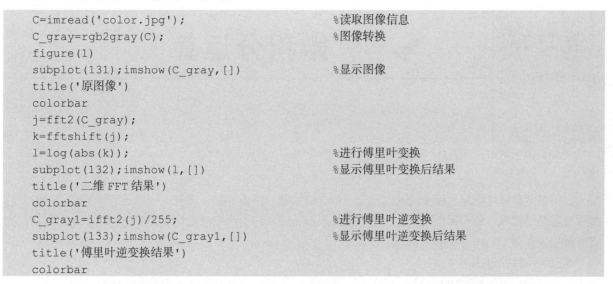

（a）原始图像　　　　　　（b）二维 FTT 结果图形　　　　（c）傅里叶逆变换结果图形

图 10–23　二维 FTT 结果

10.6　小结

基于数据分析和处理在各个领域的广泛应用，本章依次介绍了如何使用 MATLAB 进行常见的数据分析，包括数据插值、曲线拟合、傅里叶分析等。这些应用相对于前面的章节而言，涉及的数学知识比较深，因此建议读者在阅读本章内容时，能够结合数学知识进行学习。

微积分运算

第 11 章

CHAPTER 11

微积分运算

在很多学科领域研究过程中遇到的问题，如自动控制、弹道计算、飞机飞行的稳定性研究、化学反应过程稳定性研究等，最终都可以转化为微积分的求解，或转化为研究解的性质的问题。基于此，本章就来讲解微积分在 MATLAB 中的求解方法。

本章学习目标包括：

（1）掌握利用 MATLAB 求极限的方法；

（2）掌握 MATLAB 中的多种求积函数；

（3）掌握数值积分的 MATLAB 实现；

（4）掌握利用 MATLAB 进行微分方程求解的方法。

11.1 极限

极限是数学的一个重要概念，是学习微积分的基础。在数学中，如果某个变化的量无限地逼近于一个定值，那么该定值就叫作变化的量的极限。极限是一种变化状态的描述。下面介绍如何在 MATLB 中求函数的极限。

在 MATLAB 中，利用 limit 函数可以求函数的极限，函数的调用格式如表 11-1 所示。

表 11-1　常用MATLAB求极限命令函数

数学运算	调用格式	数学运算	调用格式
$\lim\limits_{x \to 0} f(x)$	limit(f)	$\lim\limits_{x \to a^-} f(x)$	limit(f,x,a,'left')
$\lim\limits_{x \to a} f(x)$	limit(f,x,a)或limit(f,a)	$\lim\limits_{x \to a^+} f(x)$	limit(f,x,a,'right')

【例 11-1】观察数列 $\left\{ \dfrac{n}{n+1} \right\}$ 当 $n \to \infty$ 时的变化趋势。

解：令 $x_n = \dfrac{n}{n+1}$，在编辑器窗口中输入以下语句。

```
clear, clc
n=1:100;
xn=n./(n+1);
stem(n,xn)
```

运行程序后，得到函数 x_n 的变化趋势如图 11-1 所示。从图中可以看出，随 n 的增大，点列与直线 $y=1$ 无限接近，因此可得到结论：$\lim\limits_{n \to \infty} \dfrac{n}{n+1} = 1$。

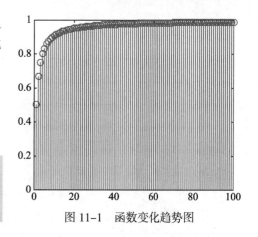

图 11-1　函数变化趋势图

【例 11-2】分析函数 $f(x) = \sin\dfrac{1}{x}$ 当 $x \to 0$ 时的变化趋势。

解： 在编辑器窗口中输入以下语句。

```
clear, clc
x=-1:0.001:1;
y=sin(1./x);
plot(x,y)
```

运行程序，得到函数变化趋势如图 11-2 所示。从图上可以看出，当 $x \to 0$ 时，$\sin\dfrac{1}{x}$ 在 $-1 \sim 1$ 无限次振荡，极限不存在。

注意： 仔细观察该图像，可以发现图像的某些峰值不是 1 和 -1，而正弦曲线的峰值是 1 和 -1，这是自变量的数据点选取未必使 $\sin\dfrac{1}{x}$ 取到 1 和 -1 的缘故。

【例 11-3】求 $\lim\limits_{x \to -1} f(x)$，其中 $f(x) = \dfrac{1}{x-1} - \dfrac{2}{x^3-1}$。

解： 在编辑器窗口中输入以下语句。

```
syms x;
fun=1/(x-1)-2/(x^3-1);
limf=limit(fun,x,-1)
ezplot(fun);
hold on;
plot(-1,1/2,'r.')
```

运行程序，可以得到如下结果，同时得到如图 11-3 所示的函数变化趋势图形。

```
limf =
    1/2
```

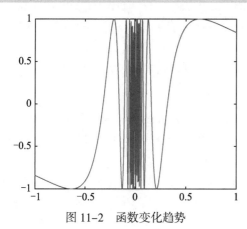

图 11-2　函数变化趋势

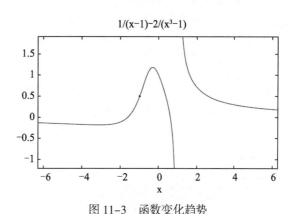

图 11-3　函数变化趋势

【例 11-4】求 $\lim\limits_{x \to \infty} f(x)$，其中 $f(x) = \left(1 + \dfrac{1}{x-1}\right)^{2x}$。

解： 在编辑器窗口中输入以下语句。

```
syms x;
fun=(1+1/(x-1))^(2*x);
limf=limit(fun,x,inf)
```

运行程序，输出结果如下：

```
limf =
    exp(2)
```

【例 11-5】求 $\lim\limits_{x \to 0^+} f(x)$，其中 $f(x) = \left(2 + x^x\right)^{2x}$。

解： 在编辑器窗口中输入以下语句。

```
syms x;
fun=(2+x^x)^(2*x);
limf=limit(fun,x,0,'right')
```

运行程序，输出结果如下：

```
limf =
    1
```

11.2　求积运算

在求一些函数的定积分时，由于原函数十分复杂，难以求出或用初等函数表达，导致积分很难精确求出，只能设法求其近似值。下面介绍 MATLAB 中求解定积分的专用函数，方便用户进行单变量数值积分。

11.2.1　积分基本概念

积分是微分的无限和，函数 $f(x)$ 在区间 $[a,b]$ 上的积分定义为

$$I = \int_a^b f(x)\mathrm{d}x = \lim_{\max(\Delta x_i) \to 0} \sum_{i=1}^n f(\xi_i)\Delta x_i$$

其中，$a = x_0 < x_1 < \cdots < x_n = b$，$\Delta x_i = x_i - x_{i-1}$，$\xi_i \in (x_{i-1}, x)$，$i = 1, 2, \cdots, n$。从几何意义上说，对于 $[a,b]$ 上非负函数 $f(x)$，记分值 I 是曲线 $y = f(x)$ 与直线 $x = a, x = b$ 及 x 轴所围的曲边梯形的面积。有界连续（或几何处处连续）函数的积分总是存在的。

微积分基本定理：$f(x)$ 在 $[a,b]$ 上连续，且 $F'(x) = f(x), x \in [a,b]$，则有

$$\int_a^b f(x)\mathrm{d}x = F(b) - F(a)$$

该公式表明导数与积分是一对互逆运算，它也提供了求积分的解析方法：

为了求 $f(x)$ 的定积分，需要找到一个函数 $F(x)$，使 $F(x)$ 的导数正好是 $f(x)$，称 $F(x)$ 是 $f(x)$ 的原函数或不定积分。

不定积分的求法有许多数学技巧，常用的有换元积分和分部积分法。从理论上讲，可积函数的原函数总是存在的，但很多被积函数的原函数不能用初等函数表示。也就是说，这些积分不能用解析方法求解，需用数值积分法解决。

在应用问题中，常常是利用微分进行分析，而问题最终归结为微分的和（积分）。一些含微分的方程是更复杂的问题，不能直接积分求解。

多元函数的积分称为多重积分。二重积分的定义为

$$\iint\limits_{G} f(x,y)\mathrm{d}x\mathrm{d}y = \lim_{\max(\Delta x_i^2 + \Delta y_j^2) \to 0} \sum_i \sum_j f(\xi_i, \eta_j)\Delta x_i \Delta y_j$$

当 $f(x,y)$ 非负时，积分值表示曲顶柱体的体积。二重积分的计算主要是转换为两次单积分解决，无论是解析方法还是数值方法，如何实现这种转换是解决问题的关键。

11.2.2 符号积分函数

MATLAB 中常用的积分函数为 int 函数。在 MATLAB 中，利用 int 进行符号积分，其调用格式如下：

```
R=int(s,v)        %对符号表达式 s 中指定的符号变量 v 计算不定积分，表达式 R 只是表达式函数 s 的
                  %一个原函数，后面没有带任意常数 C
R=int(s)          %对符号表达式 s 中确定的符号变量计算不定积分
R=int(s,a,b)      %符号表达式 s 的定积分，a、b 分别为积分的上、下限
R=int(s,x,a,b)    %符号表达式 s 关于变量 x 的定积分，a、b 分别为积分的上、下限
```

【例 11-6】用符号积分命令 int 计算积分 $\int x^2 \sin x \mathrm{d}x$。

解： 在编辑器窗口中输入以下语句。

```
syms x;
int(x^2*sin(x))
```

运行程序，输出结果如下：

```
ans =
    2*x*sin(x) - cos(x)*(x^2 - 2)
```

利用微分函数 diff 验证积分正确性，继续在编辑器窗口中输入以下语句：

```
diff(-x^2*cos(x)+2*cos(x)+2*x*sin(x))
```

运行程序，输出结果如下：

```
ans =
    x^2*sin(x)
```

【例 11-7】计算数值积分 $\displaystyle\iint\limits_{x^2+y^2\leqslant 1}(1+x+y)\mathrm{d}x\mathrm{d}y$。

解： 将此二重积分转化为累次积分

$$\iint\limits_{x^2+y^2\leqslant 1}(1+x+y)\mathrm{d}x\mathrm{d}y = \int_{-1}^{1}\int_{-\sqrt{1-x^2}}^{\sqrt{1-x^2}}(1+x+y)\mathrm{d}y$$

在编辑器窗口中输入以下语句：

```
syms x y;
iy=int(1+x+y,y,-sqrt(1-x^2),sqrt(1-x^2));
int(iy,x,-1,1)
```

运行程序，输出结果如下：

```
ans =
    pi
```

【例 11-8】计算广义积分 $I = \int_{-\infty}^{\infty} \exp\left(\sin x - \dfrac{x^2}{50}\right) dx$。

解： 在编辑器窗口中输入以下语句。

```
syms x;
y=int(exp(sin(x)-x^2/50),-inf,inf);
vpa(y,10)
```

运行程序，输出结果如下：

```
ans =
    15.86778263
```

【例 11-9】求二次积分 $\int_0^1 dx \int_{2x}^{x^2+1} xy \, dy$。

解： 使用函数 int 求二次积分，在编辑器窗口中输入以下语句。

```
clear, clc
syms x y
int(int(x*y,y,2*x,x^2+1),x,0,1)
```

运行程序，输出结果如下：

```
ans =
    1/12
```

【例 11-10】计算二重积分 $\iint_D (x^2 + y^2 - x) dx dy$，其中 D 是由直线 $y=2$，$y=x$，$y=2x$ 围成的闭区域。

解： 将二重积分转化为二次积分 $\int_0^2 dy \int_{\frac{y}{2}}^{y} (x^2 + y^2 - x) dx$，在编辑器窗口中输入以下语句。

```
clear, clc
syms x y
int(int(x^2+y^2-x,x,y/2,y),y,0,2)
```

运行程序，输出结果如下：

```
ans =
    13/6
```

【例 11-11】计算三重积分 $I = \int_0^1 dx \int_0^{1-x} dy \int_0^{1-x-y} \dfrac{dz}{(1+x+y+z)^3}$。

解： 在编辑器窗口中输入以下语句。

```
clear, clc
syms x y z
int(int(int(1/(1+x+y+z)^3,z,0,1-x-y),y,0,1-x),x,0,1)
```

运行程序，输出结果如下：

```
ans =
    log(2)/2 - 5/16
```

11.2.3　数值积分函数

下面介绍 MATLAB 中常用的数值积分函数。

（1）trapz 函数。在 MATLAB 中，利用函数 trapz 通过梯形法计算 Y 的近似积分，其调用格式如下：

```
Q=trapz(Y)          %通过梯形法计算 Y 的近似积分（采用单位间距），Y 的大小确定求积分所沿用的维度
```

如果 Y 为向量，则 trapz(Y)是 Y 的近似积分；如果 Y 为矩阵，则 trapz(Y)对每列求积分并返回积分值的行向量；如果 Y 为多维数组，则 trapz(Y)对其大小不等于 1 的第一个维度求积分。该维度的大小变为 1，而其他维度的大小保持不变。

```
Q=trapz(X,Y)        %根据 X 指定的坐标或标量间距对 Y 进行积分
```

如果 X 是坐标向量，则 length(X)必须等于 Y 的不为 1 的第一个维度的大小；如果 X 是标量间距，则 trapz(X,Y)等于 X*trapz(Y)。

```
Q=trapz(___,dim)    %沿维度 dim 求积分
```

该语法必须指定 Y，也可以指定 X。如果指定 X，则它可以是长度等于 size(Y,dim)的标量或向量。例如，如果 Y 为矩阵，则 trapz(X,Y,2)对 Y 的每行求积分。

（2）integral 函数。在 MATLAB 中，利用函数 integral 进行数值积分，其调用格式如下：

```
q=integral(fun,xmin,xmax)              %使用全局自适应积分和默认误差容限在 xmin~xmax
                                       %间以数值形式为函数 fun 求积分
q=integral(fun,xmin,xmax,Name,Value)   %指定具有一个或多个 Name-Value 对组参数的其他
                                       %选项
```

例如，指定'WayPoints',后跟实数或复数向量，为要使用的积分器指示特定点。

（3）integral2 函数。在 MATLAB 中，利用函数 integral2 对二重积分进行数值计算，其调用格式如下：

```
q=integral2(fun,xmin,xmax,ymin,ymax)              %在平面区域 xmin≤x≤xmax 和 ymin(x)≤y≤
                                                  %ymax(x)上逼近函数 z=fun(x,y)的积分
q=integral2(fun,xmin,xmax,ymin,ymax,Name,Value)   %指定具有一个或多个 Name-Value 对组
                                                  %参数的其他选项
```

（4）integral3 函数。在 MATLAB 中，利用函数 integral3 对三重积分进行数值计算，其调用格式如下：

```
q=integral3(fun,xmin,xmax,ymin,ymax,zmin,zmax)              %在区域 xmin≤x≤xmax、ymin(x)≤y
                                                           %≤ymax(x)和 zmin(x,y)≤z≤zmax
                                                           %(x,y)逼近函数 z = fun(x,y,z)的积分
q=integral3(fun,xmin,xmax,ymin,ymax,zmin,zmax,Name,Value)   %指定具有一个或多个Name-
                                                           %Value 对组参数的其他选项
```

（5）quad 函数。在 MATLAB 中，函数 quad 以自适应 Simpson 积分法计算数值积分，其调用格式如下：

```
q=quad(fun,a,b)          %使用递归自适应 Simpson 积分法逼近函数 fun 从 a 到 b 的积分
q=quad(fun,a,b,tol)      %为每个子区间指定绝对误差容限 tol，而不是使用默认值 1e-6
q=quad(fun,a,b,tol,trace) %打开诊断信息的显示
```

当 trace 为非零值时，quad 显示递归期间值[fcnEvals, a, b–a, Q]的向量。

```
[q,fcnEvals]=quad(___)   %还返回函数计算次数 fcnEvals
```

（6）dblquad 函数。在 MATLAB 中，函数 dblquad 可以实现矩形区域上的二重积分的数值计算，其调用格式如下：

```
q=dblquad(fun,xmin,xmax,ymin,ymax)        %调用 quad 函数来计算 xmin≤x≤xmax, ymin≤y≤
                                          %ymax 矩形区域上的二重积分 fun(x,y)
```

输入参数 fun 是一个函数句柄，它接收向量 x 和标量 y，并返回被积函数值的向量。

```
q=dblquad(fun,xmin,xmax,ymin,ymax,tol)          %使用容差 tol 代替默认值 1.0e-6
q=dblquad(fun,xmin,xmax,ymin,ymax,tol,method)   %使用指定为 method 的求积法函数代替默
                                                %认值 quad
```

method 的有效值为@quadl 或用户指定的求积法的函数句柄。

（7）quadgk 函数。在 MATLAB 中，函数 quadgk 采用高斯–勒让德积分法计算数值积分，其调用格式如下：

```
q=quadgk(fun,a,b)              %使用高阶全局自适应积分和默认误差容限在 a~b 间对函数句柄 fun 求积分
[q,errbnd]=quadgk(fun,a,b)     %还返回绝对误差|q-I|的逼近上限，其中 I 是积分的确切值
[____]=quadgk(fun,a,b,Name,Value)  %使用上述任一输出参数组合，指定具有一个或多个
                               %Name-Value 对组参数的其他选项
```

（8）quad2d 函数。在 MATLAB 中，函数 quad2d 利用 tiled 法计算二重数值积分，其调用格式如下：

```
q=quad2d(fun,a,b,c,d)          %逼近 fun(x,y)在平面区域 a≤x≤b 和 c(x)≤y≤d(x)上的
                               %积分。边界 c 和 d 均可为标量或函数句柄
q=quad2d(fun,a,b,c,d,Name,Value)  %指定具有一个或多个 Name-Value 对组参数的其他选项
```

例如，通过指定'AbsTol'和'RelTol'可以调整算法必须满足的误差阈值：

```
[q,E]=quad2d(____)             %还返回绝对误差 E=|q-I|的逼近上限，其中 I 是积分的确切值
```

【例 11-12】 计算数值积分 $\int_{-2}^{2} x^4 \mathrm{d}x$。

解：（1）先用梯形积分法命令 trapz 计算积分，在编辑器窗口中输入以下语句。

```
x=-2:0.1:2;
y=x.^4;
trapz(x,y)
```

运行程序，输出结果如下：

```
ans=
   12.8533
```

（2）如果取积分步长为 0.01，在编辑器窗口中输入以下语句。

```
x=-2:0.01:2;
y=x.^4;
trapz(x,y)
```

运行程序，输出结果如下：

```
ans=
   12.8005
```

可用不同的步长进行计算，考虑步长和精度之间的关系。一般说来，trapz 是最基本的数值积分方法，精度低，适用于数值函数和光滑性不好的函数。

（3）用符号积分法函数 int 计算积分，在编辑器窗口中输入以下语句：

```
syms x;
int(x^4,x,-2,2)
```

运行程序后，输出结果如下：

```
ans=
    64/5
```

该结果与精确值一致，即积分 $\int_{-2}^{2} x^4 \mathrm{d}x$ 的精确值为 $\dfrac{64}{5} = 12.8$。

【例 11-13】计算数值积分 $\int_{-4}^{4}\int_{-2}^{2} \left(x^2 + y^2\right) \mathrm{d}x\mathrm{d}y$。

解： 在编辑器窗口中输入以下语句。

```
clear, clc
x=-2:.1:2;
y=-4:.1:4;
[X,Y]=meshgrid(x,y);
F=X.^2 + Y.^2;
I=trapz(y,trapz(x,F,2))          %trapz 对数值数据、而不是函数表达式求积分
```

运行程序后，输出结果如下：

```
I=
    213.4400
```

【例 11-14】利用 integral 函数计算数值积分 $\int_{0}^{\infty} f(x)\mathrm{d}x$，其中 $f(x) = \mathrm{e}^{-x^2} \left(\ln x\right)^2$。

解： 在编辑器窗口中输入以下语句。

```
clear, clc
fun=@(x) exp(-x.^2).*log(x).^2;
q=integral(fun,0,Inf)
```

运行程序，输出结果如下：

```
q=
    1.9475
```

【例 11-15】利用 integral2 计算数值积分 $\int_{-2}^{0}\int_{0}^{2} \left(3x^2 + 5y^2\right) \mathrm{d}x\mathrm{d}y$。

解： 在编辑器窗口中输入以下语句。

```
clear, clc
a=3;
b=5;
fun=@(x,y) a*x.^2 + b*y.^2;
q=integral2(fun,0,2,-2,0,'Method','iterated','AbsTol',0,'RelTol',1e-10)
```

运行程序后，输出结果如下：

```
q=
    42.6667
```

【例 11-16】利用 integral3 计算数值积分 $\int_{-10}^{0}\int_{-10}^{0}\int_{-\infty}^{0} \left(3x^2 + 5y^2 + 2z^2 + 4\right) \mathrm{d}x\mathrm{d}y\mathrm{d}z$。

解： 在编辑器窗口中输入以下语句。

```
clear, clc
a=4
```

```
f=@(x,y,z) 10./(x.^2 + y.^2 + z.^2 + a);
format long
q1=integral3(f,-Inf,0,-10,0,-10,0)
q2=integral3(f,-Inf,0,-10,0,-10,0,'AbsTol', 0,'RelTol',1e-9)      %指定精度
format short
```

运行程序，输出结果如下：

```
q1=
    2.319501385393793e+02
q2=
    2.319501386277135e+02
```

【例 11-17】利用 quad 计算定积分 $\int_0^5 \left(3x^3 - 5x + 4\right)\mathrm{d}x$ 。

解：在编辑器窗口中输入以下语句。

```
clear, clc
myfun=@(x) 1./(3*x.^3-5*x+4);
q=quad(myfun,0,5)
```

运行程序，输出结果如下：

```
q=
    0.7240
```

【例 11-18】利用 dblquad 计算积分 $\int_0^\pi \int_\pi^{2\pi} \left(y\sin x + x\cos y\right)\mathrm{d}x\mathrm{d}y$ 。

解：在编辑器窗口中输入以下语句。

```
clear, clc
F=@(x,y) y*sin(x)+x*cos(y);
Q=dblquad(F,pi,2*pi,0,pi)
```

运行程序，输出结果如下：

```
Q=
   -9.8696
```

【例 11-19】利用 quadgk 计算积分 $\int_0^1 \mathrm{e}^x \ln x \mathrm{d}x$ 。

解：该积分在 x=0 点处具有奇异性，因为 ln(0)发散到$-\infty$。在编辑器窗口中输入以下语句。

```
clear, clc
f=@(x) exp(x).*log(x);
q=quadgk(f,0,1)
```

运行程序，输出结果如下：

```
q=
   -1.3179
```

【例 11-20】利用 quad2d 计算二重积分 $\int_0^1 \int_0^{1-x} \dfrac{1}{\left(x+y\right)^{1/2}\left(1+x+y\right)^2}\mathrm{d}y\mathrm{d}x$ 。

解：该积分在 x=0 点处具有奇异性，因为 ln(0)发散到$-\infty$。在编辑器窗口中输入以下语句。

```
clear, clc
fun=@(x,y) 1./(sqrt(x + y) .* (1 + x + y).^2 );
```

```
ymax=@(x)1-x;
Q=quad2d(fun,0,1,0,ymax)
```

运行程序，输出结果如下：

```
Q=
    0.2854
```

【例 11-21】计算 $\iint\limits_{D_{xy}} \dfrac{\sin(x+y)}{x+y} d\sigma$ ，其中 D_{xy} 是由曲线 $x=y^2$ 、 $y=x-2$ 所围成的积分区域。

解： 在编辑器窗口中输入以下语句。

```
clear, clc
syms x y
f1=x-y^2;
f2=x-y-2;
ezplot(f1);hold on
ezplot(f2);hold off
axis([-0.5 5 -1.5 3])
title('由 x=y^2 和 y=x-2 所围成的积分区域 Dxy')
```

运行程序，得到积分区域图如图 11-4 所示。

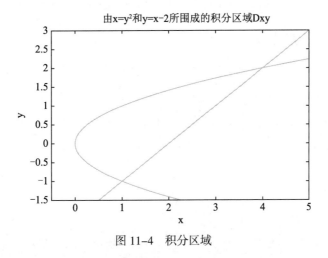

图 11-4 积分区域

继续在编辑器窗口中输入如下代码确定积分限：

```
syms x y
y1=sym(x-y^2==0);
y2=sym(x-y-2==0);
[x,y]=solve(y1,y2,x,y)
```

运行程序后，得到两条曲线 $x=y^2$, $y=x-2$ 的交点如下：

```
x=
    1
    4
y=
   -1
    2
```

最后输入积分的计算代码如下：

```
f=sin(x+y)/(x+y);
x1=y^2;
x2=y+2;
jfx=int(f,x,x1,x2);
jfy=int(jfx,y,-1,2);
jf2=double(jfy)
```

运行程序，得到结果如下：

```
jf2 =
   1.9712
```

因此，所求的 $\iint\limits_{D_{xy}} \dfrac{\sin(x+y)}{x+y}\mathrm{d}\sigma = 1.9712$。

11.3　求积算法实现

上一节介绍的是 MATLAB 自带函数的求积，本节将介绍几种数值分析中常用的积分方法，并将其编写成积分函数用于求积。

11.3.1　牛顿–科特斯求积

若函数 $f(x)$ 在区间 $[a,b]$ 上连续且其原函数为 $F(x)$，则可用牛顿–科特斯求积公式

$$\int_a^b f(x)\mathrm{d}x = F(b) - F(a)$$

求定积分的值，该公式无论在理论上还是在解决实际问题上都起了很大作用。

求积公式 $\int_a^b f(x)\mathrm{d}x = F(b) - F(a)$ 的 MATLAB 实现如下：

```
function [C,g]=NCotes(a,b,n,m)
%  a，b 分别为积分的上下限；
%  n 是子区间的个数；
%  m 是调用的第几个被积函数；
%  当 n=1 时，计算梯形公式；当 n=2 时，计算辛普森公式，依此类推
i=n;
h=(b-a)/i;
z=0;
for  j=0:i
    x(j+1)=a+j*h;
    s=1;
    if  j==0
        s=s;
    else0
        for  k=1:j
            s=s*k;
        end
    end
```

```
            r=1;
            if  i-j==0
                r=r;
            else
                for  k=1:(i-j)
                    r=r*k;
                end
            end
            if  mod((i-j),2)==1
                q=-(i*s*r);
            else
                q=i*s*r;
            end
            y=1;
            for  k=0:i
                if  k~=j
                    y=y*(sym('t')-k);
                end
            end
            l=int(y,0,i);
            C(j+1)=l/q;
            z=z+C(j+1)*f1(m,x(j+1));
    end
    g=(b-a)*z
end
```

【例 11-22】计算 $\int_a^b g(x)\mathrm{d}x$，其中 $g(x)$ 如下：

$$g_1(x) = \sqrt{x}$$

$$g_2(x) = \begin{cases} 1 & x = 0 \\ \dfrac{\sin x}{x} & x \neq 0 \end{cases}$$

$$g_3(x) = \frac{4}{1+x^2}$$

解： 首先编写被积函数。

```
function f=myfuna(i,x)
% i 是要调用第几个被积函数 g(i)，x 是自变量
g(1)=sqrt(x);
if x==0
    g(2)=1;
else
    g(2)=sin(x)/x;
end
g(3)=4/(1+x^2);
f=g(i);
end
```

（1）当输入 a=0、b=1、n=1、m=2 时，即在命令行窗口中输入以下语句：

```
>> NCotes(0,1,1,2)
```

可得用梯形公式的积分值和相应科特斯系数：

```
g =
    8293248040994423/9007199254740992
ans =
    [ 1/2, 1/2]
```

（2）当输入 a=0、b=1、n=2、m=2 时，即在命令行窗口中输入以下语句：

```
>> NCotes(0,1,2,2)
```

可得用辛普森公式的积分值和相应科特斯系数：

```
g =
    8522124485690909/9007199254740992
ans =
    [ 1/6, 2/3, 1/6]
```

（3）当输入 a=0、b=1、n=4、m=2 时，即在命令行窗口中输入以下语句：

```
>> NCotes(0,1,4,2)
```

可得用科特斯公式的积分值和相应科特斯系数：

```
g =
    383470115810645009/405323966463344640
ans =
    [ 7/90, 16/45, 2/15, 16/45, 7/90]
```

11.3.2 高斯-勒让德求积

高斯-勒让德求积公式是一种高斯型求积公式，通过两个自定义函数实现，命令分别为 Guass1.m 和 GuassLegendre.m。其代码如下：

```
function [A,x]=Guass1(N)
i=N+1;
f=((sym('t'))^2-1)^i;
f=diff(f,i);
t=solve(f);
for j=1:i
    for k=1:i
        X(j,k)=t(k)^(j-1);
    end
    if mod(j,2)==0
        B(j)=0;
    else
        B(j)=2/j;
    end
end
X=inv(X);
for j=1:i
```

```
        A(j)=0;
        x(j)=0;
        for k=1:i
            A(j)=A(j)+X(j,k)*B(k);
            x(j)=x(j)+t(j);
        end
        x(j)=x(j)/k;
    end
end
end


function g= GuassLegendre (a,b,n,m)
%  a,b 分别是积分的上下限
%  n+1 为节点个数
%  m 是调用 myfuna.m 中第几个被积函数
[A,x]=Guass1(n);
g=0;
for i=1:n+1
    y(i)=(b-a)/2*x(i)+(a+b)/2;
    f(i)=myfuna(m,y(i));
    g=g+(b-a)/2*f(i)*A(i);
end
end
```

继续上面的示例，在命令行窗口中输入以下代码：

```
>> GuassLegendre (0,1,3,2)
ans =
   0.946083070311255
>> GuassLegendre (0,1,3,2)
ans =
   0.946083070311255
```

11.3.3　复化求积

复化求积公式的基本思想是：将区间$[a,b]$分为若干个小子区间，在每个小子区间上使用低阶的 Newton–Cotes 公式。然后把它们加起来，作为整个区间上的求积公式。

复化求积公式包括复化梯形求积公式、复化辛浦生求积公式、复化科特斯求积公式。它们的 MATLAB 实现方式如下。

1. 复化梯形求积公式的MATLAB实现

通过 $f(x)$ 的 $n+1$ 个等步长节点逼近积分

$$\int_a^b f(x)\mathrm{d}x \approx \frac{h}{2}(f(a)+f(b))+h\sum_{k=1}^{n-1}f(x_k)$$

其中，$x_k = a+kh$，$x_0 = a, x_n = b$，$x_k = a+kh$，$x_0 = a, x_n = b$。

其 MATLAB 程序如下：

```
function s=trapr1(myfunb,a,b,n)
%  myfunb 是被积函数
%  a、b 分别为积分的上下限
```

```
%  n 是子区间的个数
%  s 是梯形总面积
h=(b-a)/n;
s=0;
for k=1:(n-1)
    x=a+h*k;
    s=s+feval('myfunb',x);
end
format long
s=h*(feval('myfunb',a)+feval('myfunb',b))/2+h*s;
end
```

【例 11-23】计算 $\int_a^b f(x)\mathrm{d}x$，其中

$$f(x)=\begin{cases} 1 & x=0 \\ \dfrac{\sin x}{x} & x\neq 0 \end{cases}$$

解： 首先编写被积函数。

```
function y=myfunb(x)
if x==0
    y=1;
else
    y=sin(x)/x;
end
end
```

取子区间的个数 $n=4$，在命令行窗口中输入以下语句：

```
>> trapr1('myfunb',0,1,4)
ans =
   0.944513521665390
```

若取子区间的个数 $n=8$，则需在命令行窗口中输入以下语句：

```
>> trapr1('myfunb',0,1,8)
ans =
   0.945690863582701
```

2. 复化辛浦生求积公式的MATLAB实现

复化辛浦生求积公式的 MATLAB 函数代码如下：

```
function s=simpr1(myfunb,a,b,n)
%  myfunb 是被积函数
%  a、b 分别为积分的上下限
%  n 是子区间的个数
%  s 是梯形总面积，即所求积分数值
h=(b-a)/(2*n);
s1=0;
s2=0;
for k=1:n
    x=a+h*(2*k-1);
```

```
    s1=s1+feval('myfunb',x);
end
for k=1:(n-1)
    x=a+h*2*k;
    s2=s2+feval('myfunb',x);
end
s=h*(feval('myfunb',a)+feval('myfunb',b)+4*s1+2*s2)/3;
end
```

取子区间的个数 $n=4$，在命令行窗口中输入以下语句：

```
>> simpr1('myfunb',0,1,4)
ans =
    0.946083310888472
```

若取子区间的个数 $n=8$，则需在命令行窗口中输入以下语句：

```
>> simpr1('myfunb',0,1,8)
ans =
    0.946083085384947
```

3. 复化科特斯求积公式的MATLAB实现

复化科特斯求积公式 MATLAB 代码如下：

```
function s=cotespr1(myfunb,a,b,n)
%  myfunb 是被积函数
%  a、b 分别为积分的上下限
%  n 是子区间的个数
%  s 是梯形总面积，即所求积分数值
h=(b-a)/n;
s1=0;
s2=0;
s3=0;
s4=0;
for k=1:n
    x=a+(4*k-3)*h/4;
    s1=s1+feval('myfunb',x);
end
for k=1:n
    x=a+(4*k-2)*h/4;
    s2=s2+feval('myfunb',x);
end
for k=1:n
    x=a+(4*k-1)*h/4;
    s3=s3+feval('myfunb',x);
end
for k=1:(n-1)
    x=a+4*k*h/4;
    s4=s4+feval('myfunb',x);
end
s=h*(7*feval('myfunb',a)+7*feval('myfunb',b)+32*s1+12*s2+32*s3+14*s4)/90;
end
```

取子区间的个数 $n = 4$ ，在命令行窗口中输入以下语句：

```
>> cotespr1('myfunb',0,1,4)
ans =
   0.946083070351379
```

若取子区间的个数 $n = 8$ ，则需在命令行窗口中输入以下语句：

```
>> cotespr1('myfunb',0,1,8)
ans =
   0.946083070366936
```

11.3.4 龙贝格求积

龙贝格求积公式也称为逐次分半加速法。它是在梯形公式、辛普森公式和柯特斯公式之间的关系的基础上，构造出的一种加速计算积分的方法。作为一种外推算法，它在不增加计算量的前提下提高了计算的精度。

在等距基点的情况下，用计算机计算积分值通常都采用把区间逐次分半的方法进行。这样，前一次分割得到的函数值在分半以后仍可被利用，且易于编程。

构造 T 数表逼近积分

$$\int_a^b f(x)\mathrm{d}x \approx R(J,J)$$

其中， $R(J,J)$ 表示 T 数表的最后一行最后一列的值。

龙贝格求积公式的 MATLAB 函数代码如下：

```
function [R,quad,err,h]=romber(myfunb,a,b,n,delta)
%  myfunb 是被积函数
%  a,b 分别是积分的上下限
%  n+1 是 T 数表的列数
%  delta 是允许误差
%  R 是 T 数表
%  quad 是所求积分值
M=1;
h=b-a;
err=1;
J=0;
R=zeros(4,4);
R(1,1)=h*(feval('myfunb',a)+feval('myfunb',b))/2;
while ((err>delta)&(J<n))||(J<4)
    J=J+1;
    h=h/2;
    s=0;
    for p=1:M
        x=a+h*(2*p-1);
        s=s+feval('myfunb',x);
    end
    R(J+1,1)=R(J,1)/2+h*s;
    M=2*M;
    for K=1:J
```

```
        R(J+1,K+1)=R(J+1,K)+(R(J+1,K)-R(J,K))/(4^K-1);
    end
    err=abs(R(J,J)-R(J+1,K+1));
end
quad=R(J+1,J+1)
end
```

继续上面的示例，在命令行窗口中输入以下语句：

```
>> romber('myfunb',0,1,5,0.5*(10^(-8)));
quad =
    0.946083070367181
```

11.4　微分方程

微分方程包括线性方程、二次方程、高次方程、指数方程、对数方程、三角方程和方程组等。这些方程的作用就是找出问题中的已知数和未知数之间的关系，列出包含一个或几个未知数的一个或多个方程式，然后求方程的解。MATLAB 提供多种求解微分方程解的命令，本节将结合具体的示例介绍微分方程的应用。

11.4.1　微分方程的概念

未知的函数及其某些阶的导数连同自变量都由一已知方程联系在一起的方程称为微分方程。如果未知函数是一元函数，称为常微分方程。常微分方程的一般形式为

$$F(t, y, y', y'', \cdots, y^{(n)}) = 0$$

如果未知函数是多元函数，则称为偏微分方程。微分方程中出现的未知函数的导数最高阶解数称为微分方程的阶。若方程中未知函数及其各阶导数都是一次的，称为线性常微分方程，一般表示为

$$y^{(n)} + a_1(t)y^{(n-1)} + \cdots + a_{n-1}(t)y' + a_n(t)y = b(t)$$

若上式中的系数 $a_i(t)$，$i = 1, 2, \cdots, n$ 均与 t 无关，则称为常系数。

11.4.2　常微分方程的解

在 MATLAB 中，函数 ode45、ode23、ode113、ode15s、ode23s、ode23t、ode23tb 多用于求常微分方程（ODE）组初值问题的数值解。求解具体 ODE 的基本过程如下：

（1）根据问题所属学科中的规律、定律和公式，用微分方程与初始条件进行描述：

$$\begin{cases} F(y, y', y'', \cdots, y^{(n)}, t) = 0 \\ y(0) = y_0, y'(0) = y_1, \cdots, y^{n-1}(0) = y_{n-1} \end{cases}$$

而 $y = [y, y_1, y_2, \cdots, y_{m-1}]$，$n$ 与 m 可以不等。

（2）运用数学中的变量替换：$y_n = y_{n-1} = y_{n-2} = \cdots = y_2 = y_1 = y$，把高阶（大于 2 阶）的方程（组）写成一阶微分方程组

$$\boldsymbol{y}' = \begin{bmatrix} y_1' \\ y_2' \\ \vdots \\ y_n' \end{bmatrix} = \begin{bmatrix} f_1(t, y) \\ f_2(t, y) \\ \vdots \\ f_n(t, y) \end{bmatrix}$$

其中

$$\boldsymbol{y}_0 = \begin{bmatrix} y_1(0) \\ y_2(0) \\ \vdots \\ y_n(0) \end{bmatrix} = \begin{bmatrix} y_0 \\ y_1 \\ \vdots \\ y_n \end{bmatrix}$$

（3）根据（1）与（2）的结果，编写能计算导数的 M 文件 odefile。

（4）将文件 odefile 与初始条件传递给求解器，运行后就可得到 ODE 的、在指定时间区间上的解列向量 y（其中包含 y 及不同阶的导数）。

求解器 Solver 与方程组的关系见表 11-2。

表 11-2　求解器Solver与方程组的关系

函　数		含　义	函　数		含　义
求解器	ode23	普通2～3阶法解ODE	odefile		包含ODE的文件
	ode23s	低阶法解刚性ODE	选项	odeset	创建、更改Solver选项
	ode23t	解适度刚性ODE		odeget	读取Solver的设置值
	ode23tb	低阶法解刚性ODE	输出	odeplot	ODE的时间序列图
	ode45	普通4～5阶法解ODE		odephas2	ODE的二维相平面图
	ode15s	变阶法解刚性ODE		odephas3	ODE的三维相平面图
	ode113	普通变阶法解ODE		odeprint	在命令行窗口输出结果

没有一种算法可以有效地解决所有的 ODE 问题，为此，MATLAB 提供了多种求解器，对于不同的 ODE 问题，采用不同的 Solver。不同求解器 Solver 的特点如表 11-3 所示。

表 11-3　不同求解器Solver的特点

求解器	ODE类型	特　点	说　明
ode45	非刚性	一步算法；4，5阶Runge–Kutta方程；累计截断误差达$(\Delta x)^3$	大部分场合的首选算法
ode23	非刚性	一步算法；2，3阶Runge–Kutta方程；累计截断误差达$(\Delta x)^3$	使用于精度较低的情形
ode113	非刚性	多步法，Adams算法，高低精度均可达10^{-3}～10^{-6}	计算时间比ode45短
ode23t	适度刚性	采用梯形算法	适度刚性情形
ode15s	刚性	多步法，Gear's反向数值微分，精度中等	若ode45失效时，可尝试使用
ode23s	刚性	一步法，2阶Rosebrock算法，低精度	当精度较低时，计算时间比ode15s短
ode23tb	刚性	梯形算法，低精度	当精度较低时，计算时间比ode15s短

在计算过程中，用户可以对求解指令中的具体执行参数（如绝对误差、相对误差、步长等）进行设置。求解器的属性如表 11-4 所示。

表 11-4 求解器中参数的属性

属 性 名	取 值	含 义
AbsTol	有效值：正实数或向量 默认值：1^6	绝对误差对应于解向量中的所有元素，向量则分别对应于解向量中的每一分量
RelTol	有效值：正实数 默认值：1^3	相对误差对应于解向量中的所有元素。在每步(第k步)计算过程中，误差估计为 e(k)<=max(RelTol*abs(y(k)),AbsTol(k))
NormControl	有效值：on、off 默认值：off	为on时，控制解向量范数的相对误差，使每步计算中，满足： norm(e)<=max(RelTol*norm(y),AbsTol)
Events	有效值：on、off	为on时，返回相应的事件记录
OutputFcn	有效值：odeplot、odephas2、odephas3、odeprint 默认值：odeplot	若无输出参量，则solver将执行下列操作之一： ① 绘制出解向量中各元素随时间的变化； ② 绘制出解向量中前两个分量构成的相平面图； ③ 绘制出解向量中前三个分量构成的三维相空间图； ④ 随计算过程显示解向量
OutputSel	有效值：正整数向量 默认值：[]	若不使用默认设置，则OutputFcn所表现的是那些正整数指定的解向量中的分量的曲线或数据。若为默认值时，则缺省地按上面情形进行操作
Refine	有效值：正整数k>1 默认值：k = 1	若k>1，则增加每个积分步中的数据点记录，使解曲线更加光滑
Jacobian	有效值：on、off 默认值：off	为on时，返回相应的ode函数的Jacobi矩阵
Jpattern	有效值：on、off 默认值：off	为on时，返回相应的ode函数的稀疏Jacobi矩阵
Mass	有效值：none、M、M(t)、M(t,y) 默认值：none	M：不随时间变化的常数矩阵 M(t)：随时间变化的矩阵 M(t,y)：随时间、地点变化的矩阵
MaxStep	有效值：正实数 默认值：tspans/10	最大积分步长

其中，ode45 是最常用的求解微分方程数值解的函数，对于刚性方程组则不宜采用。函数 ode23 与 ode45 类似，只是精度相对低一些。ode12s 函数用来求解刚性方程组，使用格式同 ode45。

【例 11-24】求解描述振荡器的经典 VerderPol 微分方程 $\dfrac{d^2 y}{dt^2} - \mu(1-y^2)\dfrac{dy}{dt} + 1 = 0$。

解：令 $x_1 = y$，$x_2 = \dfrac{dy}{dx}$，则

$$\frac{dx_1}{dt} = x_2, \quad \frac{dx_2}{dt} = \mu(1 - x_2) - x_1$$

在编辑器窗口中编写待求解方程，并保存为 verderpol.m：

```
function xprime = verderpol(t,x)
global MU
xprime = [x(2);MU*(1-x(1)^2)*x(2)-x(1)];
end
```

在命令行窗口中输入以下语句：

```
clear, clc
global MU
MU = 7;
Y0=[1;0];
[t,x] = ode45('verderpol',40,Y0);
x1=x(:,1);
x2=x(:,2);
plot(t,x1,t,x2)
```

运行程序，输出结果如图 11-5 所示。

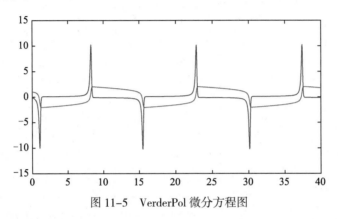

图 11-5 VerderPol 微分方程图

【例 11-25】求下列微分方程的解析解。

（1）$y' = ay + b$

（2）$y'' = \sin(2x) - y, y(0) = 0, y'(0) = 1$

（3）$f' = f + g, g' = g - f, f'(0) = 1, g'(0) = 1$

解：（1）在编辑器窗口中输入以下语句。

```
clear, clc
syms a b y(t)
eqns=diff(y,t)==a*y+b;
S=dsolve(eqns)
```

运行程序，输出结果如下：

```
S=
    -(b - C1*exp(a*t))/a
```

（2）继续在编辑器窗口中输入以下语句：

```
clear, clc
syms y(x)
eqns=diff(y,x,2)==sin(2*x)-y;
Dy=diff(y,x);
cond=[y(0)==0, Dy(0)==1];
S=dsolve(eqns,cond)
```

运行程序，输出结果如下：

```
S =
    (5*sin(x))/3 - sin(2*x)/3
```

（3）继续在编辑器窗口中输入以下语句：

```
clear, clc
syms f(t) g(t)
eqns = [diff(f,t)== f + g, diff(g,t)== g - f];
Df = diff(f,t);
Dg = diff(g,t);
cond = [Df(0)==1, Dg(0)==1];
S = dsolve(eqns,cond)
```

运行程序，输出结果如下：

```
S =
  包含以下字段的 struct:
    g: exp(t)*cos(t)
    f: exp(t)*sin(t)
```

【例 11-26】求解微分方程 $y' = -y + t + 1$，$y(0) = 1$。先求解析解，再求数值解，并比较两种解的值。

解：（1）求微分方程解析解，在编辑器窗口中输入以下语句。

```
clear, clc
syms y(t)
eqns = diff(y,t)==-y+t+1;
cond = y(0)==1;
S = dsolve(eqns,cond)
```

运行程序，输出结果如下：

```
S =
    t + exp(-t)
```

（2）求微分方程的数值解。先编写微分方程函数 myfunc.m：

```
function f=myfunc(t,y)
f=-y+t+1;
end
```

在编辑器窗口中输入以下语句：

```
clear, clf
t=0:0.1:1;
y=t+exp(-t); plot(t,y);                    %化解析解的图形
hold on;
[t,y]=ode45('myfunc',[0,1],1);
plot(t,y,'r.');                            %绘制数值解图形，用红色*表示
xlabel('t'),ylabel('y')
```

运行代码得到的结果如图 11-6 所示。由图可见，解析解和数值解的值吻合很好。

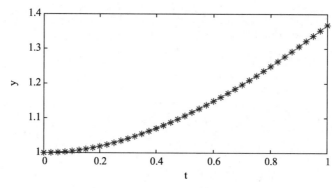

图 11-6 解析解与数值解

【例 11-27】求方程 $ml\theta'' = mg\sin\theta$, $\theta'(0) = 0$, $\theta(0) = \theta_0$ 的数值解。

解：首先取 $l = 1$, $g = 9.8$, $\theta(0) = \theta_0$, $\theta'(0) = 0$，则题中方程可以简化为

$$\theta'' = 9.8\sin\theta, \theta'(0) = 0, \theta(0) = 15$$

（1）求方程的解析解，在编辑器窗口中输入以下语句：

```
clear, clc
syms y(t)
eqns = diff(y,t,2)==9.8*sin(y);
Dy = diff(y,t);
cond = [y(0)==15, Dy(0)==0];
S = dsolve(eqns,cond)
```

运行程序，输出结果如下：

```
警告: Unable to find symbolic solution.
S =
    [ empty sym ]
```

由此可知原方程没有解析解。

（2）继续求方程数值解。令 $y_1 = \theta$, $y_2 = \theta'$，可将原方程化为如下方程组：

$$\begin{cases} y_1' = y_2 \\ y_2' = 9.8\sin(y_1) \\ y_1(0) = 15, y_2(0) = 0 \end{cases}$$

建立 M 函数 fun9_4.m 如下：

```
function f=myfund(t,y)
f=[y(2), 9.8*sin(y(1))]';                %f 向量必须为一列向量
end
```

运行 MATLAB 代码如下：

```
clear, clf
[t,y]=ode45('myfund',[0,10],[15,0]);
plot(t,y(:,1));
xlabel('t'),ylabel('y')
```

运行程序，输出图形如图 11-7 所示。由图可见，θ 随时间 t 周期变化。

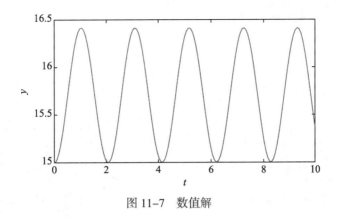

图 11-7 数值解

11.4.3 微分方程的数值解法

除常系数线性微分方程可用特征根法求解、少数特殊方程可用初等积分法求解以外，大部分微分方程的求解主要依靠数值解法。

考虑一阶常微分方程初值问题

$$y'(t) = f(t, y(t)), \ t_0 < t < t_f$$
$$y(t_0) = y_0$$

其中，$y = (y_1, y_2, \cdots, y_m)'$，$f = (f_1, f_2, \cdots, f_m)'$，$y_0 = (y_{10}, y_{20}, \cdots, y_{m0})'$。

所谓数值解法，就是寻求 $y(t)$ 在一系列离散节点 $t_0 < t_1 < \cdots < t_n \leqslant t_f$ 上的近似值。

【例 11-28】求微分方程 $y^{(3)} + tyy'' + t^2 y'y^2 = \mathrm{e}^{-ty}$，$y(0) = 2$，$y'(0) = y''(0)$ 的数值解。

解：对方程 $y^{(3)} + tyy'' + t^2 y'y^2 = \mathrm{e}^{-ty}$ 进行变换，得到如下方程组：

$$\begin{cases} x_1 = y, \quad x_2 = y', \quad x_3 = y'' \\ x_1' = x_2 \\ x_2' = x_3 \\ x_3' = -t^2 x_2 x_1^2 - tx_1 x_3 + \mathrm{e}^{-tx_1} \end{cases}$$

先编写微分方程函数 myfune.m：

```
function y =myfune(t,x)
y=[x(2);x(3);-t^2*x(2)*x(1)^2-t*x(1)*x(3)+exp(-t*x(1))];
end
```

调用对微分方程数值解 ode45 函数求解，在编辑器窗口中输入以下语句：

```
clear, clf
x0=[2;0;0];
[t,y] =ode45('myfune',[0,10],x0);
subplot(121);plot(t,y);
subplot(122); plot3(y(:,1),y(:,2), y(:,3))
```

运行程序，输出图形如图 11-8 所示。

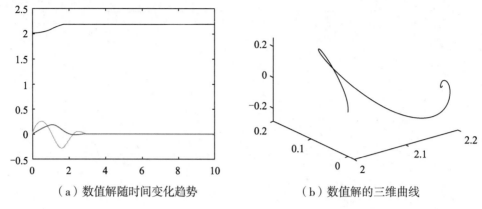

（a）数值解随时间变化趋势　　　　　（b）数值解的三维曲线

图 11-8　方程数值解变化图

【例 11-29】求刚性微分方程 $y^{(3)}+tyy''+t^2y'y^2=\mathrm{e}^{-ty}$，$y(0)=2$，$y'(0)=y''(0)$ 的数值解。

解： 使用 ode15s 函数对微分方程求解，在编辑器窗口中输入以下语句。

```
clear, clf
x0=[2;0;0];
[t,y]=ode15s('myfune',[0,10],x0);plot(t,y(:,1))
subplot(121);plot(t,y(:,1))
subplot(122);plot(t,y(:,2))
```

得到状态变量的时间曲线如图 11-9 所示。

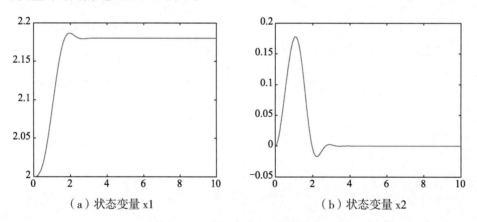

（a）状态变量 x1　　　　　　　　　（b）状态变量 x2

图 11-9　状态变量的时间曲线

用刚性方程求解函数可以快速求出该方程的数值解，并绘制出两个状态变量的时间曲线。x1(t)曲线变化比较平滑，x2(t)曲线变化在某些点上较快。

11.4.4　偏微分方程的数值解法

在 MATLAB 中，提供了一个专门用于求解偏微分方程的工具箱——PDE Toolbox。下面通过对一些最简单、经典的偏微分方程（如椭圆型、双曲型、抛物型等）求解，帮助读者了解其解题的基本思路，在解决类似的问题时可结合理论知识进行求解。

1．Poission方程

Poission 方程是特殊的椭圆型方程（即 $c = 1, a = 0, f = -1$ ）

$$\begin{cases} -\nabla^2 u = 1 \\ u\big|_{\partial G} = 0 \end{cases} \quad G = \{(x, y)\big|x^2 + y^2 \leqslant 1\}$$

Poission 方程的解析解为

$$u = \frac{1 - x^2 - y^2}{4}$$

在下面计算中，用求得的数值解与精确解进行比较，注意比较误差差异。在编辑器窗口中编写以下语句：

```
% 问题输入
clear, clc
c = 1; a = 0; f = 1;                      %方程的输入。给 c，a，f 赋值即可
g = 'circleg';                            %区域 G，内部已经定义为 circleg
b = 'circleb1';                           %u 在区域 G 的边界上的条件，内部已经定义好
% 对单位圆进行网格化，对求解区域 G 作剖分（三角分划）
[p,e,t] = initmesh(g,'hmax',1);
% 迭代求解
error = [];err = 1;
while err > 0.001
    [p,e,t]=refinemesh('circleg',p,e,t);
    u=assempde('circleb1',p,e,t,1,0,1);
    exact=-(p(1,:).^2+p(2,:).^2-1)/4;
    err=norm(u-exact',inf);
    error=[error,err];
end
% 结果显示
subplot(2,2,1),pdemesh(p,e,t)             %数值解显示
title('数值解')
subplot(2,2,2),pdesurf(p,t,u)             %精确解显示
title('精确解')
subplot(2,24,3),pdesurf(p,t,u-exact')     %与精确解的误差
title('计算误差')
```

运行程序，输出图形如图 11-10 所示。

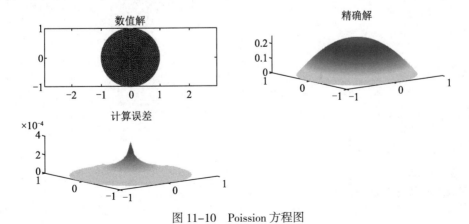

图 11-10　Poission 方程图

在命令行窗口中输入 error 可以得到方程数值解与精确解的误差如下：

```
>> error
error =
    0.0129    0.0041    0.0012    0.0004
```

2. 双曲型偏微分方程

在 MATLAB 中，可以求解的双曲型偏微分方程类型为

$$d\frac{\partial^2 u}{\partial t^2} - \nabla \cdot (c\nabla u) + au = f$$

其中，$u = u(x,y,z)$，$(x,y,z) \in G$，$d = d(x,y,z) \in C^0(G)$，$a \geqslant 0$，$a \in C^0(\partial G)$，$f \in L_2(G)$。

对于形传递问题（即 $c = 1$，$a = 0$，$f = 0$，$d = 1$）

$$\begin{cases} \dfrac{\partial^2 u}{\partial t^2} - \left(\dfrac{\partial^2 u}{\partial x^2} + \dfrac{\partial^2 u}{\partial y^2} + \dfrac{\partial^2 u}{\partial z^2} \right) = 0 \\ u\big|_{t=0} = 0 \qquad\qquad\qquad G = \{(x,y,z) \,\big|\, 0 \leqslant x,y,z \leqslant 1\} \\ \dfrac{\partial u}{\partial t}\Big|_{t=0} = 0 \end{cases}$$

的求解如下。在编辑器窗口中编写以下语句：

```
%问题的输入
clear, clf
c = 1;a = 0;f = 0;d = 1;              %输入方程的系数
g = 'squareg';                        %输入方形区域 G，内部已经定义好
b = 'squareb3';                       %输入边界条件，即初始条件
%对单位矩形 G 进行网格化
[p,e,t] = initmesh('squareg');
%定解条件和求解时间点
x = p(1,:)'; y = p(2,:)';
u0 = atan(cos(pi/2*x));
ut0 = 3*sin(pi*x).*exp(sin(pi/2.*y));
n = 31;
tlist = linspace(0,5,n);
%求解
uu = hyperbolic(u0, ut0,tlist,b,p,e,t,c,a,f,d);

%动画显示
delta=-1:0.1:1;
[uxy,tn,a2,a3]=tri2grid(p,t,uu(:,1),delta,delta);
gp=[tn;a2;a3];
umax=max(max(uu));
umin=min(min(uu));
newplot;M=moviein(n);
for i=1:n
    pdeplot(p,e,t,'xydata',uu(:,i),'zdata',uu(:,i),...
        'mesh','off','xygrid','on','gridparam',gp,...
```

```
            'colorbar','off','zstyle','continuous');
        axis([-1 1 -1 1 umin umax]);
        caxis([umin umax]);
        M(:,i)=getframe;
end
movie(M,5)
```

运行程序后，在命令行窗口中将显示计算过程中的时间点和信息，同时输出动画过程，图 11-11 所示为其中的一个状态。

```
>> Hyperbolic
428 个成功步骤
62 次失败尝试
982 次函数计算
1 个偏导数
142 次 LU 分解
981 个线性方程组解
```

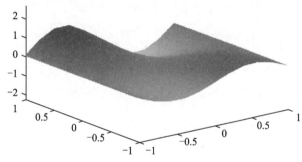

图 11-11　波动方程动画中的一个状态

3. 抛物型偏微分方程

在 MATLAB 中，可以求解的抛物型偏微分方程类型为

$$d\frac{\partial^2 u}{\partial t^2} - \nabla \cdot (c\nabla u) + au = f$$

其中，$u = u(x,y,z)$，$(x,y,z) \in G$，$d = d(x,y,z) \in C^0(G)$，$a \geqslant 0$，$a \in C^0(\partial G)$，$f \in L_2(G)$。
对于形传递问题（即 $c = 1$，$a = 0$，$f = 1$，$d = 1$）

$$\begin{cases} \dfrac{\partial u}{\partial t} - \left(\dfrac{\partial^2 u}{\partial x^2} + \dfrac{\partial^2 u}{\partial y^2} + \dfrac{\partial^2 u}{\partial z^2} \right) = 0 \\ u\big|_{\partial G} = 0 \end{cases} \quad G = \{(x,y,z)\big|\ 0 \leqslant x,y,z \leqslant 1\}$$

的求解如下。在编辑器窗口中编写以下语句：

```
% 问题的输入
clear, clf
c = 1; a = 0;f = 1; d = 1;          %输入方程的系数
g = 'squareg';                      %输入方形区域 G
b = 'squareb1';                     %输入边界条件
% 对单位矩形的网格化
[p,e,t] = initmesh(g);
```

```
%定解条件和求解的时间点
u0 = zeros(size(p, 2), 1);
ix = find(sqrt(p(1, :).^2+p(2, :).^2) < 0.4);
u0(ix) = ones(size(ix));
nframes = 20;
tlist=linspace(0,0.1,nframes);          %在时间[0, 0.1]内20个点上计算，生成20帧
%求解方程
u1 = parabolic(u0, tlist, b, p, e, t, c, a, f, d);

%动画显示:
x = linspace(-1,1,31); y = x;
newplot;
Mv = moviein(nframes);
umax=max(max(u1));
umin=min(min(u1));
for j=1:nframes
    u=tri2grid(p,t,u1(:,j),x,y);
    i=find(isnan(u));
    u(i)=zeros(size(i));
    surf(x,y,u);caxis([umin umax]);colormap(cool),axis([-1 1 -1 1 0 1]);
    Mv(:,j) = getframe;
end
movie(Mv,10)
```

运行程序后，在命令行窗口中将显示计算过程中的时间点和信息，同时输出动画过程，图 11-12 所示为其中的一个瞬间状态。

```
>> Parabolic
75 个成功步骤
1 次失败尝试
154 次函数计算
1 个偏导数
17 次 LU 分解
153 个线性方程组解
```

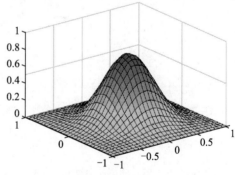

图 11-12　热传导方程动画瞬间状态图

11.5　多元函数的极值

对于多元函数的自由极值问题，根据多元函数极值的必要和充分条件，可分为以下几个步骤：

（1）定义多元函数 $z = f(x, y)$；

（2）求解正规方程 $f_x(x, y) = 0$、$f_y(x, y) = 0$，得到驻点；

（3）对于每一个驻点 (x_0, y_0)，求出二阶偏导数 $A = \dfrac{\partial^2 z}{\partial x^2}$、$B = \dfrac{\partial^2 z}{\partial x \partial y}$、$C = \dfrac{\partial^2 z}{\partial y^2}$；

（4）对于每一个驻点 (x_0, y_0)，计算判别式 $AC - B^2$，如果 $AC - B^2 > 0$，则该驻点是极值点，当 $A > 0$ 为极小值，$A < 0$ 为极大值；如果 $AC - B^2 = 0$，则判别法失效，需进一步判断；如果 $AC - B^2 < 0$，则该驻点不是极值点。

下面通过一个示例演示如何求多元函数的极值。

【例 11-30】 求函数 $z = x^4 - 8xy + 2y^2 - 3$ 的极值点和极值。

解：（1）首先用 diff 函数求 z 关于 x、y 的偏导数，在编辑器窗口中输入以下语句：

```
clear, clc
syms x y;
z=x^4-8*x*y+2*y^2-3;
diff(z,x)
diff(z,y)
```

运行程序，输出结果如下：

```
ans =
    4*x^3 - 8*y
ans =
    4*y - 8*x
```

即 $\dfrac{\partial z}{\partial x} = 4x^3 - 8y, \dfrac{\partial z}{\partial y} = -8x + 4y$。

（2）再求解正规方程，求得各驻点的坐标。

一般方程组的符号解用 solve 命令，当方程组不存在符号解时，solve 将给出数值解。继续在编辑器窗口中输入以下语句：

```
eqn1 = 4*x^3-8*y==0;
eqn2 = -8*x+4*y==0;
eqns = [eqn1 eqn2];
[x,y] = solve(eqns,[x y])
```

运行程序，输出结果如下：

```
x =
    0
   -2
    2
y =
    0
   -4
    4
```

即方程有 3 个驻点，分别是 $P(-2,-4)$、$Q(0,0)$、$R(2,4)$。

（3）下面再求判别式中的二阶偏导数：

```
syms z(x,y) ;
z=x^4-8*x*y+2*y^2-3;
A=diff(z,x,2)
B=diff(diff(z,x),y)
C=diff(z,y,2)
```

运行代码得到结果如下：

```
A =
    12*x^2
```

```
B =
    -8
C =
    4
```

由判别法可知 $P(-4,-2)$ 和 $Q(4,2)$ 都是函数的极小值点，而点 $Q(0,0)$ 不是极值点，实际上，$P(-4,-2)$ 和 $Q(4,2)$ 是函数的最小值点。

11.6   本章小结

在科研工作中，许多数学物理问题均需通过积分或微分求解。积分是含有对未知函数的积分运算的过程，微分方程则是描述未知函数的导数与自变量之间的关系的方程。微分方程的应用十分广泛，可以解决许多与导数有关的问题。本章重点讲解了 MATLAB 中的多种求积函数，并给出了数值积分算法的 MATLAB 实现方法，同时讲解了如何利用 MATLAB 进行微分方程的求解，最后举例说明如何在 MATLAB 求多元函数的极值解。

第 12 章

概率与数理统计

MATLAB 提供了丰富的函数用于概率和数理统计，包括随机数产生、参数估计、假设检验、统计图表的绘制等。MATLAB 还拥有专门的统计工具箱，可用于各种专业的统计分析。本章将针对这些内容展开，重点讲解随机数的产生和统计图表的绘制，并对其他统计相关内容作简要介绍。

本章学习目标包括：

（1）掌握随机数的产生方法；

（2）了解概率密度函数等函数的使用；

（3）掌握参数估计、假设检验、方差分析在 MATLAB 中的实现方法；

（4）掌握统计图表的绘制方法。

12.1 随机数的产生

随机数是专门的随机试验的结果。在统计学的不同技术中需要使用随机数，比如在从统计总体中抽取有代表性的样本、将实验动物分配到不同的试验组、进行蒙特卡罗模拟法计算等。

产生随机数有多种不同的方法。这些方法被称为随机数发生器。随机数最重要的特性是：它所产生的后面的数字与前面的数字毫无关系。本节将重点讲解几种常见的随机数产生方法。

12.1.1 二项分布随机数

在概率论和统计学中，二项分布是 n 个独立的是/非试验中成功的次数的离散概率分布，其中每次试验的成功概率为 p。这样的单次成功/失败试验又称为伯努利试验。实际上，当 $n=1$ 时，二项分布就是伯努利分布，二项分布是显著性差异的二项试验的基础。

在 MATLAB 中，可以使用 binornd 函数产生二项分布随机数，其使用方法如下：

```
R=binornd(N,P)        %N、P 为二项分布的两个参数，返回服从参数为 N、P 的二项分布的随机数，
                      %且 N、P、R 的形式相同
R=binornd(N,P,m)      %m 是一个 1×2 向量，为指定随机数的个数。其中 N、P 分别代表返回值 R
                      %中行与列的维数
R=binornd(N,P,m,n)    %m、n 分别表示 R 的行数和列数
```

【例 12-1】某射击手进行射击比赛，假设每枪射击命中率为 0.45，每轮射击 10 次，共进行 10 万轮。用直方图表示这 10 万轮每轮命中成绩的可能情况。

解： 在编辑器窗口中输入以下语句。

```
x=binornd(10,0.45,100000,1);
hist(x,11);
```

运行程序，得到结果如图 12-1 所示。从图中可以看出，该射击手每轮最有可能命中 4 环。

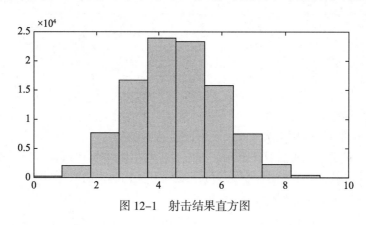

图 12-1　射击结果直方图

12.1.2　泊松分布随机数

泊松分布是一种统计与概率学里常见的离散概率分布，由法国数学家西莫恩·德尼·泊松（Siméon–Denis Poisson）在 1838 年发表。

泊松分布表达式为

$$f(x \mid \lambda) = \frac{\lambda^x}{x!} e^{-\lambda} \quad x = 0, 1, \cdots, \infty$$

在 MATLAB 中，可以使用 poisspdf 函数获取泊松分布随机数，其调用格式如下：

```
y=poisspdf(x,lambda)              %求取参数为Lambda 的泊松分布的概率密度函数值
```

【例 12-2】 取不同的 Lambda 值，使用 poisspdf 函数绘制泊松分布概率密度图像。

解： 在编辑器窗口中输入以下语句。

```
clear, clf
x=0:20;
y1=poisspdf(x,2.5);
y2=poisspdf(x,5);
y3=poisspdf(x,10);
hold on
plot(x,y1,'-r*')
plot(x,y2,'--bp')
plot(x,y3,'-.gx')
grid
```

运行程序，得到不同 Lambda 值所得到的泊松分布概率密度图像如图 12-2 所示。

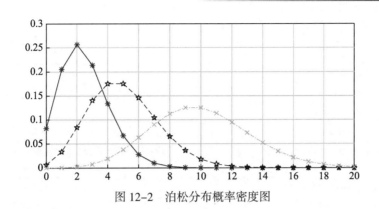

图 12-2 泊松分布概率密度图

12.1.3 均匀分布随机数

MATLAB 中提供均匀分布函数 unifrnd，其使用方法如下：

```
R=unifrnd(A,B)                          %生成被 A 和 B 指定上下端点 [A,B] 的连续均匀分布的随机数组 R
```

如果 A 和 B 是数组，R(i,j) 是生成的被 A 和 B 对应元素指定连续均匀分布的随机数。如果 N 或 P 是标量，则被扩展为和另一个输入有相同维数的数组。

```
R=unifrnd(A,B,m,n,...)                  %返回 m×n×...数组
R=unifrnd(A,B,[m,n,...])                %同上
```

如果 A 和 B 是标量，R 中所有元素则是相同分布产生的随机数。如果 A 或 B 是数组，则必须是 m×n×⋯数组。

例如，在命令行窗口中输入以下语句：

```
>> a=0;
>> b=1:5;
>> r1=unifrnd(a,b)                      %产生均匀分布随机数
r1=
    0.9850    1.5749    0.1700    1.3109    1.4204
```

12.1.4 正态分布随机数

MATLAB 中提供正态分布函数 normrnd，其使用方法如下：

```
R=normrnd(mu,sigma)          %返回均值为 mu，标准差为 sigma 的正态分布的随机数据，R 可以是向量或矩阵
R=normrnd(mu,sigma,m,n,...)      %m、n 分别表示 R 的行数和列数
```

例如，需要得到 mu 为 10、sigma 为 0.4 的 2 行 4 列个正态随机数，可以在命令行窗口中输入以下语句：

```
>> R=normrnd(10,0.4,[2,4])
R=
   10.7351    9.6786   10.0997    9.9343
    9.5435    9.9385    9.5000    9.8592
```

12.1.5 其他常见分布随机数

常见分布随机数的函数调用形式如表 12-1 所示。

表 12-1　随机数产生函数

函 数 名	调 用 形 式	注　　释
Unidrnd	R=unidrnd(N) R=unidrnd(N,m) R=unidrnd(N,m,n)	均匀分布（离散）随机数
Exprnd	R=exprnd(Lambda) R=exprnd(Lambda,m) R=exprnd(Lambda,m,n)	参数为Lambda的指数分布随机数
Normrnd	R=normrnd(MU,SIGMA) R=normrnd(MU,SIGMA,m) R=normrnd(MU,SIGMA,m,n)	参数为MU，SIGMA的正态分布随机数
chi2rnd	R=chi2rnd(N) R=chi2rnd(N,m) R=chi2rnd(N,m,n)	自由度为N的卡方分布随机数
Trnd	R=trnd(N) R=trnd(N,m) R=trnd(N,m,n)	自由度为N的t分布随机数
Frnd	R=frnd(N_1, N_2) R=frnd(N_1, N_2,m) R=frnd(N_1, N_2,m,n)	第一自由度为N_1，第二自由度为N_2的F分布随机数
gamrnd	R=gamrnd(A, B) R=gamrnd(A, B,m) R=gamrnd(A, B,m,n)	参数为A, B的γ分布随机数
betarnd	R=betarnd(A, B) R=betarnd(A, B,m) R=betarnd(A, B,m,n)	参数为A, B的β分布随机数
lognrnd	R=lognrnd(MU, SIGMA) R=lognrnd(MU, SIGMA,m) R=lognrnd(MU, SIGMA,m,n)	参数为MU, SIGMA的对数正态分布随机数
nbinrnd	R=nbinrnd(R, P) R=nbinrnd(R, P,m) R=nbinrnd(R, P,m,n)	参数为R，P的负二项式分布随机数
ncfrnd	R=ncfrnd(N_1, N_2, delta) R=ncfrnd(N_1, N_2, delta,m) R=ncfrnd(N_1, N_2, delta,m,n)	参数为N_1，N_2，delta的非中心F分布随机数
nctrnd	R=nctrnd(N, delta) R=nctrnd(N, delta,m) R=nctrnd(N, delta,m,n)	参数为N，delta的非中心t分布随机数
ncx2rnd	R=ncx2rnd(N, delta) R=ncx2rnd(N, delta,m) R=ncx2rnd(N, delta,m,n)	参数为N，delta的非中心卡方分布随机数

续表

函　数　名	调用形式	注　释
raylrnd	R=raylrnd(B) R=raylrnd(B,m) R=raylrnd(B,m,n)	参数为B的瑞利分布随机数
wblrnd	R= wblrnd(A, B) R= wblrnd(A, B,m) R= wblrnd(A, B,m,n)	参数为A,B的威布尔随机数
binornd	R=binornd(N,P) R=binornd(N,P,m) R=binornd(N,P,m,n)	参数为N,p的二项分布随机数
geornd	R=geornd(P) R=geornd(P,m) R=geornd(P,m,n)	参数为p的几何分布随机数
hygernd	R=hygernd(M,K,N) R=hygernd(M,K,N,m) R=hygernd(M,K,N,m,n)	参数为 M，K，N的超几何分布随机数
Poissrnd	R=poissrnd(Lambda) R=poissrnd(Lambda,m) R=poissrnd(Lambda,m,n)	参数为Lambda的泊松分布随机数
random	Y=random('name',A1,A2,A3,m,n)	服从指定分布的随机数

12.2　概率密度函数

在数学中，连续型随机变量的概率密度函数（在不至于混淆时可以简称为密度函数）是一个描述这个随机变量的输出值，在某个确定的取值点附近的可能性的函数。本节分别介绍常见分布的密度函数作图及使用函数计算概率密度函数值的方法。

12.2.1　常见分布的密度函数作图

在 MATLAB 中，常见分布的密度函数有二项分布、卡方分布等多种。下面介绍几种常用的分布密度函数。

1．二项分布

在 MATLAB 中，绘制二项分布密度函数图像的代码如下：

```
x = 0:10;
y = binopdf(x,10,0.4);
plot(x,y,'*')
```

运行程序，得到如图 12-3 所示的图像。

2．卡方分布

在 MATLAB 中，绘制卡方分布密度函数图像的代码如下：

```
x = 0:0.3:10;
y = chi2pdf(x,4);
plot(x,y)
```

运行程序，得到如图 12-4 所示的图像。

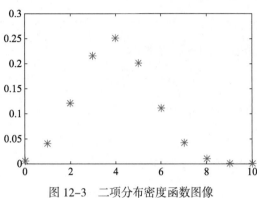

图 12-3　二项分布密度函数图像

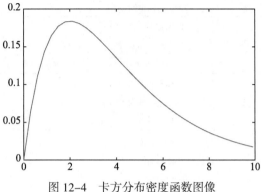

图 12-4　卡方分布密度函数图像

3. 非中心卡方分布

在 MATLAB 中，绘制非中心卡方分布密度函数图像的代码如下：

```
x = (0:0.2:10)';
p1 = ncx2pdf(x,3,2);
p = chi2pdf(x,3);
plot(x,p,'-',x,p1,'--')
```

运行程序，得到如图 12-5 所示的图像。

4. 指数分布

在 MATLAB 中，绘制指数分布密度函数图像的代码如下：

```
x = 0:0.2:10;
y = exppdf(x,3);
plot(x,y,'--')
```

运行程序，得到如图 12-6 所示的图像。

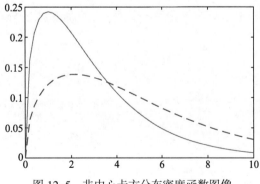

图 12-5　非中心卡方分布密度函数图像

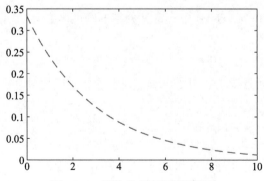

图 12-6　指数分布密度函数图像

5. 正态分布

在 MATLAB 中，绘制正态分布密度函数图像的代码如下：

```
x=-3:0.2:3;
y=normpdf(x,0,1);
plot(x,y)
```

运行程序，得到如图 12-7 所示的图像。

6. 对数正态分布

在 MATLAB 中，绘制对数正态分布密度函数图像的代码如下：

```
x=(10:100:125010)';
y=lognpdf(x,log(20000),2.0);
plot(x,y)
set(gca,'xtick',[0 20000 50000 90000 140000])
set(gca,'xticklabel',str2mat('0','$20,000','$50,000','$90,000','$140,000'))
```

运行程序，得到如图 12-8 所示的图像。

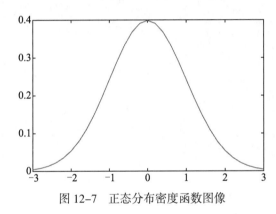

图 12-7 正态分布密度函数图像

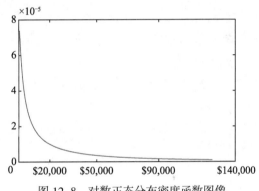

图 12-8 对数正态分布密度函数图像

7. F分布

在 MATLAB 中，绘制 F 分布密度函数图像的代码如下：

```
x=0:0.02:10;
y=fpdf(x,5,4);
plot(x,y)
```

运行程序，得到如图 12-9 所示的图像。

8. 非中心F分布

在 MATLAB 中，绘制非中心 F 分布密度函数图像的代码如下：

```
x=(0.02:0.2:10.02)';
p1=ncfpdf(x,4,20,5);
p=fpdf(x,4,20);
plot(x,p,'-',x,p1,'--')
```

运行程序，得到如图 12-10 所示的图像。

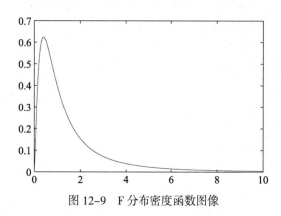

图 12-9　F 分布密度函数图像

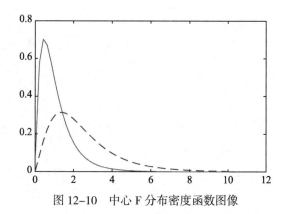

图 12-10　中心 F 分布密度函数图像

9. Γ 分布

在 MATLAB 中，绘制 Γ 分布密度函数图像的代码如下：

```
x=gaminv((0.005:0.01:0.995),100,10);
y=gampdf(x,100,10);
y1=normpdf(x,1000,100);
plot(x,y,'--',x,y1,'-.')
```

运行程序，得到如图 12-11 所示的图像。

10. 负二项分布

在 MATLAB 中，绘制负二项分布密度函数图像的代码如下：

```
x=(0:10);
y=nbinpdf(x,3,0.5);
plot(x,y,'--')
```

运行程序，得到如图 12-12 所示的图像。

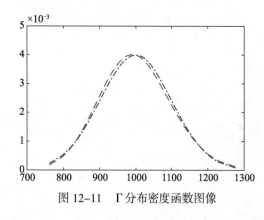

图 12-11　Γ 分布密度函数图像

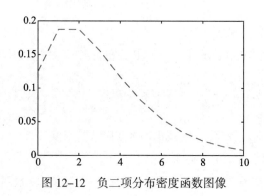

图 12-12　负二项分布密度函数图像

12.2.2　通用函数计算概率密度函数值

在 MATLAB 中，通用函数 pdf 可以计算概率密度函数值，其调用格式如下：

```
Y=pdf(name, K, A)
Y=pdf(name, K, A, B)
Y=pdf(name, K, A, B, C)          %返回在 X=K 处、参数为 A、B、C 的概率密度值
```

对于不同的分布，参数个数也有所不同。name 为分布函数名，其取值如表 12-2 所示。

表 12-2 常见分布函数

函数说明	name的取值		函数说明	name的取值	
Beta分布	'beta'	'Beta'	非中心F分布	'ncf'	'Noncentral F'
二项分布	'bino'	'Binomial'	非中心t分布	'nct'	'Noncentral t'
卡方分布	'chi2'	'Chisquare'	非中心卡方分布	'ncx2'	'Noncentral Chi−square'
指数分布	'exp'	'Exponential'	正态分布	'norm'	'Normal'
F分布	'f'	'F'	泊松分布	'poiss'	'Poisson'
Gamma分布	'gam'	'Gamma'	瑞利分布	'rayl'	'Rayleigh'
几何分布	'geo'	'Geometric'	T分布	't'	'T'
超几何分布	'hyge'	'Hypergeometric'	均匀分布	'unif'	'Uniform'
对数正态分布	'logn'	'Lognormal'	离散均匀分布	'unid'	'Discrete Uniform'
负二项分布	'nbin'	'Negative Binomial'	Weibull分布	'weib'	'Weibull'

例如要计算正态分布 N（0，1）的随机变量 X 在点 0.5 的密度函数值，可以在命令行窗口中输入以下语句：

```
>> pdf('norm',0.5,0,1)
ans =
    0.3521
```

如果需要求自由度为 9 的卡方分布，在点 3 处的密度函数值，则可以在命令行窗口中输入以下语句：

```
>> pdf('chi2',3,9)
ans =
    0.0396
```

12.2.3 专用函数计算概率密度函数值

专用函数计算概率密度函数值如表 12-3 所示。

表 12-3 专用函数计算概率密度函数值

函数名	调用形式	注　释
unifpdf	unifpdf (x, a, b)	[a,b]上均匀分布(连续)概率密度在X=x处的函数值
unidpdf	Unidpdf(x,n)	均匀分布（离散）概率密度函数值
exppdf	exppdf(x, Lambda)	参数为Lambda的指数分布概率密度函数值
normpdf	normpdf(x, mu, sigma)	参数为mu，sigma的正态分布概率密度函数值
chi2pdf	chi2pdf(x, n)	自由度为n的卡方分布概率密度函数值
tpdf	tpdf(x, n)	自由度为n的t分布概率密度函数值
fpdf	fpdf(x, n_1, n_2)	第一自由度为n_1，第二自由度为n_2的F分布概率密度函数值
gampdf	gampdf(x, a, b)	参数为a, b的γ分布概率密度函数值
betapdf	betapdf(x, a, b)	参数为a, b的β分布概率密度函数值
lognpdf	lognpdf(x, mu, sigma)	参数为mu, sigma的对数正态分布概率密度函数值

续表

函数名	调用形式	注　释
nbinpdf	nbinpdf(x, R, P)	参数为R，P的负二项分布概率密度函数值
ncfpdf	ncfpdf(x, n_1, n_2, delta)	参数为n_1，n_2，delta的非中心F分布概率密度函数值
nctpdf	nctpdf(x, n, delta)	参数为n，delta的非中心t分布概率密度函数值
ncx2pdf	ncx2pdf(x, n, delta)	参数为n，delta的非中心卡方分布概率密度函数值
raylpdf	raylpdf(x, b)	参数为b的瑞利分布概率密度函数值
wblpdf	wblpdf(x, a, b)	参数为a，b的威布尔概率密度函数值
binopdf	binopdf(x,n,p)	参数为n，p的二项分布的概率密度函数值
geopdf	geopdf(x,p)	参数为 p的几何分布的概率密度函数值
hygepdf	hygepdf(x,M,K,N)	参数为 M，K，N的超几何分布的概率密度函数值
poisspdf	poisspdf(x,Lambda)	参数为Lambda的泊松分布的概率密度函数值

【例 12-3】绘制卡方分布密度函数在自由度分别为 3、6、9 的图形。

解： 在 MATLAB 中编写以下代码。

```
clear, clf
x=0:0.5:10;
y1=chi2pdf(x,3);
plot(x,y1,'-')
hold on
y2=chi2pdf(x,6);
plot(x,y2,'--')
y3=chi2pdf(x,9);
plot(x,y3,'-.')
axis([0,10,0,0.3])
```

运行程序，在不同自由度下的卡方分布密度函数图像如图 12-13 所示。

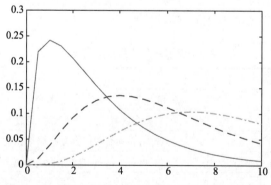

图 12-13　在不同自由度下的卡方分布密度函数图像

12.3　随机变量的数字特征

在解决实际问题的过程中，往往并不需要全面了解随机变量的分布情况，而只需要知道它们的某些特征，这些特征通常称为随机变量的数字特征，常见的有数学期望、方差、相关系数和矩等。

12.3.1　平均值、中值

当 X 为向量时，算术平均值的数学含义为 $\bar{x}=\dfrac{1}{n}\sum_{i=1}^{n}x_i$，即样本均值。在 MATLAB 中，可以利用 mean 求 X 的算术平均，其调用格式如下：

```
mean(X)                %X 为向量，返回 X 中各元素的平均值
mean(A)                %A 为矩阵，返回 A 中各列元素的平均值构成的向量
mean(A,dim)            %在给出的维数内的平均值
```

例如，需要定义一个 4×3 的向量，并求取其算术平均值。在命令行窗口中输入以下语句：

```
>> A=[2 3 4 7;1 5 4 5;3 3 2 5]
A =
    2    3    4    7
    1    5    4    5
    3    3    2    5
>> mean(A)
ans =
    2.0000    3.6667    3.3333    5.6667
>> mean(A,1)
ans =
2.0000    3.6667    3.3333    5.6667
```

除此之外，在 MATLAB 中，还可以使用函数 nanmean 忽略 NaN 计算算术平均值。函数 nanmean 的调用格式如下：

```
nanmean(X)             %X 为向量，返回 X 中除 NaN 外元素的算术平均值
nanmean(A)             %A 为矩阵，返回 A 中各列除 NaN 外元素的算术平均值向量
```

例如，需要定义一个含有 NaN 的 3×3 的向量，并求取其算术平均值。在命令行窗口中输入以下语句：

```
>> A=[1 2 3;nan 5 2;3 7 nan]
A =
      1      2      3
    NaN      5      2
      3      7    NaN
>> nanmean(A)
ans =
    2.0000    4.6667    2.5000
```

在 MATLAB 中，可以使用函数 median 计算中值（中位数），其调用格式如下：

```
median(X)              %X 为向量，返回 X 中各元素的中位数
median(A)              %A 为矩阵，返回 A 中各列元素的中位数构成的向量
median(A,dim)          %求给出的维数内的中位数
```

例如，需要定义一个 3×4 的向量，并求取其中值。在命令行窗口中输入以下语句：

```
>> A=[2 6 3 5;2 5 4 6;3 4 2 5]
A =
    2    6    3    5
    2    5    4    6
```

```
      3     4     2     5
>> median(A)
ans =
      2     5     3     5
```

与 nanmean 类似，在 MATLAB 中，利用函数 nanmedian 可以忽略 NaN 计算中位数。其调用格式如下：

```
nanmedian(X)              %X 为向量，返回 X 中除 NaN 外元素的中位数
nanmedian(A)              %A 为矩阵，返回 A 中各列除 NaN 外元素的中位数向量
```

例如，需要定义一个 4×4 的向量，并求取其中值。在命令行窗口中输入以下语句：

```
>> A=[4 1 2 3;nan 5 2 3;6 3 5 nan]
A =
      4     1     2     3
    NaN     5     2     3
      6     3     5   NaN
>> nanmedian(A)
ans =
      5     3     2     3
```

12.3.2　数学期望

1.　连续型随机变量的数学期望

设连续型随机变量 x 的概率密度为 $f(x)$，若积分 $\int_R x f(x) \mathrm{d}x$ 绝对收敛，则称该积分的值为随机变量 x 的数学期望。

【例 12-4】设 X 的概率密度为

$$f(x) = \begin{cases} \dfrac{x}{150^2} & 0 \leqslant x \leqslant 150 \\[2mm] \dfrac{300-x}{150^2} & 150 < x < 300 \\[2mm] 0 & \text{其他} \end{cases}$$

试求 $E(X)$。

解： 在编辑器窗口中输入以下语句：

```
syms x
f1=x/150^2;
f2=(300-x)/150^2;
Ex=int(x*f1,0,150)+int(x*f2,150,300)
```

运行程序，输出结果如下：

```
Ex =
    150
```

2.　离散型随机变量的数学期望

设离散型随机变量 x 的分布律为

$$P\{X = x_k\} = p_k \quad k = 1, 2, \cdots$$

如果 $\sum\limits_{k} x_k p_k$ 绝对收敛，则称 $\sum\limits_{k} x_k p_k$ 的和为随机变量 x 的数学期望。

【例 12-5】设 x 表示一张彩票的奖金额，x 的分布如表 12-4 所示，试求 $E(X)$。

表 12-4 x的分布

x	500000	50000	5000	500	50	10	0
p	0.000001	0.000009	0.00009	0.0009	0.009	0.09	0.9

解：在编辑器窗口中输入以下语句：

```
x=[500000 50000 5000 500 50 10 0]';
p=[0.000001 0.000009 0.00009 0.0009 0.009 0.09 0.9]';
Ex=x'*p
```

运行程序，输出结果如下：

```
Ex =
   3.2000
```

12.3.3　协方差及相关系数

在概率与统计中，随机变量 X 与 Y 的协方差 $\mathrm{Cov}(X,Y)$ 和相关系数 ρ_{XY} 公式如下所示：

$$\mathrm{Cov}(X,Y) = E\{[X - E(X)][Y - E(Y)]\}$$

$$\rho_{XY} = \frac{\mathrm{Cov}(X,Y)}{\sqrt{D(X)}\sqrt{D(Y)}}$$

设 (x_i, y_i)，$i = 1, 2, \cdots, n$ 是容量为 n 的二维样本，则样本的相关系数为

$$r = \frac{\sum\limits_{i}(x_i - \overline{x})(y_i - \overline{y})}{\sqrt{\sum\limits_{i}(x_i - \overline{x})^2}\sqrt{\sum\limits_{i}(y_i - \overline{y})^2}}$$

相关系数常常用来衡量两套变量之间的线性相关性，相关系数的绝对值越接近 1，表示相关性越强，反之越弱。

MATLAB 中提供了 cov 函数用于计算样本协方差矩阵，其调用格式如下：

```
C=cov(X)                    %如果 X 为单一向量，则返回一个包含协方差的标量；如果 X 的列为变量观测值
                            %的矩阵，则返回协方差矩阵
C=cov(X,Y)=cov([X,Y])       %X，Y 为长度相等的列向量
```

函数 cov 的算法如下：

```
[n,p]=size(X);
Y=X-ones(n,1)*mean(X);
C=Y'*Y./(n-1)
```

【例 12-6】在 MATLAB 中计算协方差。

解：在编辑器窗口中输入以下语句：

```
clear, clc
x=[50 100 150 250 280]';
a=cov(x)                    %使用函数计算协方差
%使用算法计算协方差
```

```
[n,p]=size(x);
y=x-ones(n,1)*mean(x);
b=y'*y/(n-1)
```

运行程序后，输出结果如下：

```
a =
    9530
b =
    9530
```

12.3.4　中心矩

MATLAB 提供了 moment 函数用于计算样本的中心矩，其调用格式如下：

```
m=moment(X,order)                    %返回 X 的 order 阶中心矩
```

对于向量，函数返回 X 数据的指定阶次中心矩；对于矩阵，返回 X 数据的每一列的指定阶次中心矩。

例如，随机产生一个 6 行 5 列的向量，用函数 moment 计算该向量的 3 阶中心矩。在命令行窗口中输入以下语句：

```
>> X = randn([6 5])
X =
    0.5377   -0.4336    0.7254    1.4090    0.4889
    1.8339    0.3426   -0.0631    1.4172    1.0347
   -2.2588    3.5784    0.7147    0.6715    0.7269
    0.8622    2.7694   -0.2050   -1.2075   -0.3034
    0.3188   -1.3499   -0.1241    0.7172    0.2939
   -1.3077    3.0349    1.4897    1.6302   -0.7873
>> m = moment(X,3)
m =
   -1.1143   -0.9973    0.1234   -1.1023   -0.1045
```

注意：一阶中心矩为 0，二阶中心矩为用除数 n（而非 n-1）得到的方差，其中 n 为向量 X 的长度或矩阵 X 的行数。

12.3.5　数据比较

MATLAB 中提供了多种函数用于数据比较，下面按功能分别介绍。

1. 排序

在 MATLAB 中，提供排序功能的函数为 sort，调用格式如下：

```
Y=sort(X)                    %X 为向量，返回 X 按由小到大排序后的向量。
Y=sort(A)                    %A 为矩阵，返回 A 的各列按由小到大排序后的矩阵。
[Y,I]=sort(A)                %Y 为排序的结果，I 中元素表示 Y 中对应元素在 A 中位置。
sort(A,dim)                  %在给定的维数 dim 内排序
```

注意：若 X 为复数，则通过|X|排序。

例如，在 MATLAB 中使用函数 sort 进行排序。在命令行窗口中输入以下语句：

```
>> A=[1 9 2;4 5 8;3 7 1]
A =
     1     9     2
     4     5     8
     3     7     1
>> sort(A)
ans =
     1     5     1
     3     7     2
     4     9     8
>> [Y,I]=sort(A)
Y =
     1     5     1
     3     7     2
     4     9     8
I =
     1     2     3
     3     3     1
     2     1     2
```

2. 按行方式排序

在 MATLAB 中，用于按行方式排序函数为 sortrows，调用格式如下：

```
Y=sortrows(A)           %若 A 为矩阵，则返回矩阵 Y，Y 为按 A 的第 1 列由小到大以行方式排序后生成的矩阵
Y=sortrows(A, col)         %按指定列 col 由小到大进行排序
[Y,I]=sortrows(A, col)        %Y 为排序的结果，I 表示 Y 中第 col 列元素在 A 中位置
```

注意：若 X 为复数，则通过|X|排序。

例如，在 MATLAB 中使用函数 sortrows 进行排序。在命令行窗口中输入以下语句：

```
>> A=[2 4 2;4 5 6;3 7 1]
A =
     2     4     2
     4     5     6
     3     7     1
>> sortrows(A)
ans =
     2     4     2
     3     7     1
     4     5     6
>> sortrows(A,1)
ans =
     2     4     2
     3     7     1
     4     5     6
>> sortrows(A,3)
ans =
     3     7     1
     2     4     2
```

```
         4     5     6
>> sortrows(A,[3 2])
ans =
         3     7     1
         2     4     2
         4     5     6
>> [Y,I]=sortrows(A,3)
Y =
         3     7     1
         2     4     2
         4     5     6
I =
         3
         1
         2
```

3. 求最大值与最小值之差

在 MATLAB 中，求取参数的最大值与最小值之差的函数为 range，调用格式如下：

```
Y=range(X)              %X 为向量，返回 X 中的最大值与最小值之差
Y=range(A)              %A 为矩阵，返回 A 中各列元素的最大值与最小值之差
```

例如，在 MATLAB 中使用函数 range 求取参数的最大值与最小值。在命令行窗口中输入以下语句：

```
>> A=[2 6 2;4 5 8;3 7 1]
A =
         2     6     2
         4     5     8
         3     7     1
>> Y=range(A)
Y =
         2     2     7
```

12.3.6 方差

MATLAB 提供了包括求解样本方差和标准差的函数，分别是 var 和 std，它们的调用格式如下：

```
D=var(X)                %若 X 为向量，则返回向量的样本方差
D=var(A)                %若 A 为矩阵，则 D 为 A 的列向量的样本方差构成的行向量
D=var(X, 1)             %返回向量（矩阵）X 的简单方差（即置前因子为 1/n 的方差）
D=var(X, w)             %返回向量（矩阵）X 的以 w 为权重的方差
std(X)                  %返回向量（矩阵）X 的样本标准差
std(X,1)                %返回向量（矩阵）X 的标准差（置前因子为 1/n ）
std(X, 0)               %与 std (X)相同
std(X, flag, dim)       %返回向量（矩阵）中维数为 dim 的标准差值
```

其中，flag=0 时，置前因子为 $\dfrac{1}{n-1}$ ；否则置前因子为 1/n 。

【例 12-7】 求下列样本的样本方差和样本标准差、方差和标准差。

15.60　13.41　17.20　14.42　16.61

解：在编辑器窗口中输入以下语句：

```
clear, clc
X=[15.60  13.41  17.20  14.42  16.61];
DX=var(X,1)                              %求解方差
sigma=std(X,1)                           %求解标准差
DX1=var(X)                               %求解样本方差
sigma1=std(X)                            %求解样本标准差
```

运行程序，输出结果如下：

```
DX=
    1.9306
sigma=
    1.3895
DX1=
    2.4133
sigma1=
    1.5535
```

除了上述求解标准差函数，MATLAB 还提供了求解忽略 NaN 的标准差函数 nanstd，其调用格式如下：

```
y=nanstd(X)
```

若 X 为含有元素 NaN 的向量，则返回除 NaN 外的元素的标准差；若 X 为含元素 NaN 的矩阵，则返回各列除 NaN 外的标准差构成的向量。

【例 12-8】在 MATLAB 中生成一个 4 阶魔方阵，并将其第 1、5、9 个元素替换为 NaN，求取替换后的各列向量标准差。

解： 在编辑器窗口中输入以下语句。

```
clear, clc
M=magic(4)                               %生成魔方阵
M([1 5 9])=[NaN NaN NaN]                  %替换
y=nanstd(M)                              %求解忽略 NaN 后的标准差
```

运行程序，输出结果如下：

```
M=
    16     2     3    13
     5    11    10     8
     9     7     6    12
     4    14    15     1
M=
   NaN   NaN   NaN    13
     5    11    10     8
     9     7     6    12
     4    14    15     1
y=
    2.6458    3.5119    4.5092    5.4467
```

12.3.7　常见分布的期望和方差

常见分布的期望和方差见表 12–5。对于其使用方法，读者可以在 MATLAB 提供的 help 文本中查看。

表 12-5　常见分布的期望和方差

函 数 名	调用形式	注　释
unifstat	[M,V]=unifstat(a, b)	均匀分布(连续)的期望和方差，M为期望，V为方差
unidstat	[M,V]=unidstat(n)	均匀分布（离散）的期望和方差
expstat	[M,V]=expstat(p,Lambda)	指数分布的期望和方差
normstat	[M,V]=normstat(mu,sigma)	正态分布的期望和方差
chi2stat	[M,V]=chi2stat(x,n)	卡方分布的期望和方差
tstat	[M,V]=tstat(n)	t分布的期望和方差
fstat	[M,V]=fstat(n_1,n_2)	F分布的期望和方差
gamstat	[M,V]=gamstat(a,b)	γ分布的期望和方差
betastat	[M,V]=betastat(a,b)	β分布的期望和方差
lognstat	[M,V]=lognstat(mu,sigma)	对数正态分布的期望和方差
nbinstat	[M,V]=nbinstat(R,P)	负二项分布的期望和方差
ncfstat	[M,V]=ncfstat(n_1,n_2,delta)	非中心F分布的期望和方差
nctstat	[M,V]=nctstat(n,delta)	非中心t分布的期望和方差
ncx2stat	[M,V]=ncx2stat(n,delta)	非中心卡方分布的期望和方差
raylstat	[M,V]=raylstat(b)	瑞利分布的期望和方差
wblstat	[M,V]= wblstat(a,b)	威布尔的期望和方差
binostat	[M,V]= binostat (n,p)	二项分布的期望和方差
geostat	[M,V]=geostat(p)	几何分布的期望和方差
hygestat	[M,V]=hygestat(M,K,N)	超几何分布的期望和方差
poisstat	[M,V]=poisstat(Lambda)	泊松分布的期望和方差

12.4　参数估计

参数估计的内容包括点估计和区间估计。MATLAB 统计工具箱提供了很多参数估计相关的函数，例如计算待估参数及其置信区间、估计服从不同分布的函数。

12.4.1　常见分布的参数估计

MATLAB 统计工具箱提供了多种具体函数的参数估计函数，如表 12-6 所示。例如，利用 normfit 函数可以对正态分布总体进行参数估计，其调用格式如下：

```
[muhat,sigmahat,muci,sigmaci]=normfit(x)
```

对于给定的正态分布的数据 x，返回参数 μ 的估计值 muhat、σ 的估计值 sigmahat、μ 的 95%置信区间 muci、σ 的 95%置信区间 sigmaci。

```
[muhat,sigmahat,muci,sigmaci]=normfit(x, alpha)    %进行参数估计并计算 100(1-alpha)
                                                   %置信区间
```

表 12-6 常见分布的参数估计函数及其调用格式

分 布	调用格式
贝塔分布	phat=betafit(x) [phat,pci]=betafit(x,alpha)
贝塔对数似然函数	logL=betalike(params,data) [logL,info]=betalike(params,data)
二项分布	phat=binofit(x,n) [phat,pci]=binofit(x,n) [phat,pci]=binofit(x,n,alpha)
指数分布	muhat=expfit(x) [muhat,muci]=expfit(x) [muhat,muci]=expfit(x,alpha)
伽马分布	phat=gamfit(x) [phat,pci]=gamfit(x) [phat,pci]=gamfit(x,alpha)
伽马似然函数	logL=gamlike(params,data) [logL,info]=gamlike(params,data)
最大似然估计	phat=mle('dist',data) [phat,pci]= mle('dist',data) [phat,pci]=mle('dist',data,alpha) [phat,pci]= mle('dist',data,alpha,p1)
正态对数似然函数	L=normlike(params,data)
正态分布	[muhat,sigmahat,muci,sigmaci]=normfit(x) [muhat,sigmahat,muci,sigmaci]=normfit(x,alpha)
泊松分布	lambdahat=poissfit(x) [lambdahat,lambdaci]=poissfit(x) [lambdahat,lambdaci]=poissfit(x,alpha)
均匀分布	[ahat,bhat]=unifit(x) [ahat,bhat,aci,bci]=unifit(x) [ahat,bhat,aci,bci]=unifit(x,alpha)
威布尔分布	phat=wblfit(x) [phat,pci]=wblfit(x) [phat,pci]=wblfit(x,alpha)
威布尔对数似然函数	logL=wbllike(params,data) [logL,info]=wbllike(params,data)

【例 12-9】观测某型号 20 辆汽车消耗 10L 汽油的行驶里程,具体数据如下。假设行驶里程服从正态分布,请用 normfit 函数求解平均行驶里程的 95%置信区间。

    59.6 55.2 56.6 55.8 60.2 57.4 59.8 56.0 55.8 57.4
    56.8 54.4 59.0 57.0 56.0 60.0 58.2 59.6 59.2 53.8

解:在编辑器窗口中输入以下语句:

```
clear, clc
x1=[59.6 55.2 56.6 55.8 60.2 57.4 59.8 56.0 55.8 57.4];
x2=[56.8 54.4 59.0 57.0 56.0 60.0 58.2 59.6 59.2 53.8];
x=[x1 x2]';
a=0.05;
[muhat,sigmahat,muci,sigmaci]=normfit(x,a)
[p,ci]=mle('norm',x,a)
n=numel(x);
sigmahat1=var(x).^0.5
muci1=[muhat-tinv(1-a/2,n-1)*sigmahat/sqrt(n),muhat+tinv(1-a/2,n-1)*sigmahat/sqrt(n)]
sigmaci1=[((n-1).*sigmahat.^2/chi2inv(1-a/2,n-1)).^0.5,((n-1).*sigmahat.^2/chi2inv
(a/2,n-1)).^0.5]
```

运行程序，输出结果如下：

```
muhat =
    57.3900
sigmahat =
     1.9665
muci =
    56.4696
    58.3104
sigmaci =
     1.4955
     2.8723
p =
    57.3900     1.9167
ci =
    56.4696     1.4955
    58.3104     2.8723
sigmahat1 =
     1.9665
muci1 =
    56.4696    58.3104
sigmaci1 =
     1.4955     2.8723
```

12.4.2 点估计

点估计用单个数值作为参数的估计，目前使用较多的方法是最大似然法和矩法。

1. 最大似然法

最大似然法在待估参数的可能取值范围内，挑选使似然函数值最大的那个参数值为最大似然估计量。由于最大似然估计法得到的估计量通常不仅满足无偏性、有效性等基本条件，还能保证其为充分统计量，所以，在点估计和区间估计中一般推荐使用最大似然法。

MATLAB 用函数 mle 进行最大似然估计，其调用格式如下：

```
phat=mle('dist',data)        %使用 data 向量中的样本数据，返回 dist 指定的分布的最大似然估计
```

【例 12-10】观测某型号 20 辆汽车消耗 10L 汽油的行驶里程，具体数据如下。假设行驶里程服从正态

分布，请用最大似然估计法估计总体的均值和方差。

     59.6   55.2   56.6   55.8   60.2   57.4   59.8   56.0   55.8   57.4

     56.8   54.4   59.0   57.0   56.0   60.0   58.2   59.6   59.2   53.8

解： 在编辑器窗口中输入以下语句。

```
clear, clc
x1=[59.6 55.2 56.6 55.8 60.2 57.4 59.8 56.0 55.8 57.4];
x2=[56.8 54.4 59.0 57.0 56.0 60.0 58.2 59.6 59.2 53.8];
x=[x1 x2]';
p=mle('norm',x);
muhatmle=p(1)
sigma2hatmle=p(2)^2
```

运行程序，输出结果如下：

```
muhatmle =
    57.3900
sigma2hatmle =
    3.6739
```

2．矩法

待估参数经常作为总体原点矩或原点矩的函数，此时可以用该总体样本的原点矩或样本原点矩的函数值作为待估参数的估计，这种方法称为矩法。

例如，样本均值总是总体均值的矩估计量，样本方差总是总体方差的矩估计量，样本标准差总是总体标准差的矩估计量。MATLAB 计算矩的函数为 moment(X,order)。

【例 12-11】 观测某型号 20 辆汽车消耗 10L 汽油的行驶里程，具体数据如下。假设行驶里程服从正态分布，请用矩法估计总体的均值和方差。

     59.6   55.2   56.6   55.8   60.2   57.4   59.8   56.0   55.8   57.4

     56.8   54.4   59.0   57.0   56.0   60.0   58.2   59.6   59.2   53.8

解： 在编辑器窗口中输入以下语句。

```
clear, clc
x1=[59.6 55.2 56.6 55.8 60.2 57.4 59.8 56.0 55.8 57.4];
x2=[56.8 54.4 59.0 57.0 56.0 60.0 58.2 59.6 59.2 53.8];
x=[x1 x2]';
muhat=mean(x)
sigma2hat=moment(x,2)
var(x,1)
```

运行程序，输出结果如下：

```
muhat =
    57.3900
sigma2hat =
    3.6739
ans =
    3.6739
```

12.4.3 区间估计

求参数的区间估计，首先要求出该参数的点估计，然后构造一个含有该参数的随机变量，并根据一定的置信水平求该估计值的范围。

在 MATLAB 中，利用 mle 函数进行最大似然估计，其调用格式如下：

```
[phat,pci]=mle('dist',data)              %返回最大似然估计和 95%置信区间
[phat,pci]=mle('dist',data,alpha)    %返回指定分布的最大似然估计值和 100(1- alpha)置信区间
[phat,pci]= mle('dist',data,alpha,p1)      %该形式仅用于二项分布，其中 p1 为实验次数
```

【例 12-12】观测某型号 20 辆汽车消耗 10L 汽油的行驶里程，具体数据如下。假设行驶里程服从正态分布，求平均行驶里程的 95%置信区间。

| 59.6 | 55.2 | 56.6 | 55.8 | 60.2 | 57.4 | 59.8 | 56.0 | 55.8 | 57.4 |
| 56.8 | 54.4 | 59.0 | 57.0 | 56.0 | 60.0 | 58.2 | 59.6 | 59.2 | 53.8 |

解：在编辑器窗口中输入以下语句。

```
clear, clc
x1=[59.6 55.2 56.6 55.8 60.2 57.4 59.8 56.0 55.8 57.4];
x2=[56.8 54.4 59.0 57.0 56.0 60.0 58.2 59.6 59.2 53.8];
x=[x1 x2]';
[p,pci]=mle('norm',x,0.05)
```

运行程序，输出结果如下：

```
p =
    57.3900    1.9167
    28.6950    0.9584
pci =
    56.4696    1.4955
    28.2348    0.7478
    58.3104    2.8723
    29.1552    1.4361
```

12.5 假设检验

在总体分布函数完全未知或部分未知时，为了推断总体的某些性质，需要提出关于总体的假设。对于提出的假设是否合理，需要进行检验。

12.5.1 方差已知时的均值假设检验

在给定方差的条件下，可以使用 ztest 函数检验单样本数据是否服从给定均值的正态分布。其调用格式如下：

```
h=ztest(x,m,sigma)
```

在 0.05 的显著性水平下进行 z 检验，以确定服从正态分布的样本的均值是否为 m，其中 sigma 为标准差。

```
h=ztest(x,m, sigma ,alpha)              %给出显著性水平的控制参数 alpha
```

若 alpha=0.01，则当结果 h=1 时，可以在 0.01 的显著性水平上拒绝零假设；若 h=0，则不能在该水平上拒绝零假设。

```
[h,sig,ci,zval]=ztest(x,m,sigma,alpha,tail)    %允许指定是进行单侧检验还是进行双侧检验
```

tail=0 或'both'时表示指定备择假设均值不等于 m；tail=1 或'right'时表示指定备择假设均值大于 m；tail=−1 或'left'时表示指定备择假设均值小于 m；sig 为能够利用统计量 z 的观测值做出拒绝原假设的最小显著性水平，ci 为均值真值的 1−alpha 置信区间，zval 是统计量 $z = \dfrac{\overline{x} - m}{\sigma / \sqrt{n}}$ 的值。

【例 12-13】 某工厂随机选取的 20 只零部件的装配时间如下。假设装配时间的总体服从正态分布，标准差为 0.4，请检验装配时间的均值在 0.05 的水平下不小于 10。

    9.8   10.4   10.6   9.6   9.7 9.9 10.9 11.1   9.6 10.2

    10.3 9.6   9.9   11.2 10.6 9.8 10.5 10.1 10.5   9.7

解：在编辑器窗口中输入以下语句。

```
clear, clc
x1=[9.8 10.4 10.6 9.6 9.7 9.9 10.9 11.1 9.6 10.2];
x2=[10.3 9.6 9.9 11.2 10.6 9.8 10.5 10.1 10.5 9.7];
x=[x1 x2]';
m=10;sigma=0.4;a=0.05;
[h,sig,muci]=ztest(x,m,sigma,a,1)
```

运行程序，输出结果如下：

```
h =
     1
sig =
    0.0127
muci =
    10.0529
       Inf
```

由上结果可知，在 0.05 的水平下，可以判断装配时间的均值不小于 10。

12.5.2　正态总体均值假设检验

在数理统计中，正态总体均值检测包括方差未知时单个正态总体均值的假设检验和两个正态总体均值的假设检验。

1. 方差未知时单个正态总体均值的假设检验

t 检验的特点是在均方差不知道的情况下，它是用小样本检验总体参数，可以检验样本平均数的显著性。在 MATLAB 中可以使用 ttest 进行样本均值的 t 检验，其调用格式如下：

```
h=ttest(x,m)
```

在 0.05 的显著性水平下进行 t 检验，以确定在标准差未知的情况下取自正态分布的样本的均值是否为 m。

```
h=ttest(x,m,alpha)                         %给定显著性水平的控制参数 alpha
```

例如，当 alpha=0.01 时，如果 h=1，则在 0.01 的显著性水平上拒绝零假设；若 h=0，则不能在该水平上拒绝零假设。

```
[h,sig,ci]=ttest(x,m,alpha,tail)          %允许指定是进行单侧检验还是进行双侧检验
```

tail=0 或'both'时表示指定备择假设均值不等于 m；tail=1 或'right'时表示指定备择假设均值大于 m；tail=-1 或'left'时表示指定备择假设均值小于 m。sig 为能够利用 T 的观测值做出拒绝原假设的最小显著性水平。ci 为均值真值的 1-alpha 置信区间。

【例 12-14】假如某种电子元件的寿命 X 服从正态分布，且 μ 和 σ² 均未知。现在获得 16 只元件的寿命如下（单位：h）。请判断元件的平均寿命是否大于 180h。

    169   180   131   182   234   274   188   254   232   172   165   249   249   180   465   192

解：在编辑器窗口中输入以下语句。

```
clear, clc
x=[169 180 131 182 234 274 188 254 232 172 165 249 249 180 465 192];
m=180;
a=0.05;
[h,sig,muci]=ttest(x,m,a,1)
```

运行程序，输出结果如下：

```
h =
     1
sig =
    0.0280
muci =
  186.1014      Inf
```

由于 h=1 且 sig=0.0280>0.05，因此有充分的理由认为元件的平均寿命大于 180h。

2. 方差未知时两个正态总体均值差的检验

在比较两个独立正态总体的均值时，可以根据方差齐不齐的情况，应用不同的统计量进行检验。下面仅对方差齐的情况进行讲解。

用 ttest2 函数对两个样本的均值差异进行 t 检验，其调用格式如下：

```
h=ttest2(x,y)
```

假设 x 和 y 为取自服从正态分布的两个样本。在它们标准差未知但相等时检验它们的均值是否相等。当 h=1 时，可以在 0.05 的水平下拒绝零假设；当 h=0 时，则不能在该水平下拒绝零假设。

```
[h,significance,ci]=ttest2(x,y,alpha)          %给定显著性水平的控制参数 alpha
```

例如，当 alpha=0.01 时，如果 h=1，则在 0.01 的显著性水平下拒绝零假设；若 h=0，则不能在该水平下拒绝零假设。此处，significance 参数是与 t 统计量相关的 p 值。即为能够利用 T 的观测值做出拒绝原假设的最小显著性水平。ci 为均值差异真值的 1-alpha 置信区间。

```
ttest2(x,y,alpha,tail)          %允许指定是进行单侧检验或双侧检验
```

tail=0 或'both'时表示指定备择假设 $\mu_x \neq \mu_y$；tail=1 或'right'时表示指定备择假设 $\mu_x > \mu_y$；tail=-1 或'left'时表示指定备择假设 $\mu_x < \mu_y$。

【例 12-15】某厂铸造车间进行技术升级，将铜合金铸件更换为镍合金铸件，现在对镍合金铸件和铜合金铸件进行硬度测试，得到硬度数据如下。假设硬度服从正态分布，且方差保持不变，请在显著性水平 $\alpha = 0.05$ 下判断镍合金的硬度是否有明显提高。

镍合金： 82.45 86.21 83.58 79.69 75.29 80.73 72.75 82.35

铜合金： 83.56 64.27 73.34 74.37 79.77 67.12 77.27 78.07 72.62

解： 在编辑器窗口中输入以下语句。

```
clear, clc
x=[82.45 86.21 83.58 79.69 75.29 80.73 72.75 82.35]';
y=[83.56 64.27 73.34 74.37 79.77 67.12 77.27 78.07 72.62]';
a=0.05;
[h,sig,ci]=ttest2(x,y,a,1)
```

运行程序，输出结果如下：

```
h =
     1
sig =
    0.0195
ci =
    1.3252
      Inf
```

因此，在显著性水平 $\alpha = 0.05$ 下，可以判断镍合金的硬度有明显提高。

12.5.3 分布拟合假设检验

在统计分析中常常用到分布拟合检验方法，下面介绍两种比较简单的分布拟合检验方法，即 q-q 图法和峰度–偏度法。

1. q-q图

q-q 图法就是用指定分布的分位数和变量数据分布的分位数之间的关系曲线检验数据的分布。如两个样本来自同一分布，则图中数据点呈现直线关系，否则呈现曲线关系。该图中将样本数据用图形标记"+"显示。在图中将每一个分布的四分之一和四分之三处进行连线，此连线可以用来评价数据的线性特征。

MATLAB 可以用 qqplot 函数生成样本 q-q 图，其调用格式如下：

```
qqplot(X)                          %显示 X 的样本值与服从正态分布的理论数据之间的 q-q 图
```

如果 X 的分布为正态分布，则图形接近直线。

```
qqplot(X,Y):                       %显示两个样本的 q-q 图
```

若样本来自于相同的分布，则图形将是线性的。对于矩阵 X 和 Y，q-q 图为一个配对列显示分隔线。

```
h=qqplot(X,Y,pvec)                 %返回直线的句柄到 h 中
```

【例 12-16】 分布拟合检验，并生成 q-q 图示例。

解： 在编辑器窗口中输入以下语句。

```
clear, clc
x=normrnd(0,1,100,1);              %生成服从正态分布的随机数
y=normrnd(0.5,2,50,1);             %生成服从正态分布的随机数
z=wblrnd(2,0.5,100,1);             %生成服从威布尔分布的随机数
subplot(2,2,1) ;qqplot(x)
hold on
subplot(2,2,2);qqplot(x,y)
```

```
hold on
subplot(2,2,3);qqplot(z)
hold on
subplot(2,2,4);qqplot(x,z)
hold off
```

运行程序，得到结果如图 12-14 所示。

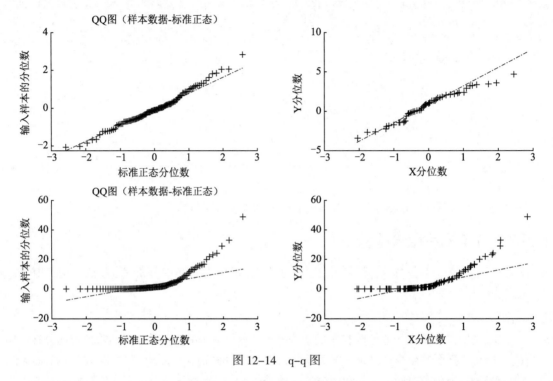

图 12-14　q-q 图

在图 12-14 中，第 1 个子图用 x 的数据绘图，因为服从正态分布，图中数据点呈直线分布；第 2 个子图所用 x 数据和 y 数据均服从正态分布，数据点的主体部分呈直线；第 3 个子图用 z 数据绘图，由于它服从威布尔分布，所以数据点不在一条直线上；第 4 个子图是用 x 数据和 z 数据绘制的，因为它们不是同分布的，所以图中数据点不呈直线分布。

2. 峰度-偏度检验

峰度-偏度检验又称为 Jarque-Bera 检验，该检验基于数据样本的偏度和峰度，评价给定数据是否服从未知均值和方差的正态分布的假设。对于正态分布数据，样本偏度接近于 0，样本峰度接近于 3。

峰度-偏度检验可以确定样本偏度和峰度是否与它们的期望值相差较远。

在 MATLAB 中，使用 jbtest 函数进行峰度-偏度检验，测试数据对正态分布的似合程度，其调用格式如下：

```
h=jbtest(X)                    %对输入数据向量 X 进行峰度-偏度检验，返回检验结果 h
```
若 h=1，则在显著性水平 0.05 下拒绝 X 服从正态分布的假设；若 h=0，可认为 X 服从正态分布。

```
h=jbtest(X,alpha)              %在显著性水平 alpha 下进行峰度-偏度检验
[h,P,JBSTAT,CV]=jbtest(X,alpha) %返回其他 3 个输出参数
```

其中，P 为检验的 p 值，JBSTAT 为检验统计量，CV 为确定是否拒绝零假设的临界值。

【例 12-17】试通过峰度–偏度检验以下数据是否处于正态分布。

5200	5056	561	6016	635	669	686	692	704	7007	711
7013	7104	719	727	735	740	744	745	750	7076	777
7086	7806	791	7904	821	822	826	834	837	8051	862
8703	879	889	9000	904	922	926	952	963	1056	10074

解：在编辑器窗口中输入以下语句。

```
clear, clc
x1=[5200 5056 561 6016 635 669 686 692 704 7007 711];
x2=[7013 7104 719 727 735 740 744 745 750 7076 777];
x3=[7086 7806 791 7904 821 822 826 834 837 8051 862];
x4=[8703 879 889 9000 904 922 926 952 963 1056 10074];
x=[x1 x2 x3 x4];
[H,P,JBSTAT,CV]=jbtest(x)
```

运行程序，输出结果如下：

```
H =
     1
P =
    0.0218
JBSTAT =
    8.0226
CV =
    4.8466
```

由于 H=1 时，P<0.05，因此有充分理由认为上述数据不是处于正态分布。

12.6　方差分析

事件的发生总是与多个因素有关，而各个因素对事件发生的影响很可能不一样，且同一因素的不同水平对事件发生的影响也会有所不同。通过方差分析，便可以研究不同因素或相同因素的不同水平对事件发生的影响程度。

一般根据自变量个数的不同，将方差分析分为单因子方差分析和多因子方差分析。

12.6.1　单因子方差分析

在 MATLAB 中，anova1 函数可以用于进行单因子方差分析，其调用格式如下：

```
p=anova1(X)                    %比较样本 m×n 的矩阵 X 中两列或多列数据的均值
```

其中，每一列包含一个具有 m 个相互独立观测值的样本，返回 X 中所有样本取自同一群体（或取自均值相等的不同群体）的零假设成立的概率 p。若 p 值接近 0，则认为零假设可疑并认为列均值存在差异。为了确定结果是否"统计上显著"，需要确定 p 值。该值由自己确定。一般地，当 p 值小于 0.05 或 0.01 时，认为结果是显著的。

```
anova1(X,group)
```

当 X 为矩阵时，利用 group 变量（字符数组或单元数组）作为 X 中样本的箱形图的标签。变量 group

中的每一行包含 X 中对应列中的数据的标签，所以变量的长度必须等于 X 的列数。

当 X 为向量时，anova1 函数对 X 中的样本进行单因素方差分析，通过输入变量 group 来标识 X 向量中的每个元素的水平，所以，group 与 X 的长度必须相等。group 中包含的标签同样用于箱形图的标注。anova1 函数的向量输入形式不需要每个样本中的观测值个数相同，所以它适用于不平衡数据。

```
p=anova1(X,group,'displayopt')
```

当'displayopt'参数设置为'on'（默认设置）时，激活 ANOVA 表和箱形图的显示；'displayopt'参数设置为'off'时，不予显示。

```
[p,table]=anova1(…)            %返回单元数组表中的 ANOVA 表（包含列标签和行标签）
[p,table,stats]=anova1(…)      %返回 stats 结构，用于进行多重比较检验
```

anova1 检验评价所有样本均值相等的零假设和均值不等的备择假设。有时进行检验，决定哪对均值差异显著、哪对均值差异不显著是很有效的。提供 stats 结构作为输入，使用 multcompare 函数可以进行此项检验。

【例 12-18】假设某工程有 3 台机器生产规格相同的铝合金薄板。现在对铝合金薄板的厚度进行取样测量，得到数据如下。请检验各台机器所生产薄板的厚度有没有明显的差异（alpha= 0.01）。

机器 1：0.246　0.248　0.238　0.235　0.233
机器 2：0.267　0.263　0.265　0.264　0.251
机器 3：0.268　0.254　0.269　0.257　0.252

解：在编辑器窗口中输入以下语句。

```
clear, clc
X=[0.246 0.248 0.238 0.235 0.233;0.267 0.263 0.265 0.264 0.251;0.268 0.254 0.269 0.257
0.252];
P=anova1(X')
```

运行程序，输出结果如下，同时输出如图 12-15 所示的 ANOVA 表及如图 12-16 所示矩阵 X 的箱线图。

```
P =
   5.4399e-04
```

由以上结果可以得知，各台机器所生产薄板的厚度没有明显的差异。

ANOVA 表					
来源	SS	df	MS	F	p 值(F)
列	0.00148	2	0.00074	15	0.0005
误差	0.00059	12	0.00005		
合计	0.00207	14			

图 12-15　方差分析 ANOVA 表格

说明：（1）ANOVA 表格共有 6 列，第 1 列为来源项，即方差的来源；第 2 列为每一项来源的平方和 SS；第 3 列为每一项来源的自由度 df，即包含的数据总数；第 4 列给出每一项来源的均方 MS=SS/df；第 5 列给出 F 值，也就是 MS 的比率；最后一列为 p 值。

（2）在矩阵箱线图中，盒子的上下两条线分别为样本的 25% 和 75% 分位数，中间的线表示样本中位数。

注意：方差分析要求样本数据满足下面的假设条件：

（1）所有样本数据满足正态分布条件；

（2）所有样本数据具有相等的方差；
（3）所有观测值相互独立。

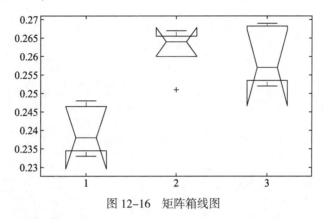

图 12-16 矩阵箱线图

12.6.2 双因子方差分析

在 MATLAB 中，anova2 函数可以用于进行单因子方差分析，其调用格式如下：

```
p=anova2(X,reps)            %不同列中的数据代表一个因子 A 的变化
```

不同行中的数据代表另一因子 B 的变化。若在每一个行—列匹配点上有一个以上的观测值，则变量 reps 指示每一个单元中观测值的个数。

```
p=anova2(X,group,'displayopt')
```

当'displayopt'参数设置为'on'（默认设置）时，将激活 ANOVA 表和箱形图的显示；'displayopt'参数设置为'off'时，则不予显示。

```
[p,table]=anova2(…)         %返回单元数组表中的 ANOVA 表（包含列标签和行标签）
[p,table,stats]=anova2(…)   %返回 stats 结构，用于进行列因子均值的多重比较检验
```

【例 12-19】考察高温合金中碳的含量（因子 A）和锑的含量（因子 B）对合金强度的影响。因子 A 取 3 个水平 0.02、0.03、0.04，因子 B 取 4 个水平 3.4、3.5、3.6、3.7。在每个 AB 组合下进行一次试验，试验结果如表 12-7 所示。请做方差分析。

表 12-7 试验结果

A（碳的含量）	B（锑的含量）			
	3.3	3.4	3.5	3.6
0.02	63.1	63.9	65.6	66.8
0.03	65.1	66.4	67.8	69.0
0.04	67.2	71.0	71.9	73.5

解： 在编辑器窗口中输入以下语句。

```
clear, clc
y=[63.1 63.9 65.6 66.8;65.1 66.4 67.8 69.0;67.2 71.0 71.9 73.5];
p=anova2(y)
```

运行程序，输出结果如下，同时输出如图 12-17 所示的 ANOVA 表。

```
p =
    0.0012   0.0001
```

可见，列因子 B 和行因子 A 均是显著的。

ANOVA 表

来源	SS	df	MS	F	p 值(F)
列	35.169	3	11.7231	21.92	0.0012
行	74.912	2	37.4558	70.05	0.0001
误差	3.208	6	0.5347		
合计	113.289	11			

图 12-17　方差分析 ANOVA 表格

12.7　统计图表的绘制

因为图表具有直观性，在概率和统计方法中，经常需要绘制图表。MATLAB 提供了多种类型图表绘制函数。下面介绍几种常用的统计图表绘制函数。

12.7.1　正整数的频率表

在 MATLAB 中，绘制正整数频率表的函数是 tabulate，调用格式如下：

```
table = tabulate(X)
```

X 为正整数构成的向量，返回 3 列，其中第 1 列中包含 X 的值，第 2 列为这些值的个数，第 3 列为这些值的频率。

【例 12-20】绘制正整数的频率表示例。

解：在编辑器窗口中输入以下语句。

```
clear, clf
A=[1 2 2 5 6 3 8];
tabulate(A)
```

运行程序，得到正整数的频率表如下：

```
    Value    Count    Percent
      1        1       14.29%
      2        2       28.57%
      3        1       14.29%
      4        0        0.00%
      5        1       14.29%
      6        1       14.29%
      7        0        0.00%
      8        1       14.29%
```

12.7.2　经验累积分布函数图形

在 MATLAB 中，绘制经验累积分布函数图形的函数是 cdfplot，调用格式如下：

```
cdfplot(X):              %作样本 x（向量）的累积分布函数图形
h = cdfplot(X)           %h 表示曲线的环柄
```

```
[h,stats] = cdfplot(X)  %stats 表示样本的一些特征, stats.min、stats.max 分别表示样本数据 X
                        %的最小值和最大值
```

【例 12-21】绘制经验累积分布函数图形示例。

解：在编辑器窗口中输入以下语句。

```
clear, clf
X=normrnd (0,1,50,1);
[h,stats]=cdfplot(X)
```

运行程序，得到结果如下，同时获得经验累积分布函数图形如图 12-18 所示。

```
h =
  Line - 属性:
            Color: [0 0.4470 0.7410]
        LineStyle: '-'
        LineWidth: 0.5000
           Marker: 'none'
       MarkerSize: 6
  MarkerFaceColor: 'none'
            XData: [-Inf -2.5510 -2.5510 -1.9961 -1.9961 … ]
            YData: [0 0 0.0200 0.0200 0.0400 0.0400 … ]
  显示 所有属性


stats =
  包含以下字段的 struct:
       min: -2.5510                          %样本最小值
       max: 1.6738                           %最大值
      mean: -0.3155                          %平均值
    median: -0.3067                          %中间值
       std: 0.9515                           %样本标准差
```

12.7.3 最小二乘拟合直线

在 MATLAB 中，绘制最小二乘拟合直线的函数是 lsline，调用格式如下：

```
h = lsline                                   %h 为直线的句柄
```

【例 12-22】绘制最小二乘拟合直线的示例。

解：在编辑器窗口中输入以下语句。

```
clear, clf
X =[ 1.4 3.2 4.3 6.4 7.3 8.6 9.5 11.9 13.1] ;
plot (X,'b.');                               %绘制样本点
h = lsline                                   %绘制最小二乘拟合直线
```

运行程序，得到最小二乘拟合直线如图 12-19 所示。

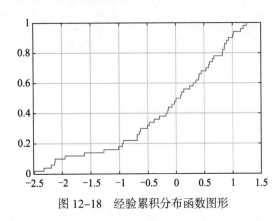

图12-18　经验累积分布函数图形

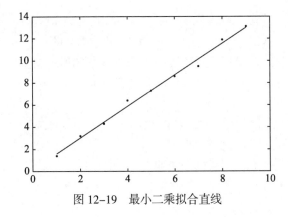

图12-19　最小二乘拟合直线

12.7.4　绘制正态分布概率图形

在MATLAB中，绘制正态分布概率图形的函数是normplot，调用格式如下：

```
normplot(X)
```
若X为向量，则显示正态分布概率图形，若X为矩阵，则显示每一列的正态分布概率图形。

```
h = normplot(X)                          %返回绘图直线的句柄
```
【例12-23】绘制正态分布概率图的示例。

解：在编辑器窗口中输入以下语句。

```
clear, clf
X=normrnd(0,1,60,1);                     %产生正态分布的数据
H=normplot(X);                           %绘制正态分布概率图
```
运行程序，得到正态分布概率图形如图12-20所示。

12.7.5　绘制威布尔概率图形

在MATLAB中，绘制威布尔概率图形的函数是wblplot，调用格式如下：

```
wblplot(X)
```
若X为向量，则显示威布尔(Weibull)概率图形；若X为矩阵，则显示每一列的威布尔概率图形。

```
h = wblplot(X)                           %返回绘图直线的柄
```
【例12-24】绘制威布尔概率图形示例。

解：在编辑器窗口中输入以下语句。

```
clear, clf
X = wblrnd(1.2,1.5,50,1);                %产生威布尔分布的数据
H=wblplot(X);                            %绘制威布尔分布概率图
```
运行程序，得到威布尔概率图形如图12-21所示。

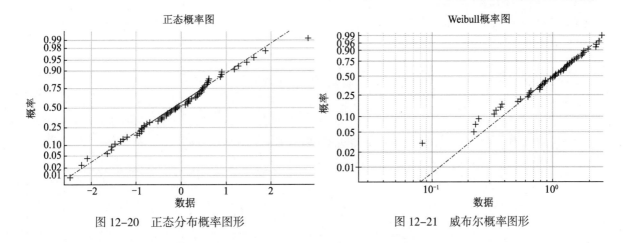

图 12-20　正态分布概率图形　　　　　图 12-21　威布尔概率图形

12.7.6　样本数据的箱线图

在 MATLAB 中，绘制样本数据的箱线图的函数是 boxplot，调用格式如下：

```
boxplot(X)                    %产生矩阵 X 的每一列的箱线图和"须"图
```

"须"是从盒的尾部延伸出来，并表示盒外数据长度的线，如果"须"的外面没有数据，则在"须"的底部有一个点。

```
boxplot(X,notch)              %当 notch=1 时，产生一凹箱线图，notch=0 时产生一矩箱图
boxplot(X,notch,'sym')        %sym 表示图形符号，默认值为"+"
boxplot(X,notch,'sym',vert)   %当 vert=0 时，生成水平箱线图；vert=1 时，生成竖直箱线图（默
                              %认值 vert=1）
boxplot(X,notch,'sym',vert,whis) %whis 定义"须"图的长度，默认值为 1.5
```

若 whis=0 则 boxplot 函数通过绘制 sym 符号图来显示盒外的所有数据值。

【例 12-25】绘制样本数据的箱线图示例。

解：在编辑器窗口中输入以下语句。

```
clear, clf
x1 = normrnd(5,1,100,1);
x2 = normrnd(6,1,100,1);
x = [x1 x2];
boxplot(x,1,'g--',1,0)
```

运行程序，得到样本数据的箱线图如图 12-22 所示。

12.7.7　增加参考线

在 MATLAB 中，给当前图形加一条参考线的函数是 refline，调用格式如下：

```
refline(slope,intercept)      %slope 表示直线斜率，intercept 表示截距
refline(slope)                %slope=[a b]　图中加一条直线：y=b+ax
```

【**例 12-26**】给当前图形加一条参考线。

解: 在编辑器窗口中输入以下语句。

```
clear, clf
y = [4.2 3.6 3.1 4.4 2.4 3.9 3.0 3.4 3.3 2.2 2.7]';
plot(y,'+')
refline(0,4)
```

运行程序,得到给当前图形加一条参考线的图像如图 12-23 所示。

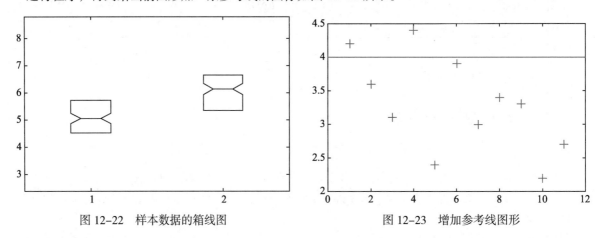

图 12-22 样本数据的箱线图   图 12-23 增加参考线图形

12.7.8 增加多项式曲线

在 MATLAB 中,在当前图形中加入一条多项式曲线的函数是 refcurve,调用格式如下:

```
h = refcurve(p)                          %在图中加入一条多项式曲线
```

h 为曲线的环柄,p 为多项式系数向量,p=[p1,p2,p3,…,pn],其中 p1 为最高幂项系数。

【**例 12-27**】绘制增加多项式曲线示例。

解: 在编辑器窗口中输入以下语句。

```
clear, clf
h = [95 172 220 269 349 281 423 437 432 478 556 430 410 356];
plot(h,'--')
refcurve([-5.9 120 0])
```

运行程序,得到增加多项式曲线的图像如图 12-24 所示。

12.7.9 样本概率图形

在 MATLAB 中,绘制样本概率图形的函数是 capaplot,调用格式如下:

```
p = capaplot(data,specs)          %返回来自于估计分布的随机变量落在指定范围内的概率
```

其中,data 为所给样本数据,specs 指定范围,p 表示在指定范围内的概率。

【**例 12-28**】绘制样本概率图形示例。

解: 在编辑器窗口中输入以下语句。

```
clear, clf
data = normrnd(3,0.005,10,1);
capaplot(data,[2.99 3.01]);
```

运行程序，得到样本概率图形如图 12-25 所示。

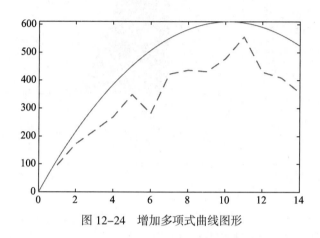

图 12-24 增加多项式曲线图形

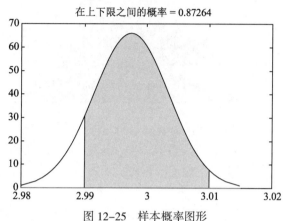

图 12-25 样本概率图形

12.7.10 附加有正态密度曲线的直方图

在 MATLAB 中，绘制附加有正态密度曲线的直方图的函数是 histfit，调用格式如下：

```
histfit(data)              %data 为向量，返回直方图和正态曲线
histfit(data,nbins)        %nbins 指定 bar 的个数
```

【例 12-29】绘制附加有正态密度曲线的直方图示例。

解：在编辑器窗口中输入以下语句。

```
clear, clf
r=normrnd (10,1,100,1);
histfit(r)
```

运行程序，得到附加有正态密度曲线的直方图如图 12-26 所示。

12.7.11 在指定的界线之间绘制正态密度曲线

在 MATLAB 中，在指定的界线之间绘制正态密度曲线的函数是 normspec，调用格式如下：

```
p = normspec(specs,mu,sigma)
```

其中，specs 指定界线，mu，sigma 为正态分布的参数 p 为样本落在上、下界之间的概率。

【例 12-30】绘制在指定的界线之间绘制正态密度曲线示例。

解：在编辑器窗口中输入以下语句。

```
clear, clf
normspec([10 Inf],11,1.2)
```

运行程序，得到在指定的界线之间绘制正态密度曲线如图 12-27 所示。

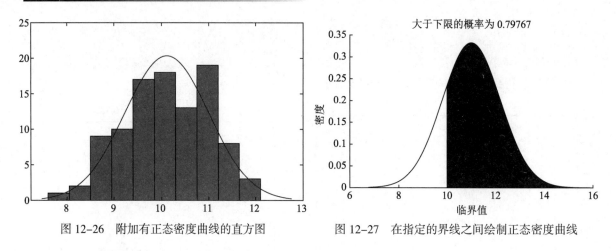

图 12-26　附加有正态密度曲线的直方图　　　　　图 12-27　在指定的界线之间绘制正态密度曲线

12.8　本章小结

本章介绍了 MATLAB 中的多种数据统计分析方法，其中，随机数的产生和统计图表的绘制是本章的重要内容，它们在许多领域都有广泛的应用。通过本章的学习，读者应能熟练掌握相关函数的应用和参数估计、假设检验等统计方法的使用。

第 13 章

优 化 计 算

优化计算

在运筹学中，所谓优化就是在给定的条件下求解目标函数的最优解。当给定条件为空时，称为自由优化或无约束优化；当给定条件不为空时，称为有约束优化或强约束优化。优化理论是一门实践性很强的学科，广泛应用于生产管理、军事指挥和科学试验等领域。MATLAB 提供了一套应对各种优化问题的完整的解决方案，本章就介绍如何在 MATLAB 中进行优化问题求解。

本章学习目标包括：

（1）掌握 MATLAB 中优化参数的设置方法；

（2）掌握 MATLAB 求解优化问题的函数；

（3）应用 MATLAB 求解优化问题。

13.1　优化参数设置

在讲解 MATLAB 优化求解方法前，先介绍一下 MATLAB 中如何进行优化参数的设置。MATLAB 提供了优化函数的算法选择、迭代过程显示、迭代次数设置等选项的设置功能。

MATLAB 中，通过 optimset 函数可以创建和编辑参数结构，通过 optimget 函数可以获得当前 options 优化参数。

13.1.1　创建或编辑优化选项

optimset 函数用于创建或编辑优化选项参数结构。优化选项以结构体形式返回，未设置的参数值为[]，此时求解器使用这些参数的默认值。其调用格式如下：

options=optimset(Name,Value)	%返回 options 包含使用一个或多个 Name-Value 对组参数设置的指定参数，未指定的参数设置为空[]（表示 options 传递给优化函数时给参数赋默认值）
optimset	%（不带输入或输出实参）显示完整的参数列表及其有效值
options=optimset（不带输入参数）	%创建结构体 options，其中所有参数设置为[]
options=optimset(optimfun)	%创建一个所有参数名称和默认值与优化函数 optimfun 相关的结构体 options
options=optimset(oldopts,Name,Value)	%创建 oldopts 的副本，并使用一个或多个 Name-Value 对组参数修改指定的参数
options=optimset(oldopts,newopts)	%合并现有 options 结构体 oldopts 和新 options 结构体 newopts，newopts 中拥有非空值的任意参数将覆盖 oldopts 中对应的参数

（1）输入参数 optimfun 为优化求解器，指定为名称或函数句柄，返回的 options 结构体只包含指定求解器的非空项。例如：

```
options=optimset('fzero')
options=optimset(@fminsearch)
```

（2）输入 Name–Value 参数对用于指定可选的、以逗号分隔的 Name,Value 对组参数，如表 13-1 所示。Name 为参数名称，必须放在引号中，Value 为对应的值。可采用任意顺序指定多个 Name–Value 对组参数。例如：

```
options=optimset('TolX',1e-6,'PlotFcns',@optimplotfval)
```

表 13-1   options优化参数及说明

优化参数	说　　明
Display	适用于所有优化求解器，用于显示级别设置： ① notify（默认值）仅在函数未收敛时显示输出。 ② final仅显示最终输出结果。 ③ off（或none）无显示输出。 ④ iter显示输出每一次迭代结果（不适用于lsqnonneg）。 例如： `        options=optimset('Display','iter')`
FunValCheck	适用于fminbnd、fminsearch和fzero求解器，用于检查函数值是否有效。指定为以逗号分隔的参数对，由FunValCheck和值off（默认值）或on组成。当值为on时，如果目标函数返回复数值或NaN，求解器会显示错误。例如： `        options=optimset('FunValCheck','on')`
MaxFunEvals	适用于fminbnd和fminsearch求解器，用于设置函数计算的最大次数。对fminbnd默认值为500，对fminsearch默认值为200×(number of variables)。以逗号分隔的对组形式指定，该对组由MaxFunEvals和一个正整数组成。例如： `        options=optimset('MaxFunEvals',2e3)`
MaxIter	适用于fminbnd和fminsearch求解器，用于设定最大迭代次数。对fminbnd默认值为500，对fminsearch默认值为200×(number of variables)。以逗号分隔的对组形式指定，该对组由MaxIter和一个正整数组成。例如： `        options=optimset('MaxIter',2e3)`
OutputFcn	适用于fminbnd、fminsearch和fzero求解器，为输出函数。可以为函数名称、函数句柄、函数句柄的元胞数组，默认为空[]，以逗号分隔的对组形式指定。其中包含OutputFcn和一个函数名称或函数句柄。可以以函数句柄元胞数组的形式指定多个输出函数。每次迭代后都会运行一个输出函数，方便监控求解过程或停止迭代。例如： `        options=optimset('OutputFcn',{@outfun1,@outfun2})`
PlotFcns	适用于fminbnd、fminsearch和fzero求解器，为绘图函数。可以为函数名称、函数句柄、函数句柄的元胞数组，默认为空[]，以逗号分隔的对组形式指定。其中包含PlotFcns和一个函数名称或函数句柄。可以以函数句柄元胞数组的形式指定多个绘图函数。每次迭代后都会运行一个绘图函数，方便监控求解过程或停止迭代。例如： `        options=optimset('PlotFcns','optimplotfval')`

续表

优化参数	说　　明
PlotFcns	内置绘图函数如下： @optimplotx绘制当前点 @optimplotfval绘制函数值 @optimplotfunccount绘制函数计数（不适用fzero）
TolFun	仅适用于fminsearch，用于设置函数值的终止容差，默认值为1e-4。在当前函数值与先前值相差小于TolFun时（相对于初始函数值），迭代结束。指定为由TolFun和非负标量组成的以逗号分隔的对组。例如： `options=optimset('TolFun',2e-6)`
TolX	适用于所有优化求解器，用于设置当前点x的终止容差。对fminbnd和fminsearch默认值为1e-4，对fzero默认值为eps，对lsqnonneg默认值为$10 \times eps \times norm(c,1) \times length(c)$。在当前点与先前点相差小于TolX时（相对于x的大小），迭代结束。指定为由TolX和非负标量组成的以逗号分隔的对组。例如： `options=optimset('TolFun',2e-6)`

【例 13-1】optimset 函数应用示例。

解： 在编辑器窗口中编写如下代码。

```
options=optimset('PlotFcns','optimplotfval','TolX',1e-7);   %使用绘图函数监视求解过程,
                                                            %修改停止条件
fun = @(x)100*((x(2) - x(1)^2)^2) + (1 - x(1))^2;           % Rosenbrock 函数
x0 = [-1,2];
[x,fval] = fminsearch(fun,x0,options)                       %从点(-1,2)开始最小化 Rosenbrock 函数,并使
                                                            %用选项监控最小化过程
options = optimset('fzero');
```

运行程序，可以得到结果如下，同时输出如图 13-1 所示的图形监视求解过程（监视当前函数值）。

```
x =
    1.0000    1.0000
fval =
    4.7305e-16
```

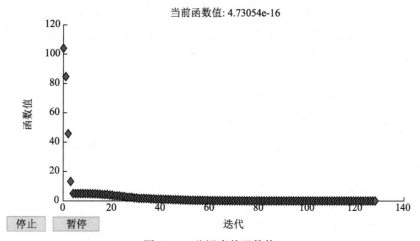

图 13-1　监视当前函数值

13.1.2 获取优化选项参数

optimget 函数用于获取优化选项参数值。其调用格式如下：

```
val=optimget(options,'param')        %返回优化 options 结构体中指定参数 param 的值，使用时只需输
                                      %入参数唯一定义名称的几个前导字符即可，参数名称忽略大小写
val=optimget(options,'param',default)        %返回指定的参数 param 的值，如果该值没有定义，
                                             %则返回默认值
```

【例 13-2】optimget 函数应用示例。

（1）创建一个名为 options 的优化选项结构，显示参数设置为 iter，TolFun 参数设置为 1e-8。在命令行窗口中输入以下语句：

```
>> options=optimset('Display','iter','TolFun',1e-8)
options=
    包含以下字段的 struct:
             Display: 'iter'
          MaxFunEvals: []
              MaxIter: []
               TolFun: 1.0000e-08
                 TolX: []
          FunValCheck: []
            OutputFcn: []
                  ⋮
           TolGradCon: []
               TolPCG: []
             TolProjCG: []
          TolProjCGAbs: []
             TypicalX: []
          UseParallel: []
```

（2）创建一个名为 options 的优化结构的备份，用于改变 TolX 参数的值，将新值保存到 optnew 参数中：

```
>> optnew=optimset(options,'TolX',1e-4);
```

（3）返回 options 优化结构，其中包含所有的参数名和与 fminbnd 函数相关的默认值：

```
>> options=optimset('fminbnd');
```

（4）若只希望看到 fminbnd 函数的默认值，则只需要简单地输入下面的语句即可：

```
>> optimset fminbnd;                   %方式一
>> optimset('fminbnd');                %方式二
```

（5）使用下面的命令获取 TolX 参数的值：

```
>> Tol=optimget(options, 'TolX')
Tol=
    1.0000e-04
```

13.2 线性规划

线性规划方法是在第二次世界大战中发展起来的一种重要的数量方法，它是处理线性目标函数和线性约束的一种较为成熟的方法，主要用于研究有限资源的最佳分配问题，即如何对有限的资源作出最佳的调

配和最有利的使用，以便最充分地发挥资源的效能获取最佳的经济效益。目前已经广泛应用于军事、经济、工业、农业、教育、商业和社会科学等许多方面。

当建立的数学模型的目标函数为线性函数，约束条件为线性等式或不等式时，称此数学模型为线性规划模型。

13.2.1　线性规划数学模型

1.　线性规划的一般形式

线性规划问题的数学模型有不同的形式，目标函数有的要求极大化，有的要求极小化，约束条件可以是线性等式，也可以是线性不等式约束。变量通常是非负约束。也可以在$(-\infty,+\infty)$区间内取值。但是无论哪种形式的线性规划问题的数学模型都可以统一转化为标准型。

线性规划问题的一般形式为：

目标函数

$$\min f(\boldsymbol{x}) = c_1 x_1 + c_2 x_2 + \cdots + c_n x_n$$

约束条件

$$a_{11} x_1 + a_{12} x_2 + \cdots + a_{1n} x_n = (\geqslant, \leqslant) b_1$$
$$a_{21} x_1 + a_{22} x_2 + \cdots + a_{2n} x_n = (\geqslant, \leqslant) b_2$$
$$\vdots$$
$$a_{m1} x_1 + a_{m2} x_2 + \cdots + a_{mn} x_n = (\geqslant, \leqslant) b_m$$
$$x_1, x_2, \cdots, x_n \geqslant 0, \quad m < n$$

2.　线性规划的标准形式

线性规划问题的常规求解方法是利用矩阵的初等变换，求解时引入非负的松弛变量（"$\geqslant$"的约束为剩余变量）将不等式约束转化为等式约束，也就是将线性规划问题的一般形式变为标准形式。

因此，线性规划问题数学模型的标准形式为线性目标函数加上等式及变量非负的约束条件。用数学表达式表述为

$$\min f(\boldsymbol{x}) = c_1 x_1 + c_2 x_2 + \cdots + c_n x_n$$
$$\text{s.t. } a_{11} x_1 + a_{12} x_2 + \cdots + a_{1n} x_n = b_1$$
$$a_{21} x_1 + a_{22} x_2 + \cdots + a_{2n} x_n = b_2$$
$$\vdots$$
$$a_{m1} x_1 + a_{m2} x_2 + \cdots + a_{mn} x_n = b_m$$
$$x_1, x_2, \cdots, x_n \geqslant 0, \quad m < n$$

或

$$\min f(\boldsymbol{x}) = \sum_{j=1}^{n} c_j x_j$$
$$\text{s.t. } \sum_{j=1}^{n} a_{ij} x_j = b_i, \quad i = 1, 2, \cdots, m$$
$$x_j \geqslant 0, j = 1, 2, \cdots, n, \quad m < n$$

其矩阵形式为

$$\min f(\boldsymbol{x}) = \boldsymbol{cx}$$
$$\text{s.t. } \boldsymbol{Ax} = \boldsymbol{b}$$
$$\boldsymbol{x} \geq 0, j = 1, 2, \cdots, n$$

其中，

$\boldsymbol{x} = \begin{bmatrix} x_1 & x_2 & \cdots & x_n \end{bmatrix}^{\mathrm{T}}$ 为 n 维列向量，$\boldsymbol{x} \geq 0$ 表示各分量均 ≥ 0，即 $x_1, x_2, \cdots, x_n \geq 0$。

$\boldsymbol{c} = \begin{bmatrix} c_1 & c_2 & \cdots & c_n \end{bmatrix}$ 为 n 维行向量。

$\boldsymbol{b} = \begin{bmatrix} b_1 & b_2 & \cdots & b_n \end{bmatrix}^{\mathrm{T}}$ 为 n 维列向量。

$$\boldsymbol{A} = \begin{bmatrix} a_{11} & a_{12} & \cdots & a_{1n} \\ a_{21} & a_{22} & \cdots & a_{2n} \\ \vdots & \vdots & & \vdots \\ a_{m1} & a_{m2} & \cdots & a_{mn} \end{bmatrix}$$ 为 $m \times n$ 维列向量。

3. 线性规划的向量标准形式

在求解线性规划问题时，还会将线性规划问题用向量的形式表示，此即为线性规划的向量标准形式

$$\min f(\boldsymbol{x}) = \boldsymbol{cx}$$
$$\text{s.t. } \begin{bmatrix} \boldsymbol{P}_1, \boldsymbol{P}_2, \cdots, \boldsymbol{P}_n \end{bmatrix} \boldsymbol{x} = \boldsymbol{b}$$
$$\boldsymbol{x} \geq 0, \ j = 1, 2, \cdots, n$$

其中，$\boldsymbol{P}_j$ 为矩阵 $\boldsymbol{A}$ 的第 j 列向量，即

$$\boldsymbol{P}_j = \begin{bmatrix} a_{1j}, a_{2j}, \cdots, a_{mj} \end{bmatrix}^{\mathrm{T}}$$

13.2.2 非标准型的标准化

线性规划的标准形式要求使目标函数最小化或最大化（最大化可以转化为最小化），约束条件取等式，变量 $\boldsymbol{b}$ 非负。不符合这几个条件的线性模型可以转化成标准形式。

1. 极大极小问题转化

原线性规划问题为极大化目标函数 $f(\boldsymbol{x})$，可通过 $f'(\boldsymbol{x}) = -f(\boldsymbol{x})$ 转化为极小化函数，即

$$\max f(\boldsymbol{x}) = c_1 x_1 + c_2 x_2 + \cdots + c_n x_n$$

通过 $f'(\boldsymbol{x}) = -f(\boldsymbol{x})$ 转化为

$$\min f'(\boldsymbol{x}) = -(c_1 x_1 + c_2 x_2 + \cdots + c_n x_n)$$

反之，极小化目标函数也可以转化为极大化目标函数。

2. 约束条件为不等式

当线性规划问题的约束条件为不等式时，可增加一个或减掉一个非负变量，将约束条件变为等式，增加或减掉的非负变量称为松弛变量。即

（1）在不等式

$$a_{i1} x_1 + a_{i2} x_2 + \cdots + a_{in} x_n \leq b_i$$

的左侧增加一个非负变量 x_{n+1}，使其变为等式

$$a_{i1} x_1 + a_{i2} x_2 + \cdots + a_{in} x_n + x_{n+1} = b_i$$

（2）在不等式

$$a_{i1} x_1 + a_{i2} x_2 + \cdots + a_{in} x_n \geq b_i$$

的左侧增加一个非负变量 x_{n+1}，使其变为等式

$$a_{i1}x_1 + a_{i2}x_2 + \cdots + a_{in}x_n - x_{n+1}=b_i$$

其中，x_{n+1} 即为松弛变量。

3. 某些变量没有非负限制

当某变量 x_j 无正负约束限制时，通过设定两个非负变量 x_j' 及 x_j''，通过式 $x_j=x_j' - x_j''$ 对原变量进行转换。转换过程需要将新变量 x_j'、x_j'' 带入目标函数及其他所有约束条件中进行替换，以满足线性规划标准型对非负变量的要求。

13.2.3　线性规划函数调用格式

在 MATLAB 中，用于线性规划问题的求解函数为 linprog，在调用该函数时，需要遵循 MATLAB 中对线性规划标准型的要求，即遵循

$$\min f(\boldsymbol{x}) = \boldsymbol{cx}$$
$$\text{s.t. } \boldsymbol{Ax} \leqslant \boldsymbol{b}$$
$$\boldsymbol{A}_{\text{eq}}\boldsymbol{x} \leqslant \boldsymbol{b}_{\text{eq}}$$
$$\mathbf{lb} \leqslant \boldsymbol{x} \leqslant \mathbf{ub}$$

上述模型为在满足约束条件下，求目标函数 $f(\boldsymbol{x})$ 的极小值。当设计变量 $\boldsymbol{x}$ 为 n 维列向量，且模型不等式约束有 m_1 个，等式约束有 m_2 个时，$\boldsymbol{c}$ 为 n 维行向量，$\mathbf{lb}$、$\mathbf{ub}$ 均为 n 维列向量，$\boldsymbol{b}$ 为 m_1 维列向量，$\boldsymbol{b}_{\text{eq}}$ 为 m_2 维列向量，$\boldsymbol{A}$ 为 $m_1 \times n$ 维矩阵，$\boldsymbol{A}_{\text{eq}}$ 为 $m_2 \times n$ 维矩阵。

linprog 函数的调用格式如下：

```
x=linprog(fun,A,b)          %求约束条件为 Ax≤b 时，min f(x) 的解，无约束条件时，则令 A=[], b=[]
x=linprog(fun,A,b,Aeq,beq)          %增加等式约束 Aeqx = beq，若无等式约束，令 Aeq=[], beq=[]
x=linprog(fun,A,b,Aeq,beq,lb,ub)        %定义设计变量x的下界lb和上界ub,若无，则令lb=[],ub=[]
x=linprog(fun,A,b,Aeq,beq,lb,ub,options)     %用options指定的优化参数进行最小化
x=linprog(problem)              %查找问题的最小值，其中问题是输入参数中描述的结构
[x,fval]=linprog(...)          %返回解 x 处的目标函数值 fval
[x,fval,exitflag,output]=linprog(...)        %返回描述函数计算的退出条件值exitflag,包含优
                                              %化信息的输出变量output
[x,fval,exitflag,output,lambda]=linprog(...)     %将解 x 处的拉格朗日乘子返回 lambda 参数
```

其中，fun、A、b 是不可缺省的输入变量；x 是不可缺省的输出变量，它是问题的解。lb、ub 均为向量，分别表示 x 的下界和上界。

13.2.4　线性规划函数参数含义

函数 linprog 在求解线性规划问题时，提供的参数包括输入参数和输出参数，其中输入参数又包括模型参数、初始解参数及算法控制参数。下面分别进行讲解。

1. 输入参数

模型参数是函数 linprog 输入参数的一部分，包括 lb、ub、b、beq、A 和 Aeq，各参数分别对应数学模型中的 $\mathbf{lb}$、$\mathbf{ub}$、$\boldsymbol{b}$、$\boldsymbol{b}_{\text{eq}}$、$\boldsymbol{A}$、$\boldsymbol{A}_{\text{eq}}$，含义比较明确，这里就不再讲解。输入参数 fun 通常用目标函数的系数 $\boldsymbol{c}$ 表示。

算法控制参数 options 为 optimset 函数中定义的参数的值，用于选择优化算法。通过 optimset 函数设置

控制参数方法如下：

```
options = optimset(Name,Value)          %创建一组控制参数结构变量 options,包含一个或多个 Name-
                                        %Value 对组参数设置的指定参数,未指定的参数赋值为[],当
                                        %将该组控制参数传递给优化函数时将使用优化参数的默认值
```

例如：

```
options = optimoptions('linprog','Algorithm','interior-point','Display','iter')
```

对不同的优化函数，MATLAB 提供了不同的优化参数结构变量选项，针对线性规划函数 linprog，常用参数含义如表 13-2 所示。

表 13-2   options优化参数及说明

优化参数	说　　明
所有算法	
Algorithm	选择优化算法，包括dual-simplex（默认）、interior-point-legacy、interior-point三种
Diagnostics	显示需要最小化或求解的函数的诊断信息，off（默认）或on
Display	显示输出设置： ① final（默认）仅显示最终输出结果。 ② off（或none）无显示输出。 ③ iter显示输出每一次迭代结果
MaxIterations	函数所允许的最大迭代次数，为正整数。在optimset中名称为MaxIter。默认值为： ① interior-point-legacy算法为85。 ② interior-point算法为200。 ③ dual-simplex算法为10 × (numberOfEqualities + numberOfInequalities + numberOfVariables)，即等式个数、不等式个数及变量个数之和的10倍
OptimalityTolerance	函数值的终止容差，为正标量，在optimset中名称为TolFun。默认值为： ① nterior-point算法为1e-6。 ② dual-simplex算法为1e-7。 ③ interior-point-legacy算法为1e-8
内点算法	
ConstraintTolerance	约束的可行性公差，1e-10到1e-3的标量，用于度量原始可行性公差。默认值为1e-6。在optimset中名称为TolCon
Preprocess	算法迭代前的LP预处理级别，basic（默认）或none
对偶单纯形算法	
ConstraintTolerance	约束的可行性容差，1e-10到1e-3的标量。用于度量原始可行性容差。默认值为1e-4。在optimset中名称为TolCon
MaxTime	算法运行的最大时间（单位：s），默认值为Inf
Preprocess	对偶单纯形算法迭代前的LP预处理的水平，basic（默认）或none

2. 输出参数

函数 linprog 的输出参数包括 x、fval、exitflag、output、lambda，其中 x 为线性规划问题的最优解，fval 为在最优解 x 处的函数值。

（1）输出参数 exitflag 为终止迭代的退出条件值，以整数形式返回，说明算法终止的原因，其值及对应

的含义如表 13-3 所示。

表 13-3 exitflag 值及说明

exitflag值	说 明
3	解对于相对约束公差是可行的，但是对于绝对公差是不可行的
1	函数收敛到解x
0	迭代次数超过options.MaxIterations或求解时间（单位：s）超过options.MaxTime
−2	没有找到可行点
−3	问题是无限的
−4	算法执行期间遇到NaN值
−5	原始问题和对偶问题都是不可行的
−7	搜索方向变得太小，无法取得进一步进展
−9	解决方案失去了可行性

退出标志 3 和−9 与不可行性较大的解相关。此类问题通常源于具有较大条件数的线性约束矩阵，或源于具有较大解分量的问题。要纠正这些问题，需要尝试缩放系数矩阵，消除冗余线性约束，或对变量给出更严格的边界。

（2）输出参数 output 为优化过程中优化信息的结构变量，其包含的属性及含义如表 13-4 所示。

表 13-4 output 的结构及说明

output结构	说 明
output.iterations	算法的迭代次数
output.algorithm	采用的优化算法
output.cgiterations	共轭梯度迭代的次数
output.message	算法退出的信息
output.constrviolation	约束函数的极大值
output.firstorderopt	一阶最优化方法

（3）输出参数 lambda 为在解 x 处的 lagrange 乘子，该乘子为一结构体变量，总维数等于约束条件的个数，非零分量对应于起作用的约束条件，其包含的属性及含义如表 13-5 所示。

表 13-5 lambda 的结构及说明

lambda结构	说 明
lower	lb对应的下限
upper	ub对应的上限
ineqlin	对应于A和b约束的线性不等式
eqlin	对应于Aeq和beq约束的线性等式

13.2.5 线性规划函数命令详解

下面给出函数 linprog 常用的调用方式对应的数学模型，帮助读者更为直观地理解 linprog 函数各参数的含义。

（1） x = linprog(fun,A,b)。

仅解决具有不等式含约束的线性规划问题，即

$$\min f(\boldsymbol{x}) = \boldsymbol{cx}$$
$$\text{s.t. } \boldsymbol{Ax} \leqslant \boldsymbol{b}$$

（2） x = linprog(fun,A,b,Aeq,beq)。

解决既含有不等式含约束又含有等式约束的线性规划问题，即

$$\min f(\boldsymbol{x}) = \boldsymbol{cx}$$
$$\text{s.t. } \boldsymbol{Ax} \leqslant \boldsymbol{b}$$
$$\boldsymbol{A}_{\text{eq}} \boldsymbol{x} \leqslant \boldsymbol{b}_{\text{eq}}$$

如果线性规划问题中无不等式约束，可以设 $\boldsymbol{A}$=[]、$\boldsymbol{b}$=[]。

（3） x = linprog(fun,A,b,Aeq,beq,lb,ub)

该格式进一步考虑了对设计变量的约束，lb、ub 是与设计变量位数相同的列向量。如果设计向量无上界约束，则设 ub=Inf；如果没有下界约束，lb=-Inf。如果问题中没有等式约束，可以设 Aeq=[]、beq=[]。

$$\min f(\boldsymbol{x}) = \boldsymbol{cx}$$
$$\text{s.t. } \boldsymbol{Ax} \leqslant \boldsymbol{b}$$
$$\boldsymbol{A}_{\text{eq}} \boldsymbol{x} \leqslant \boldsymbol{b}_{\text{eq}}$$
$$\mathbf{lb} \leqslant \boldsymbol{x} \leqslant \mathbf{ub}$$

13.2.6 线性规划问题求解

【例 13-3】求函数的最小值 $f(x) = -5x_1 - 4x_2 - 6x_3$，其中 x 满足条件

$$\text{s.t.} \begin{cases} x_1 - x_2 + x_3 \leqslant 20 \\ 3x_1 + 2x_2 + 4x_3 \leqslant 42 \\ 3x_1 + 2x_2 \leqslant 30 \\ 0 \leqslant x_1, 0 \leqslant x_2, 0 \leqslant x_3 \end{cases}$$

解： 首先将变量按顺序排好，然后用系数表示目标函数，即

```
f = [-5; -4; -6];
```

因为没有等式条件，所以 Aeq、beq 都是空矩阵即

```
Aeq =[];
beq=[];
```

不等式条件的系数为

$$\boldsymbol{A} = \begin{bmatrix} 1 & -1 & 1 \\ 3 & 2 & 4 \\ 3 & 2 & 0 \end{bmatrix}$$

$$\boldsymbol{b} = \begin{bmatrix} 20 \\ 42 \\ 30 \end{bmatrix}$$

由于没有上限要求，故 **lb**、**ub** 设为

$$\mathbf{lb} = \begin{bmatrix} 0 \\ 0 \\ 0 \end{bmatrix}$$

$$\mathbf{ub} = \begin{bmatrix} \inf \\ \inf \\ \inf \end{bmatrix}$$

根据以上分析，在编辑器窗口中输入

```
clear, clc
f = [-5; -4; -6];                                    %目标函数的系数
A = [1 -1 1;  3 2 4;  3 2 0];
b = [20; 42; 30];
lb=[0;0;0];                                          %各变量的下限
ub = [inf;inf;inf];                                  %各变量的上限
[x,fval,exitflag,] = linprog(f,A,b,[ ],[ ],lb,[ ])   %求解运算
[x,fval,exitflag,output,lambda]=linprog(f,A,b,[],[],lb)
```

运行程序，得到结果如下：

```
Optimal solution found.
x =
         0
   15.0000
    3.0000
fval =
   -78
exitflag =
     1
```

exitflag = 1 表示过程正常收敛于解 x 处。

【例 13-4】某车间有两台机床甲和乙，可用于加工 3 种工件。假定这两台机床的可用台时数分别为 700 和 800，3 种工件的数量分别为 400、600 和 500，且已知用两台不同机床加工单位数量的不同工件所需的台时数和加工费用（如表 13-6 所示），问怎样分配机床的加工任务，才能既满足加工工件的要求，又使总加工费用最低？

表 13-6 机床加工情况表

机床类型	单位工作所需加工台时数			单位工件的加工费用/元			可用台时数
	工件1	工件2	工件3	工件1	工件2	工件3	
甲	0.4	1.1	1.4	13	11	12	600
乙	0.5	1.2	1.3	13	10	9	900

解：这里可以设在甲机床上加工工件 1、2 和 3 的数量分别为 x_1、x_2 和 x_3，在乙机床上加工工件 1、2 和 3 的数量分别为 x_4、x_5 和 x_6。根据 3 种工种的数量限制，则有

$$x_1+x_4=400 \quad （对工件 1）$$
$$x_2+x_5=600 \quad （对工件 2）$$
$$x_3+x_6=500 \quad （对工件 3）$$

根据题意，可以建立如下模型

$$\min f(\boldsymbol{x}) = 13x_1 + 11x_2 + 12x_3 + 13x_4 + 10x_5 + 9x_6$$

$$\text{s.t.} \quad 0.4x_1 + 1.1x_2 + 1.4x_3 \leqslant 700$$

$$0.5x_4 + 1.2x_5 + 1.3x_6 \leqslant 800$$

$$x_1 + x_4 = 400$$

$$x_2 + x_5 = 600$$

$$x_3 + x_6 = 500$$

$$x_i \geqslant 0 \quad i = 1, 2, \cdots, 6$$

在编辑器窗口中编写如下代码，对模型进行求解：

```
clear, clc
f = [13;11;12;13;10;9];
A = [0.4 1.1 1.4 0 0 0
     0 0 0 0.5 1.2 1.3];
b = [700; 800];
Aeq=[1 0 0 1 0 0
     0 1 0 0 1 0
     0 0 1 0 0 1];
beq=[400 600 500];
lb = zeros(6,1);
[x,fval,exitflag] = linprog(f,A,b,Aeq,beq,lb)
```

运行程序，可以得到最优化结果如下：

```
Optimal solution found.
x =
   400.0000
   475.0000
        0
        0
   125.0000
   500.0000
fval =
       16175
exitflag =
     1
```

可见，在甲机床上加工 400 个工件 1、475 个工件 2，在乙机床上加工 125 个工件 2、500 个工件 3，可在满足条件的情况下使总加工费用最小。最小费用为 16175 元。exitflag =1，收敛正常。

【例 13-5】某单位有一批资金用于 4 个工程项目的投资，用于各工程项目时所得的净收益（投入资金的百分比）如表 13-7 所示。

表 13-7　工程项目收益

工程项目	A	B	C	D
收益/%	13	10	11	14

由于某种原因，决定用于项目 A 的投资不大于其他各项投资之和；而用于项目 B 和 C 的投资要大于项目 D 的投资。试确定使该单位收益最大的投资分配方案。

解： 这里设 x_1、x_2、x_3 和 x_4 分别代表用于项目 A、B、C 和 D 的投资百分数，由于各项目的投资百分数之和必须等于 100%，所以 $x_1+x_2+x_3+x_4=1$。

根据题意，可以建立如下模型

$$\min f(x) = 0.13x_1 + 0.10x_2 + 0.11x_3 + 0.14x_4$$
$$\text{s.t. } x_1+x_2+x_3+x_4 = 1$$
$$x_1 - (x_2+x_3+x_4) \leqslant 0$$
$$x_4 - (x_2+x_3) \leqslant 0$$
$$x_i \geqslant 0 \quad i = 1,2,3,4$$

在编辑器窗口中编写如下代码，对模型进行求解：

```
clear, clc
f = [-0.13;-0.10;-0.11;-0.14];
A = [1 -1 -1 -1
     0 -1 -1 1];
b = [0; 0];
Aeq=[1 1 1 1];
beq=[1];
lb = zeros(4,1);
[x,fval,exitflag] = linprog(f,A,b,Aeq,beq,lb)
```

运行程序，可以得到最优化结果如下：

```
Optimization terminated.
x =
    0.5000
         0
    0.2500
    0.2500
fval =
   -0.1275
exitflag =
     1
```

上面的结果说明，项目 A、B、C、D 投入资金的百分比分别为 50%、25%、0、25% 时，该单位收益最大。exitflag =1，收敛正常。

13.3　有约束非线性规划

在 MATLAB 中，用于有约束非线性规划问题的求解函数为 fmincon，用于寻找约束非线性多变量函数的最小值，在调用该函数时，需要遵循 MATLAB 中对非线性规划标准型的要求，即遵循

$$\min f(\boldsymbol{x})$$
$$\text{s.t. } c(\boldsymbol{x}) \leqslant 0$$
$$c_{\text{eq}}(\boldsymbol{x}) = 0$$
$$\boldsymbol{A}\boldsymbol{x} \leqslant \boldsymbol{b}$$
$$\boldsymbol{A}_{\text{eq}}\boldsymbol{x} = \boldsymbol{b}_{\text{eq}}$$
$$\textbf{lb} \leqslant \boldsymbol{x} \leqslant \textbf{ub}$$

上述模型中为在满足约束条件下，求目标函数 $f(x)$ 的极小值。当设计变量 x 为 n 维列向量，且模型不等式约束有 m_1 个，等式约束有 m_2 个时，b 为 m_1 维列向量，b_{eq} 为 m_2 维列向量，lb、ub 均为 n 维列向量，A 为 $m_1 \times n$ 维矩阵，A_{eq} 为 $m_2 \times n$ 维矩阵。$c(x)$、$c_{eq}(x)$ 为返回向量的函数，$f(x)$、$c(x)$、$c_{eq}(x)$ 可以是非线性函数。x、lb、ub 可以作为向量或矩阵传递。

13.3.1 函数调用格式

非线性规划求解函数 fmincon 调用格式如下：

```
x=fmincon(fun,x0,A,b)            %给定初值 x0，求解函数 fun 的最小值 x。fun 的约束条件为 A×x≤b
x=fmincon(fun,x0,A,b,Aeq,beq)    %增加等式约束 Aeq*x = beq，若无等式约束，令 Aeq=[]、beq=[]
x=fmincon(fun,x0,A,b,Aeq,beq,lb,ub)      %定义变量 x 的下界 lb 和上界 ub，使得 lb≤x≤ub，
                                         %若无，则令 lb=[]，ub=[]
x=fmincon(fun,x0,A,b,Aeq,beq,lb,ub,nonlcon)   %在 nonlcon 参数中提供非线性不等式 c(x)或
                                              %等式 ceq(x)，要求 c(x) ≤0 且 ceq(x)=0
x=fmincon(fun,x0,A,b,Aeq,beq,lb,ub,nonlcon,options)  % options 为指定优化参数进行最小化
x = fmincon(problem)            %查找问题的最小值，其中问题是输入参数中描述的结构
[x,fval]=fmincon(…)             %返回解 x 处的目标函数值 fval
[x, fval, exitflag, output]=fmincon(…)    %返回描述函数计算的退出条件值 exitflag,包含优
                                          %化信息的输出变量 output
[x,fval,exitflag,output,lambda,grad,hessian] = fmincon(…) %将解 x 处的拉格朗日乘子返回
                                                          %lambda 参数，并返回函数在 x
                                                          %处的梯度 grid、在解 x 处的
                                                          %Hessian 矩阵 hessian
```

其中 fun、A、b 是不可缺省的输入变量，x 是不可缺省的输出变量，它是问题的解。lb、ub 均为向量，分别表示 x 的下界和上界。

注意：

（1）使用大型算法，必须在 fun 函数中提供梯度信息（options.GradObj 设置为'on'）。如果没有梯度信息，则将给出警告信息；

（2）当对矩阵的二阶导数（即 Hessian 矩阵）进行计算后，用该函数求解大型问题将更有效；

（3）求大型优化问题的代码中不允许上限和下限相等；

（4）目标函数和约束函数都必须是连续的，否则可能会只给出局部最优解；

（5）目标函数和约束函数都必须是实数。

13.3.2 函数参数含义

函数 fmincon 在求解非线性规划问题时，提供的参数包括输入参数和输出参数，其中输入参数又包括模型参数、初始解参数及算法控制参数。下面分别进行讲解。

1. 输入参数

模型参数是函数 fmincon 输入参数的一部分，包括 x0、A、b、Aeq、beq、lb、ub，各参数分别对应数学模型中的 x（初值）、A、b、A_{eq}、b_{eq}、lb、ub，各含义比较明确，这里就不再讲解。

（1）输入参数 fun 为需要最小化的目标函数，在函数 fun 中需要输入设计变量 x（列向量）。fun 通常用目标函数的函数句柄或函数名称表示。

① 将 fun 指定为文件的函数句柄：

```
x = fmincon(@myfun,x0,A,b)
```

其中 myfun 是一个 MATLAB 函数，如：

```
function f = myfun(x)
f = ...                                          %目标函数
```

② 将 fun 指定为匿名函数作为函数句柄：

```
x = fmincon(@(x)norm(x)^2,x0,A,b);
```

如果可以计算 fun 的梯度且 SpecifyObjectiveGradient 选项设置为 true，即：

```
options = optimoptions('fmincon','SpecifyObjectiveGradient',true)
```

则 fun 必须在第二个输出参数中返回梯度向量 g(x)。

如果可以计算 Hessian 矩阵，并通过 optimoptions 函数将 HessianFcn 选项设置为 objective，且将 Algorithm 选项设置为 trust-region-reflective，则 fun 必须在第三个输出参数中返回 Hessian 函数值 H(x)，它是一个对称矩阵。fun 可以给出稀疏 Hessian 矩阵。

如果可以计算 Hessian 矩阵，且 Algorithm 选项设置为 interior-point，则有另一种方法将 Hessian 矩阵传递给 fmincon。

interior-point 和 trust-region-reflective 算法允许提供 Hessian 矩阵乘法函数。此函数给出 Hessian 乘以向量的乘积结果，而不直接计算 Hessian 矩阵，以节省内存。

（2）初始点 $x0$ 为实数向量或实数数组。求解器使用 x0 的大小及其中的元素数量确定 fun 接收的变量数量和大小。

① interior-point 算法：如果 HonorBounds 选项是 true（默认值），则 fmincon 会将处于 lb 或 ub 边界之上或之外的 x0 分量重置为严格处于边界范围内的值。

② trust-region-reflective 算法：fmincon 将关于边界或线性等式不可行的 x0 分量重置为可行。

③ sqp、sqp-legacy 或 active-set 算法：fmincon 将超出边界的 x0 分量重置为对应边界的值。

（3）nonlcon 为非线性约束，指定为函数句柄或函数名称。nonlcon 是一个函数，接收向量或数组 x，并返回两个数组 c(x) 和 ceq(x)。c(x) 是由 x 处的非线性不等式约束组成的数组，满足 c(x)≤0。ceq(x) 是 x 处的非线性等式约束的数组，满足 ceq(x) = 0。

例如：

```
x = fmincon(@myfun,x0,A,b,Aeq,beq,lb,ub,@mycon)
```

其中 mycon 是一个 MATLAB 函数，如：

```
function [c,ceq] = mycon(x)
c = ...                                          %非线性不等式约束
ceq = ...                                        %非线性等式约束
```

如果约束的梯度也可以计算且 SpecifyConstraintGradient 选项是 true，即：

```
options = optimoptions('fmincon','SpecifyConstraintGradient',true)
```

则 nonlcon 还必须在第三个输出参数 GC 中返回 c(x) 的梯度，在第四个输出参数 GCeq 中返回 ceq(x) 的梯度。GC 和 GCeq 可以是稀疏的或稠密的。如果 GC 或 GCeq 较大，非零项相对较少，则通过将它们表示为稀疏矩阵，可以节省 interior-point 算法的运行时间和内存使用量。

（4）算法控制参数 options 为 optimset 函数中定义的参数的值，用于选择优化算法。针对非线性规划函数 fmincon，常用参数含义如表 13-8 所示。

表 13-8　options优化参数及说明

优化参数	说　　明
所有算法	
Algorithm	选择优化算法，包括interior-point（默认值）、trust-region-reflective、sqp、sqp-legacy（限于optimoptions）、active-set五种
CheckGradients	将提供的导数（目标或约束的梯度）与有限差分导数进行比较。值为false（默认值）或true。在optimset中名称为DerivativeCheck，值为on或off
ConstraintTolerance	约束的可行性公差，从1e-10到1e-3的标量，用于度量原始可行性公差。默认值为1e-6。在optimset中名称为TolCon
Diagnostics	显示需要最小化或求解的函数的诊断信息，off（默认）或on
DiffMaxChange	有限差分梯度变量的最大变化值（正标量）。默认值为Inf
DiffMinChange	有限差分梯度变量的最小变化值（正标量）。默认值为0
Display	定义显示级别： ① off或none不显示输出。 ② iter显示每次迭代的输出，并给出默认退出消息。 ③ iter-detailed显示每次迭代的输出，并给出带有技术细节的退出消息。 ④ notify仅当函数不收敛时才显示输出，并给出默认退出消息。 ⑤ notify-detailed仅当函数不收敛时才显示输出，并给出技术性退出消息。 ⑥ final（默认值）仅显示最终输出，并给出默认退出消息。 ⑦ final-detailed仅显示最终输出，并给出带有技术细节的退出消息

FiniteDifferenceStepSize	有限差分的标量或向量步长大小因子。
	当将FiniteDifferenceStepSize设置为向量v时，前向有限差分delta为：
	
	`delta=v.*sign'(x).*max(abs(x),TypicalX);`
	
	其中sign'(x)=sign(x)（sign'(0)=1除外）。中心有限差分为：
	
	`delta=v.*max(abs(x),TypicalX);`
	
	标量FiniteDifferenceStepSize扩展为向量。对于正向有限差分，默认值为sqrt(eps)；对于中心有限差分，默认值为eps^(1/3)。在optimset中名称为FinDiffRelStep

FiniteDifferenceType	用于估计梯度的有限差分，值为forward（默认值）或central（中心化）。central需要两倍的函数计算次数，结果一般更准确。当CheckGradients设置为true时，信赖域反射算法才使用FiniteDifferenceType 当同时估计这两种类型的有限差分时，fmincon小心地遵守边界。因此，为了避免在边界之外的某个点进行计算，它可能采取一个后向差分，而不是前向差分。但对于interior-point算法，如果HonorBounds选项设置为false，则central差分可能会在计算过程中违反边界。在optimset中名称为FinDiffType
FunValCheck	检查目标函数值是否有效。默认设置off不执行检查。当目标函数返回的值是complex、Inf或NaN时，设置为on显示错误
MaxFunctionEvaluations	允许的函数计算的最大次数，为正整数。除interior-point外，所有算法的默认值均为100*numberOfVariables；对于interior-point算法，默认值为3000。在optimset中名称为MaxFunEvals

续表

优化参数	说　明
MaxIterations	允许的迭代最大次数，为正整数。除interior-point外，所有算法的默认值均为400；对于interior-point算法，默认值为1000。在optimset中名称为MaxIter
OptimalityTolerance	一阶最优性的终止容差（正标量）。默认值为1e-6。在optimset中名称为TolFun
OutputFcn	指定优化函数在每次迭代中调用的一个或多个用户定义的函数。传递函数句柄或函数句柄的元胞数组，默认值是"无"（[]）
PlotFcn	对算法执行过程中的各种进度测量值绘图，可以选择预定义的绘图，也可以自行编写绘图函数。传递内置绘图函数名称、函数句柄或由内置绘图函数名称或函数句柄组成的元胞数组。对于自定义绘图函数，传递函数句柄。默认值是"无"（[]）： ① optimplotx绘制当前点。 ② optimplotfunccount绘制函数计数。 ③ optimplotfval绘制函数值。 ④ optimplotfvalconstr将找到的最佳可行目标函数值绘制为线图。该图将不可行点显示为红色，可行点显示为蓝色，使用的可行性容差为1e-6。 ⑤ optimplotconstrviolation绘制最大值约束违反度。 ⑥ optimplotstepsize绘制步长大小。 ⑦ optimplotfirstorderopt绘制一阶最优性度量。 自定义绘图函数使用与输出函数相同的语法。在optimset中名称为PlotFcns
SpecifyConstraintGradient	用户定义的非线性约束函数梯度。当设置为默认值false时，fmincon通过有限差分估计非线性约束的梯度。当设置为true时，fmincon预计约束函数有四个输出，如nonlcon中所述。trust-region-reflective算法不接受非线性约束。对于optimset，名称为GradConstr，值为on或off
SpecifyObjectiveGradient	用户定义的目标函数梯度。设置为默认值false会导致fmincon使用有限差分来估计梯度。设置为true，以使fmincon采用用户定义的目标函数梯度。要使用trust-region-reflective算法，用户必须提供梯度，并将SpecifyObjectiveGradient设置为true。对于optimset，名称为GradObj，值为on或off
StepTolerance	关于正标量x的终止容差。除interior-point外，所有算法的默认值均为1e-6；对于interior-point算法，默认值为1e-10。请参阅容差和停止条件。在optimset中名称为TolX
TypicalX	典型的x值。TypicalX中的元素数等于x0（即起点）中的元素数。默认值为ones(numberofvariables,1)。fmincon使用TypicalX缩放有限差分进行梯度估计。trust-region-reflective算法仅对CheckGradients选项使用TypicalX
UseParallel	此选项为true时，fmincon以并行方式估计梯度。设置为默认值false将禁用此功能。trust-region-reflective要求目标中有梯度，因此UseParallel不适用
信赖域反射（trust-region）算法	
FunctionTolerance	关于函数值的终止容差，为正标量。默认值为1e-6。在optimset中名称为TolFun
HessianFcn	如果为[]（默认值），则fmincon使用有限差分逼近Hessian矩阵，或使用Hessian矩阵乘法函数（通过选项HessianMultiplyFcn）。如果为objective，则fmincon使用用户定义的Hessian矩阵（在fun中定义）。请参阅作为输入的Hessian矩阵。在optimset中名称为HessFcn

HessianMultiplyFcn	Hessian矩阵乘法函数，指定为函数句柄。对于大规模结构问题，此函数计算Hessian矩阵乘积H*Y，而并不实际构造H。函数的形式是
	
	`    W=hmfun(Hinfo,Y)    %Hinfo包含用于计算 H*Y 的矩阵`
	
	上述第一个参数与目标函数fun返回的第三个参数相同，例如：
	
	`    [f,g,Hinfo]=fun(x)`

优化参数	说　明
HessianMultiplyFcn	Y是矩阵，其行数与问题中的维数相同。矩阵W=H*Y（其中H未显式构造）。fmincon使用Hinfo计算预条件子。 注意：要使用HessianMultiplyFcn选项，HessianFcn必须设置为[]，且SubproblemAlgorithm必须为cg（默认值）。在optimset中名称为HessMult
HessPattern	用于有限差分的Hessian矩阵稀疏模式。如果存在$\partial 2fun/\partial x(i)\partial x(j) \neq 0$，则设置HessPattern(i,j)=1。否则，设置HessPattern(i,j)=0。 如果不方便在fun中计算Hessian矩阵H，但可以确定（例如，通过检查）fun的梯度的第i个分量何时依赖x(j)，请使用HessPattern。如果提供H的稀疏结构作为HessPattern的值，fmincon可以通过稀疏有限差分（梯度）逼近H。这相当于提供非零元的位置。 当结构未知时，不要设置HessPattern。默认行为是将HessPattern视为由1组成的稠密矩阵。然后，fmincon在每次迭代中计算满有限差分逼近。对于大型问题，这种计算可能成本非常高昂，因此通常最好确定稀疏结构
MaxPCGIter	预条件共轭梯度(PCG)迭代的最大次数，正标量。对于边界约束问题，默认值为max(1,floor(numberOfVariables/2))；对于等式约束问题，默认值为numberOfVariables
PrecondBandWidth	PCG的预条件子上带宽，非负整数。默认情况下，使用对角预条件（上带宽为0）。对于某些问题，增加带宽会减少PCG迭代次数。将PrecondBandWidth设置为Inf会使用直接分解(Cholesky)，而不是共轭梯度(CG)。直接分解的计算成本较CG高，但所得的求解步质量更好
SubproblemAlgorithm	确定迭代步的计算方式。与factorization相比，默认值cg采用的步执行速度更快，但不够准确
TolPCG	PCG迭代的终止容差，正标量。默认值为0.1
活动集算法	
FunctionTolerance	关于函数值的终止容差，为正标量。默认值为1e-6。请参阅容差和停止条件。在optimset中名称为TolFun
MaxSQPIter	允许的SQP迭代最大次数，正整数。默认值为10*max(numberOfVariables, numberOfInequalities+numberOfBounds)
RelLineSrchBnd	线搜索步长的相对边界（非负实数标量值）。x中的总位移满足$|\Delta x(i)| \leq relLineSrchBnd \times max(|x(i)|,|typicalx(i)|)$。当认为求解器采取的步过大时，可使用此选项控制x中位移的模。默认值为无边界([])
RelLineSrchBndDuration	RelLineSrchBnd所指定的边界应处于活动状态的迭代次数（默认值为1）
TolConSQP	内部迭代SQP约束违反度的终止容差，正标量。默认值为1e-6
内点算法	
HessianApproximation	选择fmincon计算Hessian矩阵的方法（请参阅作为输入的Hessian矩阵）。选项包括： bfgs（默认值）、finite-difference、lbfgs、{lbfgs,PositiveInteger}。对于optimset，名称为Hessian，值为user-supplied、bfgs、lbfgs、fin-diff-grads、on或off。 注意：要使用HessianApproximation，HessianFcn和HessianMultiplyFcn都必须为空（[]）
HessianFcn	如果为[]（默认值），则fmincon使用有限差分逼近Hessian矩阵，或使用提供的HessianMultiplyFcn。如果为函数句柄，则fmincon使用HessianFcn计算Hessian矩阵。在optimset中名称为HessFcn
HessianMultiplyFcn	用户提供的函数，它给出Hessian矩阵乘以向量的乘积。传递函数句柄。在optimset中名称为HessMult 注意：要使用该选项，HessianFcn必须设置为[]且SubproblemAlgorithm必须为cg

续表

优化参数	说　明
HonorBounds	默认值true确保每次迭代都满足边界约束。通过设置为false来禁用。对于optimset，名称为AlwaysHonorConstraints，值为bounds或none
InitBarrierParam	初始障碍值，正标量。有时尝试高于默认值0.1的值可能会有所帮助，尤其是当目标或约束函数很大时
InitTrustRegionRadius	信赖域的初始半径，正标量。对于未正确缩放的问题，选择小于默认值$\sqrt{n}$ 的值可能会有所帮助，其中n是变量的数目
MaxProjCGIter	投影共轭梯度迭代次数的容差（停止条件）；这是内部迭代，而不是算法的迭代次数。它是一个正整数，默认值为2*(numberOfVariables−numberOfEqualities)
ObjectiveLimit	容差（停止条件），标量。如果目标函数值低于ObjectiveLimit并且迭代可行，则迭代停止，因为问题很可能是无界的。默认值为−1e20
ScaleProblem	true使算法对所有约束和目标函数进行归一化。要禁用，请设置为默认值false。对于optimset，值为obj−and−constr或none
SubproblemAlgorithm	确定迭代步的计算方式。默认值factorization通常比cg（共轭梯度）更快，但对于具有稠密Hessian矩阵的大型问题，cg可能更快
TolProjCG	投影共轭梯度算法的相对容差（停止条件）；它针对内部迭代，而不是算法迭代。它是一个正标量，默认值为0.01
TolProjCGAbs	投影共轭梯度算法的绝对容差（停止条件）；它针对内部迭代，而不是算法迭代。它是一个正标量，默认值为1e−10
SQP和SQP传统算法	
ObjectiveLimit	容差（停止条件），标量。如果目标函数值低于ObjectiveLimit且迭代可行，则迭代停止，因为问题很可能是无界的。默认值为−1e20
ScaleProblem	true使算法对所有约束和目标函数进行归一化。要禁用，请设置为默认值false。对于optimset，值为obj−and−constr或none

（5）问题结构体 problem 指定为含有如表 13-9 所示字段的结构体。结构体中至少提供 objective、x0、solver 和 options 字段。

表 13-9　problem的结构及说明

problem值	说　明	problem值	说　明
x0	x的初始点	lb	由下界组成的向量
Aineq	线性不等式约束的矩阵	ub	由上界组成的向量
bineq	线性不等式约束的向量	nonlcon	非线性约束函数
Aeq	线性等式约束的矩阵	solver	fmincon
beq	线性等式约束的向量	options	用optimoptions创建的选项

2. 输出参数

函数 fmincon 的输出参数包括 x、fval、exitflag、output、lambda、grad 和 hessian，其中 x 为非线性规划问题的最优解，fval 为在最优解 x 处的函数值。其中解处的梯度 grad 以实数向量形式返回，给出 fun 在 x(:)点处的梯度；逼近 Hessian 矩阵 hessian，以实矩阵形式返回。由于这两个参数使用较少，本书不再赘述，请查阅帮助文件。

（1）输出参数 exitflag 为终止迭代的退出条件值，以整数形式返回，说明算法终止的原因，其值及对应的含义如表 13-10 所示。

表 13-10　exitflag值及说明

exitflag值	说　明
1	一阶最优性度量小于options.OptimalityTolerance，最大约束违反度小于options.ConstraintTolerance
0	迭代次数超出options.MaxIterations或函数计算次数超过options.MaxFunctionEvaluations
−1	算法被输出函数或绘图函数停止
−2	没有找到可行点
2	x的变化小于options.StepTolerance，最大约束违反度小于options.ConstraintTolerance
3	目标函数值的变化小于options.FunctionTolerance，最大约束违反度小于options.ConstraintTolerance
4	搜索方向的模小于2*options.StepTolerance，最大约束违反度小于options.ConstraintTolerance
5	搜索方向中方向导数的模小于2*options.OptimalityTolerance，最大约束违反度小于options.ConstraintTolerance
−3	当前迭代的目标函数低于options.ObjectiveLimit，最大约束违反度小于options.ConstraintTolerance

（2）输出参数 output 为优化过程中优化信息的结构变量，其包含的属性及含义如表 13-11 所示。

表 13-11　output的结构及说明

output结构	说　明
iterations	算法的迭代次数
funcCount	函数计算次数
lssteplength	相对于搜索方向的线搜索步的大小（仅适用于active-set算法和sqp算法）
constrviolation	约束函数的极大值
stepsize	x的最后位移的长度（不适用于active-set算法）
algorithm	使用的优化算法
cgiterations	PCG迭代总数（适用于trust-region-reflective算法和interior-point算法）
firstorderopt	一阶最优性的度量
bestfeasible	遇到的最佳（最低目标函数）可行点。具有以下字段的结构体：x、fval、firstorderopt、constrviolation。如果找不到可行点，则bestfeasible字段为空。当约束函数的最大值不超过options.ConstraintTolerance时，点是可行的。由于各种原因，bestfeasible点可能与返回的解点x不同
message	退出消息

（3）输出参数 lambda 为在解 x 处的 lagrange 乘子，该乘子为一结构体变量，其包含的结构及含义如表 13-12 所示。

表 13-12　lambda的结构及说明

lambda结构	说　明
lower	lb对应的下限
upper	ub对应的上限
ineqlin	对应于A和b约束的线性不等式

lambda结构	说　　明
eqlin	对应于Aeq和beq约束的线性等式
ineqnonlin	对应于nonlcon中c的非线性不等式
eqnonlin	对应于nonlcon中ceq的非线性不等式

13.3.3　函数命令详解

下面给出函数 fmincon 常用的调用方式对应的数学模型，帮助读者更为直观地理解 fmincon 函数各参数的含义。

（1）x = fmincon(fun,x0,A,b)：以 x0 为起始点求解具有线性不等式约束的最有化问题，即

$$\min f(\boldsymbol{x})$$
$$\text{s.t. } \boldsymbol{Ax} \leqslant \boldsymbol{b}$$

（2）x = fmincon(fun,x0,A,b,Aeq,beq)：以 x0 为起始点求解既含有线性不等式约束又含有线性等式约束的最优化问题，即：

$$\min f(\boldsymbol{x})$$
$$\text{s.t. } \boldsymbol{Ax} \leqslant \boldsymbol{b}$$
$$\boldsymbol{A}_{\text{eq}}\boldsymbol{x} \leqslant \boldsymbol{b}_{\text{eq}}$$

如果最优化问题中无不等式约束，可以设 A=[]、b=[]。

（3）x = fmincon(fun,x0,A,b,Aeq,beq,lb,ub)：以 x0 为起始点求解既含有线性不等式约束又含有线性等式约束，同时考虑对设计变量的边界约束的最优化问题，即

$$\min f(\boldsymbol{x})$$
$$\text{s.t. } \boldsymbol{Ax} \leqslant \boldsymbol{b}$$
$$\boldsymbol{A}_{\text{eq}}\boldsymbol{x} \leqslant \boldsymbol{b}_{\text{eq}}$$
$$\mathbf{lb} \leqslant \boldsymbol{x} \leqslant \mathbf{ub}$$

该格式中如果设计向量无上界约束，则设 ub(i)=Inf；如果没有下界约束，lb(i)= -Inf。如果问题中没有等式约束，可以设 Aeq=[]、beq=[]。

（4）x=fmincon(fun,x0,A,b,Aeq,beq,lb,ub,nonlcon)：以 x0 为起始点求解含有线性不等式约束、线性等式约束、边界约束、非线性约束的最优化问题，即

$$\min f(\boldsymbol{x})$$
$$\text{s.t. } c(\boldsymbol{x}) \leqslant 0$$
$$c_{\text{eq}}(\boldsymbol{x}) = 0$$
$$\boldsymbol{Ax} \leqslant \boldsymbol{b}$$
$$\boldsymbol{A}_{\text{eq}}\boldsymbol{x} = \boldsymbol{b}_{\text{eq}}$$
$$\mathbf{lb} \leqslant \boldsymbol{x} \leqslant \mathbf{ub}$$

非线性等式约束 $c_{\text{eq}}(\boldsymbol{x})$ 及非线性不等式约束 $c(\boldsymbol{x})$ 在 nonlcon 中进行描述，且要求 $c_{\text{eq}}(\boldsymbol{x}) = 0$、$c(\boldsymbol{x}) \leqslant 0$。如果没有边界约束，可以设 **lb**=[]、**ub**=[]。

13.3.4　问题求解

【例 13-6】求解优化问题，求目标函数 $f(x_1,x_2,x_3) = x_1^2(x_2 + 2)x_3$ 的最小值，其约束条件为

$$\text{s.t.} \begin{cases} 350-163x_1^{-2.86}x_3^{0.86} \leq 0 \\ 10-4\times10^{-3}x_1^{-4}x_2x_3^3 \leq 0 \\ x_1(x_2+1.5)+4.4\times10^{-3}x_1^{-4}x_2x_3^3-3.7x_3 \leq 0 \\ 375-3.56\times10^5x_1x_2^{-1}x_3^{-2} \leq 0 \\ 4-x_3/x_1 \leq 0 \\ 1 \leq x_1 \leq 4 \\ 4.5 \leq x_2 \leq 50 \\ 10 \leq x_3 \leq 30 \end{cases}$$

解：首先创建目标函数程序。

```
function f=myfuna(x)
f=x(1)*x(1)*(x(2)+2)*x(3);
end
```

然后创建非线性约束条件函数程序：

```
function [c,ceq]= myfunb(x)
c(1)=350-163*x(1)^(-2.86)*x(3)^0.86;
c(2)=10-0.004*(x(1)^(-4))*x(2)*(x(3)^3);
c(3)=x(1)*(x(2)+1.5)+0.0044*(x(1)^(-4))*x(2)*(x(3)^3)-3.7*x(3);
c(4)=375-356000*x(1)*(x(2)^(-1))*x(3)^(-2);
c(5)=4-x(3)/x(1);
ceq=0;
end
```

函数求解程序如下：

```
clear, clc
x0=[2 25 20]';
lb=[1 4.5 10]';
ub=[4 50 30]';
[x,fval,exitflag]=fmincon(@myfuna,x0,[],[],[],[],lb,ub,@myfunb)
```

运行得到的结果如下：

```
x =
    1.0000
    4.5000
   10.0000
fval =
   65.0005
exitflag =
    1
```

【例 13-7】求解优化问题，求函数 $f(x)=-x_1x_2x_3$ 满足条件 $0 \leq x_1+2x_2+2x_3 \leq 72$ 时的最小值。

解：由题意，将约束条件修改为如下不等式

$$\begin{cases} -x_1-2x_2-2x_3 \leq 0 \\ x_1+2x_2+2x_3 \leq 72 \end{cases}$$

由于两个约束条件都是线性的，在 MATLAB 中实现：

```
clear, clc
x0=[10;10;10];
A=[-1 -2 -2;1 2 2];
b=[0;72];
[x,fval]=fmincon('-x(1)*x(2)*x(3)',x0,A,b)
```

运行程序，得到结果如下：

```
Local minimum found that satisfies the constraints.
Optimization completed because the objective function is non-decreasing in feasible
directions, to within the default value of the function tolerance,and constraints are
satisfied to within the default value of the constraint tolerance.
<stopping criteria details>
x =
   24.0000
   12.0000
   12.0000
fval =
 -3.4560e+03
```

13.4   无约束非线性优化

无约束最优化问题在实际应用中也比较常见，如工程中常见的参数反演问题。另外，许多有约束最优化问题可以转化为无约束最优化问题进行求解。

求解无约束最优化问题的方法主要有两类，即直接搜索法和梯度法。直接搜索法适用于目标函数高度非线性，没有导数或导数很难计算的情况。由于实际工程中很多问题都是非线性的，直接搜索法不失为一种有效的解决办法。常用的直接搜索法为单纯形法，此外还有 Hooke-Jeeves 搜索法、Pavell 共轭方向法等，其缺点是收敛速度慢。

在函数的导数可求的情况下，梯度法是一种更优的方法，该法利用函数的梯度（一阶导数）和 Hessian 矩阵（二阶导数）构造算法，可以获得更快的收敛速度。

在 MATLAB 中，无约束规划由 3 个功能函数实现，它们是一维搜索优化函数 fminbnd、多维无约束搜索函数 fminsearch 和多维无约束优化函数 fminunc。

13.4.1   一维搜索优化函数 fminbnd

一维搜索优化函数 fminbnd 的功能是求取固定区间内单变量函数的最小值，也就是一元函数最小值。其数学模型为

$$\min f(\boldsymbol{x})$$
$$\text{s.t. } x_1 < x < x_2$$

其中 x、x_1 和 x_2 是有限标量，$f(\boldsymbol{x})$ 是返回标量的函数。

1. 调用格式

一元函数最小值优化问题的函数 fminbnd 求的是局部极小值点，只可能返回一个极小值点，其调用格式如下：

```
x = fminbnd(fun,x1,x2)                      %返回一个值 x，该值是 fun 中描述的标量值函数在区间
                                            %x1<x<x2 中的局部最小值
x = fminbnd(fun,x1,x2,options)              %使用 options 中指定的优化选项执行最小化计算，选项
                                            %由 optimset 设置
x = fminbnd(problem)                        %求 problem 的最小值，其中 problem 是一个结构体
[x,fval] = fminbnd(…)                       %返回目标函数在 fun 的解 x 处计算出的值
[x,fval,exitflag] = fminbnd(…)              %还返回描述退出条件的值 exitflag
[x,fval,exitflag,output] = fminbnd(…)       %还返回一个包含有关优化的信息的结构体 output
```

说明：fminbnd 函数的算法基于黄金分割搜索和抛物线插值方法。除非左右端点 x1、x2 非常靠近，否则从不计算 fun 在端点处的值，因此只需要为 x 在区间 x1 <x <x2 中定义 fun。

如果最小值实际上出现在 x1 或 x2 处，则 fminbnd 返回区间(x1,x2)内部靠近极小值的点 x，x 与最小值的距离不超过 2*(TolX + 3*abs(x)*sqrt(eps))。

注意：该函数还有以下局限：

（1）要计算最小值的函数必须是连续的。

（2）只能给出局部解。

（3）当解在区间的边界上时，可能表现出慢收敛。

函数 fminbnd 在求解一元函数最小值优化问题时，提供的参数包括输入参数和输出参数，其中输入参数又包括模型参数、初始解参数及算法控制参数。下面分别进行讲解。

2. 输入参数

模型参数是函数 fminbnd 输入参数的一部分，包括 x1、x2，分别对应数学模型中的 x_1 和 x_2，它们都是有限实数标量，含义明确。

（1）输入参数 fun 为需要最小化的目标函数，指定为函数句柄或函数名称。fun 是一个接收实数标量 x 的函数，并返回实数标量 f（在 x 处计算的目标函数值）。

① 将 fun 指定为文件的函数句柄：

```
x = fminbnd(@myfun,x1,x2)
```

其中 myfun 是一个 MATLAB 函数，如：

```
function f = myfun(x)
f = ...             %Compute function value at x
```

② 为匿名函数指定 fun 作为函数句柄：

```
x = fminbnd(@(x)norm(x)^2,x1,x2);
```

如：

```
fun = @(x)-x*exp(-3*x)
```

（2）算法控制参数 options 为 optimset 函数中定义的参数的值，用于设置优化选项。针对函数 fminbnd，常用参数含义如表 13-13 所示。

表 13-13 options优化参数及说明

优化参数	说 明
Display	定义显示级别： ① notify（默认值）仅在函数未收敛时显示输出。 ② off或none不显示输出。 ③ iter显示每次迭代的输出，并给出默认退出消息。 ④ final仅显示最终输出，并给出默认退出消息
FunValCheck	检查目标函数值是否有效。当目标函数返回的值为complex或NaN时，默认为off，允许fminbnd继续。当目标函数返回的值是complex或NaN时，设置为on会引发错误
MaxFunEvals	允许的函数求值的最大次数，为正整数。默认值为500
MaxIter	允许的迭代最大次数，为正整数。默认值为500
OutputFcn	以函数句柄或函数句柄的元胞数组的形式来指定优化函数在每次迭代时调用的一个或多个用户定义函数。默认值是"无"（[]）
PlotFcns	绘制执行算法过程中的各种测量值，从预定义绘图选择值，或记录自定义的值。传递函数句柄或函数句柄的元胞数组。默认值是"无"（[]）。 ① @optimplotx绘制当前点。 ② @optimplotfunccount绘制函数计数。 ③ @optimplotfval 绘制函数值
TolX	关于正标量x的终止容差。默认值为1e-4

（3）问题结构体 problem 指定为含有如表 13-14 所示字段的结构体。

表 13-14 problem的结构及说明

problem值	说 明	problem值	说 明
objective	目标函数	solver	fminbnd
x1	左端点	Options	Options结构体，optimset返回的结构体
x2	右端点		

3. 输出参数

函数 fminbnd 的输出参数包括 x、fval、exitflag、output，其中 x 为问题的最优解，fval 为在最优解 x 处的函数值。下面重点介绍 exitflag、output 两个参数。

（1）输出参数 exitflag 为终止迭代的退出条件值，以整数形式返回，说明算法终止的原因，其值及对应的含义如表 13-15 所示。

表 13-15 exitflag值及说明

exitflag值	说 明
1	函数收敛于解x
0	迭代次数超出options.MaxIter或函数计算次数超过options.MaxFunEvals
-1	算法被输出函数或绘图函数停止
-2	边界不一致，这意味着x1>x2

（2）输出参数 output 为优化过程中优化信息的结构变量，其包含的属性及含义如表 13-16 所示。

表 13-16 output的结构及说明

结　构	说　明
iterations	算法的迭代次数
funcCount	函数计算次数
algorithm	选择算法，golden section search或parabolic interpolation
message	退出消息

4. 问题求解

【例 13-8】求 $f(x) = 3\mathrm{e}^{-x}\sin x$ 在(0,8)上的最大值和最小值。

解： 编写 MATLAB 代码如下。

```
clear, clc
fun=@(x) 3.*exp(-x).*sin(x);
fplot(fun,[0,9]);
xmin=fminbnd(fun,0,8);
x=xmin;
ymin=fun(x)
f1=@(x) -3*exp(-x)*sin(x);
xmax=fminbnd(f1,0,8);
x=xmax;
ymax=fun(x)
```

运行程序，得到结果如下：

```
ymin =
    -0.0418
ymax =
    0.9672
```

函数在(0,9)区间上的最大值为 0.9762，最小值为 −0.0418，其变化曲线如图 13−2 所示。

【例 13-9】对边长为 4m 的正方形铁板，在 4 个角处剪去相等的小正方形以制成方形无盖盒子，如何剪可以使盒子容积最大？

解： 设剪去的正方形的边长为 x，则盒子容积为

$$f(x) = (4-2x)^2 x$$

题目含义即要求在区间(0,2)上确定 x 的值，使的 $f(x)$ 最大化。因为优化工具箱中要求目标函数最小化，所以需要对目标函数进行转换，即要求 $-f(x)$ 最小化。

在命令行窗口中输入以下语句。

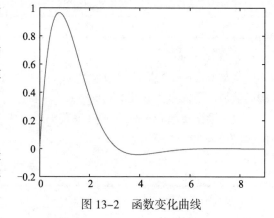

图 13−2 函数变化曲线

```
clear, clc
[x,f_min]=fminbnd('-(4-2*x)^2*x',0,2)
```

得到结果如下：

```
x =
    0.6667
```

```
f_min =
   -4.7407
```

即剪去边长为 0.6667m 的正方形，可以使制成的盒子容积最大，最大容积为 4.7407m³。

13.4.2　多维无约束搜索函数 fminsearch

多维无约束搜索函数 fminsearch 的功能为求解多变量无约束函数的最小值。其数学模型是

$$\min f(x)$$

其中 $f(x)$ 是返回标量的函数，x 是向量或矩阵。

1. 调用格式

函数 fminsearch 使用无导数法计算无约束的多变量函数的局部最小值，常用于无约束非线性最优化问题。其调用格式如下：

```
x=fminsearch (fun,x0)                     %在点 x0 处开始并尝试求 fun 中描述的函数的局部最小值 x,
                                          %x0 可以是标量、向量或矩阵
x=fminsearch (fun,x0,options)             %使用 options 中指定的优化选项执行最小化计算，选项由
                                          %optimset 设置
x=fminsearch (problem)                    %求 problem 的最小值，其中 problem 是一个结构体
[x,fval] = fminsearch (…)                 %返回目标函数在 fun 的解 x 处计算出的值
[x,fval,exitflag] = fminsearch (…)        %还返回描述退出条件值 exitflag
[x,fval,exitflag,output] = fminsearch (…) %还返回提供优化过程信息的结构体 output
```

函数 fminsearch 使用 Lagarias 等的单纯形搜索法，这是一种直接搜索方法。仅对实数求最小值，即向量或数组 x 只能由实数组成，且 f(x) 必须只返回实数。当 x 具有复数值时，将 x 分为实部和虚部。

使用 fminsearch 可以求解不可微分的问题或者具有不连续性的问题，尤其是在解附近没有出现不连续性的情况。

函数 fminsearch 在求解多变量函数最小值优化问题时，提供的参数包括输入参数和输出参数，其中输入参数又包括模型参数、初始解参数及算法控制参数。下面分别进行讲解。

注意：

（1）应用 fminsearch 函数可能会得到局部最优解；

（2）fminsearch 函数只对实数进行最小化，即 x 必须由实数组成，f(x) 函数必须返回实数。如果 x 为复数，则必须将它分为实数部和虚数部两部分；

（3）对于求解二次以上的问题，fminunc 函数比 fminsearch 函数有效，但对于高度非线性不连续问题，fminsearch 函数更具稳健性；

（4）fminsearch 函数不适合求解平方和问题，用 lsqnonlin 函数更好一些。

2. 输入参数

函数 fminsearch 输入参数 x0 对应数学模型中的 x_0，即在点 x_0 处开始求解尝试。

（1）输入参数 fun 为需要最小化的目标函数，在函数 fun 中需要输入设计变量 x（列向量或数组）。fun 通常用目标函数的函数句柄或函数名称表示。

① 将 fun 指定为文件的函数句柄：

```
x = fminsearch (@myfun,x0)
```

其中 myfun 是一个 MATLAB 函数，如：

```
function f = myfun(x)
f = ...                                          % 目标函数
```

② 将 fun 指定为匿名函数作为函数句柄：

```
x = fminsearch (@(x)norm(x)^2,x0);
```

（2）初始点 x0，为实数向量或实数数组。求解器使用 x0 的大小以及其中的元素数量确定 fun 接收的变量数量和大小。

（3）算法控制参数 options 为 optimset 函数中定义的参数的值，用于设置优化选项。针对函数 fminsearch，常用参数含义如表 13–17 所示。

表 13-17 options优化参数及说明

优化参数	说 明
Display	同fminbnd函数的Display参数
FunValCheck	同fminbnd函数
MaxFunEvals	允许的函数求值的最大次数，为正整数。默认值为200*numberOfVariables
MaxIter	允许的迭代最大次数，为正整数。默认值为200*numberOfVariables
OutputFcn	同fminbnd函数
PlotFcns	同fminbnd函数
TolFun	关于函数值的终止容差，为正整数。默认值为1e-4。与其他求解器不同，fminsearch在同时满足TolFun和TolX时停止运行
TolX	关于正标量x的终止容差。默认值为1e-4。与其他求解器不同，fminsearch在同时满足TolFun和TolX时停止运行

（4）问题结构体 problem 指定为含有如表 13–18 所示字段的结构体。

表 13-18 problem的值及说明

problem值	说 明	problem值	说 明
objective	目标函数	solver	fminsearch
x0	x 的初始点	Options	Options结构体，optimset返回的结构体

3. 输出参数

函数 fminsearch 的输出参数包括 x、fval、exitflag、output，其中 x 为问题的最优解，fval 为在最优解 x 处的函数值。下面重点介绍 exitflag、output 两个参数。

（1）输出参数 exitflag 为终止迭代的退出条件值，以整数形式返回，说明算法终止的原因。其值及对应的含义如表 13–19 所示。

表 13-19 exitflag值及说明

exitflag值	说 明
1	函数收敛于解x
0	迭代次数超出options.MaxIter或函数计算次数超过options.MaxFunEvals
−1	算法被输出函数或绘图函数停止

（2）输出参数 output 为优化过程中优化信息的结构变量，其包含的属性及含义如表 13-20 所示。

表 13-20　output 的结构及说明

结　　构	说　　明
iterations	算法的迭代次数
funcCount	函数计算次数
algorithm	选择算法，Nelder–Mead simplex direct search
message	退出消息

4. 问题求解

【例 13-10】求 $3x_1^3 + 3x_1x_2^3 - 7x_1x_2 + 2x_2^2$ 的最小值。

解： MATLAB 命令行窗口输入以下代码。

```
clear, clc
f='3*x(1)^3+3*x(1)*x(2)^3-7*x(1)*x(2)+2*x(2)^2';
x0=[0,0];
[x,f_min]=fminsearch(f,x0)
```

运行程序，得到结果如下：

```
x =
    0.6269   0.5960
f_min =
   -0.7677
```

13.4.3　多维无约束优化函数 fminunc

在 MATLAB 中提供了求解多维无约束优化问题的优化函数 fminunc，用于求解多维设计变量在无约束情况下目标函数的最小值，即

$$\min f(\boldsymbol{x})$$

其中，$f(\boldsymbol{x})$ 是返回标量的函数，$\boldsymbol{x}$ 是向量或矩阵。

1. 调用格式

多维无约束优化函数 fminunc 求的是局部极小值点，其调用格式如下：

```
x=fminunc(fun,x0)                            %在点 x0 处开始并尝试求 fun 中描述的函数的局部最小值 x。点
                                             %x0 可以是标量、向量或矩阵
x=fminunc(fun,x0,options)                    %使用 options 中指定的优化选项执行最小化计算，选项由
                                             %optimset 设置
x=fminunc(problem)                           %求 problem 的最小值，其中 problem 是一个结构体
[x,fval]=fminunc(…)                          %返回目标函数在 fun 的解 x 处计算出的值
[x,fval,exitflag,output]=fminunc(…)          %返回描述退出条件值 exitflag，以及提供优化过程
                                             %信息的结构体 output
[x,fval,exitflag,output,grad,hessian]=fminunc(…)    %返回函数在 x 处的梯度 grid、在解
                                                     %x 处的 Hessian 矩阵 hessian
```

函数 fminunc 在求解多变量函数最小值优化问题时，提供的参数包括输入参数和输出参数，其中输入参数又包括模型参数、初始解参数及算法控制参数。下面分别进行讲解。

注意:

（1）目标函数必须是连续的, fminunc 函数有时会给出局部最优解;

（2）fminunc 函数只对实数进行优化, 即 x 必须为实数, 而且 f(x)必须返回实数。当 x 为复数时, 必须将它分解为实部和虚部;

（3）在使用大型算法时, 用户必须在 fun 函数中提供梯度(options 参数中 GradObj 属性必须设置为'on'), 否则将给出警告信息;

（4）对于求解平方和问题, fminunc 函数不是最好的选择, 用 Isqnonlin 函数效果更佳。

2. 输入参数

函数 fminunc 输入参数 x0 对应数学模型中的 x_0, 即在点 x0 处开始求解尝试。

（1）输入参数 fun 为需要最小化的目标函数, 在函数 fun 中需要输入设计变量 x (列向量或数组)。fun 通常用目标函数的函数句柄或函数名称表示。

① 将 fun 指定为文件的函数句柄:

```
x = fminunc(@myfun,x0)
```

其中, myfun 是一个 MATLAB 函数, 如:

```
function f = myfun(x)
f = ...                                          % 目标函数
```

② 将 fun 指定为匿名函数作为函数句柄:

```
x = fminunc(@(x)norm(x)^2,x0);
```

如果可以计算 fun 的梯度且 SpecifyObjectiveGradient 选项设置为 true, 即:

```
options = optimoptions('fminunc','SpecifyObjectiveGradient',true)
```

则 fun 必须在第二个输出参数中返回梯度向量 $g(x)$。

（2）初始点 x0, 为实数向量或实数数组。求解器使用 x0 的大小以及其中的元素数量确定 fun 接受的变量数量和大小。

（3）算法控制参数 options 为 optimset 函数中定义的参数的值, 用于设置优化选项。针对函数 fminunc, 常用参数含义如表 13-21 所示。

表 13-21　options优化参数及说明

优化参数	说　　明
所有算法	
Algorithm	同fmincon函数的Algorithm参数
CheckGradients	同fmincon函数
Diagnostics	同fmincon函数
DiffMaxChange	同fmincon函数
DiffMinChange	同fmincon函数
Display	同fmincon函数
FiniteDifferenceStepSize	同fmincon函数
FiniteDifferenceType	同fmincon函数
FunValCheck	同fmincon函数

续表

优化参数	说　　明
MaxFunctionEvaluations	同fmincon函数
MaxIterations	同fmincon函数
OptimalityTolerance	同fmincon函数
OutputFcn	同fmincon函数
PlotFcn	同fmincon函数
SpecifyConstraintGradient	同fmincon函数
StepTolerance	同fmincon函数
TypicalX	同fmincon函数
信赖域反射（trust-region）算法	
FunctionTolerance	同fmincon函数
HessianFcn	同fmincon函数
HessianMultiplyFcn	同fmincon函数
HessPattern	同fmincon函数
MaxPCGIter	同fmincon函数
PrecondBandWidth	同fmincon函数
SubproblemAlgorithm	同fmincon函数
TolPCG	同fmincon函数
拟牛顿（quasi-newton）算法	
HessUpdate	用于在拟牛顿算法中选择搜索方向的方法。选项包括：bfgs（默认值）、dfp、steepdesc
ObjectiveLimit	容差（停止条件），标量。如果迭代中的目标函数值小于或等于ObjectiveLimit，则迭代停止，因为问题可能无界。默认值为-1e20
UseParallel	此选项为true时，fminunc以并行方式估计梯度。设置为默认值false将禁用此功能。trust-region要求目标中有梯度，因此UseParallel不适用

说明：fminunc 函数的所有算法中无 ConstraintTolerance、SpecifyObjectiveGradient 和 UseParallel 参数。

（4）问题结构体 problem 指定为含有如表 13-22 所示字段的结构体。

表 13-22　problem 的结构及说明

problem值	说　　明	problem值	说　　明
objective	目标函数	solver	fminbnd
x0	x 的初始点	Options	Options结构体，optimset返回的结构体

3. 输出参数

函数 fminunc 的输出参数包括 x、fval、exitflag、output、grad、hessian，其中 x 为非线性规划问题的最优解，fval 为在最优解 x 处的函数值。其中解处的梯度 grad 以实数向量形式返回，给出 fun 在 x(:)点处的梯度；逼近 Hessian 矩阵 hessian，以实矩阵形式返回。由于这两个参数使用较少，本书不再赘述，请查阅帮助文件。

（1）输出参数 exitflag 为终止迭代的退出条件值，以整数形式返回，说明算法终止的原因。其值及对应的含义如表 13–23 所示。

表 13-23　exitflag值及说明

exitflag值	说　　明
1	梯度的模小于OptimalityTolerance容差
2	x 的变化小于StepTolerance容差
3	目标函数值的变化小于FunctionTolerance容差
5	目标函数的预测下降小于FunctionTolerance容差
0	迭代次数超出MaxIterations或函数计算次数超过MaxFunctionEvaluations
–1	算法已被输出函数终止
–3	当前迭代的目标函数低于ObjectiveLimit

（2）输出参数 output 为优化过程中优化信息的结构变量，其包含的属性及含义如表 13–24 所示。

表 13-24　output的结构及说明

结　　构	说　　明
iterations	算法的迭代次数
funcCount	函数计算次数
firstorderopt	一阶最优性的度量
algorithm	使用的优化算法
cgiterations	PCG迭代总数（仅适用于trust–region算法）
lssteplength	相对于搜索方向的线搜索步的大小（仅适用于quasi–newton算法）
stepsize	x中的最终位移
message	退出消息

4.　问题求解

【例 13-11】最小化下列函数：

$$f(x) = 3x_1^2 + 2x_1x_2 + x_2^2$$

解： 使用 M 文件创建文件 myfunc.m。

```
function f = myfunc(x)
f = 3*x(1)^2 + 2*x(1)*x(2) + x(2)^2;
end
```

然后调用 fminunc 函数求[1,1]附近 f(x)函数的最小值：

```
x0 = [1,1];
 [x,fval] = fminunc(@myfunc,x0)
```

运行程序，得到结果如下：

```
Local minimum found.
Optimization completed because the size of the gradient is less than the value of the
optimality tolerance.
<stopping criteria details>
x =
```

```
      1.0e-06 *
       0.2541   -0.2029
    fval =
       1.3173e-13
```

下面用提供的梯度 g 最小化函数，修改 M 文件为 myfund.m：

```
function [f,g] = myfund(x)
f = 3*x(1)^2 + 2*x(1)*x(2) + x(2)^2;                    % 目标函数
if nargout > 1
    g(1) = 6*x(1)+2*x(2);
    g(2) = 2*x(1)+2*x(2);
end
end
```

下面通过将优化选项结构 options.GradObj 设置为'on'来得到梯度值：

```
options = optimoptions('fminunc','GradObj','on','Algorithm','trust-region');
x0 = [1,1];
[x,fval] = fminunc(@myfund,x0,options);
```

运行上述代码，得到结果如下：

```
Local minimum found.
Optimization completed because the size of the gradient is less than the value of the
optimality tolerance.
<stopping criteria details>
x =
   1.0e-15 *
     0.3331   -0.4441
fval =
   2.3419e-31
```

【例 13-12】求函数 $f(x) = \mathrm{e}^{x_1}\left(4x_1^2 + 2x_2^2 + 4x_1x_2 + 2x_2 + 1\right)$ 的最小值。

解：在命令行窗口中输入以下语句。

```
>> [x,fval,exitflag,output]=fminunc('exp(x(1))*(4*x(1)^2+2*x(2)^2+4*x(1)*x(2)+
2*x(2)+1)',[-1,1])
```

运行程序，得到结果如下：

```
Local minimum found.
Optimization completed because the size of the gradient is less than the value of the
optimality tolerance.
<stopping criteria details>
x =
    0.5000   -1.0000
fval =
   3.6609e-15
exitflag =
    1
output =
  包含以下字段的 struct:
```

```
        iterations: 8
         funcCount: 66
          stepsize: 6.3361e-07
      lssteplength: 1
      firstorderopt: 1.2284e-07
         algorithm: 'quasi-newton'
           message: 'Local minimum found.↵Optimization completed because the size of
the gradient is less than↵the value of the optimality tolerance.↵<stopping criteria
details>↵Optimization completed: The first-order optimality measure, 7.076980e-08,
is less ↵than options.OptimalityTolerance = 1.000000e-06.'
```

【例 13-13】求无约束非线性问题 $f(\boldsymbol{x}) = 100(x_2 - x_1^2)^2 + (1-x_1)^2$，$\boldsymbol{x}_0 = [-1.2, 1]$。

解： 在编辑器窗口中输入以下语句。

```
clear, clc
x0=[-1.2,1];
[x,fval]=fminunc('100*(x(2)-x(1)^2)^2+(1-x(1))^2',x0)
```

运行程序，得到结果如下：

```
Local minimum found.
Optimization completed because the size of the gradient is less than the value of the
optimality tolerance.
<stopping criteria details>
x =
    1.0000    1.0000
fval =
  2.8336e-11
```

13.5 多目标规划

前面介绍的最优化方法只有一个目标函数，属于单目标优化。但是，在许多实际工程问题中，往往希望多个指标都达到最优值，所以它有多个目标函数。这种问题称为多目标优化问题。

由于多目标优化问题中各目标函数之间往往是不可公度的，因此往往没有唯一解，此时必须引进非劣解的概念（非劣解又称为有效解或帕累托解）。

多目线性标线性规划是优化问题的一种，由于其存在多个目标，要求各目标同时取得较优的值，使得求解的方法与过程都相对复杂。通过将目标函数进行模糊化处理，可将多目标问题转化为单目标，借助工具软件，从而达到较易求解的目标。

多目标线性规划是多目标最优化理论的重要组成部分，有两个和两个以上的目标函数，且目标函数和约束条件全是线性函数，其数学模型表示如下：

多目标函数

$$\max \begin{cases} z_1 = c_{11}x_1 + c_{12}x_2 + \cdots + c_{1n}x_n \\ z_2 = c_{21}x_1 + c_{22}x_2 + \cdots + c_{2n}x_n \\ \qquad\qquad \vdots \\ z_r = c_{r1}x_1 + c_{r2}x_2 + \cdots + c_{rn}x_n \end{cases}$$

约束条件

$$\begin{cases} a_{11}x_1 + a_{12}x_2 + \cdots + a_{1n}x_n \leqslant b_1 \\ a_{21}x_1 + a_{22}x_2 + \cdots + a_{2n}x_n \leqslant b_2 \\ \qquad\qquad\vdots \\ a_{m1}x_1 + a_{m2}x_2 + \cdots + a_{mn}x_n \leqslant b_m \\ x_1, x_2, \cdots, x_n \geqslant 0 \end{cases}$$

上述多目标线性规划问题可用矩阵形式表示为：

$$\min(\max)\ \boldsymbol{z} = \boldsymbol{Cx}$$
$$\text{s.t.}\ \boldsymbol{Ax} \leqslant \boldsymbol{b}$$
$$\boldsymbol{x} \geqslant 0$$

其中，$\boldsymbol{A}=(a_{ij})_{m\times n}$，$\boldsymbol{b}=(b_1,b_2,\cdots,b_m)'$，$\boldsymbol{C}=(c_{ij})_{r\times n}$，$\boldsymbol{x}=(x_1,x_2,\cdots,x_n)'$，$\boldsymbol{z}=(z_1,z_2,\cdots,z_r)'$。若数学模型式中只有一个目标函数，则该问题为典型的单目标规划问题。

由于多个目标之间的矛盾性和不可公度性，要求使所有目标均达到最优解是不可能的，因此多目标规划问题往往只是求其有效解。目前求解多目标线性规划问题有效解的方法包括理想点法、线性加权和法、最大最小法、目标规划法。

13.5.1　理想点法

先求解多目标线性规划模型 r 个单目标问题

$$\min_{x\in D} z_j(\boldsymbol{x}) \quad j=1,2,\cdots,r$$

设其最优值为 z_j^*，称 $\boldsymbol{z}^*$ 为值域中的一个理想点。于是，在期望的某种度量之下，寻求距离 $\boldsymbol{z}^*$ 最近的 $\boldsymbol{z}$ 作为近似值。

一种最直接的方法是最短距离理想点法，构造评价函数

$$\varphi(\boldsymbol{z}) = \sqrt{\sum_{i=1}^{r}[z_i - z_i^*]^2}$$

然后极小化 $\varphi[z(\boldsymbol{x})]$，即求解

$$\min_{x\in D} \varphi[z(\boldsymbol{x})] = \sqrt{\sum_{i=1}^{r}[z_i(\boldsymbol{x}) - z_i^*]^2}$$

并将它的最优解 $\boldsymbol{x}^*$ 作为多目标线性规划模型在该意义下的"最优解"。

【例 13-14】利用理想点法求解多目标线性规划问题：

$$\max f_1(\boldsymbol{x}) = 3x_1 + 4x_2$$
$$\max f_2(\boldsymbol{x}) = 5x_1 + 2x_2$$
$$\text{s.t}\ \ 2x_1 - 3x_2 \leqslant 19$$
$$3x_1 + x_2 \leqslant 11$$
$$x_1, x_2 \geqslant 0$$

解： 先分别对单目标求解。

（1）求 $f_1(\boldsymbol{x})$ 的最优解，在编辑器窗口中编写以下代码：

```
clear, clc
f=[-3;-4];
A=[2,-3;3,1];
```

```
b=[19;11];
lb=[0;0];
[x,fval]=linprog(f,A,b,[],[],lb)
```

运行代码可以得到如下结果：

```
Optimal solution found.
x =
     0
    11
fval =
   -44
```

即最优解为 44。

（2）求 $f_2(\boldsymbol{x})$ 的最优解，在编辑器窗口中编写以下代码：

```
f=[-5;-2];
A=[2,-3;3,1];
b=[19;11];
lb=[0;0];
[x,fval]=linprog(f,A,b,[],[],lb)
```

运行代码可以得到如下结果：

```
Optimal solution found.
x =
     0
    11
fval =
   -22
```

即最优解为 22。

由上可得理想点为 (44, 22)。

（3）求如下模型的最优解：

$$\min_{x \in D} \varphi[f(\boldsymbol{x})] = \sqrt{[f_1(\boldsymbol{x}) - 44]^2 + [f_2(\boldsymbol{x}) - 22]^2}$$

$$\text{s.t} \quad 2x_1 - 3x_2 \leqslant 19$$

$$3x_1 + x_2 \leqslant 11$$

$$x_1, x_2 \geqslant 0$$

在编辑器窗口中编写以下代码：

```
A=[2,-3;3,1];
b=[19;11];
x0=[1;1];
lb=[0;0];
x=fmincon('((3*x(1)-4*x(2)-44)^2+(5*x(1)+2*x(2)-22)^2)^(1/2)',x0,A,b,[],[],lb,[])
```

运行代码可以得到如下结果：

```
x =
    3.6667
    0.0000
```

【例 13-15】 利用理想点法求解多目标线性规划问题：

$$\max f_1(\boldsymbol{x}) = -3x_1 + 2x_2$$
$$\max f_2(\boldsymbol{x}) = 4x_1 + 3x_2$$
$$\text{s.t} \quad 2x_1 + 3x_2 \leqslant 18$$
$$2x_1 + x_2 \leqslant 10$$
$$x_1, x_2 \geqslant 0$$

解：先分别对单目标求解。

（1）求 $f_1(\boldsymbol{x})$ 的最优解，在编辑器窗口中编写以下代码：

```
clear,clc
f=[3;-2];
A=[2,3;2,1];
b=[18;10];
lb=[0;0];
[x1,fval1]=linprog(f,A,b,[],[],lb)
```

运行代码可以得到如下结果：

```
Optimal solution found.
x1 =
     0
     6
fval1 =
   -12
```

（2）求 $f_2(\boldsymbol{x})$ 的最优解，在编辑器窗口中编写以下代码：

```
f=[-4;-3];
A=[2,3;2,1];
b=[18;10];
lb=[0;0];
[x2,fval2]=linprog(f,A,b,[],[],lb)
```

运行代码可以得到如下结果：

```
Optimal solution found.
x2 =
     3
     4
fval2 =
   -24
```

由上可得理想点为 (12,24)。

（3）求如下模型的最优解：

$$\min_{x \in D} \varphi[f(\boldsymbol{x})] = \sqrt{[f_1(\boldsymbol{x}) - 12]^2 + [f_2(\boldsymbol{x}) - 24]^2}$$
$$\text{s.t} \quad 2x_1 + 3x_2 \leqslant 18$$
$$2x_1 + x_2 \leqslant 10$$
$$x_1, x_2 \geqslant 0$$

继续求解模型最优解，在编辑器窗口中编写以下代码：

```
A=[2,3;2,1];
b=[18;10];
x0=[1;1];
lb=[0;0];
x=fmincon('((-3*x(1)+2*x(2)-12)^2+(4*x(1)+3*x(2)-24)^2)^(1/2)',x0,A,b,[],[],lb,[])
                                                                        %最优解

%对应目标值
f1=-3*x(1)+x(2)
f2=4*x(1)+3*x(2)
```

运行代码，得到结果如下：

```
Local minimum found that satisfies the constraints.
Optimization completed because the objective function is non-decreasing in feasible
directions, to within the value of the optimality tolerance,and constraints are
satisfied to within the value of the constraint tolerance.
<stopping criteria details>
x =
    0.5268
    5.6488
f1 =
    4.0683
f2 =
    19.0537
```

即最优解为 0.5268、5.6488，对应的目标值为 4.0683 和 19.0537。

13.5.2 线性加权和法

线性加权和法（linear weighted sum method）是一种评价函数方法，是按各目标的重要性赋予其相应的权系数，然后对其线性组合进行寻优的求解多目标规划问题的方法。

在具有多个指标的问题中，人们总希望给予那些相对重要的指标较大的权系数，因而将多目标向量问题转化为所有目标的加权求和的标量问题。基于上述设计，构造如下评价函数，即

$$\min_{x \in D} z(\boldsymbol{x}) = \sum_{i=1}^{r} \omega_i z_i(\boldsymbol{x})$$

将它的最优解 $\boldsymbol{x}^*$ 作为多目标线性规划模型在线性加权和意义下的"最优解"。（ ω_i 为加权因子，其选取的方法很多，有专家打分法、容限法和加权因子分解法等）

【例 13-16】利用线性加权和法求解以下数学模型。（权系数分别取 $\omega_1 = 0.5$ ， $\omega_2 = 0.5$ ）

$$\max f_1(\boldsymbol{x}) = 3x_1 - 4x_2$$
$$\max f_2(\boldsymbol{x}) = 5x_1 + 2x_2$$
$$\text{s.t} \quad 2x_1 - 3x_2 \leqslant 19$$
$$3x_1 + x_2 \leqslant 11$$
$$x_1, x_2 \geqslant 0$$

解：构造如下评价函数，即求如下模型的最优解：

$$\min\{0.5\times(-3x_1+4x_2)+0.5\times(-5x_1-2x_2)\}$$
$$\text{s.t}\ \ 2x_1-3x_2\leqslant19$$
$$3x_1+x_2\leqslant11$$
$$x_1,x_2\geqslant0$$

在编辑器窗口中编写以下代码：

```
clear, clc
f=[-4; 1];
A=[2,-3; 3,1];
b=[19;11];
lb=[0;0];
x=linprog(f,A,b,[],[],lb)
```

运行代码可以得到如下结果：

```
Optimal solution found.
x =
    3.6667
        0
```

【例 13-17】对以下数学模型，进行线性加权和法求解，其中权系数分别取 $\omega_1=0.7$，$\omega_1=0.7$。

$$\max f_1(\boldsymbol{x})=-3x_1+2x_2$$
$$\max f_2(\boldsymbol{x})=4x_1+3x_2$$
$$\text{s.t}\ \ 2x_1+3x_2\leqslant18$$
$$2x_1+x_2\leqslant10$$
$$x_1,x_2\geqslant0$$

解：求模型的最优解，首先构造如下评价函数：
$$\min\{0.7\times(3x_1-2x_2)+0.7\times(-4x_1-3x_2)\}$$
$$\text{s.t}\ \ 2x_1+3x_2\leqslant18$$
$$2x_1+x_2\leqslant10$$
$$x_1,x_2\geqslant0$$

编写 MATLAB 程序如下：

```
clear, clc
f=[-0.7 -3.5];
A=[2,3;2,1];
b=[18;10];
lb=[0;0];
x=linprog(f,A,b,[],[],lb)          %最优解
f1=-3*x(1)+x(2)                     %对 f1(x)应目标值
f2=4*x(1)+3*x(2)                    %对 f2(x)应目标值
```

运行程序，得到结果如下：

```
Optimal solution found.
x =
    0
```

```
          6
f1 =
          6
f2 =
         18
```

即最优解为 0、6，对应的目标值为 6 和 18。

13.5.3　最大最小法

最大最小法，也叫机会损失最小值决策法，是一种根据机会成本进行决策的方法，以各方案机会损失大小来判断方案的优劣。

在决策的时候，采取保守策略是稳妥的，即在最坏的情况下寻求最好的结果。按照此想法，可以构造如下评价函数，即

$$\varphi(z) = \max_{1 \leq i \leq r} z_i$$

然后求解

$$\min_{x \in D} \varphi[z(x)] = \min_{x \in D} \max_{1 \leq i \leq r} z_i(x)$$

并将它的最优解 x^* 作为多目标线性规划模型在最大最小意义下的"最优解"。

最大最小化问题的基本数学模型为：

$$\min_x \max_{\{F\}} \{F(x)\}$$

$$\begin{cases} c(x) \leq 0 \\ ceq(x) = 0 \\ A \cdot x \leq b \\ Aeq \cdot x = beq \\ lb \leq x \leq ub \end{cases}$$

式中，x、b、beq、lb、ub 为向量，A、Aeq 为矩阵，$c(x)$、$ceq(x)$、$F(x)$ 为函数，可以是非线性函数，返回向量。

fminimax 使多目标函数中的最坏情况达到最小化，其调用格式如下：

```
x=fminimax(fun,x0)                              %初值为 x0，找到 fun 函数的最大最小化解 x
x=fminimax(fun,x0,A,b)                          %给定线性不等式 Ax≤b，求解最大最小化问题
x=fminimax(fun,x0,A,b,Aeq,beq)                  %还给定线性等式 Aeq·x=beq，求解最大最小化问题。如
                                                %果没有不等式存在，设置 A=[]、b=[]
x=fminimax(fun,x0,A,b,Aeq,beq,lb,ub)            %还为设计变量 x 定义一系列下限 lb 和上限 ub，使得总有
                                                %lb≤x≤ub
x=fminimax(fun,x0,A,b,Aeq,beq,lb,ub,nonlcon)    %在 nonlcon 参数中给定非线性不等式 c(x) 或
                                                %等式 ceq(x)。fminimax 函数要求 c(x)≤0
                                                %且 ceq(x)=0。若无边界存在，则设 lb =[]
                                                %和（或）ub =[]
x=fminimax(fun,x0,A,b,Aeq,beq,lb,ub,nonlcon,options)    %用 options 参数指定的参数进行优化
x=fminimax(fun,x0,A,b,Aeq,beq,lb,ub,nonlcon,options,P1,P2,…)    %将问题参数 P1,P2 等直
                                                %接传递给函数 fun 和
                                                %nonlcon。如果不需要变
                                                %量 A,b,Aeq,beq,lb,
```

```
                                              %ub,nonlcon 和 options,
                                              %则将它们设置为空矩阵
[x,fval]=fminimax(…)                          %还返回解 x 处的目标函数值
[x,fval,maxfval]=fminimax(…)                  %还返回解 x 处的最大函数值
[x,fval,maxfval,exitflag]=fminimax(…)         %返回 exitflag 参数，描述函数计算的退出条件
[x,fval,maxfval,exitflag,output]=fminimax(…)  %返回描述优化信息的结构输出 output 参数
[x,fval,maxfval,exitflag,output,lambda]= fmincon(…)    %返回包含解 x 处拉格朗日乘子的
                                              %lambda 参数
```

其中，maxfval 变量为解 x 处函数值的最大值，即 maxfval=max{fun(x)}。

使用 fminimax 函数时需要注意下面几个问题：

（1）在 options.MinAbsMax 中设置 F 最大绝对值最小化了的目标数。该目标应该放到 F 的第 1 个元素中。

（2）当提供了等式约束并且在二次子问题中发现并剔除了因变等式时，则在过程标题中打印'dependent'字样，因等式只有在连续的情况下才被剔除。若系统不连续，则子问题不可行并将在过程标题中打印'infeasible'字样。

另外，目标函数必须连续，否则 fminimax 函数有可能给出局部最优解。

【例 13-18】利用最大最小法求解一下数学模型。

$$\max f_1(\boldsymbol{x}) = 3x_1 - 4x_2$$
$$\max f_2(\boldsymbol{x}) = 5x_1 - 2x_2$$
$$\text{s.t}\quad 2x_1 - 3x_2 \leqslant 19$$
$$3x_1 + x_2 \leqslant 11$$
$$x_1, x_2 \geqslant 0$$

解：（1）编写目标函数。

```
function f=objfuna(x)
f(1)=3*x(1)-4*x(2);
f(2)=5*x(1)-2*x(2);
end
```

（2）在编辑器窗口中编写以下代码进行求解：

```
clear, clc
x0=[1;1];
A=[2,-3;3,1];
b=[19;11];
lb=zeros(2,1);
[x,fval]=fminimax('objfuna',x0,A,b,[],[],lb,[])
```

运行代码，可以得到如下结果：

```
Local minimum possible. Constraints satisfied.
fminimax stopped because the size of the current search direction is less than twice
the value of the step size tolerance and constraints are satisfied to within the value
of the constraint tolerance.
<stopping criteria details>
x =
    0.0000
   11.0000
```

```
fval =
  -44.0000  -22.0000
```

即最优解为 0、11，对应的目标值为-44 和-22。

【例 13-19】利用最大最小法求解以下数学模型。

$$\max f_1(\boldsymbol{x}) = 5x_1 - 2x_2$$
$$\max f_2(\boldsymbol{x}) = -4x_1 - 5x_2$$
$$\text{s.t} \quad 2x_1 + 3x_2 \leqslant 15$$
$$2x_1 + x_2 \leqslant 10$$
$$x_1, x_2 \geqslant 0$$

解：（1）编写目标函数。

```
function f=objfunb(x)
f(1)=5*x(1)-2*x(2);
f(2)=-4*x(1)-5*x(2);
end
```

（2）在编辑器窗口中编写以下代码进行求解：

```
clear,clc
x0=[1;1];
A=[2,3;2,1];
b=[15;10];
lb=zeros(2,1);
[x,fval]=fminimax('objfunb',x0,A,b,[],[],lb,[])
```

运行程序，得到结果如下：

```
Local minimum possible. Constraints satisfied.
fminimax stopped because the size of the current search direction is less than twice
the value of the step size tolerance and constraints are satisfied to within the value
of the constraint tolerance.
<stopping criteria details>
x =
    0.0000
    5.0000
fval =
  -10   -25
```

即最优解为 0、5，对应的目标值为-10 和-25。

【例 13-20】设某城市有某种物品的 10 个需求点，第 i 个需求点 p_i 的坐标为 (a_i, b_i)，道路网与坐标轴平行，彼此正交。现需建一个该物品的供应中心，且该供应中心设在 x 界于[6,9]，y 界于[6,9]的范围内。

其中，p_i 点的坐标为（2 4 3 5 9 12 6 20 17 8，3 10 8 18 1 4 5 10 8 9）。

解：假设该供应中心的位置为 (x, y)，其到最远需求点的距离尽量小。因为此处应采用沿道路行走的距离，可知用户 p_i 到该中心的距离为

$$|x - a_i| + |y - b_i|$$

由此可得目标函数为

$$\min_{x,y} \max_{1 \leqslant i \leqslant m} \left\{ |x - a_i| + |y - b_i| \right\}$$

根据以上分析，建立目标函数文件 myfunf.m 如下：

```
function f= myfunf (x)
a=[2 4 3 5 9 12 6 20 17 8]';
b=[3 10 8 18 1 4 5 10 8 9]';
f=abs(x(1)-a)+abs(x(2)-b);
end
```

输入参数并调用优化程序：

```
clear, clc
x0=[8;8];
lb=[6;6];
ub=[9;9];
[x,fval,maxfval]=fminimax(@myfunf,x0,[],[],[],[],lb,ub)
```

运行程序，得到结果如下：

```
Local minimum possible. Constraints satisfied.
fminimax stopped because the size of the current search direction is less than twice
the value of the step size tolerance and constraints are satisfied to within the value
of the constraint tolerance.
<stopping criteria details>
x =
    8.5000
    9.0000
fval =
   12.5000
    5.5000
    6.5000
   12.5000
    8.5000
    8.5000
    6.5000
   12.5000
    9.5000
    0.5000
maxfval =
   12.5000
```

即最小的最大距离为 12.5。

13.5.4 多目标规划函数

在 MATLAB 优化工具箱中提供了函数 fgoalattain 用于求解多目标达到问题，是多目标优化问题最小化的一种表示。该函数求解的数学模型标准形式为：

$$\min_{x,\gamma} \gamma$$

$$\text{s.t. } F(\boldsymbol{x}) - \textbf{weight} \cdot \gamma \leqslant \textbf{goal}$$

$$c(\boldsymbol{x}) \leqslant 0$$

$$c_{\text{eq}}(\boldsymbol{x}) = 0$$

$$\boldsymbol{Ax} \leqslant \boldsymbol{b}$$

$$\boldsymbol{A}_{\text{eq}}\boldsymbol{x} = \boldsymbol{b}_{\text{eq}}$$

$$\textbf{lb} \leqslant \boldsymbol{x} \leqslant \textbf{ub}$$

式中，**weight**、**goal**、$\boldsymbol{b}$、$\boldsymbol{b}_{\text{eq}}$ 是向量；$\boldsymbol{A}$、$\boldsymbol{A}_{\text{eq}}$ 为矩阵；$F(\boldsymbol{x})$、$c(\boldsymbol{x})$、$c_{\text{eq}}(\boldsymbol{x})$ 是返回向量的函数，既可以是线性函数，也可以是非线性函数；**lb**、**ub**、$\boldsymbol{x}$ 可以作为向量或矩阵进行传递。

1. 调用格式

求解涉及多目标的目标达到问题函数 fgoalattain 的调用格式如下：

```
x = fgoalattain(fun,x0,goal,weight)          %尝试从 x0 开始、用 weight 指定的权重更改 x，使 fun
                                              %提供的目标函数达到 goal 指定的目标
x=fgoalattain(fun,x0,goal,weight,A,b)        %求解满足不等式 A×x≤b 的目标达到问题
x=fgoalattain(fun,x0,goal,weight,A,b,Aeq,beq)    %求解满足等式 Aeq×x=beq 的目标达到问题，
                                              %若不存在不等式，则设置 A=[]和 b=[]
x=fgoalattain(fun,x0,goal,weight,A,b,Aeq,beq,lb,ub)   %求解满足边界 lb≤x≤ub 的目标达
                                              %到问题。若不存在等式，则设置
                                              %Aeq=[]和 beq=[]。如果 x(i)无下
                                              %界，则设置 lb(i)= -Inf；如果
                                              %x(i)无上界，则设置 ub(i)=Inf
x=fgoalattain(fun,x0,goal,weight,A,b,Aeq,beq,lb,ub,nonlcon)   %求解满足 nonlcon 所定
                                              %义的非线性不等式 c(x)
                                              %或等式 ceq(x)的目标达
                                              %到问题，即满足 c(x)≤0
                                              %和 ceq(x)=0。如果不存
                                              %在边界，则设置 lb=[]和
                                              %/或 ub=[]
x=fgoalattain(fun,x0,goal,weight,A,b,Aeq,beq,lb,ub,nonlcon,options)
                                              %使用 options 所指定的优化选项求
                                              %解目标达到问题，各选项通过
                                              %optimoptions 设置
x=fgoalattain(problem)      %求解 problem 所指定的目标达到问题，问题是 problem 中所述的一个结构体
[x,fval]=fgoalattain(…)              %对上述任何语法，返回目标函数 fun 在解 x 处的值
[x,fval,attainfactor,exitflag,output]=fgoalattain(…)      %还返回在解 x 处的达到因子、描述
                                              %fgoalattain 退出条件的值
                                              %exitflag，以及包含优化过程信息
                                              %的结构体 output
[x,fval,attainfactor,exitflag,output,lambda]=fgoalattain(…)      %还返回结构体 lambda,
                                              %其字段包含在解 x 处的拉格朗日乘数
```

注意：如果为问题指定的输入边界不一致，则输出 x 为 x0，输出 fval 为[]。

函数 fgoalattain 在求解多目标达到问题时，提供的参数包括模型参数、初始解参数及算法控制参数。下面分别进行讲解。

2. 输入参数

模型参数是函数 fgoalattain 输入参数的一部分，包括 x0、goal、weight、A、b、Aeq、beq、lb、ub，各参数分别对应数学模型中的 x_0、**weight**、**goal**、A、b、A_{eq}、b_{eq}、**lb**、**ub**，其中 A、b、Aeq、beq、lb、ub 各含义比较明确，这里就不再讲解。

（1）输入参数 fun 为需要优化的目标函数，函数 fun 接收向量 x 并返回向量 F，即在 x 处计算的目标函数值。fun 通常用目标函数的函数句柄或函数名称表示。

① 将 fun 指定为文件的函数句柄：

```
x = fgoalattain (@myfun,x0,goal,weight)
```

其中 myfun 是一个 MATLAB 函数，如：

```
function F = myfun(x)
F = ...                                        %目标函数
```

② 将 fun 指定为匿名函数作为函数句柄：

```
x = fgoalattain (@(x)norm(x)^2,x0,goal,weight);
```

如果 x、F 的用户定义值是数组，fgoalattain 会使用线性索引将它们转换为向量。

要使目标函数尽可能接近目标值，需要使用 optimoptions 函数将 EqualityGoalCount 选项设置为处在目标值邻域中的目标的数目值。这些目标必须划分为 fun 返回的向量 F 的前几个元素。

如果可以计算 fun 的梯度且 SpecifyObjectiveGradient 选项设置为 true，即：

```
options=optimoptions('fgoalattain','SpecifyObjectiveGradient',true)
```

则函数 fun 必须在第二个输出参数中返回在 x 处的梯度值 G（矩阵）。梯度由每个 F 在 x 点处的偏导数 dF/dx 组成。如果 F 是长度为 m 的向量，且 x 的长度为 n，其中 n 是 x0 的长度，则 F(x) 的梯度 G 是 n×m 矩阵，其中 G(i,j) 是 F(j) 关于 x(i) 的偏导数（即 G 的第 j 列是第 j 个目标函数 F(j) 的梯度）。

（2）初始点 x0 为实数向量或实数数组。求解器使用 x0 的大小以及其中的元素数量确定 fun 接收的变量数量和大小。

（3）goal 为要达到的目标。指定为实数向量。fgoalattain 尝试找到最小乘数 γ，使不等式

$$F_i(x) - goal_i \leqslant weight_i \cdot \gamma$$

对于解 x 处的所有 i 值都成立。

当 weight 为正向量时，如果求解器找到同时达到所有目标的点 x，则达到因子 γ 为负，目标过达到；如果求解器找不到同时达到所有目标的点 x，则达到因子 γ 为正，目标欠达到。

（4）weight 为相对达到因子，指定为实数向量。fgoalattain 尝试找到最小乘数 γ，使如下不等式对于解 x 处的所有 i 值都成立：

$$F_i(x) - goal_i \leqslant weight_i \cdot \gamma$$

当 goal 的值全部为非零时，为确保溢出或低于活动目标的百分比相同，需要将 weight 设置为 abs(goal)。（活动目标是一组目标，它们阻碍解处的目标进一步改进。）

注意：将 weight 向量的某一分量设置为零会导致对应的目标约束被视为硬约束，而不是目标约束。

当 weight 为正时，fgoalattain 尝试使目标函数小于目标值。要使目标函数大于目标值，需要将 weight 设置为负值。要使目标函数尽可能接近目标值，需要使用 EqualityGoalCount 选项，并将目标指定为 fun 返回的向量的第一个元素。

（5）nonlcon 为非线性约束，指定为函数句柄或函数名称。nonlcon 是一个函数，接收向量或数组 x，并返回两个数组 c(x)和 ceq(x)。c(x)是由 x 处的非线性不等式约束组成的数组，满足 c(x)≤0。ceq(x)是 x 处的非线性等式约束的数组，满足 ceq(x) = 0。

例如：

```
x = fgoalattain (@myfun,x0,…,@mycon)
```

其中 mycon 是一个 MATLAB 函数，如：

```
function [c,ceq] = mycon(x)
c = ...                                 %非线性不等式约束
ceq = ...                               %非线性等式约束
```

如果约束的梯度也可以计算且 SpecifyConstraintGradient 选项是 true，即：

```
options = optimoptions('fgoalattain','SpecifyConstraintGradient',true)
```

则 nonlcon 还必须在第三个输出参数 GC 中返回 c(x)的梯度，在第四个输出参数 GCeq 中返回 ceq(x)的梯度。

如果 nonlcon 返回由 m 个分量组成的向量 c，x 的长度为 n，其中 n 是 x0 的长度，则 c(x)的梯度 GC 是 n × m 矩阵，其中 GC(i,j)是 c(j)关于 x(i)的偏导数（即，GC 的第 j 列是第 j 个不等式约束 c(j)的梯度）。同样，如果 ceq 有 p 个分量，ceq(x)的梯度 GCeq 是 n × p 矩阵，其中 GCeq(i,j)是 ceq(j)关于 x(i)的偏导数（即 GCeq 的第 j 列是第 j 个等式约束 ceq(j)的梯度）。

（6）算法控制参数 options 为 optimset 函数中定义的参数的值，用于选择优化算法。针对函数 fgoalattain，常用参数含义如表 13-25 所示。

表 13-25　options优化参数及说明

优化参数	说　明
ConstraintTolerance	约束的可行性公差，从1e-10到1e-3的标量，用于度量原始可行性公差。默认值为1e-6。在optimset中名称为TolCon
Diagnostics	显示需要最小化或求解的函数的诊断信息，off（默认）或on
DiffMaxChange	有限差分梯度变量的最大变化值（正标量）。默认值为Inf
DiffMinChange	有限差分梯度变量的最小变化值（正标量）。默认值为0
Display	定义显示级别： ① off或none不显示输出。 ② iter显示每次迭代的输出，并给出默认退出消息。 ③ iter-detailed显示每次迭代的输出，并给出带有技术细节的退出消息。 ④ notify仅当函数不收敛时才显示输出，并给出默认退出消息。 ⑤ notify-detailed仅当函数不收敛时才显示输出，并给出技术性退出消息。 ⑥ final（默认值）仅显示最终输出，并给出默认退出消息。 ⑦ final-detailed仅显示最终输出，并给出带有技术细节的退出消息
EqualityGoalCount	使目标函数fun的值等于目标值goal所需的目标数目（非负整数）。目标必须划分到F的前几个元素中。默认值为0。在optimset中名称为GoalsExactAchieve
FiniteDifferenceStepSize	有限差分的标量或向量步长大小因子。 当将FiniteDifferenceStepSize设置为向量v时，前向有限差分delta为： `    delta=v.*sign'(x).*max(abs(x),TypicalX);` 其中sign'(x)=sign(x)（sign'(0)=1除外）。中心有限差分为：

续表

优化参数	说　　明
FiniteDifferenceStepSize	delta=v.*max(abs(x),TypicalX); 标量FiniteDifferenceStepSize扩展为向量。对于正向有限差分，默认值为sqrt(eps)；对于中心有限差分，默认值为eps^(1/3)。在optimset中名称为FinDiffRelStep
FiniteDifferenceType	用于估计梯度的有限差分，值为forward（默认值）或central（中心化）。central需要两倍的函数计算次数，结果一般更准确。 当同时估计这两种类型的有限差分时，该算法小心地遵守边界。例如，为了避免在边界之外的某个点进行计算，算法可能采取一个后向步而不是前向步。在optimset中名称为FinDiffType
FunctionTolerance	函数值的终止容差（正标量）。默认值为1e-6。在optimset中名称为TolFun
FunValCheck	检查目标函数和约束值是否有效。默认设置off不执行检查。当目标函数返回的值是complex、Inf或NaN时，on设置显示错误
MaxFunctionEvaluations	允许的函数计算的最大次数，为正整数。默认值均为100×numberOfVariables。在optimset中名称为MaxFunEvals
MaxIterations	允许的迭代最大次数，为正整数。默认值均为400。在optimset中名称为MaxIter
MaxSQPIter	允许的SQP迭代最大次数（正整数）。默认值为10 × max(numberOfVariables, numberOfInequalities + numberOfBounds)
MeritFunction	如果置为multiobj(默认值)，则使用目标达到评价函数。如果设置为singleobj，则使用fmincon评价函数
OptimalityTolerance	一阶最优性的终止容差（正标量）。默认值为1e-6。在optimset中名称为TolFun
OutputFcn	指定优化函数在每次迭代中调用的一个或多个用户定义的函数。传递函数句柄或函数句柄的元胞数组，默认值是"无"([])
PlotFcn	对算法执行过程中的各种进度测量值绘图，可以选择预定义的绘图，也可以自行编写绘图函数。传递内置绘图函数名称、函数句柄或由内置绘图函数名称或函数句柄组成的元胞数组。对于自定义绘图函数，传递函数句柄。默认值是"无"([])： ① optimplotx绘制当前点。 ② optimplotfunccount绘制函数计数。 ③ optimplotfval绘制函数值。 ④ optimplotconstrviolation绘制最大值约束违反度。 ⑤ optimplotstepsize绘制步长大小。 自定义绘图函数使用与输出函数相同的语法。在optimset中名称为PlotFcns
RelLineSrchBnd	RelLineSrchBnd所指定的边界应处于活动状态的迭代次数。默认值为1
RelLineSrchBndDuration	用户定义的非线性约束函数梯度。当此选项设置为true时，fgoalattain预计约束函数有4个输出，如nonlcon中所述。当此选项设置为false（默认值）时，fgoalattain使用有限差分估计非线性约束的梯度。在optimset中名称为GradConstr，值为on或off
SpecifyConstraintGradient	用户定义的目标函数梯度。设置为true时，采用用户定义的目标函数梯度。设置为默认值false时使用有限差分来估计梯度。在optimset中名称为GradObj，值为on或off
StepTolerance	关于x的终止容差（正标量）。默认值均为1e-6。在optimset中名称为TolX
TolConSQP	内部迭代SQP约束违反度的终止容差（正标量）。默认值为1e-6
UseParallel	并行计算的指示。此选项为true时，fgoalattain以并行方式估计梯度。默认值为false

（7）问题结构体 problem 指定为含有如表 13-26 所示字段的结构体。结构体中至少提供 objective、x0、 goal、weight、solver 和 options 字段。

表 13-26　problem的结构及说明

problem值	说　明	problem值	说　明
objective	目标函数 fun	beq	线性等式约束的向量
x0	x的初始点	lb	由下界组成的向量
goal	要达到的目标	ub	由上界组成的向量
weight	目标的相对重要性因子	nonlcon	非线性约束函数
Aineq	线性不等式约束的矩阵	solver	fmincon
bineq	线性不等式约束的向量	options	用optimoptions创建的选项
Aeq	线性等式约束的矩阵		

3. 输出参数

函数 fgoalattain 的输出参数包括 x、fval、attainfactor、exitflag、output 和 lambda。其中 x 为问题的最优解，以实数向量或实数数组形式返回，大小与 x0 相同；fval 为在最优解 x 处的目标函数值。attainfactor 为达到因子，以实数形式返回，包含解处的 γ 值。如果 attainfactor 为负，则目标过达到；如果 attainfactor 为正，则目标欠达到。

（1）输出参数 exitflag 为终止迭代的退出条件值，以整数形式返回，说明算法终止的原因，其值及对应的含义如表 13-27 示。

表 13-27　exitflag值及说明

exitflag值	说　明
1	函数收敛于解x
4	搜索方向的模小于指定的容差，约束违反度小于options.ConstraintTolerance
5	方向导数的模小于指定容差，约束违反度小于options.ConstraintTolerance
0	迭代次数超过options.MaxIterations或函数计算次数超过options.MaxFunctionEvaluations
−1	由输出函数或绘图函数停止
−2	找不到可行点

（2）输出参数 output 为优化过程中优化信息的结构变量，其包含的属性及含义如表 13-28 所示。

表 13-28　output的结构及说明

output结构	说　明
iterations	算法的迭代次数
funcCount	函数计算次数
lssteplength	相对于搜索方向的线搜索步的大小
constrviolation	约束函数的极大值
stepsize	x的最后位移的长度
algorithm	使用的优化算法
firstorderopt	一阶最优性的度量
message	退出消息

（3）输出参数 lambda 为在解 x 处的 lagrange 乘子，该乘子为一结构体变量，其包含的属性及含义如表 13–29 所示。

表 13-29　lambda的结构及说明

结　　构	说　　明
lower	lb对应的下限
upper	ub对应的上限
ineqlin	对应于A和b约束的线性不等式
eqlin	对应于Aeq和beq约束的线性等式
ineqnonlin	对应于nonlcon中c的非线性不等式
eqnonlin	对应于nonlcon中ceq的非线性不等式

4. 问题求解

【例 13-21】某化工厂拟生产两种新产品 A 和 B，其生产设备费用分别为：A，2 万元/吨；B，5 万元/吨。这两种产品均将造成环境污染，设由公害所造成的损失可折算为：A，4 万元/吨；B，1 万元/吨。由于条件限制，工厂生产产品 A 和 B 的最大生产能力各为每月 5 吨和 6 吨，而市场需要这两种产品的总量每月不少于 7 吨。试问工厂如何安排生产计划，在满足市场需要的前提下，使设备投资和公害损失均达到最小。该工厂决策认为，这两个目标中环境污染应优先考虑，设备投资的目标值为 20 万元，公害损失的目标为 12 万元。

解：设工厂每月生产产品 A 为 x_1 吨，B 为 x_2 吨，设备投资费为 $f_1(x)$，公害损失费为 $f_2(x)$，则这个问题可表达为多目标优化问题如下。

目标函数为

$$f_1(x) = 2x_1 + 5x_2$$
$$f_2(x) = 4x_1 + x_2$$

约束条件为

$$x_1 \leqslant 5$$
$$x_2 \leqslant 6$$
$$x_1 + x_2 \geqslant 7$$
$$x_1, \ x_2 \geqslant 0$$

编写目标函数 M 文件 ex1009.m 如下：

```
function f=objfunc(x)
f(1)=2*x(1)+5*x(2);
f(2)=4*x(1)+x(2);
end
```

给出初值，在 MATLAB 中实现如下：

```
clear, clc
goal=[20 12];
weight=[20 12];
x0=[2 5];
A=[1 0;0 1; -1 -1];
```

```
b=[5 6 7];
b=[5 6 -7];
lb=zeros(2,1);
[x,fval,attainfactor,exitflag]=fgoalattain(@objfunc,x0,goal,weight,A,b,[],[],lb,[])
```

运行以上代码，得到结果如下：

```
Local minimum possible. Constraints satisfied.
fgoalattain stopped because the size of the current search direction is less than twice
the value of the step size tolerance and constraints are satisfied to within the value
of the constraint tolerance.
<stopping criteria details>
x =
    2.9167    4.0833
fval =
   26.2500   15.7500
attainfactor =
    0.3125
exitflag =
    4
```

故工厂每月生产产品 A 为 2.9167 吨，B 为 4.0833 吨。设备投资费和公害损失费的目标值分别为 26.250 万元和 15.750 万元。达到因子为 0.3125，计算收敛。

【例 13-22】某工厂因生产需要采购一种原材料，市场上的这种原料有两个等级，甲级单价 2 元/kg，乙级单价 1 元/kg。要求所花总费用不超过 200 元，购得原料总量不少于 100kg，其中甲级原料不少于 50kg，问如何确定最好的采购方案。

解：设 x_1 和 x_2 分别为采购甲级和乙级原料的数量（kg），要求采购总费用尽量少，采购总量尽量多，采购甲级原料尽量多。

这个问题可表达为多目标优化问题如下：

目标函数为

$$z_1 = 2x_1 + x_2$$
$$z_2 = x_1 + x_2$$
$$z_3 = x_1$$

约束条件为

$$2x_1 + x_2 \leqslant 200$$
$$x_1 + x_2 \geqslant 100$$
$$x_1 \geqslant 50$$
$$x_1, \ x_2 \geqslant 0$$

根据上述分析编写目标函数 M 文件 ex1010.m 如下：

```
function f= objfund(x)
f(1)=2*x(1)+x(2);
f(2)=-x(1)-x(2);
f(3)=-x(1);
end
```

给定目标，权重按目标比例确定，给出初值，在 MATLAB 中实现：

```
clear, clc
goal=[200 -100 -50];
weight=[200 -100 -50];
x0=[50 50];
A=[2 1;-1 -1;-1 0];
b=[200 -100 -50];
lb=zeros(2,1);
[x,fval,attainfactor,exitflag]=fgoalattain(@objfund,x0,goal,weight,A,b,[],[],lb,[])
```

运行以上代码，得到结果如下：

```
Local minimum possible. Constraints satisfied.
fgoalattain stopped because the size of the current search direction is less than twice
the value of the step size tolerance and constraints are satisfied to within the value
of the constraint tolerance.
<stopping criteria details>
x =
    50    50
fval =
   150  -100   -50
attainfactor =
    0
exitflag =
    4
```

所以，最好的采购方案是采购甲级原料和乙级原料各 50kg。此时采购总费用为 150 元，总重量为 100kg，甲级原料总重量为 50kg。

【例 13-23】设有如下线性系统：

$$\dot{x} = Ax + Bu$$
$$y = Cx$$

其中

$$A = \begin{bmatrix} -0.5 & 0 & 0 \\ 0 & -2 & 10 \\ 0 & 1 & -2 \end{bmatrix}, \quad B = \begin{bmatrix} 1 & 0 \\ -2 & 2 \\ 0 & 1 \end{bmatrix}, \quad C = \begin{bmatrix} 1 & 0 & 0 \\ 0 & 0 & 1 \end{bmatrix}$$

请设计控制系统输出反馈器 K 使得闭环系统

$$\dot{x} = (A + BKC)x + Bu$$
$$y = Cx$$

在复平面实轴上点[-5，-3，-1]的左侧有极点，且 $-4 \leqslant K_{ij} \leqslant 4$ $(i, j = 1, 2)$。

解： 本题是一个多目标规划问题，要求解矩阵 K，使矩阵 $(A + BKC)$ 的极点为[-5，-3，-1]。

建立目标函数文件 myfune.m 如下：

```
function F = myfune(K,A,B,C)
F = sort(eig(A+B*K*C));
end
```

输入参数并调用优化程序：

```
clear, clc
A = [-0.5 0 0; 0 -2 10; 0 1 -2];
```

```
B = [1 0; -2 2; 0 1];
C = [1 0 0; 0 0 1];
K0 = [-1 -1; -1 -1];                          %初始化控制器矩阵
goal = [-5 -3 -1];                            %为闭合环路的特征值设置目标值向量
weight = abs(goal)                            %设置权值向量
lb = -4*ones(size(K0));
ub = 4*ones(size(K0));
options = optimset('Display','iter');         %设置显示参数显示每次迭代的输出
[K,fval,attainfactor] = fgoalattain(@myfune,K0,goal,weight,[],[],[],[],lb,ub,[],
options,A,B,C)
```

结果如下：

Iter	F-count	Attainment factor	Max constraint	Line search steplength	Directional derivative	Procedure
0	6	0	1.88521			
1	13	1.031	0.02998	1	0.745	
2	20	0.3525	0.06863	1	-0.613	
3	27	-0.1706	0.1071	1	-0.223	Hessian modified
4	34	-0.2236	0.06654	1	-0.234	Hessian modified twice
5	41	-0.3568	0.007894	1	-0.0812	
6	48	-0.3645	0.000145	1	-0.164	Hessian modified
7	55	-0.3645	0	1	-0.00515	Hessian modified
8	62	-0.3675	0.000154	1	-0.00812	Hessian modified twice
9	69	-0.3889	0.008327	1	-0.00751	Hessian modified
10	76	-0.3862	0	1	0.00568	
11	83	-0.3863	5.562e-13	1	-0.998	Hessian modified twice

```
Local minimum possible. Constraints satisfied.
fgoalattain stopped because the size of the current search direction is less than twice
the value of the step size tolerance and constraints are satisfied to within the value
of the constraint tolerance.
<stopping criteria details>
K =
  -4.0000   -0.2564
  -4.0000   -4.0000
fval =
  -6.9313
  -4.1588
  -1.4099
attainfactor =
  -0.3863
```

13.6 二次规划

如果某非线性规划的目标函数为自变量的二次函数，约束条件全是线性函数，就称这种规划为二次规划。其标准数学模型为

$$\min_x \frac{1}{2} \boldsymbol{x}^T \boldsymbol{H} \boldsymbol{x} + \boldsymbol{c}^T \boldsymbol{x}$$

$$\text{s.t.} \quad \boldsymbol{A}\boldsymbol{x} \leqslant \boldsymbol{b}$$

$$\boldsymbol{A}_{\text{eq}} \boldsymbol{x} = \boldsymbol{b}_{\text{eq}}$$

$$\mathbf{lb} \leqslant \boldsymbol{x} \leqslant \mathbf{ub}$$

式中，$\boldsymbol{H}$、$\boldsymbol{A}$、$\boldsymbol{A}_{\text{eq}}$ 为矩阵，$\boldsymbol{c}$、$\boldsymbol{b}$、$\boldsymbol{b}_{\text{eq}}$、$\mathbf{lb}$、$\mathbf{ub}$、$\boldsymbol{x}$ 为向量。

其他形式的二次规划问题都可转化为标准形式。

13.6.1 函数调用格式

在 MATLAB 中可以利用 quadprog 函数求解二次规划问题，其调用格式如下：

```
x = quadprog(H,f)              %返回使 1/2×x'×H×x+f'×x 最小的向量 x，要使问题具有有限最小值，输
                               %入 H 必须为正定矩阵，如果 H 是正定矩阵，则解 x=H\(-f)
x = quadprog(H,f,A,b)          %在 A×x≤b 的条件下求 1/2×x'×H×x+f'×x 的最小值。输入 A 是由双精度
                               %值组成的矩阵，b 是由双精度值组成的向量
x = quadprog(H,f,A,b,Aeq,beq)  %在满足 Aeq×x=beq 的限制条件下求解上述问题。Aeq 是由双精度
                               %值组成的矩阵，beq 是由双精度值组成的向量。如果不存在不等式，
                               %则设置 A=[] 和 b=[]
x = quadprog(H,f,A,b,Aeq,beq,lb,ub)    %在满足 lb≤x≤ub 的限制条件下求解上述问题。输入 lb
                                       %和 ub 是由双精度值组成的向量，这些限制适用于每个 x
                                       %分量。如果不存在等式，则设置 Aeq=[] 和 beq=[]
x = quadprog(H,f,A,b,Aeq,beq,lb,ub,x0) %从向量 x0 开始求解上述问题。如果不存在边界，请设置
                                       %lb=[] 和 ub=[]
x = quadprog(H,f,A,b,Aeq,beq,lb,ub,x0,options) %使用 options 中指定的优化选项求解上述问
                                               %题。Options 由 optimoptions 创建，如果
                                               %无初始点，则设置 x0=[]
x = quadprog(problem)          %返回 problem 的最小值，它是 problem 中所述的一个结构体。使用圆点表示
                               %法或 struct 函数可以创建 problem 结构体，也可以使用 prob2struct 从
                               %OptimizationProblem 对象创建 problem 结构体
[x,fval] = quadprog(…)         %对于任何输入变量，还会返回 x 处的目标函数值 fval
[x,fval,exitflag,output] = quadprog(…)         %返回描述退出条件的参数 exitflag 以及包含
                                               %有关优化信息的结构体 output
[x,fval,exitflag,output,lambda] = quadprog(…)  %返回在解 x 处的拉格朗日乘数的 lambda 结构体
```

13.6.2 函数参数含义

函数 quadprog 在求解二次规划问题时，提供的参数包括输入参数和输出参数，其中输入参数又包括模型参数、初始解参数及算法控制参数。下面分别进行讲解。

1. 输入参数

模型参数是函数 quadprog 输入参数的一部分，包括 H、f、A、b、Aeq、beq、lb、ub 和 x0，各参数分

别对应数学模型中的 H、c、A、b、A_{eq}、b_{eq}、lb、ub 和 x_0，其中参数 A、b、Aeq、beq、lb、ub 和 x0 含义比较明确，这里就不再讲解。

（1）输入参数 H 为二次目标项，指定为对称实矩阵。H 以 $1/2 \times x' \times H \times x + f' \times x$ 表达式形式表示二次矩阵。如果 H 不对称，函数会发出警告，并改用对称版本$(H+H')/2$。

如果二次矩阵 H 为稀疏矩阵，默认情况下，interior-point-convex 算法使用的算法与 H 为稠密矩阵时略有不同。通常，对于大型稀疏问题，稀疏算法更快，对于稠密或小型问题，稠密算法更快。

（2）输入参数 f 为线性目标项，指定为实数向量。f 表示 $1/2 \times x' \times H \times x + f' \times x$ 表达式中的线性项。

（3）算法控制参数 options 为 optimset 函数中定义的参数的值，用于选择优化算法。针对非线性规划函数 quadprog，常用参数含义如表 13-30 所示。

表 13-30　options优化参数及说明

优化参数	说　　明
所有算法	
Algorithm	选择优化算法，包括interior-point-convex（默认值）、trust-region-reflective、active-set三种。其中interior-point-convex算法只处理凸问题。trust-region-reflective算法处理只有边界或只有线性等式约束的问题，但不处理同时具有两者的问题。active-set算法处理不定问题，前提是H在Aeq的零空间上的投影是半正定的
Diagnostics	显示关于要最小化或求解的函数的诊断信息。选项是on或off（默认值）
Display	定义显示级别： ① off或none不显示输出。 ② final（默认值）仅显示最终输出，并给出默认退出消息。 算法interior-point-convex和active-set还会有以下显示级别： ① iter显示每次迭代的输出，并给出默认退出消息。 ② iter-detailed显示每次迭代的输出，并给出带有技术细节的退出消息。 ③ final-detailed仅显示最终输出，并给出带有技术细节的退出消息
MaxIterations	允许的迭代最大次数，为正整数。对于trust-region-reflective等式约束问题，默认为2 × (numberOfVariables - numberOfEqualities)；active-set 的默认为 10 × (numberOfVariables+ numberOfConstraints)；对于所有其他算法和问题，默认值为200。在optimset中名称为MaxIter
OptimalityTolerance	一阶最优性的终止容差（正标量）。对于trust-region-reflective等式约束问题，默认值为 1e-6；对于 trust-region-reflective边界约束问题，默认值为100 × eps，大约为2.2204e-14；对于interior-point-convex和active-set算法，默认值为1e-8。在optimset中名称为TolFun
StepTolerance	关于正标量x的终止容差。对于trust-region-reflective，默认值为100 × eps，约为2.2204e-14；对于interior-point-convex，默认值为1e-12；对于active-set，默认值为1e-8。在optimset中名称为TolX
信赖域反射（trust-region）算法	
FunctionTolerance	关于函数值的终止容差，为正标量。边界约束问题默认为100 × eps，线性等式约束问题默认为1e-6。在optimset中名称为TolFun
HessianMultiplyFcn	Hessian矩阵乘法函数，指定为函数句柄。对于大规模结构问题，此函数计算Hessian矩阵乘积$H \times Y$，而并不实际构造H。函数的形式是 `W=hmfun(Hinfo,Y)        %Hinfo 包含用于计算 H*Y 的矩阵` 在optimset中名称为HessMult

续表

优化参数	说　明
MaxPCGIter	预条件共轭梯度(PCG)迭代的最大次数，正标量。对于边界约束问题，默认值为 max(1,floor(numberOfVariables/2))；对于等式约束问题，函数会忽略 MaxPCGIter 并使用 MaxIterations 来限制 PCG 迭代的次数
PrecondBandWidth	PCG 的预条件子上带宽，非负整数。默认情况下，使用对角预条件（上带宽为0）。对于某些问题，增加带宽会减少 PCG 迭代次数。将 PrecondBandWidth 设置为 Inf 会使用直接分解(Cholesky)，而不是共轭梯度(CG)。直接分解的计算成本较 CG 高，但所得的求解步质量更好
SubproblemAlgorithm	确定迭代步的计算方式。与 factorization 相比，默认值 cg 采用的步执行速度更快，但不够准确
TolPCG	PCG 迭代的终止容差，正标量。默认值为0.1
TypicalX	典型的 x 值。TypicalX 中的元素数等于起点 x0 中的元素数。默认值为 ones(numberOfVariables,1)。函数内部使用 TypicalX 进行缩放。仅当 x 具有无界分量且一个无界分量的 TypicalX 值超过1时，TypicalX 才会起作用
interior-point-convex 算法	
ConstraintTolerance	约束违反度容差；正标量。默认值为 1e-8。在 optimset 中名称为 TolCon
LinearSolver	算法内部线性求解器的类型： ① auto（默认值）：如果 H 矩阵为稀疏矩阵，则使用 sparse，否则使用 dense。 ② sparse：使用稀疏线性代数。 ③ dense：使用稠密线性代数
活动集（active-set）算法	
ConstraintTolerance	约束违反度容差，为正标量。默认值为1e-8。在 optimset 中名称为 TolFun
ObjectiveLimit	容差（停止条件），为标量。如果目标函数值低于 ObjectiveLimit 并且当前点可行，则迭代停止，因为问题很可能是无界的。默认值为-1e20

（4）问题结构体 problem 指定为含有如表 13-31 所示字段的结构体。结构体中至少提供 H、f、solver 和 options 字段。求解时，函数将忽略该表中列出的字段以外的任何字段。

表 13-31　problem 的结构及说明

problem 值	说　明	problem 值	说　明
H	$1/2 \times x' \times H \times x$ 中的对称矩阵	lb	由下界组成的向量
f	线性项 $f \times x$ 中的向量	ub	由上界组成的向量
Aineq	线性不等式约束 $Aineq \times x \leq bineq$ 中的矩阵	x0	x 的初始点
bineq	线性不等式约束 $Aineq \times x \leq bineq$ 中的向量	solver	quadprog
Aeq	线性等式约束 $Aeq \times x=beq$ 中的矩阵	options	用 optimoptions 创建的选项
beq	线性等式约束 $Aeq \times x=beq$ 中的向量		

2．输出参数

函数 quadprog 的输出参数包括 x、fval、exitflag、output、lambda，其中 x 为非线性规划问题的最优解，fval 为在最优解 x 处的目标函数值。

（1）输出参数 exitflag 为终止迭代的退出条件值，以整数形式返回，说明算法终止的原因，其值及对应的含义如表 13-32 所示。

表 13-32　exitflag值及说明

exitflag值	说　明
1	函数收敛于解x
0	迭代次数超出options.MaxIterations
−2	没有找到可行点。或者对于interior-point-convex，步长小于options.StepTolerance，但不满足约束
−3	问题无界
interior-point-convex算法	
2	步长小于options.StepTolerance，且满足约束
−6	检测到非凸问题
−8	无法计算步的方向
trust-region-reflective算法	
4	找到局部最小值；最小值不唯一
3	目标函数值的变化小于options.FunctionTolerance
−4	当前搜索方向不是下降方向。无法取得进一步进展
active-set算法	
−6	检测到非凸问题；H在Aeq的零空间上的投影不是半正定的

（2）输出参数 output 为优化过程中优化信息的结构变量，其包含的属性及含义如表 13-33 所示。

表 13-33　output的结构及说明

结　构	说　明
iterations	算法的迭代次数
algorithm	使用的优化算法
cgiterations	PCG迭代总数（适用于trust-region-reflective和interior-point算法）
constrviolation	约束函数的极大值
firstorderopt	一阶最优性的度量
linearsolver	内部线性求解器的类型，dense或sparse（仅适用于interior-point-convex算法）
message	退出消息

（3）输出参数 lambda 为在解 x 处的 lagrange 乘子，该乘子为一结构体变量，其包含的属性及含义如表 13-34 所示。

表 13-34　lambda的结构及说明

结　构	说　明
lower	lb对应的下限
upper	ub对应的上限
ineqlin	对应于A和b约束的线性不等式
eqlin	对应于Aeq和beq约束的线性等式

13.6.3 问题求解

【例 13-24】求解下面的最优化问题：

目标函数为

$$f(\boldsymbol{x}) = \frac{1}{2}x_1^2 + x_2^2 - x_1 x_2 - 2x_1 - 6x_2$$

约束条件为

$$\begin{cases} x_1 + x_2 \leqslant 2 \\ -x_1 + 2x_2 \leqslant 2 \\ 2x_1 + x_2 \leqslant 3 \\ x_1 \geqslant 0, x_2 \geqslant 0 \end{cases}$$

解：目标函数可以修改为

$$\begin{aligned} f(\boldsymbol{x}) &= \frac{1}{2}x_1^2 + x_2^2 - x_1 x_2 - 2x_1 - 6x_2 \\ &= \frac{1}{2}(x_1^2 - 2x_1 x_2 + 2x_2^2) - 2x_1 - 6x_2 \end{aligned}$$

记

$$\boldsymbol{H} = \begin{bmatrix} 1 & -1 \\ -1 & 2 \end{bmatrix}, \ \boldsymbol{f} = \begin{bmatrix} -2 \\ -6 \end{bmatrix}, \ \boldsymbol{x} = \begin{bmatrix} x_1 \\ x_2 \end{bmatrix}, \ \boldsymbol{A} = \begin{bmatrix} 1 & 1 \\ -1 & 2 \\ 2 & 1 \end{bmatrix}, \ \boldsymbol{b} = \begin{bmatrix} 2 \\ 2 \\ 3 \end{bmatrix}$$

则上面的优化问题可写为

$$\min_x \frac{1}{2}\boldsymbol{x}^{\mathrm{T}}\boldsymbol{H}\boldsymbol{x} + \boldsymbol{f}^{\mathrm{T}}\boldsymbol{x}$$

$$\text{s.t.} \begin{cases} \boldsymbol{A} \cdot \boldsymbol{x} \leqslant \mathrm{b} \\ [0 \ 0]^{\mathrm{T}} \leqslant \boldsymbol{x} \end{cases}$$

编写 MATLAB 程序如下：

```
clear, clc
H=[1 -1;-1 2];
f=[-2;-6];
A=[1 1;-1 2;2 1];b=[2;2;3];
lb=zeros(2,1);
[x,fval,exitflag]=quadprog(H,f,A,b,[],[],lb)
```

运行结果如下：

```
Minimum found that satisfies the constraints.
Optimization completed because the objective function is non-decreasing in feasible
directions, to within the default value of the function tolerance, and constraints
are satisfied to within the default value of the constraint tolerance.
<stopping criteria details>
x =
   0.6667
   1.3333
```

```
fval =
   -8.2222
exitflag =
    1
```

13.7 最小二乘最优问题

最小二乘问题 $\min\limits_{x \in R^n} f(x) = \min\limits_{x \in R^n} \sum\limits_{i=1}^{m} f_i^2(x)$ 中的 $f_i(x)$ 可以理解为误差，优化问题就是要使误差的平方和最小。

13.7.1 约束线性最小二乘

有约束线性最小二乘的标准形式为

$$\min_{x} \quad \frac{1}{2} \left\| \boldsymbol{C}\boldsymbol{x} - \boldsymbol{d} \right\|_2^2$$

$$\begin{cases} \boldsymbol{A} \cdot \boldsymbol{x} \leqslant \boldsymbol{b} \\ \boldsymbol{Aeq} \cdot \boldsymbol{x} = \boldsymbol{beq} \\ \boldsymbol{lb} \leqslant \boldsymbol{x} \leqslant \boldsymbol{ub} \end{cases}$$

其中，$\boldsymbol{C}$、$\boldsymbol{A}$、$\boldsymbol{Aeq}$ 为矩阵；$\boldsymbol{d}$、$\boldsymbol{b}$、$\boldsymbol{beq}$、$\boldsymbol{lb}$、$\boldsymbol{ub}$、$\boldsymbol{x}$ 是向量。

在 MATLAB 中，约束线性最小二乘用函数 lsqlin 求解。该函数的调用格式如下：

```
x = lsqlin(C,d,A,b)                    %求在约束条件 A·x≤b 下，方程 Cx = d 的最小二乘解 x
x = lsqlin(C,d,A,b,Aeq,beq,lb,ub)      增加线性等式约束 Aeq×x=beq 和边界 lb≤x≤ub
```

若没有不等式约束，则设 A=[]，b=[]。如果 x(i) 无下界，设置 lb(i)= -Inf；如果 x(i) 无上界，则设置 ub(i)=Inf。

```
x = lsqlin(C,d,A,b,Aeq,beq,lb,ub,x0,options)        %使用初始点 x0 和 options 所指定的优化
                                                    %选项执行最小化
```

使用 optimoptions 可设置优化选项。x0 为初始解向量，如果不包含初始点，则设置 x0=[]。

```
x = lsqlin(problem)             %求 problem 的最小值，它是 problem 中所述的一个结构体
```

使用圆点表示法或 struct 函数创建 problem 结构体。使用 prob2struct 从 OptimizationProblem 对象可以创建一个 problem 结构体。

```
[x,resnorm,residual,exitflag,output,lambda] = lsqlin(___)    %使用上述任一输入参数组合，
                                                             %并返回相关参数
```

（1）resnorm 为残差的 2-范数平方，即 $\text{resnorm} = \left\| \text{C·x} - \text{d} \right\|_2^2$；

（2）residual 为残差，且 $\text{residual} = \text{C} \times \text{x} - \text{d}$；

（3）exitflag 描述退出条件的值；

（4）output 为包含有关优化过程信息的结构体；

（5）lambda 为拉格朗日乘数的结构体。问题定义中的因子会影响 lambda 结构体中的值。

```
[wsout,resnorm,residual,exitflag,output,lambda] = lsqlin(C,d,A,b,Aeq,beq,lb,ub,ws)
```

使用 ws 中的选项，从热启动对象 ws 中的数据启动 lsqlin。返回参数 wsout 包含 wsout.X 中的解点。通过在后续求解器调用中使用 wsout 作为初始热启动对象，lsqlin 可以提高运行速度。

【例 13-25】求系统的最小二乘解。

$$Cx = d$$
$$\begin{cases} A \cdot x \leqslant b \\ lb \leqslant x \leqslant ub \end{cases}$$

解： 首先在命令行窗口中输入系统的系数和 x 的上下界。

```
lear, clc
C = [0.9501 0.7620 0.6153 0.4057; 0.2311 0.4564 0.7919 0.9354;...
     0.6068 0.0185 0.9218 0.9169; 0.4859 0.8214 0.7382 0.4102;...
     0.8912 0.4447 0.1762 0.8936];
d = [ 0.0578; 0.3528; 0.8131; 0.0098; 0.1388];
A =[ 0.2027 0.2721 0.7467 0.4659; 0.1987 0.1988 0.4450 0.4186;...
     0.6037 0.0152 0.9318 0.8462];
b =[ 0.5251; 0.2026; 0.6721];
lb = -0.1*ones(4,1);
ub = 2*ones(4,1);
[x,resnorm,residual,exitflag] = lsqlin(C,d,A,b,[ ],[ ],lb,ub)
```

运行程序，得到结果如下：

```
Minimum found that satisfies the constraints.
Optimization completed because the objective function is non-decreasing in feasible
directions, to within the value of the optimality tolerance, and constraints are
satisfied to within the value of the constraint tolerance.
<stopping criteria details>
x =
  -0.1000
  -0.1000
   0.2152
   0.3502
resnorm =
   0.1672
residual =
   0.0455
   0.0764
  -0.3562
   0.1620
   0.0784
exitflag =
   1
```

13.7.2　非线性数据（曲线）拟合

非线性曲线拟合是已知输入向量 x_{data}、输出向量 y_{data}，并知道输入与输出的函数关系为 $y_{data} = F(x, x_{data})$，但不清楚系数向量 x。进行曲线拟合即求 x 使得下式成立：

$$\min_x \frac{1}{2} \| F(x, x_{data}) - y_{data} \|_2^2 = \frac{1}{2} \sum_i (F(x, x_{data_i}) - y_{data_i})^2$$

在 MATLAB 中，可以使用函数 curvefit 解决此类问题，其调用格式如下：

```
x = lsqcurvefit(fun,x0,xdata,ydata)
```

从 x0 开始，求取合适的系数 x，使得非线性函数 fun(x,xdata) 满足对数据 ydata 的最佳拟合（基于最小二乘指标）。ydata 必须与 fun 返回的向量（或矩阵）F 大小相同。

```
x = lsqcurvefit(fun,x0,xdata,ydata,lb,ub)          %lb、ub 为解向量的下界和上界 lb≤x≤ub，
                                                    %若没有指定边界，则 lb=[ ]，ub=[ ]
```

注意：如果问题的指定输入边界不一致，则输出 x 为 x0，输出 resnorm 和 residual 为[]。违反边界 lb ≤x≤ub 的 x0 的分量将重置为位于由边界定义的框内。遵守边界的分量不会更改。

```
x = lsqcurvefit(fun,x0,xdata,ydata,lb,ub,options)     %使用 options 所指定的优化选项执
                                                       %行最小化
```

使用 optimoptions 可设置这些选项。如果不存在边界，则为 lb 和 ub 传递空矩阵。

```
x = lsqcurvefit(problem)                 %求 problem 的最小值，它是 problem 中所述的一个结构体
[x,resnorm] = lsqcurvefit(___)           %返回在 x 处的残差的 2-范数平方值：sum((fun(x,xdata)-
                                         %ydata).^2)
[x,resnorm,residual,exitflag,output] = lsqcurvefit(___)
```

Residual 为在解 x 处的残差 fun(x,xdata)−ydata 的值，exitflag 为描述退出条件的值，output 为包含优化过程信息的结构体。

```
[x,resnorm,residual,exitflag,output,lambda,jacobian] = lsqcurvefit(___)
```

Lambda 为返回的结构体，其字段包含在解 x 处的拉格朗日乘数，jacobian 为 fun 在解 x 处的 Jacobian 矩阵。

【例 13-26】 已知输入向量 x_{data} 和输出向量 y_{data}，且长度都是 n，使用最小二乘非线性拟合函数：

$$y_{data_i} = x_1 \cdot x_{data_i}^2 + x_2 \cdot \sin(x_{data_i}) + x_3 \cdot x_{data_i}^3$$

解：根据题意可知，目标函数为

$$\min_x \frac{1}{2} \sum_{i=1}^{n} (F(x, x_{data_i}) - y_{data_i})^2$$

其中

$$F(x, x_{data}) = x_1 \cdot x_{data}^2 + x_2 \cdot \sin(x_{data}) + x_3 \cdot x_{data}^3$$

解：首先建立拟合函数文件 myfung.m。

```
function F = myfung (x,xdata)
F = x(1)*xdata.^2 + x(2)*sin(xdata) + x(3)*xdata.^3;
end
```

再编写函数拟合代码如下：

```
clear, clc
xdata = [3.6 7.7 9.3 4.1 8.6 2.8 1.3 7.9 10.0 5.4];
ydata = [16.5 150.6 263.1 24.7 208.5 9.9 2.7 163.9 325.0 54.3];
x0 = [1, 1, 1];
[x,resnorm] = lsqcurvefit(@myfung,x0,xdata,ydata)
```

结果如下：

```
Local minimum possible.
lsqcurvefit stopped because the final change in the sum of squares relative to its
initial value is less than the value of the function tolerance.
```

```
<stopping criteria details>
x =
    0.2269    0.3385    0.3022
resnorm =
    6.2950
```

即函数在 0.2269、0.3385、0.3022 处残差的平方和均为 6.295。

13.7.3　非负线性最小二乘

非负线性最小二乘的标准形式为

$$\min_x \frac{1}{2} \| \boldsymbol{C}\boldsymbol{x} - \boldsymbol{d} \|_2^2$$
$$\boldsymbol{x} \geqslant 0$$

其中，矩阵 $\boldsymbol{C}$ 和向量 $\boldsymbol{d}$ 为目标函数的系数，向量 $\boldsymbol{x}$ 为非负独立变量。

在 MATLAB 中，可以使用函数 lsqnonneg 求解此类问题，其调用格式如下：

```
x = lsqnonneg(C,d)              %返回在 x≥0 的约束下，使得 norm(C*x-d) 最小的向量 x，参数 C 为实矩
                                %阵，d 为实向量
x = lsqnonneg(C,d,options)      %使用 options 所指定的优化选项执行最小化
x = lsqnonneg(problem)          %求 problem 的最小值，它是 problem 中所述的一个结构体
[x,resnorm,residual] = lsqnonneg(___)   % resnorm 为残差的 2-范数平方值 norm(C*x-d)^2,
                                        %residual 为残差 d-C*x
[x,resnorm,residual,exitflag,output] = lsqnonneg(___)  %exitflag 为描述退出条件的值，
                                                       %output 为提供优化过程信息的结
                                                       %构体
[x,resnorm,residual,exitflag,output,lambda] = lsqnonneg(___)   %lambda 为拉格朗日乘数向量
```

【例 13-27】比较一个最小二乘问题的无约束与非负约束解法。

解： 编写两种问题求解的 MATLAB 代码如下。

```
clear, clc
C = [ 0.0372  0.2869; 0.6861  0.7071; 0.6233  0.6245; 0.6344  0.6170];
d = [0.8587; 0.1781; 0.0747; 0.8405];
A=C\d                          %无约束线性最小二乘问题
B=lsqnonneg(C,d)               %非负最小二乘问题
```

运行代码得到结果如下：

```
A =
  -2.5627
   3.1108
B =
        0
   0.6929
```

13.8　非线性方程的优化解

非线性方程的求解问题可以看作单变量的最小化问题，通过不断缩小搜索区间来逼近问题解的真值。在 MATLAB 中，非线性方程求解所采用的算法包括二分法、secant 法和逆二次内插法的组合。

13.8.1 求单变量函数的零点

在 MATLAB 中，可以利用 fzero 函数求解单变量函数的零点，其调用格式如下：

```
x = fzero(fun,x0)                          %尝试求出 fun(x) = 0 的点 x
```

如果 x0 为标量，函数试图找到 x0 附近 fun 函数的零点。fzero 函数返回的 x 值为 fun 函数改变符号处邻域内的点，或者 NaN。这里，当函数发现 Inf、NaN 或复数时，搜索终止。若 x0 为一长度为 2 的向量，fzero 函数假设 x0 为一区间，其中 fun(x0(1)) 的符号与 fun(x0(2)) 的符号相反。当该情况不为真时，则发生错误。用此区间调用 fzero 函数可以保证 fzero 函数返回 fun 函数改变符号处附近的点。

```
x = fzero(fun,x0,options)                  %用 options 结构指定的参数进行最小化
x = fzero(problem)                         %对 problem 指定的问题求解
[x,fval,exitflag,output] = fzero(___)
```

fval 为返回的 fun(x) 值、exitflag 为描述停止原因的值，output 为包含有关求解过程信息的输出结构体。

注意：

（1）调用 fzero 函数时，使用初值区间（二元素的 x0）常常比用标量 x0 快；

（2）fzero 命令给零点的定义是函数与 x 轴相交的点。函数与 x 轴接触但并没有穿过 x 轴的点不算作有效零点。如 $y = x^2$ 函数曲线便在 0 处与 x 轴接触，但没有穿过 x 轴，所以没有发现零点。对于没有有效零点的函数，fzero 函数将一直运行到发现 Inf、NaN 和复数值。

【例 13-28】通过计算 sin 函数在 4 附近的零点计算 π。

解： 在命令行窗口中输入以下语句。

```
>> x=fzero(@sin,4)
```

得到结果如下：

```
x =
    3.1416
```

13.8.2 求解非线性方程组

非线性方程组的数学模型为

$$F(x) = 0$$

其中，x 为向量或矩阵，$F(x)$ 为返回向量值的函数，返回值为向量。

在 MATLAB 中，用 fsolve 函数求解非线性方程组。其调用格式如下：

```
x = fsolve(fun,x0)                         % 从 x0 开始尝试求解方程 fun(x) = 0（全零数组）
x = fsolve(fun,x0,options)                 %使用 options 中指定的优化选项求解方程
x = fsolve(problem)                        %求解 problem，它是 problem 中所述的一个结构体
[x,fval] = fsolve(___)                      %对上述任何语法，返回目标函数 fun 在解 x 处的值
[x,fval,exitflag,output] = fsolve(___)      % exitflag 描述退出条件的值，output 为提供优
                                           %化过程信息的结构体
[x,fval,exitflag,output,jacobian] = fsolve(___)% jacobian 为 fun 在解 x 处的 Jacobian 矩阵
```

【例 13-29】求解下列方程组：

$$\begin{cases} 2x_1 - x_2 = e^{-x_1} \\ -x_1 + 2x_2 = e^{-x_2} \end{cases}$$

解： 上述问题可以转化为

$$\begin{cases} 2x_1 - x_2 - e^{-x_1} = 0 \\ -x_1 + 2x_2 - e^{-x_2} = 0 \end{cases}$$

设置初始值为 x0=[–5,–5]。首先编写 M 文件 myfunh.m，计算 x 处等式的值 F：

```
function F = myfunh(x)
F = [2*x(1) - x(2) - exp(-x(1));
    -x(1) + 2*x(2) - exp(-x(2))];
end
```

调用优化函数：

```
clear, clc
x0=[-5;-5];
options=optimset('Display','iter');        %输出显示的选项
[x,fval]=fsolve(@myfunh,x0,options)         %调用优化函数
```

运行上述程序，得到结果如下：

Iteration	Func-count	f(x)	Norm of step	First-order optimality	Trust-region radius
0	3	47071.2		2.29e+04	1
1	6	12003.4	1	5.75e+03	1
2	9	3147.02	1	1.47e+03	1
3	12	854.452	1	388	1
4	15	239.527	1	107	1
5	18	67.0412	1	30.8	1
6	21	16.7042	1	9.05	1
7	24	2.42788	1	2.26	1
8	27	0.032658	0.759511	0.206	2.5
9	30	7.03149e-06	0.111927	0.00294	2.5
10	33	3.29525e-13	0.00169132	6.36e-07	2.5

```
Equation solved.

fsolve completed because the vector of function values is near zero as measured by
the value of the function tolerance, and the problem appears regular as measured by
the gradient.

<stopping criteria details>
x =
    0.5671
    0.5671
fval =
    1.0e-06 *
    -0.4059
    -0.4059
```

说明优化过程成功终止，函数值的相对改变小于 Options.TolFun。x_1、x_2 的取值均为 0.5671，两个函数

的目标值均-0.4059×10^{-6}。

【例 13-30】求矩阵 x，使其满足方程 $x \cdot x \cdot x = \begin{bmatrix} 1 & 2 \\ 3 & 4 \end{bmatrix}$，初值为 x = [1, 1; 1, 1]。

解：首先编写一待求等式的 M 文件 myfuni.m

```
function F =myfuni (x)
F = x*x*x-[1,2;3,4];
end
```

然后调用优化过程如下：

```
clear, clc
x0=ones(2,2);                                    %设初值
options=optimset('Display','off');               %取消显示
[x,Fval,exitflag]=fsolve(@myfuni,x0,options)
```

运行程序，得到结果如下：

```
x =
  -0.1291    0.8602
   1.2903    1.1612
Fval =
   1.0e-11 *
  -0.3505    0.1633
   0.2417   -0.1111
exitflag =
     1
```

计算残差如下：

```
>> sum(sum(Fval.*Fval))
ans =
   2.2029e-23
```

13.9　小结

最优化方法是专门研究如何从多个方案中选择最佳方案的科学。最优化理论和方法日益受到重视，而最优化方法与模型也广泛应用于农业、工业、商业、交通运输、国防等各个部门及领域。本章介绍了常见的优化问题，并对最小二乘最优问题作了介绍，最后通过举例介绍了非线性方程及方程组在 MATLAB 中的求解方法。

第四部分

Simulink 仿真应用

第 14 章

Simulink 仿真基础

Simulink 仿真
基础

Simulink 提供一个动态系统建模、仿真和综合分析的集成环境。Simulink 具有适应面广、结构和流程清晰及仿真精细、贴近实际、效率高、灵活等优点，已广泛应用于控制理论和数字信号处理的复杂仿真和设计，同时有大量的第三方软件和硬件可应用于或被要求应用于 Simulink。Simulink 已成为信号处理、通信原理、自动控制等专业的重要基础课程的首选实验平台。本章就介绍利用 Simulink 进行仿真的基础知识。

本章学习目标包括：

（1）掌握 Simulink 的基本概念及其应用；

（2）了解 Simulink 模块库的组成；

（3）掌握 Simulink 搭建系统模型并进行仿真。

14.1 基本介绍

Simulink 是 MATLAB 中的一种可视化仿真工具，是一种基于 MATLAB 的框图设计环境，是实现动态系统建模、仿真和分析的一个软件包，广泛应用于线性系统、非线性系统、数字控制及数字信号处理的建模和仿真中。

14.1.1 运行 Simulink

Simulink 的工作环境是由库浏览器与模型窗口组成的，库浏览器为用户提供了进行 Simulink 建模与仿真的标准模块库与专业工具箱，而模型窗口是用户创建模型的主要场所。

通过 MATLAB 进入 Simulink 的操作步骤如下：

（1）启动 MATLAB，在 MATLAB 主界面中单击"主页"选项卡 SIMULINK 选项组中的 （Simulink）按钮，或在命令窗口中输入 simulink 命令并执行将弹出如图 14-1 所示的 Simulink 起始页界面。

（2）在界面中单击右侧 Simulink 选项组中的"空白模型"，即可进入如图 14-2 所示的 Simulink 仿真界面。

14.1.2 初识模块库

Simulink 模块库包括很多工具箱，用户能够针对不同行业的数学模型能够进行快速设计。单击 Simulink 仿真界面"仿真"选项卡→"库"选项组中的 （库浏览器）按钮，将弹出如图 14-3 所示的"Simulink

库浏览器"窗口，该窗口中给出了 MATLAB 为各领域开发的仿真模块库。

图 14-1　Simulink 起始页界面

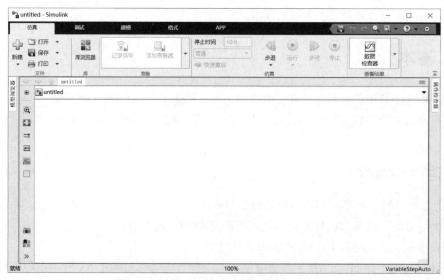

图 14-2　Simulink 仿真界面

"Simulink 库浏览器"窗口的左半部分是 Simulink 所有的库的名称，第一个库为 Simulink 库，该库为 Simulink 的公共模块库，包含 Simulink 仿真所需的基本模块子库，包括 Continuous（连续）模块库、Discrete（离散）模块库、Sinks（信宿）模块库、Sources（信源）模块库、Math Operations（数学运算）模块库等。

Simulink 还集成了许多面向各专业领域的系统模块库，不同领域的系统设计者可以使用这些系统模块快速构建自己的系统模型，然后在此基础上进行系统的仿真与分析，从而完成系统设计的任务。

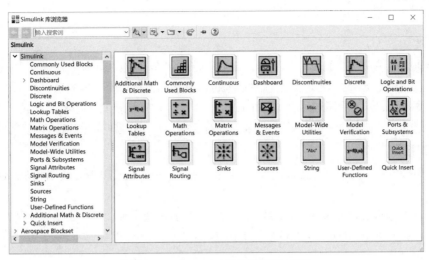

图 14-3　"Simulink 库浏览器"窗口

14.1.3　打开系统模型

Simulink 的系统模型文件是具有专门的格式的模型文件，以.slx 或.mdl 作为其扩展名。通过下述任何一种方式都可以打开 Simulink 系统模型。

（1）单击 Simulink 仿真界面"仿真"选项卡"文件"选项组中的 ▭（打开）按钮，在打开的对话框中选择或输入需要打开的系统模型的文件名。

（2）在 MATLAB 的命令行窗口中，输入欲打开的系统模型的文件名（略去文件扩展名.mdl）。该系统模型文件必须在 MATLAB 的当前目录内或在 MATLAB 的搜索路径的某个目录内。

14.1.4　保存系统模型

单击 Simulink 仿真界面"仿真"选项卡"文件"选项组中的 ▭（保存）按钮，可以保存所创建的模型。Simulink 通过生成特定格式的文件（即模型文件）保存模型，文件的扩展名可以为.slx，也可以为.mdl。模型文件中包含模型的方框图和模型属性。

如果是第一次保存模型，使用"保存"命令可以为模型文件命名并指定保存位置。模型文件的名称必须以字母开头，最多不能超过 63 个字母、数字和下画线。

注意：模型文件名不能与 MATLAB 命令同名。

如果要保存一个已保存过的模型文件，则可以用"保存"命令替换原文件，或者用"另存为"命令为模型文件重新指定文件名和保存位置。

如果在保存过程中出现错误，则 Simulink 会将临时文件重新命名为原模型文件的名称，并将当前的模型版本写入扩展名为.err 的文件中，同时发出错误消息。

14.1.5　打印模型框图并生成报告

单击 Simulink 仿真界面"仿真"选项卡"文件"选项组中的 ▭（打印）按钮，可以打印模型方块图，该命令会打印当前窗口中的模型图，也可以在 MATLAB 命令行窗口中使用 print 命令（在所有的系统平台上）打印模型图。

1. 打印模型

当执行 Simulink 仿真界面"仿真"选项卡"文件"选项组中的 🖨 （打印）命令时，Simulink 会打开如图 14-4 所示的"打印模型"对话框，通过该对话框可以有选择地打印模型内的系统。

在打印时，每个系统方块图都会带有轮廓图，当选中"当前系统及其下的系统"或"所有系统"单选按钮时，会激活"选项"选项组中的"查看封装内部对话框"和"扩展唯一库链接"复选框。

2. 生成模型报告

Simulink 模型报告是描述模型结构和内容的 HTML 文档，报告包括模型方块图和子系统，以及模块参数的设置。

要生成当前模型的报告，可执行 Simulink 仿真界面"仿真"选项卡"文件"选项组中的"打印"→"打印详细信息"命令，打开 Print Details 对话框，如图 14-5 所示。

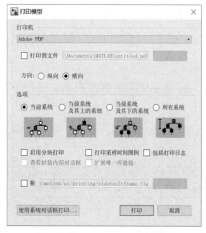

图 14-4 PrintModel 对话框

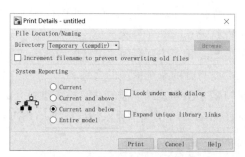

图 14-5 Print Details 对话框

在 File location/naming 选项区内，可以利用路径参数指定报告文件的保存位置和名称，Simulink 会在用户指定的路径下保存生成的 HTML 报告。

完成报告选项的设置后，单击 Print 按钮，Simulink 会在默认的 HTML 浏览器内生成 HTML 报告并在消息面板内显示状态消息。

使用默认设置生成该系统的模型报告，单击 Print 按钮后，模型的消息面板将被替换为 Print Details 对话框，如图 14-6 所示，单击消息面板右上角的 ▼ 按钮，可以从列表中选择消息详细级别。

在报告生成过程开始后，Print Details 对话框内的 Print 按钮将变成为 Stop 按钮，单击该按钮可终止报告的生成。

当报告生成过程结束后，Stop 按钮将变成为 Options 按钮，单击该按钮将显示报告生成选项，并允许用户在不必重新打开 Print Details 对话框的情况下生成另一个报告。报告中详细列出了模型层级、仿真参数值、组成系统模型的模块名称和各模块的设置参数值等。

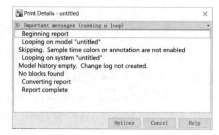

图 14-6 Print Details 对话框

14.1.6　常用鼠标和键盘操作

模块、线条及信号标识相关的常用鼠标及键盘操作如表 14-1 所示，这些操作适用于微软窗口操作系统。在这些表格中，LMB 表示按下鼠标左键（Left Mouse Button），RMB 表示按下鼠标右键（Right Mouse Button），+表示同时操作。

表 14-1　常用鼠标和键盘操作

任　务	操　作	任　务	操　作
模块操作			
选取模块	LMB	连接模块	LMB
选取多个模块	Shift+LMB	断开模块	Shift+LMB+拖开模块
从另一个窗口复制模块	LMB+拖至复制处	打开所选子系统	Enter
搬移模块	LMB+拖至目的地	回到子系统的母系统	Esc
在同一个窗口内复制模块	RMB+拖至目的地		
线条操作			
选取连线	LMB	移动线段	LMB+拖动
选取多条连线	Shift+LMB	移动线段拐角	LMB+拖动
绘制分支连线	Ctrl+LMB+拖动连线	改变连线走向	Shift+LMB+拖动
绘制绕过模块的连线	Shift+LMB+拖动		
信号标记操作			
产生信号标记	双击信号线，输入标记符	编写信号标记	单击标记符，编辑
复印信号标记	Ctrl+LMB+拖动标记符	消除信号标记	Shift+单击标记+Delete
移动信号标记	LMB+拖动标记符		
注文操作			
加入注文	双击框图空白的区域，输入注文	编辑注文	单击注文，编辑
复印注文	Ctrl+LMB+拖动注文	消除注文	Shift+单击注文+Delete
移动注文	LMB+拖动注文		

14.1.7　环境设置

MATLAB 环境对话框（如图 14-7 所示）可以让用户集中设置 MATLAB 及其工具软件包的使用环境，包括 Simulink 环境的设置。要在 Simulink 环境中打开该对话框，可以在 Simulink 仿真界面中执行"建模"选项卡"评估和管理"选项组 ⦙⦙⦙ ▼（环境）菜单中的"Simulink 预设项"命令。对话框各部分的含义如下：

（1）常规：该栏用来设置 Simulink 的通用参数，其中"存放生成文件的文件夹"用于设置文件的保存位置，"背景颜色"用于修改 Simulink 的背景颜色。

（2）编辑器：定义 Simulink 在建模时，交叉线的显示方式。

（3）模型文件：定义 Simulink 的模型文件等。

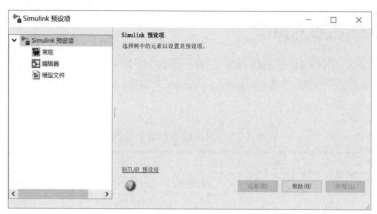

图 14-7　MATLAB 环境设置对话框

14.1.8　仿真基本步骤

Simulink 实际上是面向结构的系统仿真软件。创建系统模型及利用所创建的系统模型对系统进行仿真是 Simulink 仿真的两个最基本的步骤。

1. 创建系统模型

创建系统模型是用 Simulink 进行动态系统仿真的第一个环节，它是进行系统仿真的前提。模块是创建 Simulink 模型的基本单元，通过适当的模块操作及信号线操作就能完成系统模型的创建。为了达到理想的仿真效果，在建模后仿真前必须对各个仿真参数进行配置。

2. 利用模型对系统仿真

在完成了系统模型的创建及合理的仿真参数设置后，就可以进行第二个步骤——利用模型对系统仿真。

运行仿真的方法包括使用窗口选项卡功能及使用命令运行两种。对仿真结果的分析是进行系统建模与仿真的重要环节，因为仿真的主要目的就是通过创建系统模型以得到某种计算结果。Simulink 提供了很多可以对仿真结果进行分析的输出模块，在 MATLAB 中也有丰富的用于结果分析的函数和指令。

下面通过一个简单的示例介绍如何建立动态系统模型。

【例 14-1】系统的输入为一个正弦波信号，输出为此正弦波信号与一个常数的乘积。要求建立系统模型，并以图形方式输出系统运算结果。已知系统的数学描述为：

系统输入：$u(t) = \sin(t) t \geqslant 0$

系统输出：$y(t) = au(t) a \neq 0$

解：（1）启动 Simulink 并新建一个系统模型文件。该系统的模型包括如下系统模块（均在 Simulink 公共模块库中）：

① Sources 模块库中的 SineWave 模块：产生一个正弦波信号。

② Math Operations 模块库中的 Gain 模块：将信号乘以一个常数（即信号增益）。

③ Sinks 模块库中的 Scope 模块：以图形方式显示结果。

选择相应的系统模块并将其拖动到新建的系统模型中，如图 14-8 所示。

（2）在选择构建系统模型所需的所有模块后，需要按照系统的信号流程将各系统模块正确连接起来。连接系统模块的方法如下：

① 将光标指向起始块的输出端口，此时光标变成"+"。按住鼠标左键并拖动到目标模块的输入端口，

在接近到一定程度时红色的信号线将变成黑色实线，此时松开鼠标键，连接完成。

② 单击起始模块的输出端口，随后单击输入模块的输入端口，连接完成。

完成后在输入端连接点处将出现一个箭头，表示系统中信号的流向，如图 14-9 所示。按照信号的输入/输出关系连接各系统模块之后，系统模型的创建工作便已结束。

　　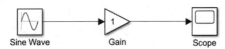

图 14-8　选择系统所需要的模块　　　　　　图 14-9　模块连接

（3）模块参数设置。为了对动态系统进行正确的仿真与分析，必须设置正确的系统模块参数与系统仿真参数。双击系统模块，打开模块参数设置对话框，在对话框中设置合适的模块参数。本例设置"增益"为 5，其余保持默认设置，如图 14-10 所示。

（4）设置系统仿真参数。单击 Simulink 仿真界面"建模"选项卡"设置"选项组中的 ⚙（模型设置）按钮，即可弹出如图 14-11 所示的配置参数对话框，在该对话框中可以进行动态系统的仿真参数设置。本例系统仿真参数采用 Simulink 的默认设置。

图 14-10　模块参数设置

（5）系统运行并查看结果。单击 Simulink 仿真界面"仿真"或"建模"选项卡"仿真"选项组中的 ▶（运行）按钮，运行仿真系统。运行完成后，单击 Scope 模块，可查看仿真结果，如图 14-12 所示。

图 14-11　系统参数设置

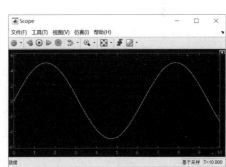

图 14-12　示波器显示结果

14.1.9　系统封装

在 Simulink 仿真界面，单击"建模"选项卡"组件"选项组中的下拉按钮，在弹出的如图 14-13 所示的选项面板中单击"系统封装"选项组中的"创建系统封装"按钮，将弹出如图 14-14 所示的"系统封装编辑器"窗口。

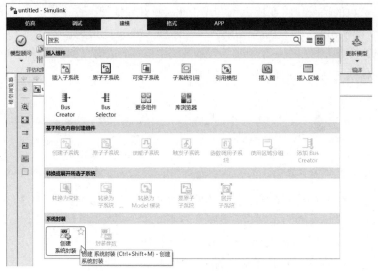

图 14-13　选项面板

在系统封装编辑器中有"参数和对话框""代码""图标""约束"4 个选项卡，选择不同的选项卡，窗口两侧显示的内容并不相同。利用该编辑器可以对整个仿真系统进行封装操作。

限于篇幅，关于系统封装的知识本书不做介绍，读者可参考后面子系统封装部分内容。

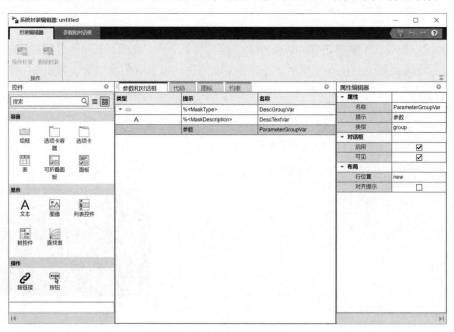

图 14-14　系统封装编辑器

14.2　模块库介绍

为了方便用户快速构建所需的动态系统，Simulink 提供了大量的、以图形形式给出的内置系统模块。使用这些内置模块可以快速方便地设计出特定的动态系统。下面介绍模块库中一些常用的模块功能。

14.2.1　信号源模块库

信号源（Sources）模块库如图 14-15 所示，部分模块的功能如下。

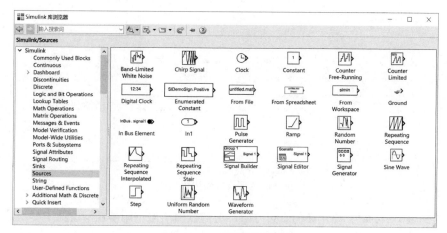

图 14-15　信号源模块库

（1）输入常数模块（Constant）：产生一个常数。该常数可以是实数，也可以是复数。

（2）信号源发生器模块（Signal Generator）：产生不同的信号，包括正弦波、方波、锯齿波信号。

（3）从文件读取信号模块（From File）：从一个 MAT 文件中读取信号，读取的信号为一个矩阵，格式与 To File 模块中介绍的矩阵格式相同。如果矩阵在同一采样时间有两个或更多的列，则数据点的输出应该是首次出现的列。

（4）从工作区读取信号模块（From Workspace）：从 MATLAB 工作区读取信号作为当前的输入信号。

（5）随机数模块（Random Number）：产生正态分布的随机数，默认的随机数是期望为 0、方差为 1 的标准正态分布量。

（6）带宽限制白噪声模块（Band-Limited White Noise）：实现对连续或者混杂系统的白噪声输入。

【例 14-2】搭建如图 14-16 所示的包含 Random Number 模块的输出系统并运行，输出结果如图 14-17 所示。

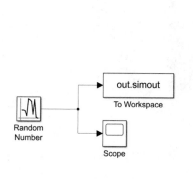

图 14-16　Random Number 使用

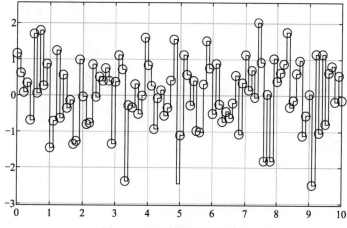

图 14-17　示波器时钟变化图

14.2.2　信号输出模块库

信号输出（Sinks）模块库如图 14-18 所示，部分模块的功能如下。

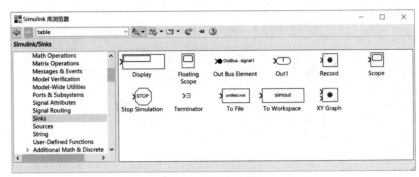

图 14-18　信号输出模块库

（1）示波器模块（Scope）：显示在仿真过程中产生的输出信号，用于在示波器中显示输入信号与仿真时间的关系曲线，仿真时间为 x 轴。

（2）二维信号显示模块（XY Graph）：在 MATLAB 的图形窗口中显示一个二维信号图，并将两路信号分别作为示波器坐标的 x 轴与 y 轴，同时把二者之间的关系图形显示出来。

（3）显示模块（Display）：按照一定的格式显示输入信号的值。可供选择的输出格式包括 short、long、short_e、long_e、bank 等。

（4）输出到文件模块（To File）：按照矩阵的形式把输入信号保存到一个指定的 MAT 文件。第一行为仿真时间，余下的行则是输入数据，一个数据点是输入向量的一个分量。

（5）输出到工作区模块（To Workspace）：把信号保存到 MATLAB 的当前工作区，是另一种输出方式。

（6）终止信号模块（Terminator）：中断一个未连接的信号输出端口。

（7）结束仿真模块（Stop simulation）：停止仿真过程。当输入非零时，停止系统仿真。

【例 14-3】搭建如图 14-19 所示的包含 Sine Wave 模块的输出系统并运行，输出结果如图 14-20 所示。

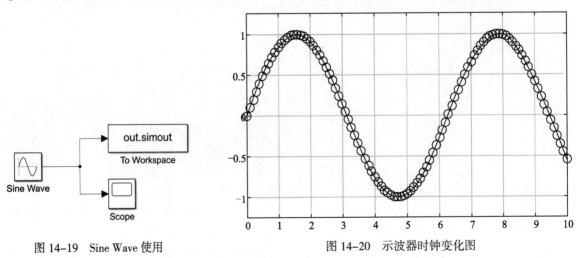

图 14-19　Sine Wave 使用　　　　　　　　图 14-20　示波器时钟变化图

【例 14-4】将阶跃信号的幅度扩大一倍，并以 Out1 模块为系统设置一个输出接口。

解：模型如图 14-21 所示。模型中 Out1 模块为系统提供了一个输出接口，如果同时定义返回工作区的变量，则会返回到定义的工作变量中。

变量通过"配置参数"对话框中的"数据导入/导出"选项定义（其设置下文会介绍），此处输出信号时间变量 tout 和输出变量 yout 使用默认设置。

运行仿真，在 MATLAB 命令行窗口中输入如下命令绘制输出曲线：

```
>> plot(tout,yout)
```

输出曲线在 MATLAB 图形窗口显示，显示结果如图 14-22 所示。

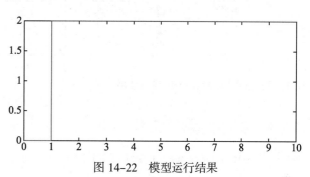

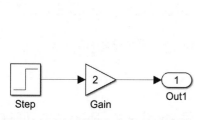

图 14-21　阶跃信号幅度扩大一倍模型　　　　图 14-22　模型运行结果

14.2.3　表格模块库

表格（Lookup Tables）模块库如图 14-23 所示，主要实现各种一维、二维或更高维函数的查表，另外用户还可以根据需要创建更复杂的函数。部分模块的功能如下。

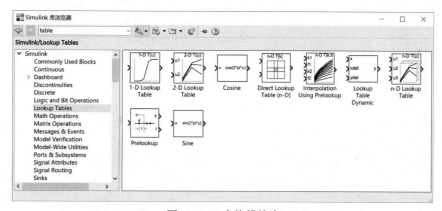

图 14-23　表格模块库

（1）一维查表模块（1-D Look-Up Table）：实现对单路输入信号的查表和线性插值。

（2）二维查表模块（2-D Look-Up Table）：根据给定的二维平面网格上的高度值，把输入的两个变量经过查表、插值，计算出模块的输出值，并返回这个值。

【**例 14-5**】搭建如图 14-24 所示的包含 1-D Lookup Table 模块的输出系统并设置采样时间为 0.1s，运行，输出结果如图 14-25 所示。

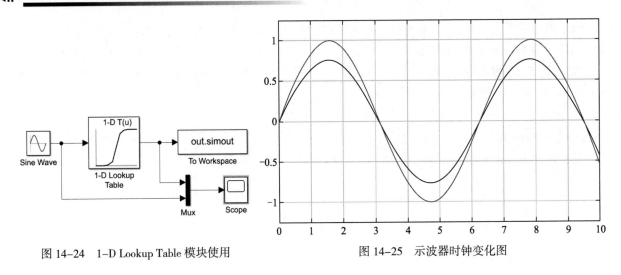

图 14-24　1-D Lookup Table 模块使用　　　　　　　　图 14-25　示波器时钟变化图

14.2.4　数学运算模块库

数学运算（Math Operations）模块库如图 14-26 所示，包括多个数学运算模块，部分模块的功能如下。

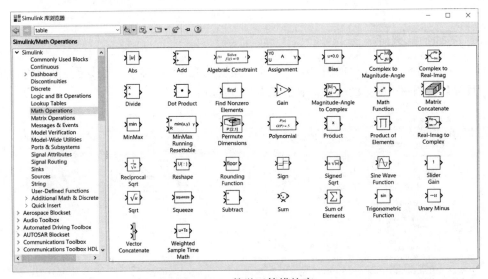

图 14-26　数学运算模块库

（1）求和模块（Sum）：用于对多路输入信号进行求和运算，并输出结果。

（2）乘法模块（Product）：用于实现对多路输入的乘积、商、矩阵乘法或模块的转置等运算。

（3）向量点乘模块（Dot Product）：用于实现输入信号的点积运算。

（4）增益模块（Gain）：用于将输入信号乘以一个指定的增益因子，使输入产生增益。

（5）常用数学函数模块（Math Function）：用于执行多个通用数学函数，其中包含 exp、log、log10、square、sqrt、pow、reciprocal、hypot、rem、mod 等。

（6）三角函数模块（Trigonometric Function）：用于对输入信号进行三角函数运算，共有 10 种三角函数供选择。

（7）特殊数学模块：包括求最大最小值模块（MinMax）、取绝对值模块(Abs)、符号函数模块（Sign）、取整数函数模块（Rounding Function）等。

（8）关系运算模块（Relational Operator）：关系符号包括==（等于）、≠（不等于）、<（小于）、<=（小于或等于）、>（大于）、>=（大于或等于）等。

（9）复数运算模块：包括计算复数的模与幅角（Complex to Magnitude-Angle）、由模和幅角计算复数（Magnitude-Angle to Complex）、提取复数实部与虚部模块（Complex to Real-Image）和由复数实部和虚部计算复数（Real-Image to Complex）。

【例 14-6】搭建如图 14-27 所示的包含 Abs 模块的输出系统并运行，输出结果如图 14-28 所示。

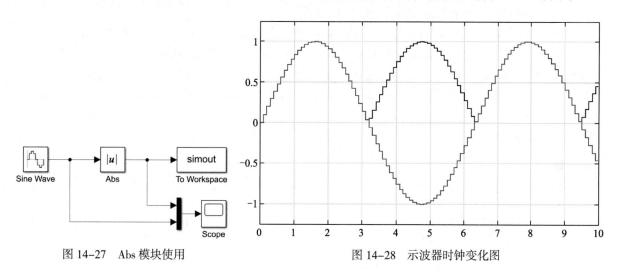

图 14-27　Abs 模块使用　　　　　　　　图 14-28　示波器时钟变化图

14.2.5　连续模块库

连续（Continuous）模块库如图 14-29 所示，包括常见的连续模块，部分模块的功能如下。

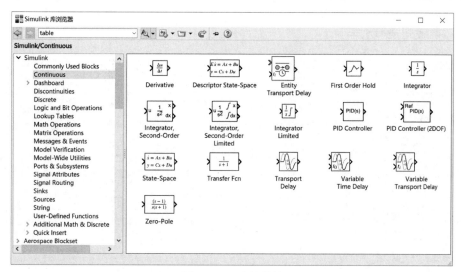

图 14-29　连续模块

（1）微分模块（Derivative）：通过计算差分 $\Delta u/\Delta t$ 近似计算输入变量的微分。

（2）积分模块（Integrator）：对输入变量进行积分。模块的输入可以是标量，也可以是向量；输入信号的维数必须与输入信号保持一致。

（3）线性状态空间模块（State-Space）：用于实现以下数学方程描述的系统

$$\begin{cases} x' = Ax + Bu \\ y = Cx + Du \end{cases}$$

（4）传递函数模块（Transfer Fcn）：用于执行一个线性传递函数。

（5）零极点传递函数模块（Zero-Pole）：用于建立预先指定的零点和极点，并用延迟算子 s 表示连续。

（6）PID 控制模块（PID Controller）：进行 PID 控制。

（7）传输延迟模块（Transport Delay）：用于将输入端的信号延迟指定的时间后再传输给输出信号。

（8）可变传输延迟模块（Variable Transport Delay）：用于将输入端的信号进行可变时间的延迟。

【例 14-7】搭建如图 14-30 所示的包含 Derivative 模块的输出系统并运行，输出结果如图 14-31 所示。

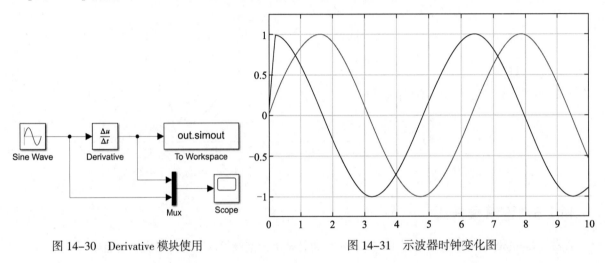

图 14-30　Derivative 模块使用　　　　　图 14-31　示波器时钟变化图

14.2.6　非线性模块库

非线性（Discontinuities）模块库如图 14-32 所示，包括一些常用的非线性模块，部分模块的功能如下。

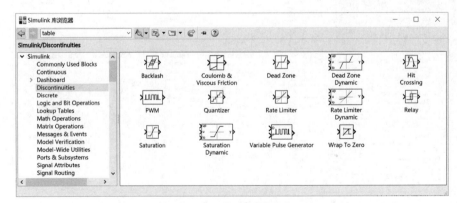

图 14-32　非线性模块库

（1）比率限幅模块（Rate Limiter）：用于限制输入信号的一阶导数，使信号的变化率不超过规定的限制值。

（2）饱和度模块（Saturation）：用于设置输入信号的上下饱和度，即上下限的值，以约束输出值。

（3）量化模块（Quantizer）：用于把输入信号由平滑状态变成台阶状态。

（4）死区输出模块（Dead Zone）：在规定的区内没有输出值。

（5）继电模块（Relay）：用于实现在两个不同常数值之间进行切换。

【例 14-8】搭建如图 14-33 所示的包含 Backlash 模块的输出系统并运行，输出结果如图 14-34 所示。

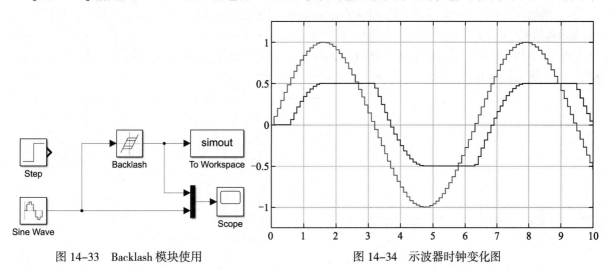

图 14-33　Backlash 模块使用　　　　　　　图 14-34　示波器时钟变化图

14.2.7　离散模块库

离散（Discrete）模块库如图 14-35 所示，主要用于建立离散采样的系统模型，部分模块的功能如下。

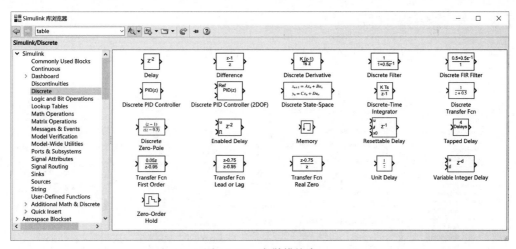

图 14-35　离散模块库

（1）零阶保持器模块（Zero-Order Hold）：在一个步长内将输出的值保持在同一个值上。

（2）单位延迟模块（Unit Delay）：将输入信号作单位延迟，并保持一个采样周期，相当于时间算子 $z-1$。

（3）离散时间积分模块（Discrete Time Integrator）：在构造完全离散的系统时，代替连续积分的功能。使用的积分方法有向前欧拉法、向后欧拉法和梯形法。

（4）离散状态空间模块（Discrete State-Space）：用于实现如下数学方程描述的系统

$$\begin{cases} x[(n+1)T] = Ax(nT) + Bu(nT) \\ y(nT) = Cx(nT) + Du(nT) \end{cases}$$

（5）离散滤波器模块（Discrete Filter）：用于实现无限脉冲响应和有限脉冲响应的数字滤波器。

（6）离散传递函数模块（Discrete Transfer Fcn）：用于执行一个离散传递函数。

（7）离散零极点传递函数模块（Discrete Zero-Pole）：用于建立预先指定的零点和极点，并用延迟算子 z-1 表示离散系统。

【例 14-9】搭建如图 14-36 所示的包含 Discrete Transfer Fcn 模块的输出系统并设置采样时间为 0.1s，运行，输出结果如图 14-37 所示。

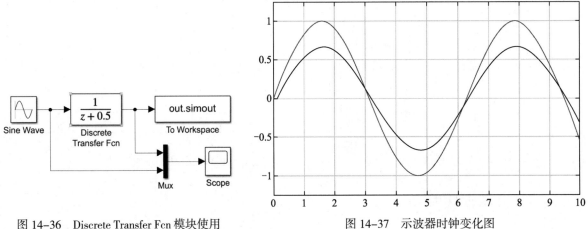

图 14-36 Discrete Transfer Fcn 模块使用

图 14-37 示波器时钟变化图

14.2.8 信号路由模块库

信号路由（signal Routing）模块库如图 14-38 所示，部分模块的功能如下。

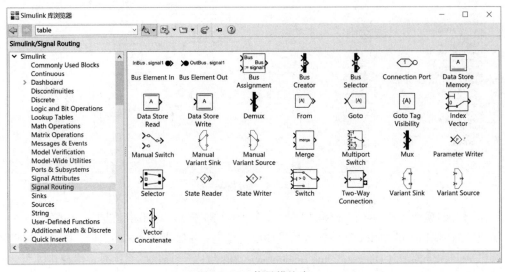

图 14-38 信号模块库

（1）Bus 信号选择模块（Bus Selector）：用于获取从 Mux 模块或其他模块引入的 Bus 信号。

（2）混路器模块（Mux）：把多路信号组成一个向量信号或 Bus 信号。

（3）分路器模块（Demux）：把混路器组成的信号按照原来的构成方法分解成多路信号。

（4）信号合成模块（Merge）：把多路信号合成一个单一的信号。

（5）接收/传输信号模块（From/Goto）：接收/传输信号模块常常配合使用，From 模块用于从一个 Goto 模块中接收一个输入信号，Goto 模块用于把输入信号传递给 From 模块。

【例 14-10】搭建如图 14-39 所示的包含 Bus Selector 模块的输出系统并运行，输出结果如图 14-40 所示。

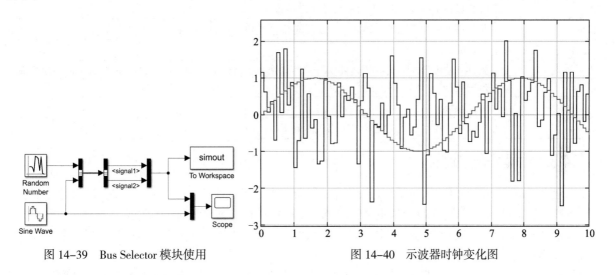

图 14-39　Bus Selector 模块使用　　　　图 14-40　示波器时钟变化图

14.3　模块操作

模块是构成 Simulink 模型的基本元素，用户可以通过连接模块构造任何形式的动态系统模型。

14.3.1　Simulink 模块类型

Simulink 把模块分为非虚拟模块和虚拟模块两种类型。非虚拟模块在仿真过程中起作用，如果用户在模型中添加或删除了一个非虚拟模块，那么 Simulink 会改变模型的动作方式；相比而言，虚拟模块在仿真过程中不起作用，它只是帮助以图形方式管理模型。

此外，有些 Simulink 模块在某些条件下是虚拟模块，而在其他条件下则是非虚拟模块，这样的模块称为条件虚拟模块。表 14-2 列出了 Simulink 中的虚拟模块和条件虚拟模块。

表 14-2　虚拟模块和条件虚拟模块

模块名称	作为虚拟模块的条件
Bus Selector	虚拟模块
Demux	虚拟模块
Enable	条件虚拟模块。当与Output模块直接连接时是非虚拟模块，否则总是虚拟模块
From	虚拟模块

模块名称	作为虚拟模块的条件
Goto	虚拟模块
Goto Tag Visibility	虚拟模块
Ground	虚拟模块
Inport	除非把模块放置在条件执行子系统内，且与输出端口模块直接连接，否则就是虚拟模块
Mux	虚拟模块
Outport	条件虚拟模块。当模块放置在任何子系统模块（条件执行子系统或无条件执行子系统）内，且不在最顶层的Simulink窗口中时才是虚拟模块
Selector	条件虚拟模块。除了在矩阵模式下不是虚拟模块，其他情况下都是虚拟模块
Signal Specification	虚拟模块
Subsystem	条件虚拟模块。当模块依条件执行，并且选择了模块的TreatasAtomicUnit选项时，该模块是虚拟模块
Treminator	虚拟模块
Trigger Port	条件虚拟模块。当输出端口未出现时是虚拟模块

14.3.2　模块的创建

在建立 Simulink 模型时，从 Simulink 模型库或已有的模型窗口中可以将模块复制到新的模型窗口，拖动到目标模型窗口中的模块可以利用鼠标拖动或按↑、↓、←或→键移动到新的位置。

在复制模块时，新模块会继承源模块的所有参数值。如果要把模块从一个窗口移动到另一个窗口，则在选择模块的同时要按下 Shift 键。

Simulink 会为每个被复制模块分配名称，如果这个模块是模型中此种模块类型的第一个模块，那么模块名称会与源窗口中的模块名称相同。例如，从 Math Operations 模块库中向用户模型窗口中复制 Gain 模块，那么这个新模块的名称是 Gain；如果模型中已经包含了一个名称为 Gain 的模块，那么 Simulink 会在模块名称后添加一个序列号。当然，用户也可以为模块重新命名。

Simulink 建模过程就是将模块库中的模块复制到模型窗口中。Simulink 的模型能根据常见的分辨率自动调整大小，可以利用鼠标拖动边界重新定义模型的大小。

1．模块复制

Simulink 模型搭建过程中，模块的复制能够为用户提供快捷的操作方式，复制操作步骤如下：

1）不同模型窗口(包括模型库窗口)之间的模块复制

（1）选定模块，直接按住鼠标左键（或右键）将其拖到另一模型窗口中。

（2）在模块上右击，在弹出的快捷菜单中执行 Copy、Paste 命令。

2）在同一模型窗口内的复制模块

（1）选定模块，按下鼠标右键，拖动模块到合适的位置，释放鼠标。

（2）选定模块，按住 Ctrl 键的同时，再按住鼠标左键拖动对象到合适的位置，释放鼠标。

（3）在模块上右击，在弹出的快捷菜单中执行 Copy、Paste 命令。

复制的效果如图 14-41 所示。

2. 模块移动

首先选定需要移动的模块，然后用鼠标将模块拖到合适的位置。当模块移动时，与之相连的连线也随之移动。

3. 模块删除

首先选定待删除模块，直接按 Delete 键；或者右击待删除模块，在弹出的快捷菜单中执行 Cut 命令。

4. 改变模块大小

选定需要改变大小的模块，出现小黑块编辑框后，用鼠标拖动编辑框，可以实现放大或缩小，如图 14-42 所示。

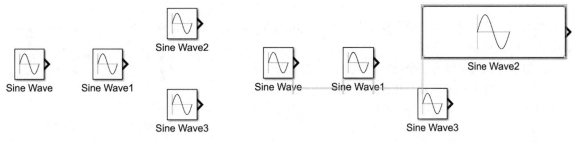

图 14-41　模块的复制　　　　　　　　　　　　图 14-42　模块的拉伸

5. 模块翻转

（1）模块翻转 180°。选定模块并右击，在弹出的快捷菜单中执行 Rotate & Flip→Flip Block 命令，可以将模块旋转 180°。

（2）模块翻转 90°。选定模块并右击，在弹出的快捷菜单中执行 Rotate & Flip→Clockwise 命令，可以将模块旋转 90°，如果一次翻转不能达到要求，可以多次翻转来实现。也可以按 Ctrl + R 快捷键实现模块的 90° 翻转。翻转效果如图 14-43 所示。

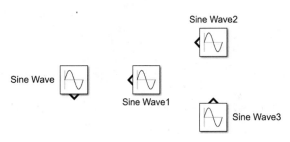

图 14-43　模块的翻转

6. 模块名编辑

（1）修改模块名：单击模块下方或旁边的模块名，即可对模块名进行修改。

（2）模块名字体设置：选定模块并右击，在弹出的快捷菜单中执行的 Format→Font Style for Selection，打开 Select Font 对话框设置字体。

（3）模块名的显示和隐藏：选定模块，执行 BLOCK 选项卡 FORMAT 选项组中的 Auto Name→Name On / Name Off 命令，可以显示或隐藏模块名。

（4）模块名的翻转：选定模块并右击，在弹出的快捷菜单中执行的 Rotate & Flip→Flip Block Name 命令，可以翻转模块名。

14.3.3　模块的连接

Simulink 框图中使用线表示模型中各模块之间信号的传送路径，用户可以用鼠标从模块的输出端口到另一模块的输入端口绘制连线，也可以由 Simulink 自动连接模块。

1. 自动连接模块

如果要 Simulink 自动连接模块，可先选中模块，然后按住 Ctrl 键的同时再单击目标模块，Simulink 会自动把源模块的输出端口与目标模块的输入端口相连。

如果需要，Simulink 还会绕过某些干扰连接的模块，如图 14-44 所示。

图 14-44　模块连线

在连接两个模块时，如果两个模块上有多个输出端口和输入端口，则 Simulink 会尽可能地连接这些端口，如图 14-45 所示。

如果要把一组源模块与一个目标模块连接，则可以先选中这组源模块（按住 Shift 键然后依次单击源模块，或按下鼠标左键框选），然后按下 Ctrl 键，再单击目标模块，如图 14-46 所示。

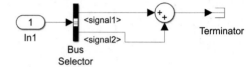

图 14-45　多个输出端口连线

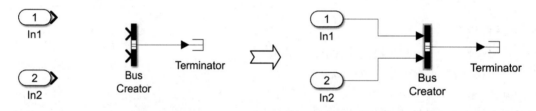

图 14-46　连接一组源模块与一个目标模块

如果要把一个源模块与一组目标模块连接，则可以先选中这组目标模块（按住 Shift 键然后依次单击源模块，或按下鼠标左键框选），然后按下 Ctrl 键，再单击源模块，如图 14-47 所示。

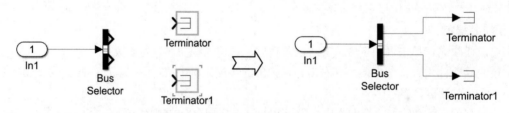

图 14-47　连接一个源模块与一组目标模块

2. 手动连接模块

如果要手动连接模块，可先把光标放置在源模块的输出端口，不必精确地定位光标位置，光标的形状会变为十字形，然后拖动到目标模块的输入端口，如图 14-48 所示。

当释放鼠标时，Simulink 会用带箭头的连线替代端口符号，箭头的方向表示信号流的方向。

也可以在模型中绘制分支线，即从已连接的线上分出支线，携带相同的信号至模块的输入端口，利用分支线可以把一个信号传递到多个模块。

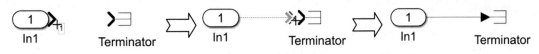

图 14-48　手动连接模块

首先选中需要分支的线，按下 Ctrl 键，同时在分支线的起始位置单击，拖动到目标模块的输入端口，然后释放 Ctrl 键和鼠标，Simulink 会在分支点和模块之间建立连接，如图 14-49 所示。

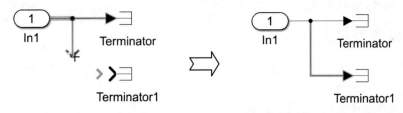

图 14-49　在分支点和模块之间建立连接

提示：如果要断开模块与线的连接，可按下 Shift 键，然后将模块拖动到新的位置即可。

也可以在连线上插入模块，但插入的模块只能有一个输入端口和一个输出端口。首先选中要插入的模块，然后拖动模块到连线上，释放鼠标并把模块放置到线上，Simulink 会在连线上自动插入模块，如图 14-50 所示。

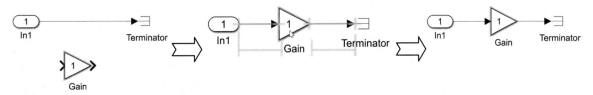

图 14-50　在连线上自动插入模块

3. 信号线的分支和折曲

（1）分支的产生。

将光标指向信号线的分支点上，按鼠标右键，光标将变为十字符，拖动到分支线的终点释放鼠标；或者按住 Ctrl 键，同时按下鼠标左键拖动到分支线的终点。如图 14-51 所示。

（2）信号线的折线。

选中已存在的信号线，将光标指向折点处，按住 Shift 键，同时按下鼠标左键，当光标变成小圆圈时，拖动小圆圈将折点拉至合适处，释放鼠标，如图 14-52 所示。

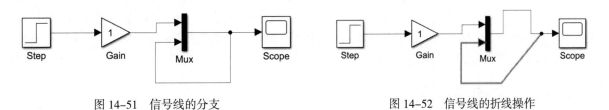

图 14-51　信号线的分支　　　　　　　图 14-52　信号线的折线操作

4．文本注释

（1）添加文本注释：在空白处双击，在出现的空白文本框中输入文本，可以添加文本注释。在信号线上双击，在出现的空白文本框中输入文本，可以添加信号线注释。

（2）修改文本注释：单击需要修改的文本注释，出现虚线编辑框即可修改文本。

（3）移动文本注释：在文本注释上按住鼠标左键并拖动，就可以移动编辑框。

（4）复制文本注释：在文本注释上按住 Ctrl 的同时，按住鼠标左键并拖动，即可复制文本注释。

文本注释效果如图 14-53 所示。

14.3.4　模块参数设置

Simulink 中的每一个模块都有一个模块参数对话框，在该对话框内可以查看和设置这些参数。模块参数对话框可以利用如下几种方式打开：

（1）双击模型或模块库窗口中的模块图标；

（2）右击模块，在弹出的快捷菜单中选择"模块参数"命令。

对于每个模块，模块的参数对话框也会有所不同，MATLAB 中的常值、变量或表达式均可以作为参数对话框中的参数值。

例如，在模型窗口中双击 Signal Generator 模块，可以打开模块参数对话框，如图 14-54 所示。由于 Signal Generator 模块是信号发生器模块，因此在对话框中可以通过"波形"参数选择不同的信号波形，并设置相应波形的参数值。

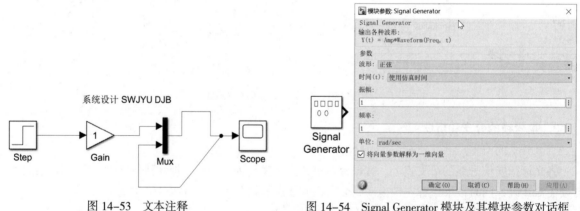

图 14-53　文本注释　　　　　　图 14-54　Signal Generator 模块及其模块参数对话框

14.4　系统仿真

Simulink 是 MATLAB 最重要的组件之一，它提供一个动态系统建模、仿真和综合分析的集成环境。构建好一个系统的模型之后，需要运行模型得到仿真结果。运行一个仿真的完整过程分为 3 个步骤：设置仿真参数、启动仿真和仿真结果分析。

14.4.1　仿真参数设置

构建好一个系统的模型后，在运行仿真前，必须对仿真参数进行配置。仿真参数的设置包括仿真过程中的仿真算法、仿真的起始时刻、误差容限及错误处理方式等的设置，还可以定义仿真结果的输出和存储方式。

在 Simulink 仿真界面中单击"建模"选项卡"设置"选项组中的 ⚙（模型设置）按钮，将弹出如图 14-55 所示的"配置参数"对话框，默认显示"求解器"选项。

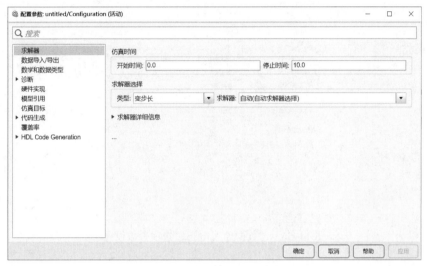

图 14-55　"求解器"选项参数设置

1. 求解器参数设置

（1）仿真时间：用于仿真起始和结束时间设置。

（2）求解器选择：用于求解微分方程组的设置，其中"类型"用于步长设置，"求解器"用于求解器设置。

（3）求解器详细信息：用于求解器的详细参数设置。

2. 数据导入/导出参数设置

在配置参数对话框左侧面板中选择"数据导入/导出"选项，此时的对话框如图 14-56 所示。利用该对话框可以设置 Simulink 从工作空间输入数据、初始化状态模块等参数，也可以把仿真的结果、状态模块数据保存到当前工作空间。

（1）从工作区加载：用于设置从工作空间装载数据参数。

（2）保存到工作区或文件：用于设置保存数据到工作空间或文件参数。

（3）勾选"时间"复选框，模型将把时间变量以在右侧文本框中填写的变量名（默认为 tout）存放于工作空间。

（4）勾选"状态"复选框，模型将把其状态变量以在右侧文本框中填写的变量名（默认为 xout）存放于工作空间。

（5）勾选"输出"复选框，模型将把其输出数据变量以在右侧文本框中填写的变量名（默认为 yout）存放于工作空间。如果模型窗口中使用输出模块 Out，那么就必须勾选"输出"复选框。

（6）勾选"最终状态"复选框，模型将把最终状态值以在右侧文本框中填写的变量名（默认为 xFinal）存放于工作空间。

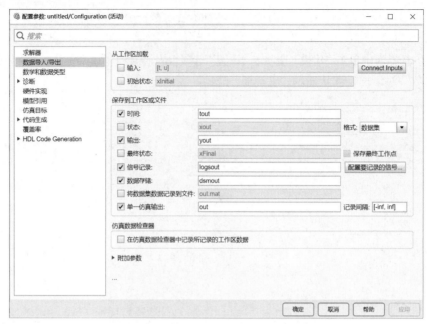

图 14-56　"数据导入/导出"选项参数设置

14.4.2　启动仿真

系统的仿真参数设置完成后，就可以对系统进行仿真了。启动 Simulink 仿真方式有以下两种：

（1）单击"仿真"或"建模"选项卡"仿真"选项组中的 ▶（运行）按钮进行仿真；

（2）在 MATLAB 命令行窗口中直接输入 sim('model')语句进行仿真。

14.4.3　仿真结果分析

仿真的最终目的是要通过模型得到某种计算结果，故仿真结果的分析是系统仿真的重要环节。仿真结果的分析不仅可以通过 Simulink 提供的输出模块完成，MATLAB 也提供了一些用于仿真结果分析的函数和指令。

模型仿真的结果可以用数据的形式保存在文件中，也可以用图形的方式直观地显示出来。对于大多数工程设计人员来说，查看和分析结果曲线对于了解模型的内部结构及判断结果的准确性具有重要意义。

Simulink 仿真模型运行后，可以用下面几种方法绘制模型的输出轨迹：

（1）将输出信号传送到 Scope 模块或 XY Graph 模块；

（2）使用悬浮 Scope 模块和 Display 模块；

（3）将输出数据写入返回变量，并用 MATLAB 的绘图命令绘制曲线；

（4）将输出数据用 To Workspace 模块写入工作区，利用 MATLAB 进行数据分析。

14.4.4　简单系统的仿真分析

【例 14-11】建立一个如图 14-57 所示的 Simulink 模块仿真图，并对其进行仿真计算。

解：搭建模块仿真图的主要操作步骤如下。

（1）启动 MATLAB，在 MATLAB 主界面中单击"主页"选项卡 SIMULINK 选项组中的 Simulink 按钮，或在命令窗口中输入 simulink 命令。执行命令后将弹出 Simulink 起始页界面。

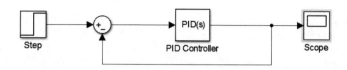

图 14-57　Simulink 模块仿真图

（2）在界面中单击右侧 Simulink 下的"空白模型"进入 Simulink 仿真界面。

（3）单击 Simulink 仿真界面"仿真"选项卡"库"选项组中的 🖳（库浏览器）按钮，将弹出 Simulink 库浏览器窗口（模块库窗口）。

（4）将模块库窗口中的相应模块拖动到 Simulink 窗口中，该系统的模型包括如下系统模块（均在 Simulink 公共模块库中）：

① Sources 模块库中的 Ste 模块：产生一个阶跃信号。

② Math Operations 模块库中的 Sum 模块：实现信号衰减/增强运算，本例用于实现衰减运算。

③ Continuous 模块库中的 PID Controller 模块：实现连续和离散时间 PID 控制算法。

④ Sinks 模块库中的 Scope 模块：以图形方式显示结果。

选择相应的系统模块并将其拖动到新建的系统模型中，如图 14-58 所示。

图 14-58　选择系统所需要的模块

说明：当不确定模块所在模块库时，可以在 Simulink 库浏览器界面左上角输入关键词进行模块的查找。根据查询结果，选择所需模块拖动到文件即可。

（5）依次搭建每一个模块，通过连线构成一个系统，得到相应的系统图如图 14-59 所示（此处已将 Sum 模块的名称隐藏）。

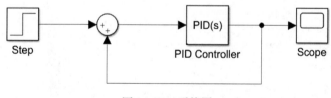

图 14-59　系统图

（6）双击 Step 模块，在弹出的模块参数对话框中设置"阶跃时间"为 0，如图 14-60 所示，单击"确定"按钮完成设置。

（7）双击 Sum 模块，在弹出的模块参数对话框中设置"符号列表"参数为"|+-"，如图 14-61 所示，单击"确定"按钮完成设置。此时的仿真系统图中 Sum 模块下方的+变为−，如图 14-62 所示。

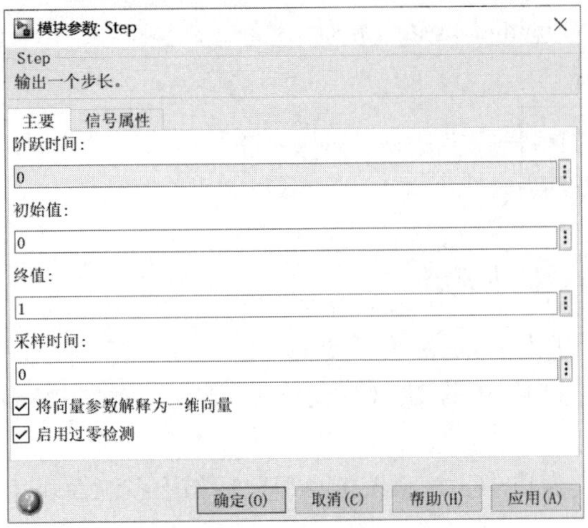

图 14-60 Step 模块参数设置 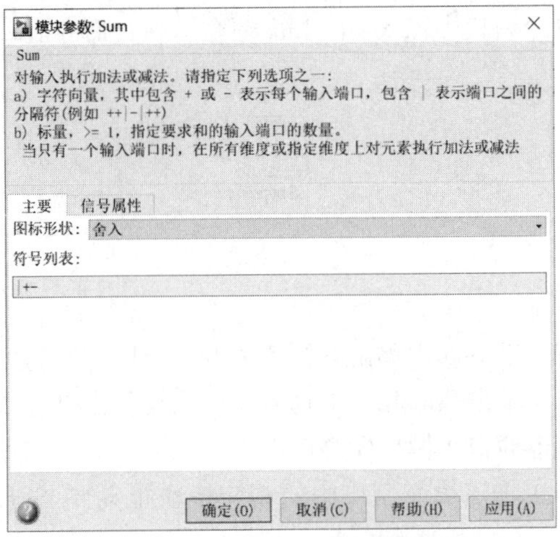   图 14-61 Sum 模块参数设置

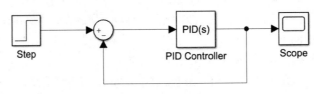

图 14-62 系统图

（8）双击 PID Controller 模块，在弹出的模块参数对话框中设置"比例"为 0.4267，"积分"为 7.7329，"导数"为 1.607，其余参数不变，如图 14-63 所示，单击"确定"按钮完成设置。

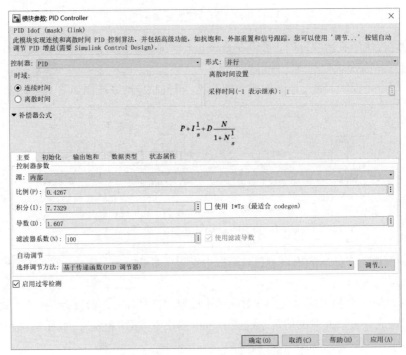

图 14-63 PID Controller 模块参数设置

（9）单击 Simulink 仿真界面"仿真"选项卡"仿真"选项组中的 ▶（运行）按钮，进行模型仿真。

（10）待仿真结束，双击 Scope 示波器，将弹出示波器图形窗口，显示的仿真后的结果如图 14-64 所示。至此，一个简单的 Simulink 模型由搭建到仿真到生成图形，全部结束。

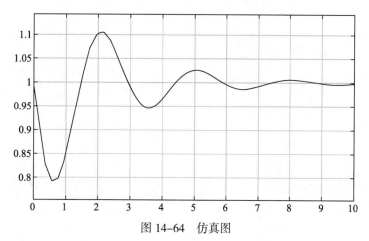

图 14-64　仿真图

（11）在 Simulink 仿真界面单击"仿真"选项卡"文件"选项组中的 💾（保存）按钮，在弹出的"另存为"对话框中进行 Simulink 文件的保存操作，即生成 Simulink 文件。

综上，Simulink 模型搭建较简单，关键在于 Simulink 模型所代表的数学模型，通常情况下，数学模型限制了 Simulink 资源的使用。

【例 14-12】建立一个 Simulink 模型，使得该模型满足：在 t≤5s 时，输出为正弦信号 sint；当 t>5s 时，输出为 5。

解：（1）建立系统模型。

根据系统数学描述选择合适的 Simulink 模块。

① Source 模块库中的 Sine Wave 模块：作为输入的正弦信号 sint。

② Source 模块库中的 Clock 模块：表示系统的运行时间。

③ Source 模块库中的 Constant 模块：用来产生特定的时间。

④ Logic and Bit operations 模块库中的 Relational Operator 模块：建立该系统时间上的逻辑关系。

⑤ Signal Routing 模块库中的 Switch 模块：实现系统输出随仿真时间的切换。

⑥ Sink 模块库下的 Scope 模块：完成输出图形显示功能。

建立的系统仿真模型如图 14-65 所示。

（2）模块参数的设置。

双击所用模块，在弹出的模块参数对话框中进行参数设置，没有提到的模块及相应的参数均采用默认值。

① Sine Wave 模块："振幅"为 1，"频率"为 1，即为默认设置。

② Constant 模块："常量值"为 5，用于设置判断 t 是大于还是小于 5 的门限值，如图 14-66 所示。

③ Relational Operator 模块："关系运算符"设

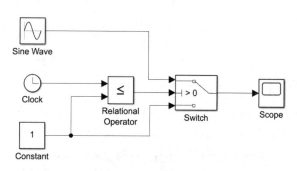

图 14-65　系统仿真模型

置为"<=",即为默认值。

④ Switch 模块:"阈值"为 0.1(该值只需要大于 0 小于 1 即可),如图 14-67 所示。

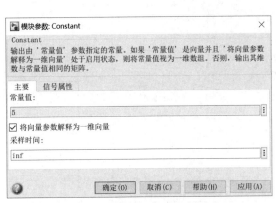

图 14-66　Constant 模块参数设置

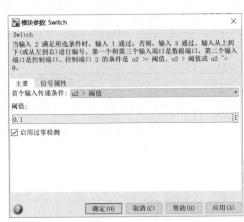

图 14-67　Switch 模块参数设置

(3)仿真的配置。

在进行仿真之前,需要对仿真参数进行设置。在 Simulink 仿真界面中单击"建模"选项卡"设置"面板中的 ⚙ (模型设置)按钮,将可弹出如图 14-68 所示的"配置参数"对话框。

在"求解器"选项下设置"开始时间"为 0.0,"停止时间"为 10.0(在时间大于 5s 时系统输出才有转换,需要设置合适的仿真结束时间),其余选项保持默认。单击"确定"按钮完成设置。

图 14-68　系统参数设置

(4)运行仿真。

在 Simulink 仿真界面单击"仿真"选项卡"仿真"选项组中的 ▶ (运行)按钮,进行模型仿真。仿真完成后得到的仿真结果如图 14-69 所示。

从仿真结果可以看出,在模型运行到第 5 步时,输出曲线由正弦曲线变为恒定常数 5。

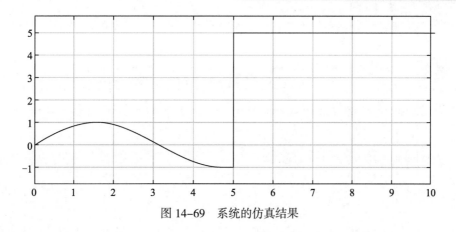

图 14-69   系统的仿真结果

14.5   本章小结

Simulink 是 MATLAB 中的一种可视化仿真工具，是一种基于 MATLAB 的框图设计环境，是实现动态系统建模、仿真和分析的一个软件包，广泛应用于线性系统、非线性系统、数字控制及数字信号处理的建模和仿真中。本章重点介绍了 Simulink 的基本功能，对常用模块库进行了介绍，对 Simulink 的模型创建也做了重点介绍，最后通过示例对 Simulink 系统仿真流程进行了讲解。

第 15 章

Simulink 子系统

Simulink
子系统

对于简单的系统，可以直接使用前文介绍的方法建立 Simulink 仿真模型进行动态系统仿真。然而，对于复杂的动态系统，直接对系统进行建模，不论是分析系统还是设计系统，都会给用户带来诸多不便。本章重点介绍的 Simulink 的子系统技术可以较好地解决复杂系统的建模、仿真问题。

本章学习目标包括：

（1）了解仿真子系统的定义；

（2）掌握各种高级子系统的使用；

（3）掌握封装子系统的方法；

（4）了解自定义库的方法。

15.1 子系统介绍

当模型的结构非常复杂时，可以通过把多个模块组合在子系统内的方式简化模型。利用子系统创建模型有如下优点：

（1）减少了模型窗口中显示的模块数，使模型外观结构更清晰，增强模型的可读性；

（2）在简化模型外观结构图的基础上，保持了各模块之间的函数关系；

（3）可以建立层级框图，Subsystem 模块是一个层级，组成子系统的模块在另一层级上。

15.1.1 子系统含义

1. 虚拟子系统

虚拟子系统在模型中提供了图形化的层级显示。它简化了模型的外观，但并不影响模型的执行，在模型执行期间，Simulink 会平铺所有的虚拟子系统，也就是在执行之前就扩展子系统。这种扩展类似于编程语言，如 C 或 C++中的宏操作。

2. 原子子系统

原子子系统（Atomic Subsystem）与虚拟子系统的区别在于，原子子系统内的模块作为一个单个单元执行，Simulink 中的任何模块都可以放在原子子系统内，包括以不同速率执行的模块。在虚拟子系统内可以通过选择"视为原子单元"选项创建原子子系统。

3. 使能子系统

使能子系统（Enabled Subsystem）的动作类似原子子系统，不同的是前者只有在驱动子系统使能端口的输入信号大于 0 时才会执行。在子系统内放置 Enable 模块可以创建使能子系统，通过设置使能子系统内 Enable 端口模块中的"启用时的状态"参数可以配置子系统内的模块状态。

此外，利用 Outport 输出模块的"禁用时的输出"参数可以把使能子系统内的每个输出端口配置为保持输出或重置输出。

4. 触发子系统

触发子系统（Triggered Subsystem）只有在驱动子系统触发端口的信号的上升沿或下降沿到来时才会执行，触发信号沿的方向由 Trigger 端口模块中的"触发器类型"参数决定。

Simulink 限制放置在触发子系统内的模块类型，这些模块不能明确指定采样时间，也就是说，子系统内的模块必须具有-1 值的采样时间，即继承采样时间，因为触发子系统的执行具有非周期性，即子系统内模块的执行是不规则的。通过在子系统内放置 Trigger 模块的方式可以创建触发子系统。

5. 函数调用子系统

函数调用子系统（Function-Call Subsystem）类似于用文本语言（如 M 语言）编写的 S-函数，通过 Simulink 模块实现。通过 Stateflow 图、函数调用生成器或 S-函数可以执行函数调用子系统。

同触发子系统，Simulink 限制放置在函数调用子系统内的模块类型，通过把 Trigger 端口模块放置在子系统内，并将"触发器类型"参数设置为"函数调用"的方式创建函数调用子系统。

6. 触发使能子系统

触发使能子系统（Enabled and Triggered Subsystem）在系统被使能且驱动子系统触发端口的信号的上升沿或下降沿到来时才执行，触发边沿的方向由 Trigger 端口模块中的"触发器类型"参数决定。

同触发子系统，Simulink 限制放置在触发使能子系统内的模块类型，通过把 Trigger 端口模块和 Enable 模块放置在子系统内的方式可以创建触发使能子系统。

7. While子系统

While 子系统在每个时间步内可以循环多次，循环的次数由 While Iterator 模块中的条件参数控制。通过在子系统内放置 While Iterator 模块的方式可以创建 While 子系统。

While 子系统与函数调用子系统相同的地方在于二者在给定的时间步内都可以循环多次，不同之处在于前者没有独立的循环指示器（如 Stateflow 图），而且，通过选择 While Iterator 模块中的参数，While 子系统还可以存取循环次数，通过设置"启用时的状态"参数还可以控制当子系统开始执行时状态是否重置。

8. For子系统

For 子系统在每个模型时间步内可执行固定的循环次数，循环次数可以由外部输入给定，或者由 For Iterator 模块内部指定。通过在子系统内放置 For Iterator 模块的方式可以创建 For 子系统。

For 子系统也可以通过选择 For Iterator 模块内的参数来存取当前循环的次数。For 子系统在给定时间步内限制循环次数上与 While 子系统类似。

15.1.2　创建子系统

在 Simulink 中，可以在模型中新建子系统，也可以在已有系统模型基础上组合建立新的子系统。下面通过示例演示如何创建子系统。

【例 15-1】在模型中新建子系统示例。

解：（1）在 Simulink 中，利用以下模块库中的模块建立仿真模型：

① Sources 模块库中的 Constan 模块。

② Commonly Used Blocks 模块库中的 Subsystem 模块。

③ Sinks 模块库中的 Scope 模块。

本示例建立的模型如图 15-1 所示。

（2）双击 Subsystem 模块，会进入 Subsystem 模型窗口，可以发现子系统自动添加了一个输入模块 In1 和一个输出模块 Out1。该输入模块和输出模块将应用在主模型中作为用户的输入和输出接口，如图 15-2 所示。

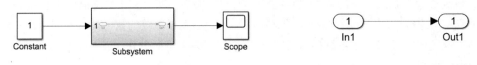

图 15-1   子系统创建　　　　　　　　　　　　　图 15-2   Subsystem 模型

（3）在子系统窗口中添加组成子系统的模块，模块如下。最终创建的子系统如图 15-3 所示。

① Sources 模块库中的 Chirp Signal 模块，参数设置为默认。

② Math Operations 模块库中的 Gain 模块，参数设置为默认。

③ Signal Routing 模块库中的 Mux 模块，参数设置为默认。

④ Sinks 模块库中的 Scope 模块，参数设置为默认。

（4）返回系统模型，此时的 Subsystem 模块上会显示子系统模型，如图 15-4 所示。

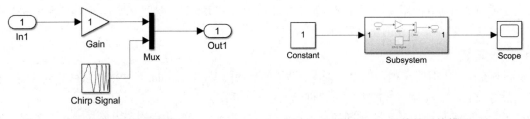

图 15-3   子系统创建　　　　　　　　　　　　　图 15-4   最终的系统模型

（5）单击 Simulink 仿真界面 "仿真" 选项卡 "仿真" 选项组中的 ▶（运行）按钮，进行模型仿真。

（6）待仿真结束，双击 Scope 示波器，将弹出示波器图形窗口，显示的仿真后的结果如图 15-5 所示。

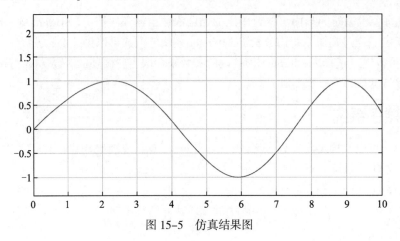

图 15-5   仿真结果图

【**例 15-2**】在已有系统模型基础上组合建立新的子系统示例。

解：（1）新建一个 PID 控制器。利用以下 Simulink 模型库中模块搭建 PID 仿真系统

① Sources 模块库中的 Step 模块，其中参数"阶跃时间"设置为 0。

② Commonly Used Blocks 模块库中的 Sum 模块，其中 Sum 参数"符号列表"设置为"|+-"，Sum1 参数"图标形状"设置为"矩形"，"符号列表"设置为"|+++"。

③ Math Operations 模块库中的 Gain 模块，共 3 个，Gain、Gain1、Gain2 参数"增益"分别设置为 10、1、0.4。

④ Commonly Used Blocks 模块库中的 Integrator 模块，参数设置为默认。

⑤ Continuous 模块库中的 Derivative，参数设置为默认。

⑥ Signal Routing 模块库中的 Mux 模块，参数设置为默认。

⑦ Sinks 模块库中的 Scope 模块，参数设置为默认。

建立的 PID 仿真系统，如图 15-6 所示。

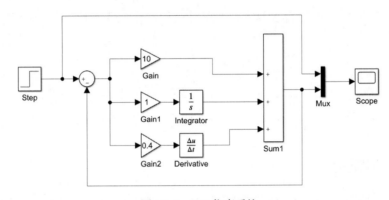

图 15-6　PID 仿真系统

（2）按住鼠标左键框选需要组成子系统的模块，松开鼠标后在框选区域右下角会出现 ⋯ 按钮，单击该按钮会弹出一个迷你工具栏，如图 15-7 所示。

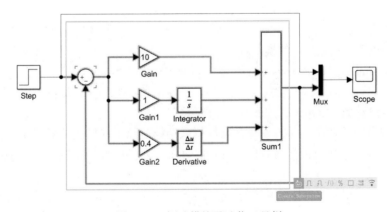

图 15-7　框选模块及迷你工具栏

（3）单击迷你工具栏中的 ⊡（创建子系统）按钮，即可将选中的模块集成在一个子系统中。对仿真系统集成后的模块进行适当的位置调整，最终的系统模型如图 15-8 所示。

说明：也可以在选中模块后，单击新出现的"多个"选项卡"创建"选项组中的 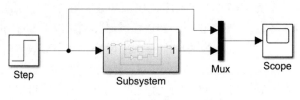（创建子系统）按钮，创建子系统。

图 15-8　PID 闭环系统

（4）在"仿真"选项卡"仿真"选项组中的"停止时间"中设置仿真结束时间为 50。单击该面板中的 ⊙（运行）按钮，进行模型仿真。

（5）待仿真结束，双击 Scope 示波器，将弹出示波器图形窗口，显示的仿真后的结果如图 15-9 所示。

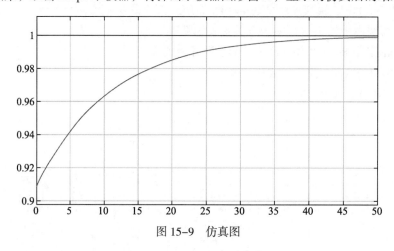

图 15-9　仿真图

15.1.3　模型浏览器

利用 Subsystem 模块创建由多层子系统组成的层级模型可使模型界面更加清晰，增加模型的可读性。对于模型层级比较多的复杂模型，逐层打开子系统浏览模型并不可取，此时可以利用 Simulink 主界面左侧的模型浏览器浏览模型。模型浏览器可以执行如下操作：

（1）按层级浏览模型；

（2）在模型中打开子系统；

（3）确定模型中所包含的模块；

（4）快速定位到模型中指定层级的模块。

下面以 Simulink 自带的 sldemo_househeat 模型为例介绍如何使用模型浏览器。在 MATLAB 命令行窗口直接输入 sldemo_househeat 命令加载模型，在模型窗口的左下角单击 »（隐藏/显示模型浏览器）按钮，即可将模型浏览器在窗口左侧显示出来，如图 15-10 所示。

此时模型窗口被分割为两个区域，左侧区域以树状结构显示组成模型的各层子系统，树状结构的根结点对应的是最顶层模型，所有的子系统以分支形式显示在左侧区域中；右侧区域显示对应系统的模型结构图。

如果要查看系统的模型框图或组成系统的任何子系统，则可以在树状结构中选择这个子系统，此时模型浏览器右侧的面板中会显示相应系统的结构框图。

在左侧模型浏览器中单击 House，可以打开如图 15-11 所示的 House 子系统结构图，该子系统下没有其子系统。

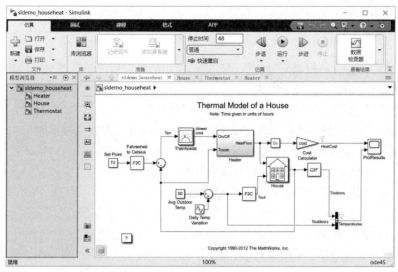

图 15-10　打开模型浏览器

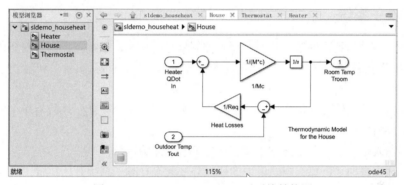

图 15-11　Throttle & Manifold 子系统结构图

模型浏览器还可以添加或删除模型树状显示中的库连接，也可以添加或删除被封装子系统。若要显示模型中的库连接或被封装子系统，则可以单击左侧面板上的 ▾▤ 按钮，在弹出的下拉菜单中执行相关命令，如图 15-12 所示，以启用库连接、带封装参数的系统等。

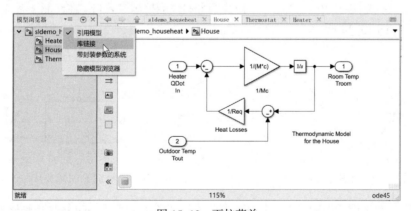

图 15-12　下拉菜单

15.2 高级子系统

条件执行子系统的执行受到控制信号的控制，根据控制信号对条件子系统执行的控制方式的不同，可以将条件执行子系统划分为如下 3 种基本类型。

（1）使能子系统。当控制信号的值为正时，子系统开始执行。

（2）触发子系统。当控制信号的符号发生改变时（也就是控制信号发生过零时），子系统开始执行。触发子系统的触发执行有 3 种形式：

① 控制信号上升沿触发：控制信号具有上升沿形式。

② 控制信号下降沿触发：控制信号具有下降沿形式。

③ 控制信号的双边沿触发：控制信号在上升沿或下降沿时触发子系统。

（3）函数调用子系统。在自定义的 S 函数中发出函数调用时开始执行。

下面介绍使能子系统与触发子系统及其组合使用。限于篇幅 S 函数将不再介绍，请读者参考《Simulink 系统仿真（第 2 版）》一书进行学习。

15.2.1 使能子系统

在 Simulink 中，条件执行子系统的执行会受到控制信号的控制，根据控制信号对条件子系统执行控制方式的不同，可以将条件执行子系统分为使能子系统（Enabled Subsystem）和触发子系统（Triggered Subsystem）。

使能子系统是指当控制信号的值为正时，子系统开始执行。一个使能子系统有单个的控制输入，控制输入可以是标量值或向量值。

（1）如果控制输入是标量，那么当输入大于 0 时子系统开始执行；

（2）如果控制输入是向量，那么当向量中的任一分量大于 0 时子系统开始执行。

假设控制输入信号是正弦波信号，那么子系统会交替使能和关闭，如图 15-13 所示，图中向上的箭头表示使能系统，向下的箭头表示关闭系统。

1. 创建使能子系统

当需要在模型中创建使能子系统时，可以从 Ports & Subsystems 模块库中将 Enable 模块复制到子系统内，这时 Simulink 会在子系统模块图标上添加一个使能符号和使能控制输入口。在使能子系统外添加 Enable 模块后的子系统图标如图 15-14 所示。

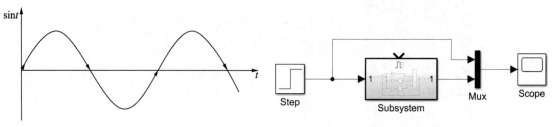

图 15-13　控制输入信号　　　　　　图 15-14　添加 Enable 模块后的子系统

在使能子系统中，单击输出端口 Out1 模块，在弹出的如图 15-15 所示的参数设置对话框中设置"禁用时的输出"参数选项。

（1）选择"保持"选项，表示让输出保持最近的输出值；

（2）选择"重置"选项，表示让输出返回到初始条件，并设置"初始输出"值，该值是子系统重置时的初始输出值。

初始输出值可以为空矩阵[]，此时的初始输出等于传送给 Out1 模块的模块输出值。

在执行使能子系统时，通过设置 Enable 模块参数设置对话框可以选择子系统状态，或者选择保持子系统状态为前一时刻值，或者重新设置子系统状态为初始条件。

双击 Enable 模块，在弹出的如图 15-16 所示的参数设置对话框中设置"启用时的状态"参数选项。

（1）选择"保持"选项表示使状态保持为最近的值；

（2）选择"重置"选项表示使状态返回初始条件。

勾选对话框中的"显示输出端口"复选框表示允许用户输出使能控制信号。如果使能子系统内的逻辑判断依赖于数值，或者依赖于包含在控制信号中的数值，这个特性可以将控制信号向下传递到使能子系统。

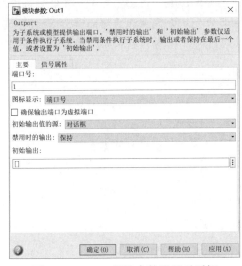

图 15-15　Out1 模块参数设置对话框

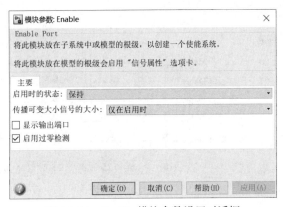

图 15-16　Enable 模块参数设置对话框

2. 使能子系统中的模块

使能子系统内可以包含任意 Simulink 模块，例如连续模块和离散模块等。使能子系统内的离散模块只有当子系统执行且该模块的采样时间与仿真的采样时间同步时才会执行，使能子系统和模型共用时钟。

使能子系统内也可以包含 Goto 模块，但是在子系统内只有状态端口可以连接到 Goto 模块。

如图 15-17 所示的模型是一个包含四个离散模块和一个控制信号的系统。模型中的离散模块如下：

（1）Unit Delay A 模块，采样时间为 0.25s；

（2）Unit Delay B 模块，采样时间为 0.5s；

（3）Unit Delay C 模块，在使能子系统内，采样时间为 0.125s；

（4）Unit Delay D 模块，在使能子系统内，采样时间为 0.25s。

使能控制信号由标识为 SignalE 的 Pulse Generator 模块产生，该模块在 0.375s 时由 0 变为 1，并在 0.875s 时返回 0。

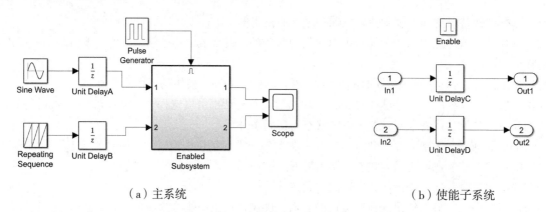

（a）主系统   （b）使能子系统

图 15-17   包含离散模块和控制信号的系统

Unit Delay A 模块和 Unit Delay B 模块的执行不受使能控制信号的影响，因为它们不是使能子系统的一部分。当使能控制信号变为正时，Unit Delay C 模块和 Unit Delay D 模块以模块参数对话框中指定的采样速率开始执行，直到使能控制信号再次变为 0。需要说明的是，当使能控制信号在 0.875s 变为 0 时，Unit Delay C 模块并不执行。如图 15-18 所示。

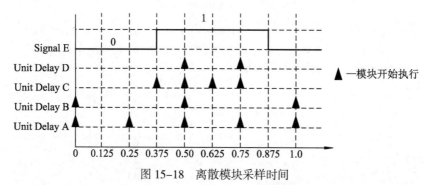

图 15-18   离散模块采样时间

下面通过示例演示使能子系统的创建方法。

【例 15-3】建立一个用使能子系统控制正弦信号为半波整流信号的模型。

解：（1）创建系统模型。模型由两个正弦信号 Sine Wave 为输入信号源，示波器 Scope 为接收模块，并将结果输出到工作区，使能子系统 Enabled Subsystem 为控制模块。

（2）连接模块。同时将 Sine wave 模块的输出作为 Enabled Subsystem 的控制信号，最终模型如图 15-19 所示。

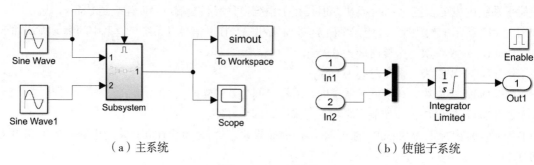

（a）主系统   （b）使能子系统

图 15-19   系统图

（3）Enable 模块参数设置如图 15-20 所示，Out1 输出模块参数设置如图 15-21 所示。

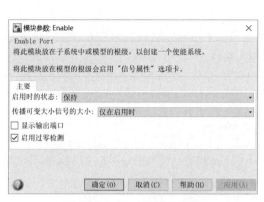

图 15-20　Enable 模块设置

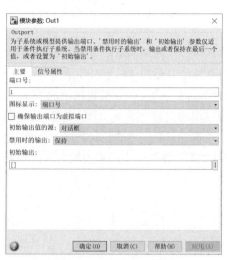

图 15-21　Out1 输出模块设置

（4）对该系统进行仿真，由于 Enabled Subsystem 的控制为正弦信号，大于 0 时执行输出，小于 0 时就停止，则示波器显示为半波整流信号，示波器的显示如图 15-22 所示。

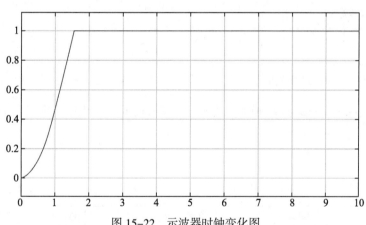

图 15-22　示波器时钟变化图

15.2.2　触发子系统

触发子系统是指当控制信号的符号发生改变时（也就是控制信号发生过零时），子系统开始执行。触发子系统有单个的控制输入，称为触发输入（Trigger Input），控制子系统是否执行。触发子系统的触发执行有 3 种形式：

（1）上升沿触发（rising）：当控制信号由负值或零值上升为零值（初始值为负）或正值时，子系统开始执行；

（2）下降沿触发（falling）：当控制信号由正值或零值下降为零值（初始值为正）或负值时，子系统开始执行；

（3）任一沿触发（either）：当控制信号上升或下降时，子系统开始执行。

对于离散系统,当控制信号从零值上升或下降,且只有当这个信号在上升或下降之前已经保持零值一个以上时间步时,这种上升或下降才被认为是一个触发事件。这样就消除了由控制信号采样引起的误触发事件。

如图 15-23 所示的离散系统时间中,上升触发(R)不能发生在时间步 3,因为当上升信号发生时,控制信号在零值只保持了一个时间步。

将 Ports & Subsystems 模块库中的 Trigger 模块复制到子系统中可以创建触发子系统,此时 Simulink 会在子系统模块的图标上添加一个触发符号和一个触发控制输入端口。

为了选择触发信号的控制类型,双击 Trigger 模块可以打开如图 15-24 所示的参数设置对话框,并可在"触发器类型"参数的下拉列表框中选择触发类型。

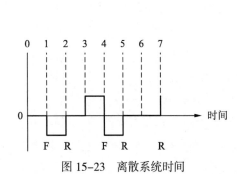

图 15-23 离散系统时间　　　　　　　图 15-24 Trigger 模块参数设置对话框

Simulink 会在 Trigger and Subsystem 模块上用不同的符号表示上升沿触发或下降沿触发,或双边沿触发。如图 15-25 所示就是在 Subsystem 模块上显示的触发符号。

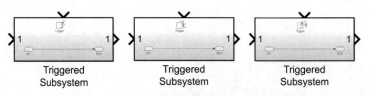

图 15-25 在 Subsystem 模块上显示的触发符号

如果选择的"触发器类型"参数是"函数调用"选项,那么创建的是函数调用子系统,这种触发子系统的执行是由 S-函数决定的,而不是由信号值决定的。

提示: 与使能子系统不同,触发子系统在两次触发事件之间一直保持输出为最终值,而且,当触发事件发生时,触发子系统不能重新设置它们的状态,任何离散模块的状态在两次触发事件之间会一直保持下去。

勾选参数设置对话框中的"显示输出端口"复选框,Simulink 会显示触发模块的输出端口,并输出触发信号,信号值及含义分别如下:

(1)1:表示产生上升触发的信号;

(2)-1:表示产生下降触发的信号;

（3）2：表示函数调用触发；

（4）0：表示用户类型触发。

"输出数据类型"选项指定触发输出信号的数据类型，包括 auto、int8 或 double。auto 选项可自动把输出信号的数据类型设置为信号被连接端口的数据类型（int8 或 double）。如果端口的数据类型不是 double 或 int8，那么 Simulink 会显示错误消息。

当在"触发器类型"选项中选择"函数调用"时，对话框底部会出现"采样时间类型"选项，可以设置为"触发"或"周期性"。如果调用子系统的上层模型在每个时间步内调用一次子系统，选择"周期性"选项，否则选择"触发"选项。当选择"周期性"选项时，将出现"采样时间"选项，用于设置包含调用模块的函数调用子系统的采样时间。

下面通过示例演示触发子系统的创建方法。

【例 15-4】建立一个用触发子系统控制正弦信号输出阶梯波形的模型。

解：（1）模型以正弦信号 Sine wave 为输入信号源，示波器 Scope 为接收模块，触发子系统 Triggered Subsystem 为控制模块，选择 Sources 模块库中的 Pulse Generator 模块为控制信号。

（2）连接模块，将 Pulse Generator 模块的输出作为 Triggered Subsystem 的控制信号，模型如图 15-26 所示。

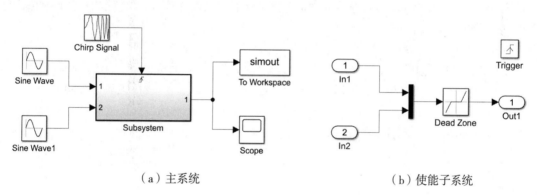

（a）主系统　　　　　　　　　　（b）使能子系统

图 15-26　触发子系统

（3）对该系统进行仿真，由于 Triggered Subsystem 的控制为正弦信号 Sine wave 模块的输出，示波器输出如图 15-27 所示。

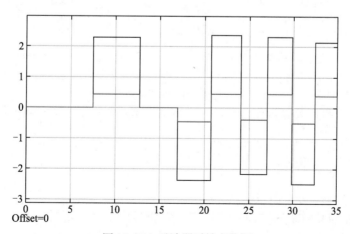

图 15-27　示波器时钟变化图

15.2.3 使能触发子系统

使能触发子系统（Enabled and Triggered Subsystem）是触发子系统和使能子系统的组合，含有触发信号和使能信号两个控制信号输入端，触发事件发生后，Simulink 检查使能信号是否大于0，大于0就开始执行。系统的判断流程如图15-28所示。

另外，子系统是在触发事件发生的时间步上执行一次，换句话说，只有当触发信号和使能信号都满足条件时，系统才执行一次。

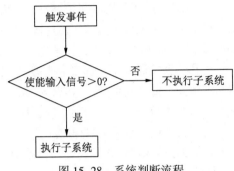

图 15-28　系统判断流程

提示： Simulink 不允许一个子系统中有多于一个的 Enable 端口或 Trigger 端口。如果需要几个控制条件组合，可以使用逻辑操作符将结果连接到控制输入端口。

通过把 Enable 模块和 Trigger 模块从 Ports & Subsystems 模块库中复制到子系统中的方式可以创建触发使能子系统，Simulink 会在 Subsystem 模块的图标上添加使能和触发符号，以及使能和触发控制输入。Enable 模块和 Trigger 模块的参数值可以单独设置。

【例 15-5】 建立一个用使能触发子系统控制正弦信号输出阶梯波形的模型。

解：（1）模型以正弦信号 Sine wave 为输入信号源，示波器 Scope 为接收模块，使能触发子系统 Enabled and Triggered Subsystem 为控制模块，选择 Sources 模块库中的 Random Number 模块为控制信号。

（2）连接模块，将 Random Number 模块的输出作为 Trigger 的控制信号，正弦信号 Sine wave 模块的输出作为 Enable 的控制信号，模型如图15-29所示。

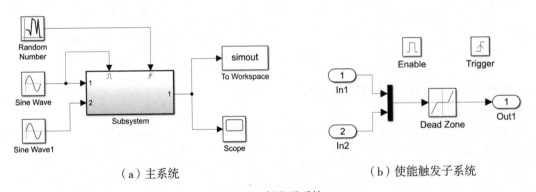

（a）主系统　　　　　　　　　　（b）使能触发子系统

图 15-29　触发子系统

（3）对该系统进行仿真，由于 Triggered Subsystem 的控制为正弦信号 Sine wave 模块的输出，示波器输出如图15-30所示。

15.2.4 交替执行子系统

利用条件执行子系统与 Merge 模块结合可以创建一组交替执行子系统，执行过程依赖于模型的当前状态。Merge 模块位于 Signal Routing 模块库中，它具有创建交替执行子系统的功能。

Merge 模块可以把模块的多个输入信号组合为一个单个的输出信号。模块及模块属性对话框如图15-31

所示，其参数含义如下。

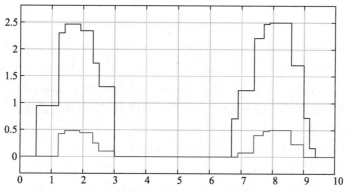

图 15-30　示波器时钟变化图

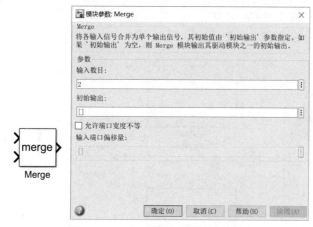

图 15-31　Merge 模块及属性对话框

（1）输入数目：用于指定输入信号端口的数目。

（2）初始输入：决定模块输出信号的初始值。

如果"初始输入"参数为空，且模块又有一个以上的驱动模块，那么 Merge 模块的初始输出等于所有驱动模块中最接近当前时刻的初始输出值，Merge 模块在任何时刻的输出值都等于当前时刻其驱动模块所计算的输出值。

Merge 模块不接收信号元素被重新排序的信号。在图 15-32 中，Merge 模块不接收 Selector 模块的输出，因为 Selector 模块交替改变向量信号中的第一个元素和第三个元素。

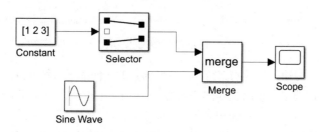

图 15-32　使用 Merge 模块模型

（3）允许端口宽度不等：未勾选该复选框，Merge 模块只接收具有相同维数的输入信号，而且只输出与输入同维数的信号；勾选该复选框，Merge 模块可以接收标量输入信号和具有不同分量数目的向量输入信号，但不接收矩阵信号。

（4）输入端口偏移量：勾选"允许端口宽度不等"复选框后，该参数变为可用，利用该参数可以为每个输入信号指定一个相对于开始输出信号的偏移量，输出信号的宽度也就等于 max(w1+o1, w2+o2, …, wn+on)，这里，w1,w2,…,wn 是输入信号的宽度，o1,o2,…,on 是输入信号的偏移量。

【例 15-6】利用使能模块和 Merge 模块建立电流转换器模型，也就是把正弦 AC 电流转换为脉动 DC 电流的设备，将 AC 电流转换为 DC 电流。

解：（1）根据系统要求，选择 Simulink 模块库中的如下模块建立模型：

① Sources 模块库中的 SineWave 模块；

② Ports & Subsystems 模块库中的 Enabled Subsystem 子系统模块；

③ Signal Routing 模块库中的 Merge 模块；

④ Math Operations 模块库中的 Gain 模块。

按要求建立的系统模型如图 15-33 所示。

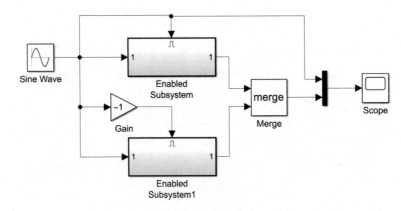

（a）主系统

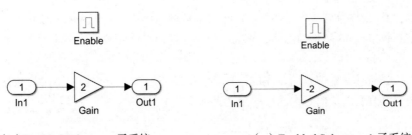

（b）Enabled Subsystem 子系统　　　　（c）Enabled Subsystem1 子系统

图 15-33　系统模型

（2）在该系统模型中，当输入信号的正弦 AC 波形为正时，使能子系统 Subsystem 模块把波形无变化地传递到其输出端口。当 AC 波形为负时，使能子系统 Subsystem1 模块，由该子系统转换波形，将波形负值转换为正值。

Merge 模块可把当前使能模块的输出传递到 Mux 模块，Mux 模块则把输出及原波形传递到 Scope 模块。

（3）在仿真参数对话框中设置仿真参数，选择变步长 ode45 求解器，运行仿真后得到的系统输出波形如图 15-34 所示。

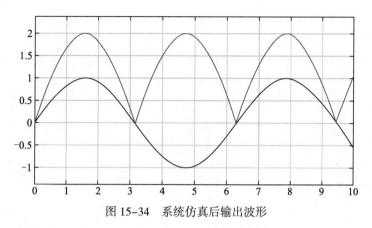

图 15-34　系统仿真后输出波形

15.3　子系统封装

Simulink 中的封装编辑器提供了封装子系统时编辑模块的所有操作设置值，它可以实现对任何子系统进行封装。封装后的子系统可以执行如下操作：

（1）用一个独立的参数设置对话框（模块说明、参数提示和帮助文本等）替换子系统的参数设置对话框及内容；

（2）用用户图标替换子系统的标准图标；

（3）通过隐藏子系统的内容防止对子系统的误操作；

（4）把定义了模块行为的框图封装在子系统内，并将其放置在模块库中创建一个用户模块。

15.3.1　封装子系统特征

封装后的子系统具有如下特征：

1. 封装图标

封装图标可以替换子系统的标准图标，也就是说，它会替代框图中子系统模块的标准图标。Simulink 可以使用 MATLAB 代码绘制用户图标，可以在图标代码中使用任何 MATLAB 绘图命令，为用户设计封装子系统图标提供了极大的表现空间。

2. 封装参数

Simulink 允许为被封装子系统定义一组可自行设置的参数，并把参数值作为变量值存储在封装工作区中，变量的名称由用户指定。这些被关联的变量允许用户把封装参数链接到封装子系统内模块的特定参数（内部参数）上。

3. 封装参数对话框

封装参数对话框包含某些控制，这些控制可以使用户设置封装参数的值，也可以设置任何链接到封装参数的内部参数的值。

封装参数对话框替换了子系统的标准参数对话框，单击封装子系统图标后显示的是封装参数对话框，而不是子系统模块的标准参数对话框。用户可以自行设计封装对话框的每个特征，包括希望在对话框上显示的参数，以及这些参数的显示顺序、参数的提示说明、用来编辑参数的控件和参数的回调函数等。

4. 封装初始化代码

初始化代码是用户指定的 MATLAB 代码，在仿真运行开始时，Simulink 会运行这些代码，以初始化被封装的子系统。用户可以使用初始化代码设置被封装子系统中封装参数的初始值。

5. 封装工作区

Simulink 会把 MATLAB 工作区与每个被封装子系统相关联，它会在工作区中存储子系统参数的当前值，以及由模块初始化代码所创建的任何变量和参数回调函数。用户可以利用模型和封装工作区变量初始化被封装子系统，并设置被封装子系统内的模块值，但要遵守如下规则：

（1）模块参数表达式只能使用定义在子系统中的变量，或者使用包含这个模块的嵌套子系统中的变量，还可以使用模型工作区中的变量。

（2）对于多层级模型（多于一层），假设用户在几个层级模型中都定义了同一个变量，如果在某个层级中引用这个变量，那么变量值在局部工作区（即与这个层级最近的工作区）中求解。

（3）假设模型 M 包含被封装子系统 A，A 中包含被封装子系统 B，假如 B 引用了子系统 A 和模型 M 工作区中都有的变量 x，这个引用会在子系统 A 的工作区中求解变量值。

（4）被封装子系统的初始化代码只能引用其局部工作区（即该子系统自己的工作区）的变量。

15.3.2　封装选项设置

封装子系统的操作步骤如下。

（1）选中子系统并双击打开，给需要赋值的参数指定变量名；

（2）选中子系统，然后单击"子系统模块"选项卡"封装"选项组中的 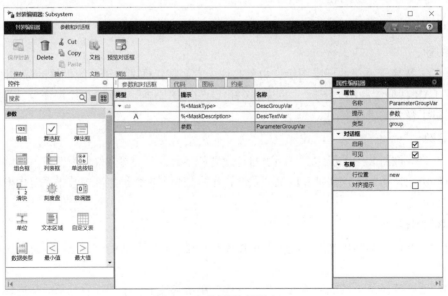（创建封装）按钮，将弹出如图 15-35 所示的封装编辑器窗口；

（3）在该窗口中进行参数设置。

图 15-35　封装编辑器窗口

在封装编辑器窗口的中间部分有"参数和对话框""代码""图标""约束"4 个选项卡，选择不同的选项卡，窗口两侧显示的内容并不相同。下面分别进行简单介绍。

1. "参数和对话框"选项卡

"参数和对话框"选项卡主要用于设计封装对话框，如图 15-35 所示。选择该选项卡后会在窗口左侧出现"控件"选项区域，右侧出现"属性编辑器"选项区域。

（1）左侧"控件"选项区域中包括"参数""容器""显示""操作"4 类控件。

（2）右侧"属性编辑器"选项区域用于设置所选控件的属性，包括"属性""对话框""布局"等选项组。

（3）中间表格各列含义如下：

① 类型：用来指定用户所编辑参数值的控制类型。它是用户接口的控制风格，同时确定了参数值的输入或选择方式。

② 提示：描述参数的文本标签，其内容会显示在输入提示中。

③ 名称：输入变量的名称。

2. "代码"选项卡

"代码"选项卡如图 15-36 所示，用于封装模块的初始化和参数回调代码编写。功能与 MATLAB 编辑器类似，但也有一些限制，例如不能设置断点等。

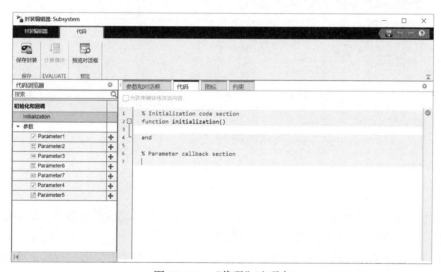

图 15-36　"代码"选项卡

3. "图标"选项卡

"图标"选项卡如图 15-37 所示，用于创建模块封装的图标，包含描述性文本、状态方程、图像和图形的块图标等。该编辑器为每个图形命令提供了基本框架，也可以为封装图标设置图像。

4. "约束"选项卡

"约束"选项卡用于创建封装参数约束，如图 15-38 所示。约束包括参数、交叉参数和端口三种约束类型。

（1）参数：可以包含接收用户输入值的参数。也可以通过封装编辑器为封装参数提供输入值。约束确保封装参数的输入在指定范围内。

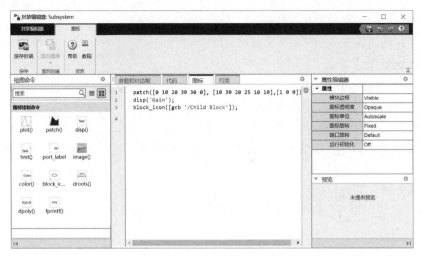

图 15-37 "图标"选项卡

图 15-38 "约束"选项卡

（2）交叉参数：交叉参数约束应用于两个或多个编辑或组合框类型的封装参数。如果要指定场景，例如参数 1 必须大于参数 2，则可以使用交叉参数约束。

（3）端口：可以在封装块的输入和输出端口上指定约束。编译模型时，会根据约束检查端口属性。

【例 15-7】创建一个二阶系统，将其闭环系统构成子系统，并将子系统进行封装。封装后将阻尼系数 zeta 和无阻尼频率 wn 作为输入参数。

解：（1）创建模型，并将系统的阻尼系数用变量 zeta 表示，无阻尼频率用变量 wn 表示，如图 15-39 所示。

（2）按住并拖动鼠标框选反馈环，如图 15-40 所示，然后单击"多个"选项卡"创建"选项组中的 ▣（创建子系统）按钮，则产生子系统，此时的系统图如图 15-41 所示。

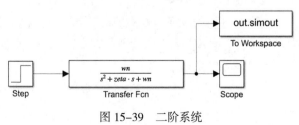

图 15-39 二阶系统

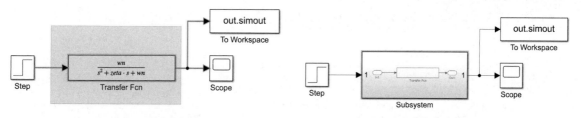

图 15-40　框选反馈环　　　　　　　　　　图 15-41　子系统

（3）封装子系统。选中子系统，然后单击"子系统模块"选项卡"封装"选项组中的 ![] （创建封装）按钮，将弹出封装编辑器窗口，将 zeta 和 wn 作为输入参数。

在"图标"选项卡中间栏中输入如下 MATLAB 代码，如图 15-42 所示。

```
disp('二阶系统')
plot([0 1 2 3 10],-exp(-[0 1 2 3 10]))
```

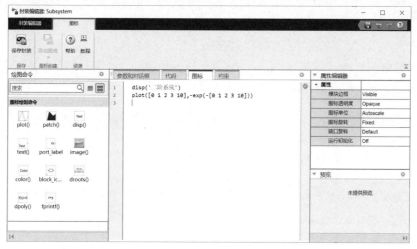

图 15-42　"图标"选项卡

（4）在"参数和对话框"选项卡中，连续单击两次左侧"控件"选项区域"参数"选项组中的"编辑"按钮添加两个输入参数，分别设置"提示"为"阻尼系数"和"无阻尼振荡频率"，并设置"名称"栏分别为 zeta 和 wn，同时将其初始值分别设置为 0.707 和 1，如图 15-43 所示。

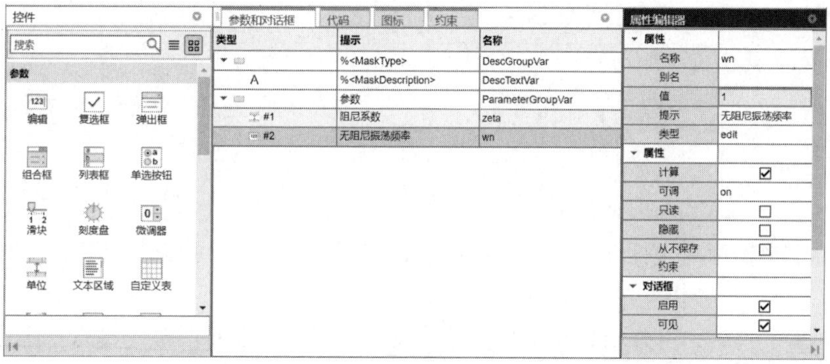

图 15-43　"参数和对话框"选项卡参数设置

（5）在"代码"选项卡中编写初始化函数，输入如下代码，将 zeta 和 wn 的初始值分别设置为 0.707 和 1，如图 15-44 所示。

```
zeta=0.707;
wn=1;
```

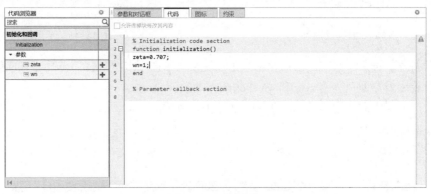

图 15-44　初始化

（6）选择"参数和对话框"选项卡，单击"文档"选项组中的"文档"按钮，在弹出的"文档"对话框中输入提示和帮助信息如下，对话框如图 15-45 所示。

这是一个"二阶控制系统"
输入参数为 zeta、wn

单击"应用"按钮完成参数设置。

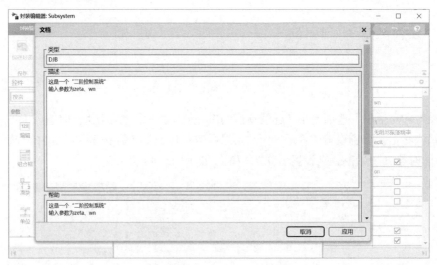

图 15-45　"文档"对话框

（7）单击封装编辑器窗口左上角的 ▣ （保存封装）按钮，完成子系统的封装。此时的封装子系统如图 15-46 所示。

（8）双击该封装子系统，将弹出封装子系统参数设置对话框。在对话框中输入"阻尼系数"和"无阻尼振荡频率"的值，如图 15-47 所示。

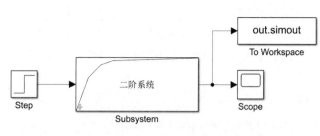

图 15-46　二阶封装子系统

图 15-47　参数输入

（9）运行仿真文件，输出如图 15-48 所示的仿真图形。

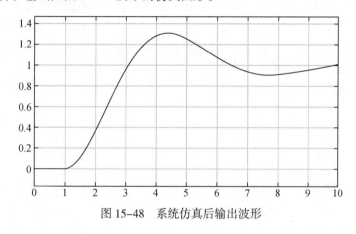

图 15-48　系统仿真后输出波形

15.4　自定义库

在 Simulink 中，用户可以将自定义模块放在自己定制的库中。库就是指具备某种属性的一类块的集合。用户可以把外部库中的模块直接复制到用户模型中，当库中的源模块（称为库属块）改变时，从库中复制的块（称为引用块）也可以自动更改。

利用库的这个特性，用户可以创建或使用自己的模块库，这样就可以保证用户模型始终包含这些模块的最新版本。

在此给出模块库操作的一些术语，这对于理解库的作用是非常重要的。

（1）库：某些模块的集合。

（2）库属块：库中的一个模块。

（3）引用块：库中模块的一个拷贝。

（4）关联：引用块与其库属块之间的连接，这种连接允许 Simulink 在改变库属块时也相应地更改引用块。

（5）复制：复制一个库属块或引用块，也就是复制一个库属块或其用户引用块，从而再创建一个引用块的操作，该过程如图 15-49 所示。

Simulink 带有一个标准的模块库，称为 Simulink 模块库。创建一个新库，可以执行下面的操作：

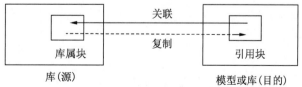

图 15-49　库属块和引用块的操作

（1）单击 Simulink 仿真界面"仿真"选项卡中的"新建"按钮，在弹出的下拉菜单中执行"库"命令；

（2）在 Simulink 库浏览器窗口中单击 🗿（空白模型）按钮，在弹出的下拉菜单中执行"库"命令。

执行命令后，Simulink 会启动 Simulink 起始页，然后单击"空白库"按钮，即可打开一个名称为"库：untitled"的新窗口。也可以使用下面的命令创建一个库：

```
new_system('newlib','Library')
```

该命令创建了一个名称为'newlib'的新库，用户可以用 open_system 命令显示这个库。

库创建完成后，就可以将任何模型中的模块或用户库中的模块移到新库中。如果希望在模型和库中的模块之间建立关联，那么必须对库中的模块进行封装。

当把库中的模块拖动到模型或用户库中时，Simulink 会创建一个库模块的拷贝，这个复制的库模块称为引用块。用户可以改变这个引用块的参数值，但不能对它进行封装，也不能为引用块设置回调参数。

在从新建的库中复制任何模块之前，首先必须保存这个新库，这是因为在打开一个库时，这个库就被自动锁住了，用户不能更改库中的内容。

若要解锁这个库，可执行"库"选项卡"保护"选项组中的"锁定的库"命令，之后才能改变库中的内容。关闭库窗口也就锁住了这个库。

15.5　本章小结

本章介绍了 Simulink 子系统方面的知识，即 Simulink 子系统的定义和创建、浏览；介绍了使能子系统、触发子系统、触发使能系统、交替子执行子系统等内容；最后讲解了子系统封装技术及如何自定义库。通过本章的学习读者应可以掌握 Simulink 子系统技术，提高复杂系统的建模仿真效率。

第 16 章

Simulink 仿真与调试

Simulink
仿真与调试

　　系统仿真模型创建完成后即可进入仿真过程。在正式仿真启动前，需要仔细配置仿真系统的参数设置，如果设置不合理，仿真过程可能无法进行下去。Simulink 提供了强大的模型调试功能，支持图形用户界面调试模式，使用户对模型的调试和跟踪更加方便。本章就来讲解系统仿真的启动及仿真参数的设置过程，并讲解如何进行系统模型调试。

　　本章学习目标包括：

　　（1）掌握仿真过程的启动方法；

　　（2）掌握各种仿真参数的配置；

　　（3）掌握仿真模型调试方法；

　　（4）运用 Simulink 显示仿真信息和模型信息。

16.1　仿真参数配置

　　Simulink 支持直接从模型窗口启动和命令行窗口启动两种不同的仿真启动方法。在 Simulink 中通过执行 "仿真" 选项卡 "仿真" 面板中的 ▶（运行）命令，可以启动仿真系统。也可以采用前面章节介绍的在命令行窗口中执行 sim 函数的方法启动仿真。

　　在启动仿真系统前，需要对系统仿真参数进行设置，包括仿真起止时间、微分方程求解器、最大仿真步长等参数的设置。

16.1.1　求解器概述

　　Simulink 求解器是 Simulink 进行动态系统仿真的核心所在，掌握 Simulink 系统仿真原理必须了解 Simulink 的求解器。

1. 离散系统

　　离散系统的动态行为一般可以由差分方程描述。离散系统的输入与输出仅在离散的时刻上取值，系统状态每隔固定的时间才更新一次；而 Simulink 对离散系统的仿真核心是对离散系统差分方程的求解，因此，Simulink 可以做到对离散系统的绝对精确求解（除去有限的数据截断误差）。

　　在对纯粹的离散系统进行仿真时，需要选择离散求解器对其求解。执行 "建模" 选项卡 "设置" 选项组中的 "模型设置" 命令，将弹出 "配置参数" 对话框。

　　在该对话框的 "求解器" 选项 "求解器选择" 选项组中的 "求解器" 下拉列表中选择 "离散（无连续

状态）"选项，即没有连续状态的离散求解器，便可以对离散系统进行精确的求解与仿真。

2. 连续系统

与离散系统不同，连续系统具有连续的输入与输出，且系统中一般都存在连续的状态设置。连续系统中存在的状态变量往往是系统中某些信号的微分或积分，因此连续系统一般由微分方程或与之等价的其他方式进行描述。这就决定了使用数字计算机不可能得到连续系统的精确解，只能得到系统的数字解（即近似解）。

Simulink 在对连续系统进行仿真求解时，核心是对系统微分或偏微分方程进行求解。因此，使用 Simulink 对连续系统进行求解仿真时所得到的结果均为近似解，只要此近似解在一定的误差范围之内便可。对微分方程的数字求解有不同的近似解，因此 Simulink 的连续求解器有多种不同的形式，如变步长求解器 ode45、ode23、ode113 等，定步长求解器 ode5、ode4、ode3 等。

采用不同的连续求解器会对连续系统的仿真结果与仿真速度产生不同的影响，通过设置具有一定的误差范围的连续求解器进行相应的控制后，一般不会对系统的性能分析产生较大的影响。

对于定步长连续求解器，并不存在误差控制的问题；只有采用变步长连续求解器，才会根据积分误差修改仿真步长。

在对连续系统进行求解时，仿真步长计算受到绝对误差与相对误差的共同控制，系统会自动选用对系统求解影响最小的误差对步长计算进行控制。只有在求解误差满足相应误差范围的情况下才可以对系统进行下一步仿真。

对于实际系统而言，很少有纯粹的离散系统或连续系统，大部分系统均为混合系统。连续变步长求解器不仅考虑了连续状态的求解，也考虑了系统中离散状态的求解。

连续变步长求解器首先尝试使用最大步长（仿真起始时采用初始步长）进行求解，如果在这个仿真区间内有离散状态的更新，步长便减小到与离散状态的更新相吻合。

16.1.2 仿真参数设置

在使用 Simulink 进行动态系统仿真时，既可以直接将仿真结果输出到 MATLAB 基本工作空间中，也可以在仿真启动时刻从基本工作空间中载入模型的初始状态。

构建好一个系统的模型后，在运行仿真前，必须对仿真参数进行配置。仿真参数的设置包括仿真过程中的仿真算法、仿真的起始时刻、误差容限及错误处理方式等的设置，还可以定义仿真结果的输出和存储方式。

在需要设置仿真参数的模型窗口，执行"建模"选项卡"设置"选项组中的"模型设置"命令，将弹出"配置参数"对话框。该对话框主要包括求解器、数据导入/导出、诊断等选项，下面对部分参数进行介绍。

1. 求解器设置

求解器主要用于完成对仿真的起止时间、仿真算法类型等的设置，如图 16-1 所示。

（1）仿真时间：设置仿真的时间范围。在"开始时间"和"停止时间"文本框中输入新的数值改变仿真的起始时刻和终止时刻，默认"开始时间"为 0.0，"停止时间"为 10.0。

> **提示**：仿真时间与实际的时钟并不相同，前者是计算机仿真对时间的一种表示，后者是仿真的实际时间。如仿真时间为 1s，如果步长为 0.1s，则该仿真要执行 10 步。当然步长减小，总的执行时间会随之增加。仿真的实际时间取决于模型的复杂程度、算法及步长的选择、计算机的速度等诸多因素。

图 16-1　仿真配置参数对话框

（2）求解器选择：算法选项，用于选择仿真算法，并根据选择的算法对其参数及仿真精度进行设置。

① 类型：指定仿真步长的选取方式，包括"变步长"和"定步长"两个选项。

② 求解器：选择对应的模式下可以选用的仿真算法。

其中变步长模式下的仿真算法如图 16-2 所示，主要有以下几种：

图 16-2　变步长模式下的仿真算法

① 自动（自动求解器选择）：使用自动求解器选择的变步长求解器计算模型的状态。在编译模型时，求解器将基于模型的动态特性选择的变步长求解器。

② 离散（无连续状态）：通过加上步长来计算下一个时间步的时间，该步长取决于模型状态的变化速度。用于无状态或仅具有离散状态的模型。

③ Ode45（Dormand–Prince）：使用显式 Runge–Kutta (4,5)公式（Dormand–Prince 对）进行数值积分计算模型在下一个时间步的状态。采用单步算法，适用于大多数连续或离散系统，不适用于刚性（stiff）系统。面对一个仿真问题通常先尝试该算法。

④ Ode23（Bogacki–Shampine）：使用显式 Runge–Kutta (2,3)公式（Bogacki–Shampine 对）进行数值积分计算模型在下一个时间步的状态。采用单步算法，在误差限要求不高或求解问题难度不大的情况下可能

比 Ode45 更有效。

⑤ Ode113（Adams）：使用变阶 Adams–Bashforth–Moulton PECE 数值积分方法计算模型在下一个时间步的状态。在误差容许要求严格的情况下通常比 Ode45 有效。是一种多步算法，在计算当前时刻输出时，需要以前多个时刻的解。

⑥ Ode15s（stiff/NDF）：使用变阶数值微分公式（NDF）计算模型在下一个时间步的状态，也是一种多步算法。适用于刚性系统，当要解决的问题比较困难、不能使用 Ode45 或效果不太理想时，可以尝试使用该算法。

⑦ Ode23s（stiff/Mod.Rosenbrock）：使用 2 阶 Rosenbrock 修正公式计算模型在下一个时间步的状态。是一种专门应用于刚性系统的单步算法，在弱误差允许下的效果好于 Ode15s。它能解决某些 Ode15s 所不能有效解决的刚性（stiff）问题。

⑧ Ode23t（mod. stiff/Trapezoidal）：使用采用"自由"插值的梯形法则计算模型在下一个时间步的状态。该算法适用于求解适度刚性（stiff）的问题且需要一个无数字振荡的算法的情况。

⑨ Ode23tb（stiff/TR-BDF2）：使用 TR-BDF2 的多步实现来计算模型在下一个时间步的状态，该实现是一个隐式 Runge-Kutta 公式，在第一阶段采用梯形法则，在第二阶段包含一个二阶后向差分公式。在较大的容许误差下可能比 Ode15s 方法有效。

⑩ odeN（Nonadaptive）：使用 N 阶定步长积分公式，采用当前状态值和中间点的逼近状态导数的显函数来计算模型的状态。虽然求解器本身是定步长求解器，但 Simulink 将减小过零点处的步长以确保准确度。

⑪ daessc（DAE Solver for Simscape）：通过求解由 Simscape 模型得到的微分代数方程组，计算下一时间步的模型状态。是专门用于仿真物理系统建模产生的微分代数方程的稳健算法。仅适用于 Simscape。

定步长模式下的仿真算法如图 16-3 所示，主要有以下几种：

图 16-3　定步长模式下的仿真算法

① 自动（自动求解器选择）：使用自动求解器选择的定步长求解器计算模型的状态。在编译模型时，求解器将基于模型的动态特性选择的定步长求解器。

② 离散（无连续状态）：固定步长的离散系统的求解算法，特别适用于不存在状态变量的系统。

③ ode8（Dormand–Prince）：使用八阶 Dormand–Prince 公式，采用当前状态值和中间点的逼近状态导数的显函数计算模型在下一个时间步的状态。

④ Ode5（Dormand–Prince）：使用五阶 Dormand–Prince 公式，采用当前状态值和中间点的逼近状态导数的显函数计算模型在下一个时间步的状态。

⑤ Ode4（Runge–Kutta）：采用四阶龙格–库塔法，通过当前状态值和状态导数的显函数计算下一个时间步的模型状态，具有一定的计算精度。

⑥ Ode3（Bogacki–Shampine）：通过使用 Bogacki–Shampine 公式积分方法计算状态导数，采用当前状态值和状态导数的显函数计算模型在下一个时间步的状态。

⑦ Ode2（Heun）：使用 Heun 积分法，通过当前状态值和状态导数的显函数计算下一个时间步的模型状态。

⑧ Ode1（Euler）：使用 Euler 积分法，通过当前状态值和状态导数的显函数计算下一个时间步的模型状态。此求解器需要的计算比更高阶求解器少，但准确性相对较低。

⑨ Ode14x（外插）：结合使用牛顿方法和基于当前值的外插方法，采用下一个时间步的状态和状态导数的隐函数计算模型在下一个时间步的状态。

⑩ ode1be（Backward Euler）：该求解器是后向欧拉类型的求解器，它使用固定的牛顿迭代次数，计算成本固定。可以作为 ode14x 求解器的低计算成本定步长替代方案。

对于变步长模式，求解器详细信息部分选项含义如下：

① 最大步长：决定算法能够使用的最大时间步长，默认为 auto（自动）。一般采用默认值即可。原则上对于超过 15s 的计算每秒至少保证 5 个采样点，对于超过 100s 的，每秒至少保证 3 个采样点。

② 最小步长：算法能够使用的最小时间步长。

③ 初始步长：初始时间步长，一般采用 auto 即可。

④ 相对误差：是指误差相对于状态的值，是一个百分比，默认值为 1e-3，表示状态的计算值要精确到 0.1%。

⑤ 绝对误差：表示误差值的门限，或者是说在状态值为零的情况下，可以接受的误差。如果被设为 auto，simulink 将为每一个状态设置初始绝对误差为 1e-6。

2. 数据导入/导出

通过在"数据导入/导出"选项中进行参数设置，既可以将仿真结果输出到 MATLAB 工作空间中，也可以从工作空间中载入模型的初始状态，如图 16-4 所示。主要选项组说明如下：

图 16-4　"数据导入/导出"参数设置

（1）从工作区加载。

① 输入：输入数据的变量名。

② 初始状态：从 MATLAB 工作空间获取的状态初始值的变量名。模型将从 MATLAB 工作空间获取模型所有内部状态变量的初始值，而不考虑模块本身是否已设置。

说明：该栏中输入的应该是 MATLAB 工作空间已经存在的变量，变量的次序应与模块中各个状态中的次序一致。

（2）保存到工作或文件。主要参数说明如下。

① 时间：时间变量名，存储输出到 MATLAB 工作空间的时间值，默认名为 tout；

② 状态：状态变量名，存储输出到 MATLAB 工作空间的状态值，默认名为 xout；

③ 输出：输出变量名，如果模型中使用 Out 模块，那么就必须选择该栏，默认名为 yout；

④ 最终状态：最终状态值输出变量名，存储输出到 MATLAB 工作空间的最终状态值，默认名为 xFinal；

⑤ 格式：设置保存数据的格式。

（3）保存选项：变量存放选项。

① 将数据点限制为最后：保存变量的数据长度。

② 抽取：保存步长间隔，默认为 1，也就是对每一个仿真时间点产生值都保存；若为 2，则是每隔一个仿真时刻才保存一个值。

3. 诊断

"诊断"主要设置在仿真的过程中出现各种错误或报警消息。在该项中可以设置是否需要显示相应的错误或报警消息。

如果模型在仿真过程中有错误产生，则 Simulink 在终止仿真的同时会在窗口下方打开仿真诊断查看器，如图 16-5 所示。

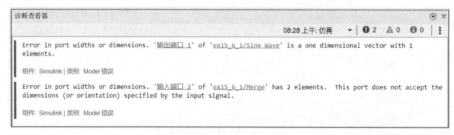

图 16-5　诊断查看器

诊断查看器详细列出了模型仿真过程中出现的所有错误及错误消息说明，单击说明中暗蓝色的超链接区域，可以链接到模型中产生错误的具体位置。单击链接部分，将直接在模型中显示产生错误的元素。

16.2　模型调试

Simulink 提供了模型调试器用于对模型的调试。在 Simulink 仿真界面中，执行"调试"选项卡"断点"选项组中的"断点列表"→"调试模型"命令，将弹出如图 16-6 所示的 Simulink 调试器窗口（GUI 调试模式）。

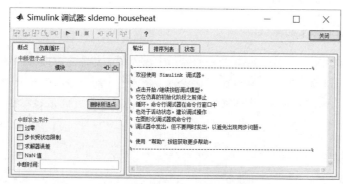

图 16-6　Simulink 调试器窗口

在 MATLAB 命令行窗口中利用 sldebug 命令或带有 debug 选项的 sim 命令也可以在启动模型时启动调试器（命令行接口）。例如下面的命令均可以将文件名为 untitled 的模型装载到内存中，同时开始仿真，并在模型执行列表中的第一个模块处停止仿真：

```
>> sim('untitled',[0,10],simset('debug','on'))
```

或

```
>> sldebug 'untitled'
```

16.2.1　调试器 GUI 模式

调试器包括工具栏和左、右两个选项面板，左侧的选项面板包括"断点"和"仿真循环"选项卡，右侧的选项面板包括"输出""排序列表"和"状态"选项卡。

当在图形用户（GUI）模式下启动调试器时，可单击调试器工具栏中的 ▶（开始/继续）按钮开始仿真，Simulink 会在执行的第一个仿真方法处停止仿真，并在"仿真循环"选项卡中显示方法的名称，如图 16-7 所示。此时可以设置断点、单步运行仿真、继续运行仿真到下一个断点或终止仿真、检验数据或执行调试任务等。

图 16-7　第一个仿真方法处停止仿真

提示：在 GUI 模式下启动调试器时，MATLAB 命令行窗口中的调试器命令也被激活。但是，应避免使用命令行接口，以防止图形接口与命令行接口的同步错误。

16.2.2　调试器命令行模式

在调试器的命令行模式下，在 MATLAB 命令行窗口中输入调试器命令可以控制调试器，也可以使用调试器命令的缩写方式控制调试器。通过在 MATLAB 命令行中输入一个空命令（按 Enter 键）可以重复某些命令。

当用命令行模式启动调试器时，方法名称不显示在调试器窗口中，而是显示在 MATLAB 命令窗口中。在 MATLAB 命令窗口中输入以下命令，可以显示调试信息：

```
>> sldebug 'sldemo_househeat'
%---------------------------------------------------------------------%
[TM = 0                  ] simulate(sldemo_househeat)
(sldebug @0): >>                              %按 Enter 键，重复命令
%---------------------------------------------------------------------%
[TM = 0                  ] simulate(sldemo_househeat)
(sldebug @0): >>
```

命令后显示的调试器信息有以下几种：

（1）方法的 ID。

部分 Simulink 命令和消息使用方法的 ID 号表示方法。方法的 ID 号是一个整数，它是方法的索引值。在仿真循环过程中第一次调用方法时就指定了方法的 ID 号，调试器会顺序指定方法的索引值，在调试器阶段第一次调用的方法以 0 开始，以后顺序类推。

（2）模块的 ID。

部分 Simulink 的调试器命令和消息使用模块的 ID 号表示模块。Simulink 在仿真的编译阶段就指定了模块的 ID 号，同时生成模型中模块的排序列表。模块 ID 的格式为 sid:bid，其中，sid 是一个整数，用来标识包含该模块的系统（或者是根系统，或者是非纯虚系统）；bid 是模块在系统排序列表中的位置。例如，模块索引 0:1 表示在模型根系统中的第 1 个模块。

说明： 调试器的 slist 命令可以显示被调试模型中每个模块的模块索引值。

（3）访问 MATLAB 工作区。

在 sldebug 调试命令提示中可以输入任何 MATLAB 表达式。例如，假设此时在断点处，用户正在把时间和模型的输出记录到 tout 和 yout 变量中，那么执行下面的命令就可以绘制变量的曲线图：

```
(sldebug @...) : >> plot(tout,yout)
```

如果要显示的工作区变量的名与调试器窗口中输入的调试器命令部分相同或完全相同，将无法显示这个变量的值，但可以用 eval 命令解决这个问题。

例如，需要访问的变量名与 sldebug 命令中的某些字母相同，变量 s 是 step 命令名中的一部分，那么在 sldebug 命令提示中使用 eval 键入 s 时，显示的将是变量 s 的值，即

```
(sldebug @...) : >> eval('s')
```

16.2.3　调试器命令

调试器命令如表 16-1 所示，表中的"重复"列表示在命令行中按 Return 键时是否可以重复这个命令；"说明"列则对命令的功能进行了简短的描述。

表 16-1　调试器命令

命　令	缩　写	重　复	说　　明
animate	ani	否	使能/关闭动画模式
ashow	as	否	显示一个代数环
atrace	at	否	设置代数环跟踪级别
bafter	ba	否	在方法后插入断点
break	b	否	在方法前插入断点
bshow	bs	否	显示指定的模块
clear	cl	否	从模块中清除断点
continue	c	是	继续仿真
disp	d	是	当仿真结束时显示模块的I/O
ebreak	eb	否	在算法错误处使能或关闭断点
elist	el	否	显示方法执行顺序
emode	em	否	在加速模式和正常模式之间切换
etrace	et	否	使能或关闭方法跟踪
help	?或h	否	显示调试器命令的帮助
nanbreak	na	否	设置或清除非限定值中断模式
next	n	是	至下一个时间步的起始时刻
probe	p	否	显示模块数据
quit	q	否	中断仿真
rbreak	rb	否	当仿真要求重置算法时中断
run	r	否	运行仿真至仿真结束时刻
slist	sli	否	列出模型的排序列表
states	state	否	显示当前的状态值
status	stat	否	显示有效的调试选项
step	s	是	步进仿真一个或多个方法
stimes	sti	否	显示模型的采样时间
stop	sto	否	停止仿真
strace	i	否	设置求解器跟踪级别
systems	sys	否	列出模型中的非纯虚系统
tbreak	tb	否	设置或清除时间断点
trace	tr	是	每次执行模块时显示模块的I/O
undisp	und	是	从调试器的显示列表中删除模块
untrace	unt	是	从调试器的跟踪列表中删除模块
where	w	否	显示在仿真循环中的当前位置
xbreak	x	否	当调试器遇到限制算法步长状态时中断仿真
zcbreak	zcb	否	在非采样过零事件处触发中断
zclist	zcl	否	列出包含非采样过零的模块

16.2.4 调试器控制

对于 Simulink 调试器来说，无论选择 GUI 模式还是命令行模式，都可以从当前模型的任何悬挂时刻开始运行仿真至仿真结束、下一个断点、下一个模块、下一个时间步等时刻。

1. 连续运行仿真

调试器的 run 命令可以从仿真的当前时刻跳过插入的任何断点连续运行仿真至仿真终止时刻，在仿真结束时，调试器会返回 MATLAB 命令行。若要继续调试模型，则必须重新启动调试器。

GUI 模式下不提供与 run 命令功能相同的图形用户版本，若要在 GUI 模式下连续运行仿真至仿真结束时刻，则必须首先清除所有的断点，然后单击 ▶ （开始/继续）按钮。

2. 继续仿真

在 GUI 模式下，当调试器因任何原因将仿真过程悬挂起来时，它会将 ■ （停止）按钮设置为红色。若要继续仿真，可单击 ▶ （开始/继续）按钮。在命令行模式下，则需要在 MATLAB 命令窗口中输入 continue 命令继续仿真，调试器会继续仿真至下一个断点处，或至仿真结束时刻。

3. 单步运行仿真

在调试器的 GUI 模式和命令行模式下可以单步运行仿真。

（1）在 GUI 模式下单步运行仿真。

在 GUI 模式下，可以利用调试器工具栏中的选择按钮控制仿真步进的量值。表 16-2 列出了调试器工具栏中的命令按钮及其作用。

表 16-2　调试器工具栏中的命令按钮及其作用

按　　钮	作　　用	按　　钮	作　　用
步入当前方法		■	停止调试
越过当前方法		◄□	在选择的模块前中断
步出当前方法			执行时显示选择模块的输入和输出
在下一个时间步开始时转至第一个方法			显示被选择模块的当前输入和输出
□►□	转至下一个模块方法	?	显示调试器帮助信息
►	开始或继续仿真	关闭	关闭调试器
‖	暂停仿真		

在 GUI 模式下利用调试器工具栏上的按钮单步运行仿真时，在每个步进命令结束后，调试器都会在"仿真循环"选项卡中高亮显示当前方法的调用堆栈。调用堆栈由被调用的方法组成，调试器会高亮显示调用堆栈中的方法名称。

同时，调试器会在其"输出"选项卡中显示输出的模块数据，输出的数据包括调试器命令说明和当前暂停仿真时模块的输入、输出及状态，命令说明显示了调试器停止时的当前仿真时间和仿真方法的名称及索引，如图 16-8 所示。

（2）在命令行模式下单步运行仿真。

在命令行模式下，需要输入适当的调试器命令控制仿真量值。表 16-3 列出了在命令行模式下与调试器工具栏按钮功能相同的调试器命令。

图 16-8　调试器停止时的当前仿真时间和仿真方法的名称及索引

表 16-3　在命令行模式下使用的调试器命令

命　　令	步　进　仿　真
step [in into]	进入下一个方法,并在下一个方法中的第一个方法处停止仿真,如果下一个方法中不包含任何方法,那么在下一个方法结束时停止仿真
step over	步进到下一个方法,直接或间接调用执行所有的方法
step out	至当前方法结束,执行由当前方法调用的任何其他方法
step top	至下一个时间步的第一个方法(也就是仿真循环的起始处)
step blockmth	至执行的下一个模块方法,执行所有的层级模型和系统方法
next	同 step over

在命令行模式下,采用 where 命令可以显示仿真方法调用堆栈。如果下一个方法是模块方法,那么调试器会把调试指针指向对应于该方法的模块;如果执行下一个方法的模块在子系统内,那么调试器会打开子系统,并将调试指针指向子系统框图中的模块。

(3)模块数据输出。

在执行完模块方法之后,调试器会在调试器窗口的"输出"选项卡(GUI 模式下)或者在 MATLAB 命令行窗口(命令行模式下)中显示部分或全部的模块数据。这些模块数据如下:

① Un=v:v 是模块第 n 个输入的当前值。

② Yn=v:v 是模块第 n 个输出的当前值。

③ CSTATE=v:v 是模块的连续状态向量值。

④ DSTATE=v:v 是模块的离散状态向量值。

调试器也可以在 MATLAB 命令行窗口中显示当前时间、被执行的下一个方法的 ID 号和方法名称,以及执行该方法的模块名称。图 16-9 显示的是在命令行模式下使用步进命令后的调试器输出。

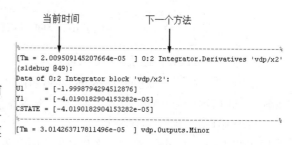

图 16-9　在命令行模式下使用步进命令后的调试器

16.3　设置断点

Simulink 调试器允许设置仿真执行过程中的断点,然后利用调试器的 continue 命令从一个断点到下一个断点逐段运行仿真。调试器可以定义无条件断点和有条件断点。

对于无条件断点，无论何时在仿真过程中到达模块或时间步时，该断点都会出现；而有条件断点只有在仿真过程中满足指定的条件时才会出现。

当已掌握程序中的问题或者希望当特定的条件发生时中断仿真，断点变得非常有用。通过定义合适的断点，并利用 continue 命令，可以使仿真立即跳到程序出现问题的位置。

16.3.1　无条件断点

通过调试器工具栏、"仿真循环"选项卡、MATLAB 命令行窗口（只适用于命令行模式）可以设置无条件断点。

1. 从调试器工具栏中设置断点

在 GUI 模式下，选中要设置断点的模块，单击调试器工具栏上的 ◂□（设置断点）按钮，即可设置断点，调试器会在"断点"选项卡下的"中断/显示点"选项组中显示被选中模块的名称，如图 16-10 所示。

取消勾选"中断/显示点"选项组中的复选框可以临时关闭模块中的断点，如果要清除模块中的断点或从面板中删除某个断点，可先选中该断点，然后单击"删除所选点"按钮。

提示：纯虚模块的功能为单纯的图示功能，只表示在模型计算中模块的成组集合或模块关系，因此不能在该类模块上设置断点，如果试图设置断点，调试器会发出警告。利用 slist 命令可以获取模型中的非纯虚模块列表。

图 16-10　"断点"选项卡中选中模块显示名称

2. 从"仿真循环"选项卡中设置断点

若要在"仿真循环"选项卡中显示的特定方法中设置断点，可勾选断点列表中该方法名称旁的复选框，如图 16-11 所示。若要清除断点，可取消勾选这个复选框。

"仿真循环"选项卡包含 3 列：

（1）"方法"列：该列列出了在仿真过程中已调用的方法，这些方法以树状结构排列，单击列表中的节点可以展开/关闭树状排列。排列中的每个节点表示一个方法，展开这个节点就显示出它所调用的其他方法。

树状结构中的模块方法名称是超链接的，名称中都标有下画线，单击模块方法名称后会在框图中高亮显示相应的模块。

无论何时停止仿真，调试器都会高亮显示仿真终止时的方法名称，也会高亮显示直接或间接调用该方法的方法名称，这些被高亮显示的方法名称表示了仿真器方法调用堆栈的当前状态。

图 16-11　"仿真循环"选项卡

（2）"断点"列：该列由复选框组成，勾选复选框就表示在复选框左侧显示的方法中设置了断点。

当设置调试器为动画模式时，调试器呈灰色显示，并关闭断点列，这样可以防止用户设置断点，也表示动画模式忽略已存在的断点。

（3）"ID"列：该列列出了"方法"列中方法的 ID 号。

3. 从MATLAB命令行窗口中设置断点

在命令行模式下，利用 break 或 bafter 命令可以分别在指定的方法前或方法后设置断点。clear 命令可用来清除断点。

16.3.2　有条件断点

在调试器窗口中的"中断/显示点"选项组内可以设置依条件执行的断点（只在 GUI 模式下），如图 16-12 所示。

在命令行模式下，可以输入调试命令设置适当的断点。表 16-4 列出了设置不同断点的命令格式。调试器可以设置的有条件断点包括极值处、限步长处和过零处。

图 16-12　设置断点选项

表 16-4　设置断点的调试命令

命　令	说　明
tbreak [t]	该命令用来在指定的时间步处设置断点，如果该处的断点已经存在，则该命令可以清除断点。如果不指定时间，则该命令会在当前时间步上设置或清除断点
ebreak	该命令用来在求解器出现错误时使能（或关闭）断点。如果求解器检测到模型中有一个可修复的错误，那么利用这个命令可以终止仿真。如果用户不设置断点，或者关闭了断点，那么求解器会修复这个错误，并继续仿真，但不会把错误通知给用户
nanbreak	无论何时当仿真过程中出现数值上溢、下溢（NaN）或无限值（Inf）时，利用这个命令可以令调试器中断仿真。如果设置了这个断点模式，则使用该命令可以清除这种设置
xbreak	当调试器遇到模型中有限制仿真步长的状态，而这个仿真步长又是求解器所需要的，那么利用这个命令可以暂停仿真。如果xbreak模式已经设置，再次使用该命令则可以关闭该模式
zcbreak	当在仿真时间步之间发生过零时，利用这个命令可以中断仿真。如果zcbreak模式已经设置，再次使用该命令则可以关闭该模式

（1）在时间步处设置断点。

若要在时间步上设置断点，则可在调试器窗口的"中断时间"文本框（GUI 模式下）内输入时间，或者用 tbreak 命令输入时间，这会使调试器在模型的 Outputs.Major 方法中指定时间处的第一个时间步的起始时刻即停止仿真。例如，在调试模式下启动 sldemo_househeat 模型：

```
>> sldebug 'sldemo_househeat'
%------------------------------------------------------------------%
[TM = 0                    ] simulate(sldemo_househeat)
(sldebug @0): >>
```

继续输入下列命令：

```
(sldebug @0): >> tbreak 6
时间断点：已启用(t>=6.0)
(sldebug @0): >> continue
Interrupting model execution at time break point (tbreak 6)
%------------------------------------------------------------------%
[Tm = 6.0716937537164535   ] sldemo_househeat.Outputs.Minor
(sldebug @107): >> quit
Debugger simulation aborted
ans =
  Simulink.SimulationOutput:
    sldemo_househeat_output: [1x1 Simulink.SimulationData.Dataset]
        SimulationMetadata: [1x1 Simulink.SimulationMetadata]
              ErrorMessage: [0x0 char]
>>
```

该命令会使调试器在时间步 6.07 处的 sldemo_househeat.Outputs.Minor 方法中暂停仿真。这个时间值是由 continue 命令指定的。

（2）在无限值处中断。

当仿真的计算值是无限值或者超出了运行仿真的计算机所能表示的数值范围时，勾选调试器窗口中的"NaN 值"复选框，或者输入 nanbreak 命令都可以令调试器中断仿真。这个选项对于指出 Simulink 模型中的计算错误是非常有用的。

（3）在限步长处中断。

当模型使用变步长求解器，且求解器在计算时遇到了限制其步长选择的状态时，勾选调试器窗口中的"步长受状态限制"复选框或输入 xbreak 命令都可以使调试器中断仿真。当仿真的模型在解算时要求过多的仿真步数时，这个命令在调试模型时就非常有用了。

（4）在过零处中断。

当模型中包含了可能产生过零的模块，而 Simulink 又检测出了非采样过零时，那么勾选调试器窗口中的"过零"复选框或输入 zcbreak 命令都会使调试器中断仿真。之后，Simulink 会显示出模型中出现过零的位置、时间和类型（上升沿或下降沿）。

例如，下面的语句在 zeroxing 模型执行的开始时刻设置过零中断：

```
>> sldebug 'zeroxing'
%----------------------------------------------------------------%
[TM = 0                    ] simulate(zeroxing)
(sldebug @0): >> zcbreak
发生过零事件时中断: 已启用

(sldebug @0): >>
```

输入 continue 命令继续仿真, 则在 TZ=0.4 时检测到上升过零:

```
(sldebug @0): >> continue
在以下位置检测到的过零事件的左侧(过零事件之前的主时间步处), 在运行模型输出之前暂停模型执行:
   6[-0] 0:4:2 Saturate 'zeroxing/Saturation'
%----------------------------------------------------------------%
[TzL= 0.34350110879328083  ] zeroxing.Outputs.Major
(sldebug @20): >>
```

如果模型不包括能够产生非采样过零点的模块, 该命令将输出一条提示消息。

（5）在求解器错误处中断。

如果求解器检测到在模型中出现了可以修复的错误, 勾选调试器窗口中的"求解器误差"复选框, 或在 MATLAB 命令行窗口中输入 ebreak 命令都可以终止仿真。

如果不设置断点或关闭该断点, 那么求解器会修复这个错误, 并继续进行仿真, 但这个错误消息不会通知给用户。

16.4 仿真信息显示

Simulink 调试器提供了一组命令, 可用来显示模块状态、模块的输入和输出, 以及在模型运行时的其他信息。

16.4.1 显示模块 I/O

如果想要显示模型中的输入/输出信息, 可以按 Simulink 调试器工具栏上的 🔲 (执行时显示所选模块的 I/O) 按钮和 🔲 (显示模块 I/O) 按钮, 或者使用表 16-5 中的调试器命令来显示模块的 I/O。

表 16-5　显示模块I/O的调试器命令

命　令	显　示　方　式
probe	立即显示
disp	在每个断点处显示
trace	无论何时执行模块均显示

（1）显示被选中模块的 I/O。

若要显示模块的 I/O, 可先选中模块, 在 GUI 模式下单击 🔲 (显示所选模块的当前 I/O) 按钮, 或者在命令行模式下输入 probe 命令。该命令的使用说明见表 16-6。

表 16-6　显示模块 I/O 的 probe 命令

命　　令	说　　明
probe	进入或退出 probe 模式。在 probe 模式下，调试器会显示用户在模型框图中选择的任一模块的输入和输出，输入任一命令都会使调试器退出 probe 模式
probe gcb	显示被选择模块的 I/O
probe s:b	打印由系统号 s 和模块号 b 指定的模块的 I/O

调试器会在调试器的"输出"选项卡（GUI 模式下）或 MATLAB 命令窗口中打印所选择模块的当前输入、输出和状态。

当需要检验模块的 I/O，且其 I/O 没有显示时，probe 命令非常有用。例如，假设正使用 step 命令逐个方法运行模型，那么，当每次步进仿真时，调试器都会显示当前模块的输入和输出。当然，probe 命令也可以检验其用户模块的 I/O。

（2）自动在断点处显示模块的 I/O。

无论何时中断仿真，利用 disp 命令都可以使调试器自动显示指定模块的输入和输出。可以通过输入模块的索引值指定模块，或者通过在框图中选择模块，并用 gcb 作为 disp 命令的变量的方式指定模块。

还可以利用 undisp 命令从调试器的显示列表中删除任意模块。例如，若要删除模块 0:0，可以在框图中选中这个模块，并输入 undisp gcb 命令，或者只简单地输入 undisp 0:0 命令即可。

注意：自动在断点处显示模块的 I/O 功能在调试器的 GUI 模式下是不能使用的。当需要在仿真过程中监视特定模块或一组模块的 I/O 时，disp 命令是非常有用的。利用 disp 命令可以指定需要监测的模块，在每一步仿真时，调试器都会重新显示这些模块的 I/O。

提示：使用 step 命令，当逐个模块地步进模型时，调试器总是显示当前模块的 I/O。因此，如果只想观测当前模块的 I/O，则不必使用 disp 命令。

（3）观测模块的 I/O。

若要观测模块，可首先选择这个模块，然后在调试器工具栏中单击 ▦（观察模块 I/O）按钮或输入 trace 命令。

在 GUI 模式下，如果在模块中存在断点，也可以通过在"中断/显示点"选项组中勾选模块的复选框并单击 ▦（观测列）按钮观测模块。

在命令行模式下，可以在 trace 命令中通过指定模块的索引值指定模块，也可以用 untrace 命令从调试器的跟踪列表中删除模块。

无论何时执行模块，调试器都会显示被观测模块的 I/O，观测模块可以使用户不必终止仿真就获得完整的模块 I/O 记录。

16.4.2　显示代数环信息

Simulink 中的 atrace 调试命令用来设置代数环的跟踪级别，它可以使调试器在每次解算代数环时显示模型的代数环信息。这个命令只带一个变量，该变量用来指定所显示的信息量。

atrace 命令的语法为 atrace level，变量 level 表示跟踪级别，0 表示没有信息，4 表示显示所有信息。表 16-7 是 atrace 命令的使用描述。

表 16-7　显示仿真中代数环信息的atrace命令

命　令	显示的代数环信息
atrace 0	无信息
atrace 1	显示循环变量的结果，要求解算循环的迭代次数及估计的求解误差
atrace 2	与level1相同
atrace 3	与level2相同，但还显示用来解算循环的雅可比矩阵
atrace 4	与level3相同，但还显示循环变量的中间结果

16.4.3　显示系统状态

Simulink 中的 states 调试命令可以在 MATLAB 命令窗口中列出系统状态的当前值。例如，下面的命令行显示的是 Simulink 中的弹球演示程序（bounce）在执行完第一个和第二个时间步后的系统状态：

```
>> sldebug sldemo_bounce
%-----------------------------------------------------------------%
[TM = 0                     ] simulate(sldemo_bounce)
(sldebug @0): >> step top
%-----------------------------------------------------------------%
[TM = 0                     ] sldemo_bounce.Outputs.Major
(sldebug @19): >> next
%-----------------------------------------------------------------%
[TM = 0                     ] sldemo_bounce.Update
(sldebug @25): >> states

'sldemo_bounce' 的连续状态:
 索引值(system:block:element Name 'BlockName')
  0. 10                     (0:3:0 CSTATE '(sldemo_bounce/Second-Order Integrator).
(Position)')
  1. 15                     (0:3:0 CSTATE '(sldemo_bounce/Second-Order Integrator).
(Velocity)')

(sldebug @25): >> next
%-----------------------------------------------------------------%
[Tm = 0                     ] solverPhase
(sldebug @28): >> states

'sldemo_bounce' 的连续状态:
 索引值(system:block:element Name 'BlockName')
  0. 10                     (0:3:0 CSTATE '(sldemo_bounce/Second-Order Integrator).
(Position)')
  1. 15                     (0:3:0 CSTATE '(sldemo_bounce/Second-Order Integrator).
(Velocity)')

(sldebug @28): >> next
%-----------------------------------------------------------------%
[TM = 0.01                  ] sldemo_bounce.Outputs.Major
```

```
(sldebug @19): >> states

'sldemo_bounce' 的连续状态:
 索引值(system:block:element Name 'BlockName')
  0. 10.1495095            (0:3:0  CSTATE  '(sldemo_bounce/Second-Order  Integrator).
(Position)')
  1. 14.9019              (0:3:0  CSTATE  '(sldemo_bounce/Second-Order  Integrator).
(Velocity)')

(sldebug @19): >>
```

16.4.4　显示求解器信息

如果用户的模型中有微分方程，那么它有可能造成仿真的性能下降，此时可以利用 strace 命令确定模型中产生这个问题的具体位置。在运行仿真或步进仿真的过程中，使用这个命令可以在 MATLAB 命令窗口中显示与求解算法相关的信息。这些信息包括求解器使用的步长、由步长带来的估算误差、步长是否满足模型指定的精度、求解器的重置时间等。这些信息可能非常有用，因为它可以帮助用户确定其为模型选择的求解器算法是否合适，是否还有其他能够缩短模型仿真时间的算法。

strace 命令中的参数可以设置求解器的跟踪级别，这样求解器就会根据用户设置的级别在 MATLAB 命令行窗口中显示相应的诊断信息。该命令的语法格式如下：

```
strace level
```

其中，level 参数是跟踪级别，可以设置为 0 或 1，0 表示不显示跟踪信息，1 表示显示所有跟踪信息，包括时间步、积分步、过零以及算法重置。

当设置跟踪级别为 1 时，调试器中会显示主要和次要时间步的开始时间，如下：

```
[TM = 13.21072088374186 ] Start of Major Time Step
[Tm = 13.21072088374186 ] Start of Minor Time Step
```

调试器还会显示一些积分信息，包括积分方法的开始时间、步长、误差及状态索引值，如下：

```
[Tm = 13.21072088374186 ] [H = 0.2751116230148764 ] Begin Integration Step
[Tf = 13.48583250675674 ] [Hf = 0.2751116230148764 ] Fail  [Er = 1.0404e+000]
[Ix = 1]
[Tm = 13.21072088374186 ] [H = 0.2183536061326544 ] Retry
[Ts = 13.42907448987452 ] [Hs = 0.2183536061326539 ] Pass  [Er = 2.8856e-001]
[Ix = 1]
```

当进行过零检测时，调试器会在产生过零时显示迭代搜索算法的有关信息。这些信息包括过零时间、过零检测算法的步长、过零的时间间隔，以及过零的上升或下降标识，如下：

```
[Tz = 3.615333333333301 ] Detected 1 Zero Crossing Event 0[F]
                 Begin iterative search to bracket zero crossing event
[Tz = 3.621111157580072 ] [Hz = 0.005777824246771424 ] [Iz = 4.2222e-003] 0[F]
[Tz = 3.621116982080098 ] [Hz = 0.005783648746797265 ] [Iz = 4.2164e-003] 0[F]
[Tz = 3.621116987943544 ] [Hz = 0.005783654610242994 ] [Iz = 4.2163e-003] 0[F]
[Tz = 3.621116987943544 ] [Hz = 0.005783654610242994 ] [Iz = 1.1804e-011] 0[F]
```

```
[Tz = 3.621116987949452 ] [Hz = 0.005783654616151157 ] [Iz = 5.8962e-012] 0[F]
[Tz = 3.621116987949452 ] [Hz = 0.005783654616151157 ] [Iz = 5.1514e-014] 0[F]
                   End iterative search to bracket zero crossing event
```

当解算器重置时，调试器将显示解算器重置的时间，如下：

```
[Tr = 6.246905153573676 ] Process Solver Reset
[Tr = 6.246905153573676 ] Reset Zero Crossing Cache
[Tr = 6.246905153573676 ] Reset Derivative Cache
```

16.4.5 显示模型中模块的执行顺序

在模型初始化阶段，Simulink 在仿真开始运行时就确定了模块的执行顺序。在仿真过程中，Simulink 支持按执行顺序排列这些模块，因此，这个列表也就被称为排序列表。

在 GUI 模式下，调试器的"排序列表"选项卡中显示被排序和执行的模型主系统和每个非纯虚子系统，每个列表列出了子系统所包含的模块，这些模块根据模块的计算依赖性、字母顺序和其他模块排序规则进行排序。

这个信息对于简单系统来说可能无所谓，但对于大型、多速率系统来说是非常重要的，如果系统中包含了代数环，那么代数环中涉及的模块都会在这个窗口中显示出来。

图 16-13 是调试 vdp 模型时在调试器的"排序列表"选项卡中显示模型根系统和每个非虚拟子系统的模块列表，每个列表列出子系统所包含的块，这些块根据其计算相关性、字母顺序和其他块排序规则进行排序。

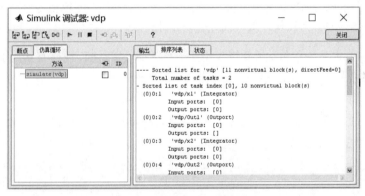

图 16-13　被排序的模块列表

在命令行模式下，采用 slist 命令可以在 MATLAB 的命令窗口中显示模型中模块的执行顺序，包括模块的索引值。

如果模块属于一个代数环，那么 slist 命令会在排序列表中模块的记录条目上显示一个代数环标识符，标识符的格式如下：

```
algId=s#n
```

其中，s 是包含代数环的子系统的索引值，n 是子系统内代数环的索引值。例如，下面的 Integrator 模块的记录条目表示该模块参与了主模型中的第一个代数循环：

```
0:1 'test/ss/I1' (Integrator, tid=0) [algId=0#1, discontinuity]
```

当调试器运行时，利用调试器中的 ashow 命令可以高亮显示该模块和组成代数环的线。

16.4.6 显示系统或模块

为了在模型框图中确定指定索引值的模块，可在命令提示符中输入 bshow s:b。这里，s:b 是模块的索引值，bshow 命令用来打开包含该模块的系统（如果需要），并在系统窗口中选择模块。

1. 显示模型中的非纯虚系统

Simulink 中的 systems 命令用来显示一列被调试模型中的非纯虚系统。例如，显示 sldemo_clutch 演示模型中的非虚系统命令如下：

```
>> openExample('sldemo_clutch')
>> set_param(gcs, 'OptimizeBlockIOStorage','off')
>> sldebug sldemo_clutch
%------------------------------------------------------------%
[TM = 0                     ] simulate(sldemo_clutch)
(sldebug @0): >> systems
模型 'sldemo_clutch' 中的非虚拟子系统：
  0   'sldemo_clutch/Locked'
  1   'sldemo_clutch/Unlocked'
  2   'sldemo_clutch'

(sldebug @0): >>
```

提示：systems 命令不会列出实际为纯图形的子系统，也就是说，模型图把这些子系统表示为 Subsystem 模块，而 Simulink 则把这些子系统作为父系统的一部分进行求解。

在 Simulink 模型中，根系统和触发子系统或使能子系统都是实系统，而所有其他子系统都是虚系统（即图形系统），因此，这些系统不会出现在 systems 命令生成的列表中。

2. 显示模型中的非纯虚模块

Simulink 中的 slist 命令用来显示一列模型中的非纯虚模块，显示列表按系统分组模块。例如，显示 sldemo_clutch 演示模型中的非虚拟模块的命令如下：

```
(sldebug @0): >> slist

---- Sorted list for 'sldemo_clutch' [46 nonvirtual block(s), directFeed=0]
    Total number of tasks = 1
- Sorted list of task index [0], 46 nonvirtual block(s)
  (0)0:1   'sldemo_clutch/Clutch Pedal' (FromWorkspace)
       Input ports: []
       Output ports: [0]
  (0)0:2   'sldemo_clutch/Friction Model/Torque Conversion' (Gain)
       Input ports: [0]
       Output ports: [0]
          ......                        %中间省略


  ----- Task Index Legend -----
  Task Index [0]: Cont   FiM
```

```
----------------------------

(sldebug @0): >>
```

3. 显示带有潜在过零的模块

Simulink 中的 zclist 命令用来显示在仿真过程中可能出现非采样过零的模块。

4. 显示代数循环

Simulink 中的 ashow 命令用来高亮显示特定的代数环或包括指定模块的代数环。若要高亮显示特定的代数环，可输入 ashow s#n 命令，这里，s 是包含这个代数环的系统索引值，n 是系统中代数环的索引值。若要显示包含当前被选择模块的代数环，可输入 ashow gcb 命令。

若要显示包含指定模块的代数环，可输入 ashow s:b 命令，这里，s:b 是模块的索引值。若要取消模型图中代数环的高亮显示，可输入 ashow clear 命令。

5. 显示调试器状态

在 GUI 模式下，可以利用调试器的"状态"选项卡显示调试器状态。它包括调试器的选项值和其用户的状态信息，如图 16-14 所示。在命令行模式下，Simulink 中的 status 命令用来显示调试器的状态设置。

图 16-14　调试器的选项值和其用户状态信息

16.5　小结

系统模型创建完成后，就需要对模型进行参数设置并进行模型仿真，根据仿真结果调试仿真参数。模型建立后会存在各种问题，因此仿真前还需要对模型进行调试。基于此，本章讲述了模型运行前的参数配置、执行方法、结果显示等内容，同时对 Simulink 模型仿真过程中的一些调试方法进行了简单讲解，包括调试器的控制、仿真信息的显示等。掌握本章的内容，可以帮助读者解决模型创建过程中遇到问题。

参 考 文 献

[1] 李献，骆志伟，于晋臣. MATLAB/Simulink 系统仿真[M]. 北京：清华大学出版社，2017.

[2] 刘浩. MATLAB R2020a 完全自学一本通[M]. 北京：电子工业出版社，2020.

[3] 温正. MATLAB 科学计算[M]. 北京：清华大学出版社，2017.

[4] 张威. MATLAB 基础与编程入门[M]. 西安：西安电子科技大学出版社，2004.

[5] 薛定宇，陈阳泉. 基于 MATLAB/Simulink 的系统仿真技术与应用[M]. 北京：清华大学出版社，2002.

[6] 郑阿奇，等. MATLAB 实用教程[M]. 北京：电子工业出版社，2004.

[7] 赵海滨，等. MATLAB 应用大全[M]. 北京：清华大学出版社，2012.

[8] 张志涌，杨祖樱. MATLAB 教程[M]. 北京：北京航空航天大学出版社，2015.

[9] MOKHTARI M，MARIT M. MATLAB 与 SIMULINK 工程应用. 赵彦玲，吴淑红，译. 北京：电子工业出版社，2002.

[10] 刘卫国，等. MATLAB 程序设计与应用[M]. 3 版. 北京：高等教育出版社，2017.

[11] 张志涌，等. 精通 MATLAB R2011a[M]. 北京：北京航空航天大学出版社，2011.